节理化岩体硐室围岩变形破坏机制与防控技术

李 鹏 著

扫描二维码查看
本书彩图资源

北 京
冶 金 工 业 出 版 社
2025

内容提要

本书共7章，系统地介绍了静动态荷载下节理化岩体硐室围岩变形破坏机制与防控技术方面的基本理论与工程实践，主要内容包括节理化岩体硐室围岩变形破坏机制研究现状、静载下节理化岩体硐室围岩失稳破坏能量演化机制及判据、静载下节理化岩体硐室围岩失稳破坏声发射变异性及前兆信息，以及静载下节理化岩体硐室围岩失稳破坏特征及其控制、动载下节理化岩体硐室围岩力学响应特征及其破坏机制与控制、冲击扰动下矿山井下节理化岩体硐室围岩稳定性分析与控制等方面的原创基础性研究和工程应用成果。

本书可供土木、矿业、交通、水利水电、工程地质等领域的研究和设计单位的研究设计人员、企业管理人员和工程技术人员参考，也可供高等院校有关专业的教师和研究生阅读。

图书在版编目（CIP）数据

节理化岩体硐室围岩变形破坏机制与防控技术 / 李鹏著. -- 北京 : 冶金工业出版社，2025. 3. -- ISBN 978-7-5240-0128-7

Ⅰ. P541

中国国家版本馆 CIP 数据核字第 2025L7U058 号

节理化岩体硐室围岩变形破坏机制与防控技术

出版发行	冶金工业出版社	**电　　话**	(010)64027926
地　　址	北京市东城区嵩祝院北巷 39 号	**邮　　编**	100009
网　　址	www. mip1953. com	**电子信箱**	service@ mip1953. com

责任编辑　王　双　美术编辑　吕欣童　版式设计　郑小利
责任校对　郑　娟　责任印制　窦　唯

三河市双峰印刷装订有限公司印刷

2025 年 3 月第 1 版，2025 年 3 月第 1 次印刷

787mm×1092mm　1/16；13. 5 印张；329 千字；208 页

定价 99. 00 元

投稿电话　(010)64027932　投稿信箱　tougao@cnmip. com. cn

营销中心电话　(010)64044283

冶金工业出版社天猫旗舰店　yjgycbs. tmall. com

（本书如有印装质量问题，本社营销中心负责退换）

前　言

地下空间开发和利用是人类社会发展、经济建设及国家安全战略需求的必然选择。岩体是矿山、水利水电、隧道等地下工程中最常见的施工对象之一。岩体作为一种非线性、非连续性、非均质性和各向异性的天然地质体，经过漫长的地质作用后其内部随机分布有不同尺度的节理、裂隙、软弱夹层和断层等不连续结构面。地下硐室通常建在含有复杂节理形态的岩体中，节理的存在会严重劣化硐室围岩的完整性和承载能力，硐室受扰动后容易发生失稳破坏，同时也会改变硐室围岩中的应力分布模式，导致硐室围岩产生不同的破坏模式，增加了硐室围岩体力学响应行为的复杂性和难预测性。因此，节理岩体中硐室围岩的力学响应行为、稳定性及其控制问题已成为岩石力学领域重点关注和亟待解决的关键科学问题之一。

在开挖扰动影响下，围岩体自身复杂的力学特性及其所处的复杂多变的地质构造环境导致地下工程硐室围岩表现出不同的变形破坏类型，如向内挤压变形、片帮剥落、溃屈破坏、冒顶、塌方、岩爆、冲击地压等。这些灾害可能会给地下工程造成不可估计的损失，甚至会造成大型机械设备损坏和人员伤亡，严重危险地下工程的安全运营。尤其是现在国内外很多地下工程不断向深部延伸，以岩爆、冲击地压等为典型特征的动力灾害发生频度和强度呈明显上升趋势，地下工程节理化岩体硐室围岩的复杂力学特性更加突显，这为地下工程硐室围岩的有效支护带来了巨大挑战。因此，准确掌握地下工程节理化岩体硐室围岩裂纹扩展、变形演化过程和失稳破坏机制及其稳定性是进行支护设计、预防和控制地下工程灾害的重要基础，对保障地下工程安全高效施工与运营具有重要的现实意义。

节理化岩体硐室围岩失稳是一个典型的非线性力学问题。本书从地下工程中节理化岩体硐室围岩稳定性及其控制这一关键科学问题出发，基于物理模拟试验方法，结合声发射监测、数字图像相关方法等技术手段系统地研究了完整岩体硐室围岩和节理化岩体硐室围岩（含平行节理岩体硐室围岩、含交叉节理岩体硐室围岩）在静态荷载作用下的静态力学特性、能量演化与分配规律、声发射性能变异细观机理、渐进式失稳破坏演化过程及其机制，对比分析了平行和交叉节理角度对上述研究对象的影响。在此基础上，进一步探究了完整岩体硐室围岩和节理化岩体硐室围岩在不同冲击气压下的动态力学特性、应力波波动特性、能量耗散特征和突发式失稳破坏机制，对比分析了平行和交叉节理角度对上述研究对象的影响，并与静载下的力学响应行为进行了比较。最后，采用离散元数值模拟方法（3DEC）研究了山东三山岛金矿节理化岩体巷道围岩在不同工况下的冲击失稳破坏特征，分析了巷道围岩的失稳破坏机制，并提出了相应的失稳控制理论及技术措施。

本书的编写衷心感谢恩师蔡美峰院士的指导，以及本团队师生提供的帮助。本书的出版得到了国家自然科学基金项目（项目号：52204084）、国家重点研发计划项目（项目号：2022YFC2904102、2022YFC2905600 和 2022YFC3004601）、北京科技大学青年教师学科交叉研究滚动项目（项目号：FRF-IDRY-GD22-002）、佛山市科技创新专项资金项目（项目号：BK22BE024）等项目的支持，在此表示感谢。

由于作者水平有限，书中不足之处，敬请读者批评指正。

李　鹏

2024 年 7 月于北京

目　录

1 概　　述

1.1 研究背景

21世纪是地下空间的世纪[1]。蔡美峰院士指出，地下空间开发和利用是人类社会发展、经济建设及国家安全战略需求的必然选择。近年来，世界范围内的采矿、交通隧道、水利水电、石油洞库、核废料处理、二氧化碳地质封存及国防等地下岩体工程建设正以前所未有的速度快速发展，配套建设的地下硐室（如隧道、隧洞、矿井巷道和井筒等）“长、大、深、群”的特点愈发突出[2]，达到了空前的规模。随着我国“深地”科学战略的提出，可以预测，未来大尺度、高埋深的岩体工程建设将趋于常态，地下工程也将日益复杂化。与此同时，岩体工程中硐室所面临的强扰动及高地应力等问题更加严重，这给硐室围岩稳定性分析与维护带来了巨大挑战。岩体工程中地下硐室的开挖设计和安全运营等直接取决于人们对工程岩体变形破坏特征及其失稳破坏机制等内容的深入研究。

地下硐室在开挖过程中破坏了岩体原始的平衡应力状态，引起围岩体出现一系列与应力重分布相关的复杂力学响应行为（见图1-1）[3]。硐室围岩的变形破坏主要表现为裂纹的萌生和扩展，以及多裂纹的相互贯通，进而导致开挖面岩体发生不同程度的破坏现象，轻则发生片帮、剥落，重则发生向内挤压大变形、岩爆，甚至整体垮塌[4]。近年来，国内外地下硐室在施工和运行期间发生的灾害事故屡见报道，造成了重大经济损失，甚至是人员伤亡。例如，乌兹别克斯坦甘姆奇克隧道自从隧道进口发生岩爆灾害以来，在隧道施工

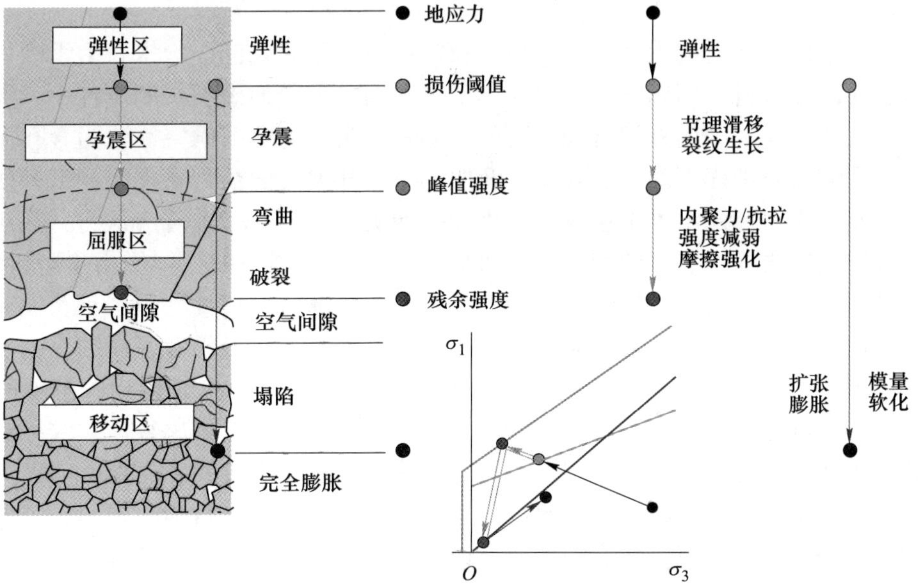

图1-1　地下硐室开挖过程中的复杂力学行为[3]

中各工作面相继发生不同程度的岩爆，严重影响了施工安全及工程进度[5]。中国大茅隧道右线在施工过程中，曾发生多次较大规模的塌方事故，并造成人员伤亡[6]。开滦赵各庄矿在开采过程中巷道围岩冲击地压灾害严重，且巷道围岩大变形问题也异常严重，巷道返修率较高，大大增加了生产成本[7]。安徽冬瓜山铜矿在深部开拓过程中发生过多次岩爆灾害，造成巷道变形、支护系统破坏等严重后果[8]。锦屏二级水电站辅助洞、施工排水洞和引水隧洞在施工期间曾发生过多次岩爆事故，导致工程投资增加，并影响工程进度[9]。猴子岩水电站地下主体硐室在开挖过程中，浅表围岩中发生了片帮、剥落及弱岩爆等破坏现象[10]。此外，太平驿水电站引水隧洞、拉西瓦水电站地下厂房，以及赣龙铁路梅花山隧道也均发生过岩爆灾害[11-12]。地下岩体工程中硐室灾害问题已经严重制约了岩体工程安全、稳定地发展。

大量研究表明，地下硐室灾害事故的发生大多是因为不够重视硐室围岩体中节理的影响造成的。岩体作为一种非线性、非连续性、非均质性和各向异性的天然地质体，经过漫长的地质作用后其内部随机分布有不同尺度的节理、裂隙、软弱夹层和断层等不连续结构面。在实际工程中，一般来说，地下硐室不适合建造在具有完全连续节理岩体中，而是通常建在含有非连续性节理的岩体中。非连续性节理通常在地下硐室围岩中纵横交错，形成具有复杂结构特征的非连续体（见图 1-2）。地下硐室围岩中的节理对硐室围岩力学响应行为的影响是多方面的：（1）地下硐室围岩中的节理会导致围岩的附加变形，如节理面的闭合和滑移；（2）节理的存在会严重劣化硐室围岩的完整性和承载能力，导致硐室容易发生变形破坏；（3）节理也会改变硐室围岩中的应力分布模式（如环向应力大小和方向的变化），将导致硐室围岩形成不同的破坏模式[13]，尤其是破坏模式与节理倾角直接相关[14]；（4）节理化岩体硐室围岩的力学特性具有非常明显的各向异性特征，节理与节理之间、节理与硐室之间会相互影响，这种交互作用增加了硐室围岩体力学响应行为的复杂性和难预测性。因此，节理化岩体硐室围岩的断裂过程和破坏特征将不同于单纯的节理岩体。

节理岩体中硐室围岩的力学响应行为及稳定性与控制问题已成为岩石力学领域重点关注和亟待解决的关键科学问题之一。在地下工程中硐室围岩的破裂机制研究中，物理模拟试验是一个重要手段，国内外学者最普遍的思路是将实际的地下硐室简化为含孔洞岩石试样，并将含孔洞岩石试样中的孔洞看作是开挖硐室来开展不同受力条件下的试验研究，从开挖损伤的角度来研究硐室周围裂纹的萌生和扩展机制[18-19]。目前普遍认为，在压缩荷载作用下，完整硐室岩样中裂纹的萌生和扩展首先是从硐室周边的拉伸应力集中区域开始，然后沿加载方向或晶粒边界逐渐向试样端部或边界薄弱部位扩展[20-24]，这是在没有原始节理影响的情况下出现的破坏模式，与实际工况相差较大。从部分学者开展的一些考虑硐室围岩中单一节理或平行节理对硐室破坏行为影响的试验研究中可以看出，节理的几何形态，尤其是节理倾角对硐室周围的应力分布、裂纹起裂位置和扩展路径、裂纹数量、岩桥聚结模式及破坏模式等的影响很大[13,23,25-30]，新裂纹的产生或发展可能是由节理尖端或硐室周围的应力集中引起的。因此，在研究地下硐室围岩力学响应行为时，原始节理的影响不容忽视。有关节理对硐室破坏影响的研究还处于初期阶段，在原始节理存在时，硐室如何破坏，节理几何形态（如节理倾角）对硐室破坏行为和破坏强度有何影响，硐室围岩中裂纹如何萌生、扩展和聚结，节理之间及硐室与节理之间的相互作用机制等一系列问题仍

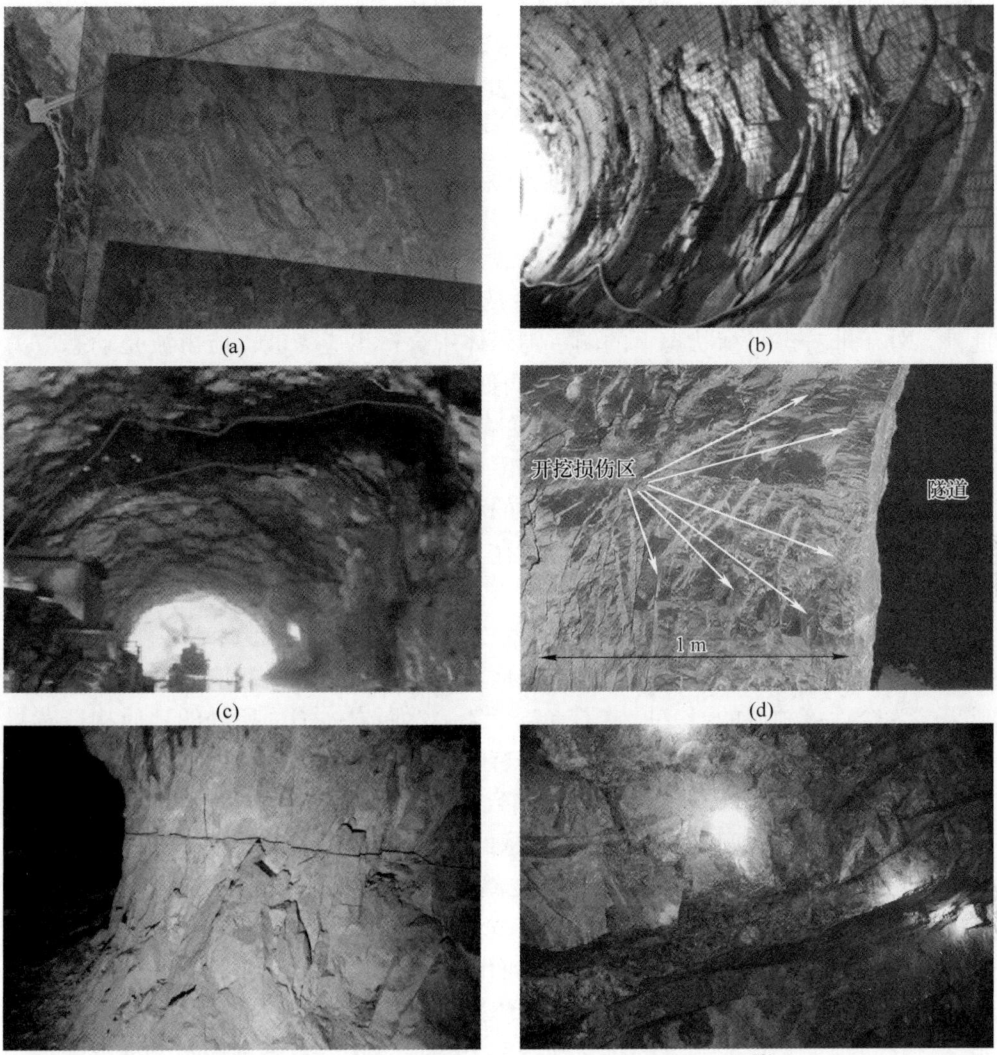

图 1-2 地下硐室围岩体中存在的节理结构面

（a）Western Deep Levels South 竖井[15]；（b）Loetchberg 隧道[16]；（c）锦屏Ⅱ级水电站隧洞[4]；（d）Mont Terri URL 隧道[17]；（e）三山岛金矿巷道；（f）新城金矿主竖井

有待进一步探讨。此外，硐室围岩体中的节理通常呈现交叉分布，然而目前有关交叉节理对硐室围岩破坏机制影响的研究尚不多见。

包括岩石在内的许多脆性材料在静载和动载作用下的力学响应行为通常是不同的，岩石强度、裂纹的萌生和扩展及破坏模式都与应变率有关，具有明显的应变率效应[31-32]。人们对完整岩石和含预制节理岩石在低应变率（准静态）和高应变率（动态）作用下的力学响应行为进行了大量的试验研究[32-38]，发现岩体中的节理支配着岩体对静态和动态载荷的响应。在硐室破裂机制研究方面，人们开始关注含硐室岩石在不同应变率下的断裂行为[39-41]，还有一些学者研究了在单轴、双轴和压剪等低应变率作用下硐室周围的平行节理断裂演化特征[27-30,42]，获得了很多有价值的研究成果。上述研究工作促进了人们对节理化岩体硐室围岩周边裂纹扩展、聚结和破坏模式的理解。

在实际地下工程中，硐室围岩体除了承受持续准静态作用力的作用而发生渐进性破坏外，类似地震活动、爆破振动及岩爆等动态冲击荷载对硐室围岩体的扰动也非常普遍[41]。因此，硐室围岩体的动态力学响应行为也是影响地下硐室稳定性的重要因素。然而，先前的很多试验研究大多是在静态或准静态荷载作用下进行的，很少关注硐室围岩中平行节理和交叉节理在动态荷载扰动（高应变率）作用下的裂纹扩展和聚结导致的硐室损伤或破坏，尤其是硐室周围的破坏模式。在动态荷载条件下，准静态荷载下的常规断裂力学理论可能并不完全适用[43]，但这方面还缺乏相关的研究结果验证。

此外，处于非静态平衡状态下的硐室围岩体中会产生应力波，应力波是动态应力变化的一种表现形式[44]。应力波以岩体为介质向四周传播，到达节理面或硐室时将发生反射和透射现象，导致应力波衰减、波传播速度减小、能量衰减[45]。但是，目前有关应力波在节理化岩体硐室围岩中的传播研究较少。因此通过研究应力波在节理化岩体硐室围岩中的传播特性，可以获得节理化岩体硐室围岩的动态力学响应特性。尤其是重点研究硐室和节理对应力波振幅的影响，进而量化应力波在节理化岩体硐室围岩内的传播规律，这有助于解决存在于硐室围岩失稳破坏方面的问题。

国内外学者将含孔洞岩石类比为地下硐室，采用物理模拟试验和数值模拟等手段对其力学破坏特性进行了广泛而深入的研究，对地下硐室围岩破坏机制取得了一系列有价值的研究成果，为今后该领域的研究提供了有益参考。然而岩体工程所处的地质构造背景往往十分复杂，节理、裂隙等不连续面的发育具有随机性和不确定性，加上工程开挖、爆破等动态冲击不可避免地会对围岩体产生扰动，致使围岩体中的应力分布一直处于变化状态，且岩体中的节理与节理之间、节理与硐室之间会相互影响，以上因素增加了地下硐室围岩体力学响应行为的复杂性和难预测性，这也给地下硐室稳定性问题的研究带来了很大困难。当前，对于节理化岩体硐室围岩的失稳破坏机制及稳定性的研究还不完善，仍未形成统一的科学理论体系，有待进一步加强该方面的研究。

总的来说，对于节理化岩体硐室围岩在静态和动态荷载作用下的稳定性研究仍存在很多不足之处，目前尚未形成完善的科学理论和方法。因此，需要将预制节理与硐室围岩这两个研究要素结合起来，进一步研究节理化岩体硐室围岩在静态和动态荷载作用下的力学特性（如强度、变形、能量和渐进（或突发）破坏机制）及裂纹扩展机制，进而分析节理化岩体硐室围岩的稳定性控制问题。

1.2 研究意义

地下硐室一般是地下岩体工程中不可或缺的配套工程构筑物，其稳定性与否会关系到整个地下工程系统能否安全、高效运营。硐室围岩的破坏是高度非线性的和不确定的，而硐室围岩中发育的节理、裂隙等软弱结构面是影响地下硐室稳定性的关键因素，它们的存在更增加了硐室破坏模式的复杂多变性和不确定性特征，这使得硐室围岩的破坏模式在工程实践中难以准确预测，从而增加了硐室灾害发生的概率。采用物理模拟试验和数值模拟手段，研究节理化岩体硐室围岩的静态和动态力学响应行为对于评价地下岩体工程稳定性、确定地下硐室结构施工及支护方法等方面具有重要的意义。由于地质结构的自相似性，研究成果在采矿工程、隧道工程、水利工程及国防工程等行业具有积极的潜在应用价值。

本书从地下工程中节理化岩体硐室围岩稳定性及控制这一关键科学问题出发，采用物理模拟试验方法，以节理化岩体硐室围岩为研究对象，重点分析节理化岩体硐室围岩在静载和动载作用下的强度、变形、能量和渐进（或突发）破坏机制。具体地，借助声发射监测技术和数字图像相关方法，开展低应变率下的静态加载试验，分析研究节理化岩体硐室围岩的力学特性、静态能量演化、声发射特征、变形场（位移场、应变场）演化、破坏过程及破坏模式，并分析平行和交叉节理角度对静态力学响应行为的影响。在此基础上，借助高速摄像系统和超动态应变仪，开展霍普金森压杆冲击试验，分析节理化岩体硐室围岩在不同冲击气压下的动态力学特性、一维应力波的传播规律、能量耗散特征、动态破坏过程及破坏模式等动态力学响应行为，并分析平行和交叉节理角度对动态力学响应行为的影响。同时，分析讨论节理化岩体硐室围岩的静态和动态力学破坏特征的异同，以较全面地了解节理化岩体硐室围岩的失稳破坏机制。最后，在物理模拟试验研究的基础上，以山东三山岛金矿地下巷道为工程背景，采用三维离散元软件 3DEC 建立相应的考虑实际结构面调查和地应力状态的节理化岩体巷道数值模型，分析地下矿山节理化岩体巷道围岩失稳破坏机制及其稳定性控制，为工程动力灾害防控提供指导。本书研究成果不仅可以进一步丰富与完善节理化岩体硐室围岩稳定性理论体系，也可以对地下硐室的致灾机理分析、设计与优化、稳定性评价及支护控制等方面提供科学依据，具有重要的理论价值和现实意义。

1.3 研究现状

节理化岩体硐室围岩的力学破坏特性较为复杂，具有明显的非均匀性、非连续性和各向异性特征。尤其是在地下工程中，复杂的地质构造环境和工程扰动使得节理化岩体硐室围岩的力学响应特征变得更加复杂，预测难度大。目前研究地下硐室在开挖或服役过程中围岩的稳定性问题，主要采用室内物理模拟试验和数值模拟计算这两种方法。国内外学者基于这两种方法对节理岩石、完整岩体硐室围岩（只含孔洞岩石）和节理化岩体硐室围岩（含节理孔洞岩石）的破坏机制及稳定性进行了广泛的研究，取得了一系列研究成果。由于本书的研究涉及硐室围岩中节理附近裂纹的萌生和扩展演化，因而节理岩石破坏机制的研究进展也在考察范围内。下面对静、动态荷载作用下节理岩石、完整岩体硐室围岩和节理化岩体硐室围岩的变形破坏机制及稳定性方面的研究成果进行分析与讨论。

1.3.1 节理岩体变形破坏机制

岩体中的结构面或不连续面会影响甚至主导岩体的力学特性和破坏模式，国内外学者对节理岩体变形破坏机制及稳定性的研究一般是从简单的含单一预制节理岩体开始的，然后逐渐推广到含有 2 条、3 条和多条节理岩体的研究。

1.3.1.1 静载下变形破坏机制及稳定性

对于含单一节理岩体，Bobet 和 Einstein[46] 较早研究了含单一节理试样在单轴加载下的裂纹扩展模式，观察到了两种类型的裂纹：初级裂纹和次级裂纹（见图 1-3）。他们发现最早出现的主裂纹或翼裂纹是从裂纹尖端开始的拉伸裂纹，并随着荷载的增加沿曲线路径扩展。翼裂纹以稳定的方式增长，并与最大压缩荷载方向一致。而次级裂纹（剪切裂纹）出现较晚，一般是在与节理共面的方向上开始出现的，但也存在其他方向开始萌生的情况，次级裂纹是造成试样破坏的主要原因。研究成果为后来节理岩体裂纹扩展机制的研究奠定了基础。

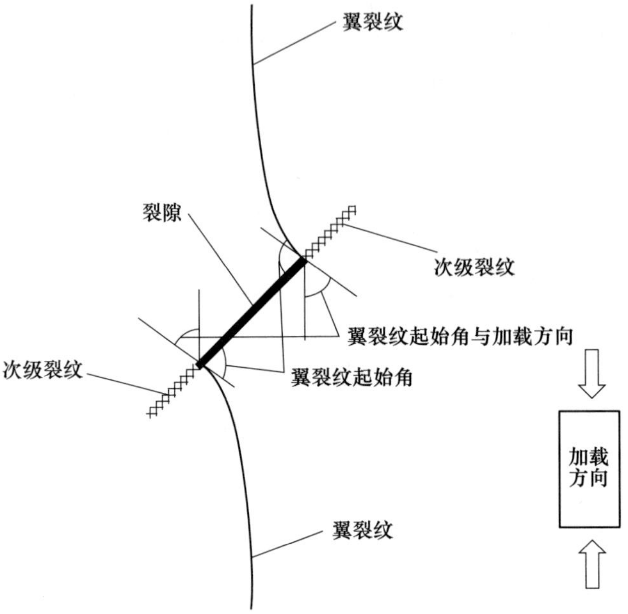

图 1-3　单轴加载下含单一节理岩体中裂纹扩展模式[46]

Haeri 等人[47]测试了由波特兰火山灰水泥、细砂和水混合制成的含预制节理圆盘试样的峰值应力和断裂过程，发现裂纹及其取向对最终破坏荷载的影响较小，翼裂纹在加载的第一阶段产生，并向加载方向扩展，还模拟研究了节理长度及其方向对裂纹聚结和断裂路径的影响。Pakzad 等人[48]模拟研究了非均质性水平和围压对单节理试样破坏行为的影响，发现硬度和强度随着不均匀性水平的增加而降低，试样的承载能力随围压的增加而增大，而与节理倾角无关，这种趋势与达到峰值应力之前试样的损伤量有关。

谭志宏等人[49]结合红外热像仪对含预制单裂纹花岗岩试样进行了单轴加载试验，发现在加载过程中，微破裂越强，其红外辐射也越强。在主破裂时，试件在局部破坏区域会产生高温条带的红外热像特征，但对于同一种岩石，其破坏时的红外辐射特征也会存在一定差异。肖桃李等人[50]研究了常规三轴加载条件下含单节理岩石的强度特征及破坏特性，发现单节理试样的力学特性具有明显的围压效应，且与节理倾角和尺寸有关，其破坏形式既有沿节理面的滑动剪切破坏，也有试样基体的剪切破坏。刘红岩等人[51]研究发现，节理倾角、节理贯通度、节理组数、荷载应变率、试件长径比、节理充填物厚度与类型均会对预制节理岩体的力学特性及其破坏形态产生不同程度的影响。

Wong 等人[52]为了研究尺寸效应对开裂过程的影响，采用基于离散元法的黏结颗粒模型，研究了压缩荷载下单一节理尺寸对含节理试样开裂行为的影响。李建林等人[53]研究了三轴卸荷条件下含单一节理岩体的应力-应变关系、变形特征、强度特征和破坏模式，认为节理岩体的卸荷力学特性分为受岩块强度控制和节理面强度控制。Zhang 等人[54]采用黏结颗粒模型研究了含单一节理试样在压缩荷载下断裂行为的尺寸效应，重点研究了节理长度与试样尺寸之比对断裂行为的影响，发现在合理范围内增加节理尺寸与试样尺寸之比对第一裂纹起始应力没有明显影响，但降低了单轴抗压强度。节理尺寸与试样尺寸之比较大的试样中，新产生的裂纹具有更长的延伸长度。

Chong 等人[55]采用颗粒流程序（PFC 2D）研究了含单一节理岩样的锚固性能及裂纹萌生、扩展和聚结特性，发现随着锚固角和节理倾角的增大，峰值强度、裂纹数量和破坏模式变化较大。其破坏模式有节理尖端裂纹扩展模式、中点裂纹扩展模式和岩桥裂纹扩展模式三种类型。Zhang 等人[56]对存在裂隙的非均质岩石试样进行了大量的单轴压缩模拟试验，讨论了岩石的非均质性及节理角度和长度的影响，发现岩石脆性随着均质性指数的增加而增加。拉伸破坏是相对非均质岩石的主要破坏形式，而剪切破坏是相对均质岩石的主要破坏形式。翼裂纹区域的拉伸应力比反翼裂纹区域的大，反翼裂纹比翼裂纹更难形成。

对于含两条节理岩体，Bobet 和 Einstein[46]研究了含有两条预制节理石膏试样在单轴和双轴加载下的断裂聚结过程，发现随着荷载的增加，新裂纹从预制节理中产生、扩展并最终聚结。单轴或低约束双轴条件下，翼裂纹始于节理尖端，但在较高约束应力下，会移动到节理中间并完全消失。裂纹的聚结模式取决于节理的几何形状，并在一定程度上取决于应力条件。单轴加载中，裂纹聚结和破坏同时发生，而在双轴加载中的破坏发生在裂纹聚结之后。

Park 和 Bobet[33]认为两个初始节理通过一个新形成的裂纹连接在一起时就发生了裂纹聚结，聚结可以通过翼裂纹、次级裂纹或两者的结合而产生。当聚结通过翼裂纹或反翼裂纹和次级裂纹的组合发生时，裂纹扩展和连接的最后阶段通常是稳定的，当聚结仅通过次级裂纹发生时，最终的扩展和连接是不稳定的。他们根据产生连接的裂纹类型，总结了多种典型的裂纹聚结类型，见表 1-1。

表 1-1 张开或闭合裂纹聚结类型[33]

类型	示例	类型	示例
Ⅰ型：准共面剪切裂纹	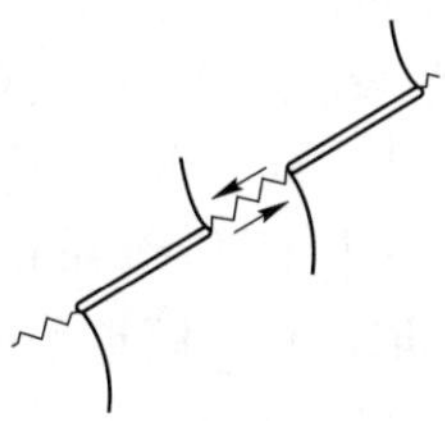	Ⅲ型：翼裂纹和准共面次级裂纹	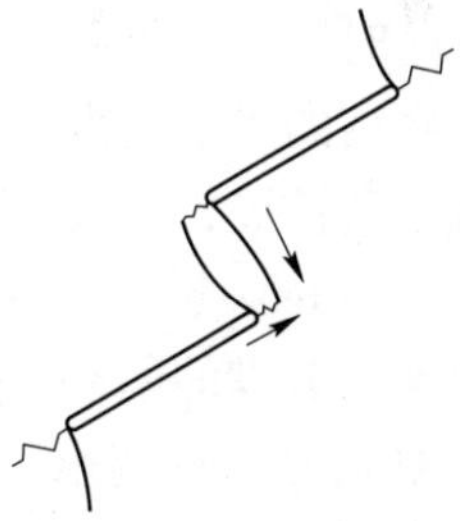
Ⅱ型：通过平面外拉伸裂纹的准平面次级裂纹	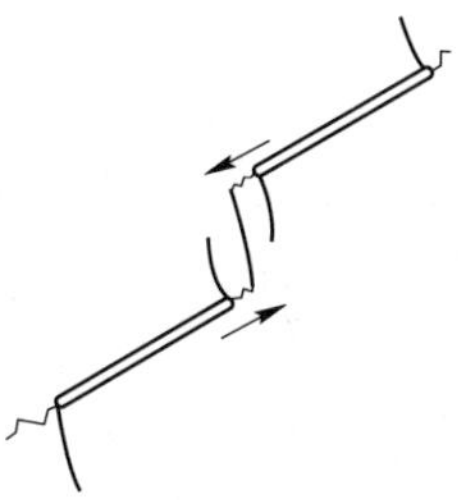	Ⅳ型：翼裂纹	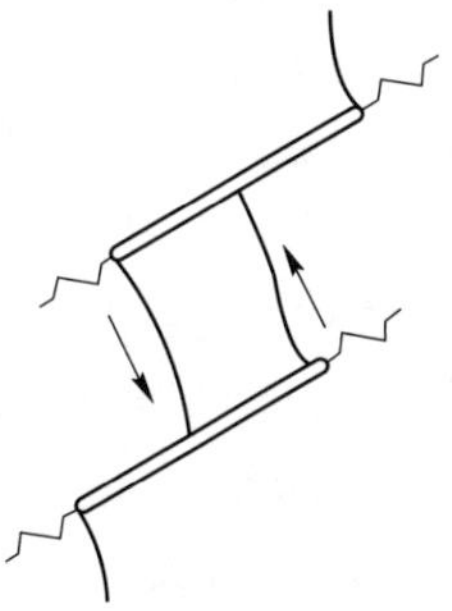

续表 1-1

类型	示例	类型	示例
Ⅴ型：准共面次级裂纹和平面外剪切裂纹	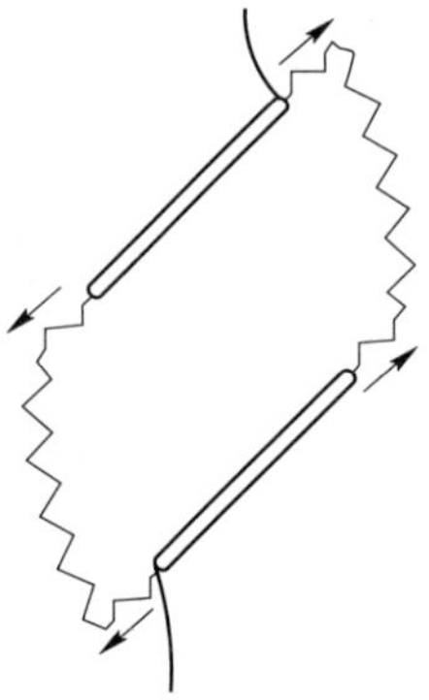	Ⅶa 型：穿过平面外拉伸裂纹的倾斜次级裂纹	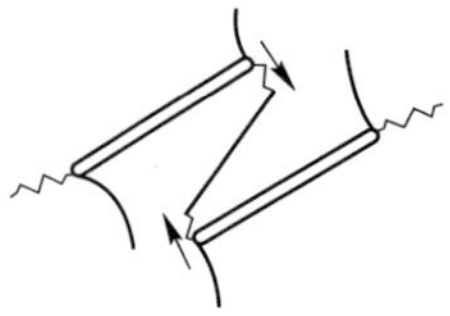
		Ⅶb 型：倾斜次级裂纹	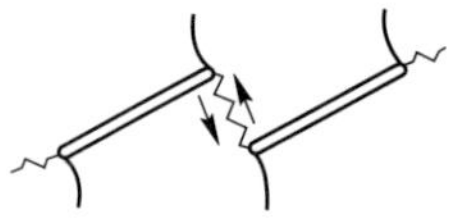
Ⅵ型：倾斜二次裂纹和翼裂纹	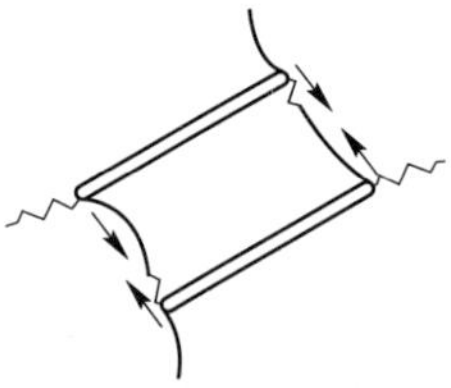	Ⅷ型：倾斜次级裂纹和准共面次级裂纹	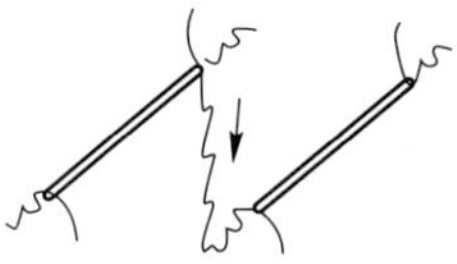

Lee 和 Jeon[34]研究了单轴加载下聚甲基丙烯酸甲酯（PMMA）、石膏和花岗岩试样中两条预制节理处或附近的裂纹起始、扩展和聚结过程，发现裂纹的萌生和扩展模式取决于材料类型，在 PMMA 中，拉伸裂纹始于节理尖端，并扩展到岩桥区的另一个节理尖端，然后在倾斜节理的一点处汇合，该点受节理倾角的影响。对于石膏和花岗岩试样，先观察到拉伸裂纹，然后出现剪切裂纹，主要通过拉伸裂纹或拉伸与剪切裂纹发生聚结。Haeri 等人[57]研究了含节理圆柱形类岩样在单轴加载下的力学特性和断裂过程，发现节理及其取向对试样最终断裂应力的作用减小。Haeri[58]还研究了横向约束对含两条裂纹试样中裂纹聚结的影响，发现翼裂纹是在压缩的第一阶段产生的，并在没有约束的情况下开始向加载方向扩展，在围压存在时，翼裂纹扩展方向发生偏转，并出现混合裂纹扩展模式。

Morgan 和 Einstein[36]研究了含有两条预制节理棱柱形 Opalinus 页岩试样在单轴加载下的预制节理的起裂、扩展和聚结行为，以及层面取向对裂纹扩展的影响，随着层面与最大压缩应力方向越来越一致，节理尖端处的裂纹沿层面的扩展越来越频繁。Modiriasari 等人[37]采用主动地震监测与数字图像相关方法研究了含两条预制节理印第安纳石灰石试样在单轴加载下的裂纹起始、扩展和聚结特征，发现透射纵波和横波的振幅随单轴加载而减小，而远在拉伸裂纹萌生之前，透射波振幅的减小速率就已经增强。在接近聚结时，透射波的振幅出现明显的最小值。Afolagboye 等人[25]开展了单轴加载试验研究含两条非平行节理棱柱状岩样中的裂纹开裂和聚结过程，发现在所有试样中从两条节理的所有尖端萌生的初次裂纹不会同时发生，非平行节理形态影响裂纹的萌生、裂纹轨迹和聚结行为。裂纹聚结模式随着韧带角的增大而变化，从间接裂纹变为剪切裂纹，或者从拉剪混合裂纹变为拉伸裂纹聚结。随着韧带长度的增加，裂纹直接聚结的机会减少。

Yang 等人[59]采用常规三轴压缩试验研究了含两条闭合节理大理岩试样的强度和破坏行为，发现完整试样和含预制节理试样在峰值应力后具有不同的变形特性，随着围压的增加，变形特性由脆性变为塑性和延性，其峰值强度和破坏模式取决于节理的几何形状和围压。Yang 等人[60]结合摄影监测和声发射监测技术研究了含有两条不平行节理红砂岩试样在单轴加载下的力学特性和裂纹聚结现象，获得了裂纹实时聚结过程与轴向应力-时间曲线之间的关系，还重点研究了节理倾角对试样强度和变形行为的影响。Zhang 等人[61]模拟研究了含两条平行张开节理岩样在单轴加载下的开裂和聚结行为，发现节理倾角、岩桥长度和桥接角度（两条节理尖端之间连线的夹角）对试样的聚结模式、聚结应力及峰值强度有不同的影响。

Zhao 等人[62]研究了含两条节理类岩石材料在单轴加载下的应力应变和裂纹扩展行为，特别是裂纹尖端附近的局部应变集中，观察到了翼裂纹、反翼裂纹、共面剪切裂纹和斜剪切裂纹和多种裂纹聚结模式，发现裂纹聚结的类型与节理的几何形状有关，含两条节理试样的应力-应变曲线与裂纹的发展和聚结过程密切相关。翼裂纹和反翼裂纹以稳定的方式扩展，而剪切裂纹以不稳定的方式快速扩展，导致试样破坏。Yang 等人[35]开展了单轴加载实验以评估韧带角对含两个非共面节理砂岩试样的强度、变形能力和断裂聚结行为的影响，认为含两条非共面节理砂岩的峰值强度取决于韧带角，但弹性模量与韧带角关系不大。Huang 等人[63]模拟了含有两个不平行节理类岩石试样在常规三轴压缩下的强度破坏和开裂行为，总结了应力与微裂纹数的关系，详细分析了预裂节理试样的裂纹萌生、扩展和聚结过程。

Yin 等人[64]分析了含有两个正交节理花岗岩试样在单轴加载下的力学行为和裂纹聚结过程，发现含两条正交节理花岗岩试样的力学参数低于完整试样，其折减程度与虚拟韧带长度有关。含两条正交节理花岗岩试样的开裂过程与虚拟韧带长度有关。Fu 等人[65]采用开发的一种透明的新型树脂材料制作预制两条节理试样，研究了其在单轴和双轴压缩下的渐进破坏，发现试样破坏都经历了裂纹的萌生、扩展和聚结过程，观察到了包裹翼、花瓣状和垂直的巨大裂纹，而片头状裂纹仅在单轴加载中出现。裂纹起裂应力和试样峰值强度都随着侧向压力的增加而增加。Feng 等人[66]研究了应变率对具有不同节理倾角的含不平行节理岩样的力学和断裂行为的影响，发现节理倾角和应变率显著影响裂纹试样的强度、变形特性和破坏模式，岩样的强度和弹性模量高度依赖于应变率。在相同应变速率下，节理试样的强度随着裂隙倾角的增大先减小后增大。不同应变率下的节理试样出现了 8 种聚结模式。Niu 等人[67]对经历循环冻融后的含不平行节理砂岩试样进行了单轴加载试验来研究其破裂特征，指出在第一次裂纹萌生之前，节理试样中平行结合力的分布是不均匀的，这在很大程度上取决于裂纹的位置。微裂纹从裂纹中心萌生时，裂纹某些部分周围的拉应力集中程度降低，新生成的裂纹尖端成为新的拉应力集中点。由于裂纹聚结，节理试样韧带区域存在的拉伸应力集中消失。

此外，还有学者研究了含多条节理岩体的破坏模式和力学行为的各向异性及节理集之间的相互作用关系。

Park 和 Bobet[68]研究了含三条预制闭合节理石膏试样的裂纹扩展和聚结特征，观察到了三种不同类型的裂纹：翼裂纹、共面剪切裂纹和斜剪切裂纹，这些裂纹与观察到的张开裂纹类型相同。裂纹起始同时发生在翼裂纹和剪切裂纹的尖端，次级裂纹的平均起裂应力高于翼裂纹，而当节理与加载方向成较小角度时，这种差异会减小。闭合节理的聚结类型与张开节理的聚结类型相似。Haeri[69]通过试验和数值模拟手段研究了含多条节理试样在单轴加载下的裂纹扩展和相邻节理聚结机理，认为由于岩桥区域的裂纹聚结现象，脆性材料中的裂纹扩展机制主要是由从预制节理尖端萌生的翼裂纹扩展引起的。翼裂纹的扩展方向发生变化，并向单轴压缩下的裂纹扩展方向倾斜。Lee 等人[70]模拟研究了在不同桥接角度影响下含三条节理试样新裂纹的萌生、扩展和聚结过程，观察到了受新生长裂纹相互作用影响的聚结行为及各种裂纹排列。认为由于翼裂纹、马尾剪切裂纹、反翼裂纹和中心拉伸裂纹段的延伸的相互作用，出现了几种聚结类型，并将这些模拟结果与试验结果进行了比较。此外，通过比较聚结类型和相应的缺陷排列，详细讨论了聚结机理。

Yang 等人[71]描述了一系列物理模型试验，这些试验针对具有多个叠加节理组的节理岩体，进行了 2 个或 3 个非正交节理组的岩体模型试验，研究了节理岩体在单轴应力作用下的破坏模式和力学行为的各向异性，并探讨了节理之间的相互作用关系。Wong 等人[72]模拟研究了包含 3 条节理和多条节理试样的裂纹扩展特征，发现裂纹长度、裂纹位置和裂纹附近应力相互作用是裂纹萌生、扩展和聚结行为的重要因素。Yang 等人[73]研究了含有 3 条节理砂岩试样在单轴加载下的断裂聚结行为，分析了试样强度和变形行为及裂纹聚结的顺序，并在此基础上建立了砂岩试样实时裂纹聚结过程与轴向应力-应变曲线之间的关系，可用于评价节理岩体的宏观变形特征。Zhou 等人[74]模拟了单轴加载下含有四条预制节理的脆性非均质类岩样的断裂行为，发现该类岩样可以在预制节理尖端或其附近产生 5 种类型的裂纹，包括翼裂纹、共面或准共面次级裂纹、倾斜次级裂纹、面外拉伸裂纹和面外剪切裂纹。观察到了拉伸、压缩、剪切和混合拉伸-剪切 4 种聚结模式。认为剪切模式比拉伸模式或混合模式需要更高的荷载来诱导裂纹聚结，裂纹聚结发生在任意两个节理之间所有可能路径中最弱的聚结路径。

黄彦华和杨圣奇[75]研究了含两组交叉节理岩体强度及破坏特征，发现峰值强度随节理数量的增加而减小，随节理倾角的增加先减小后增大，随围压的增大而增大，节理岩体表现为张性破坏、沿节理滑移破坏、穿节理剪切破坏、张性滑移破坏及剪切滑移破坏等多种破裂模式。节理数量的增加会加剧试样破坏程度，但不改变其破裂模式。在单轴加载下，节理倾角较小时表现为张性破坏，随着倾角的增大，表现为张性剪切或沿节理面滑移破坏。在围压作用下，试样表现为剪切破坏或剪切滑移破坏。Cheng 等人[76]研究了含张开节理岩样在单轴加载下的开裂行为，发现节理开口对裂纹起裂应力和起裂模式有显著影响，翼裂纹和共面次级裂纹的起裂应力随着节理开口的增加而减小，而反翼裂纹的起裂应力随节理开口的增加而增加。此外，含有 3 条张开节理试样在单轴加载下出现了 5 种裂纹聚结模式。

Cao 等人[77-79]采用相似材料试验和二维颗粒流数值模拟相结合的方法研究了节理岩石试样的强度和破坏模式，发现节理试样在单轴加载下的破坏模式可分为 4 类：台阶破坏、平面破坏、剪切Ⅰ型破坏和剪切Ⅱ型破坏，试样的破坏模式取决于节理倾角及节理与节理之间的夹角。Yang 等人[80]分析了共面节理角和韧带角对含两个椭圆形节理砂岩试样力学参数和断裂过程的影响，发现对于含有两个共面椭圆节理试样，峰值强度与共面裂纹角明显相关，而峰值应变和弹性模量与共面裂纹角关系不大，对于含有两个非共面椭圆节理试样，峰值强度、峰值应变和弹性模量均与韧带角度呈非线性关系。含两个预制椭圆形节理试样的最终破坏模式取决于节理的几何形状，破坏模式可分为无裂纹聚结破坏、岩桥区外的间接裂纹聚结破坏、岩桥区内的单裂纹聚结破坏和岩桥区外的拉伸裂纹聚结破坏 4 种。

Cao 等人[81]研究了在压剪荷载下含有多节理试样的裂纹扩展和破坏过程，观察到了平面剪切破坏、完整剪切破坏、斜切裂纹连接破坏和台阶破坏 4 种破坏模式，并发现试样峰值剪切强度和破坏模式与节理倾角、节理间距和节理不重叠长度有关。

1.3.1.2 动载下变形破坏机制及稳定性

加载条件不仅影响节理岩体的强度和变形特性，还会影响其断裂行为。一些学者采用霍普金森压杆装置研究了动态荷载作用下含有预制节理岩体的动态力学行为。

Dai 等人[82]使用霍普金森压杆装置加载含有节理的人字形切口半圆形弯曲试样，发现试样的起始断裂韧性和扩展断裂能都随加载速率的增加而增加，稳定断裂速度和不稳定断裂速度都微弱地依赖于加载速率。Zou 和 Wong[32]采用分离霍普金森压杆系统测试了含单个预制张开节理大理石试样的断裂行为，并与准静态破坏行为进行了对比，发现动态开裂过程分为白斑的发展和宏观裂纹的发展两个阶段。在第一阶段，在这两种加载条件下，白色斑块模式通常是相似的。在第二阶段发现了宏观裂纹类型和破坏模式的显著差异。在准静态压缩下，拉伸翼白斑和反翼白斑分别演化为闭合拉伸翼裂纹和张开反翼裂纹，从而导致试样破坏。在动态压缩下，只有反翼白斑和剪切白斑演化成两对对称的剪切裂纹，导致试样破坏。节理倾角似乎不会影响远离裂纹尖端的剪切裂纹轨迹的形状和方向，准静态压缩下的破坏模式主要是对角的，而动态压缩下的破坏模式呈“X”型。

Zou 等人[83]研究了由霍普金森冲击加载和单轴加载条件下含有预制节理石膏试样的力学性能和开裂行为，发现试样的抗压强度、弹性模量和破坏应变随应变率的增加而明显增加。利用高速成像系统研究了在准静态和动态加载条件下试样破裂过程的异同，发现在动态荷载下，剪切裂纹是主要的裂纹类型，而在准静态荷载下，拉伸裂纹是主要的裂纹类型。Jiang 等人[84]采用霍普金森压杆和高速摄像机对三组双节理、多节理和特殊节理试样进行了动态测试，发现翼裂纹是否发生在预制节理尖端很大程度上取决于预制节理集的排列方式，预制节理对裂纹扩展路径有间接影响。Li 等人[85]使用改进的分离式霍普金森压杆装置对含有单一节理大理石试样进行了动态冲击试验，发现节理几何形状影响试样的动态强度，试样破坏过程包括白色斑块的形成和宏观裂纹的发展 2 个主要阶段。认为预制节理的存在可能会改变试样在动态荷载作用下的破坏模式，从完整试样的分裂为主转变为含有节理试样的剪切为主，预制节理的几何形状似乎对冲击荷载下试样的破坏模式有轻微影响。

王建国等人[86]研究了节理倾角对应力波穿越节理试样时的波动特性和能量传递及耗散的影响，发现在相似入射能量条件下，随着节理角度增大，反射能量比先增大后减小，透射能量比先减小后增大，且在节理倾角等于破坏角时，反射能量比和透射能量比到达极值。能量耗散比随节理倾角的变化有所波动。Shu 等人[87]利用霍普金森压杆装置研究了加载速率和加载角度对含单一节理试样动态力学特性和破坏模式的影响，发现试样的破坏模式可分有微小剥落、滑动破坏、断裂破坏和破碎破坏为 4 种类型，具有相似破坏模式的试样的动态峰值应力随加载速率线性增加。滑动破坏的破坏包络线斜率最小，其次是破碎破坏，断裂破坏的斜率最大。不管破坏模式如何，加载角度对试样的动态峰值应力影响有限，但它影响产生每种破坏模式的加载速率的界限，从而影响试样的动态响应。Li 等人[88]对含节理大理石试样进行了动态冲击试验，研究了裂纹角和韧带角对岩石动态力学性能、断裂行为和能量演化特性的影响，发现节理几何形状对试样的动态力学性质和断裂行为有很大影响，而节理倾角和节理数量对动态强度的影响比韧带角的影响更为显著。裂纹扩展可分为 2 个主要阶段，即白色斑块的形成和宏观裂纹的产生，白色斑块通常出现在试样达到峰值应力之前。剪切裂纹通常始于节理尖端或其附近，并扩展形成“X”型或半“X”型剪切带，在冲击荷载下主导宏观破坏。

1.3.2　完整岩体硐室围岩变形破坏机制及稳定性

地下工程建设的难点之一就是根据已揭露的地质信息与围岩破坏现象，预测下一步开挖或服役过程中可能出现的破坏模式，从而制定出有针对性的防控技术措施。因此，地下硐室围岩破坏模式分析是进行硐室稳定性分析和支护参数设计计算的基本依据，同时对于解释硐室围岩在受载作用下的整个开裂顺序和破坏机理至关重要。国内外许多学者开展了不同工况条件下硐室围岩破坏模式的物理模拟试验研究，获得了相应条件下的破坏形态，这大大提升了人们对地下工程硐室变形失稳灾害的认知。

1.3.2.1　静载下变形破坏机制及稳定性

对于完整岩体硐室围岩的破坏机制及稳定性问题，早在 20 世纪 70 年代，Lajtai 和 Lajtai[39]就进行了含圆形硐室石膏试样在真三轴加载条件下的破坏模式试验研究，认为在相对低的围压下，圆形硐室周围产生的破坏裂纹主要有以下 3 种类型：主拉伸裂纹、次级（远程）裂纹和剪切（正剪、斜剪）裂纹，主拉伸裂纹沿着最大主应力方向扩展，而远程裂纹和剪切裂纹偏离最大主应力方向而相交，这些裂纹构成了试样破坏模式的基本形态（见图 1-4），而试样的最终破坏模式跟围压大小有关。

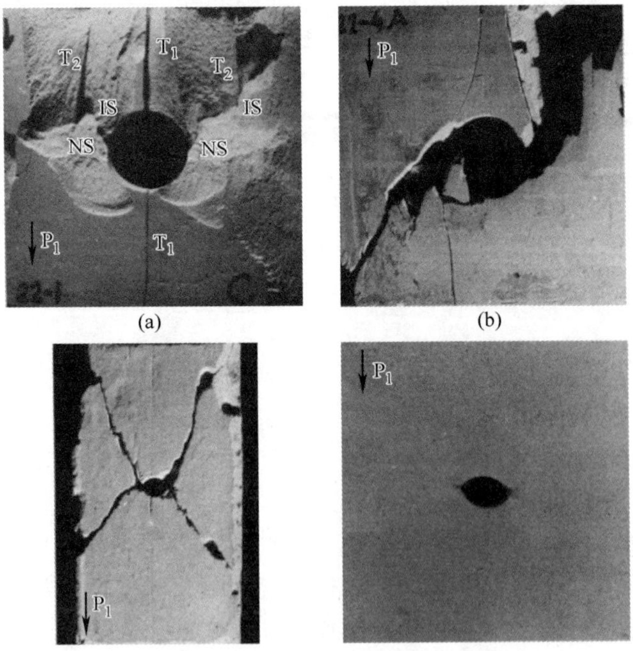

图 1-4　不同侧压条件下含硐室石膏试样断裂模式[39]

（a）低围压破坏前的裂纹；（b）低围压下的破坏模式；
（c）中等围压下的破坏模式；（d）高围压下的硐室逐渐闭合

Carter 等人[89]研究了在单轴压缩作用下含圆形硐室花岗岩试样中硐室周围裂纹的发展，观察到断裂从初级裂纹转移到远程裂纹，再到压缩裂纹。在较大的应力区间范围内，以主裂纹的稳定扩展为主。当裂纹长度与硐室直径相等时，临界应力条件转移到主裂纹的任一侧，导致远程裂纹成核。几乎与此同时，压缩应力集中造成的破坏也随之而来。随着应力的增加，远处部位的裂纹逐渐向压缩区延伸，最终与压缩裂纹合并。围压的增大缩短了以原生裂纹为唯一过程的应力区间，使破坏转移到远程和压缩破裂区域，最终破坏形态如图 1-5 所示。

Fakhimi 等人[90]对含圆形硐室的砂岩试样进行了双轴压缩试验，以模拟脆性岩石地下开挖周围的加载型破坏，发现试样的破坏模式除了有可见裂纹之外，在孔的横向边界处也形成两个“V”形切口（见图 1-6），这是由于在加载过程中圆形孔横向边界周围形成的应力集中造成的，并认为这两个切口中的损坏及该区域岩石的塑性行为是造成裂纹产生的原因。

图 1-5 单轴加载下含硐室花岗岩试样破坏模式[89]

图 1-6 双轴加载条件下含硐室砂岩破坏模式[90]

Wong 等人[21]分析了含有圆形硐室的香港花岗岩在单轴压缩下的硐室尺寸效应，认为岩石峰值强度受试样宽度和孔径的影响，峰值强度随孔径的增大而减小，随试样宽度的增大而增大，该研究可以为地下工程中硐室尺寸的选取提供有益指导。刘招伟和李元海[91]采用数字散斑相关量测方法和数字照相量测软件系统研究了含硐室岩石试件在单轴压缩下的局部化变形的力学条件，发现含硐室岩石试件局部化变形起始于轴向位移约为峰值点处轴向位移的 80%处，在峰值点左右变形局部化最为剧烈，此时轴向位移范围约为峰值点处轴向位移的 30%。李英杰等人[92]对含圆孔粉砂岩试样进行了双向不等压加载试验，认为孔壁处主要发生剪切破坏，孔壁深处的破坏是拉剪复合形式的破坏，剪切裂纹是试样损伤区的主要破裂形式。张艳博和刘善军[93]对含圆孔岩样受力及破裂过程的热辐射时空演化特征进行了试验研究，发现含圆孔岩石在加载过程中压、拉应力呈对称分布，导致热像的升温和降温区对称分布，应力场与红外辐射温度场之间呈很好的对应关系。试样加载后期发生破裂，剪性破裂辐射温度升高，而张性破裂辐射温度无明显变化。试样最终呈剪性破裂，而该区域的带状升温是岩石破裂失稳的重要红外前兆。

Zhao 等人[94]发现含圆形硐室花岗岩试样在单轴压缩条件下，硐室周围的破裂模式可表征为顶板处的拉伸裂纹（平行于轴向压缩方向裂开）、两侧壁处的压缩裂纹及硐室周边的远程或次级裂纹，断裂模式与硐室尺寸有关。Wong 和 Lin[95]研究了单轴加载状态下包含多个孔的非均质固体中出现的裂纹聚结机制，发现在外加荷载下，裂纹的萌生、扩展方向和聚结模式受孔间相互作用拉伸区形状的强烈影响，孔之间不存在纯拉伸裂纹聚结的情况，存在 3 种聚结模式，即拉伸模式与剪切聚结、以拉伸模式为主的混合模式聚结和混合模式聚结。Lin 等人[96]研究了单轴加载下含多个孔的花岗岩材料中裂纹的产生和聚结机理及破坏行为，发现硐室分布强烈影响裂纹萌生、聚结和峰值的应力及扩展模式。Li 等人[97]研究了单轴加载下不同几何形状的预制孔对含圆形或椭圆形孔大理石试样强度和断裂行为的影响，发现孔的几何形状是影响试样强度和边界切向应力分布的重要因素，切向压应力集中系数较高的试样的单轴抗压强度较低。试样中孔周围拉伸裂纹的扩展主要受应变局部化区成核和扩展的影响。Xu 等人[98]发现圆孔的顶部和底部容易形成拉伸断裂，而两侧容易发现剪切断裂。加载过程中孔周围产生的初始裂纹位置是最大主应力的方向或垂直方向，宏观裂纹方向大致与最大主应力方向一致。随着圆孔尺寸的增大和岩柱相对尺寸的减小，剪切裂纹占主导地位。

Du 等人[99]研究了韧带长度、韧带倾角及填充方式对含有两个预制圆孔砂岩强度特性和破坏模式的影响，发现初始裂纹可分为翼裂纹、轴向拉伸裂纹和弯曲拉伸裂纹。韧带的破坏模式可分为单斜裂纹模式、单轴向裂纹模式和两平行裂纹模式。所有试样的最终破坏模式可分为拉剪混合破坏和剪切破坏。充填物的强度对试样的最终破坏模式影响不大，而破坏模式随韧带长度、韧带倾角变化。Zhang 等人[100]根据恒定的侧向压力系数对中心带孔岩样进行了双轴加载试验，发现在较低的约束条件下，远程裂纹可能出现在距离圆形硐室周边约 0.5 倍圆孔半径的部位。当圆孔处于相同的应力边界条件下时，远程裂纹会以梯队形式反复出现，远程裂纹主要由拉伸损伤引起，同时也有一些剪切损伤，而侧向压力低是远程裂纹形成的根本原因。Yang 等人[101]研究了含孔花岗岩试样在高温处理后的破坏机理，认为随着温度的升高，试样中微裂纹的分布越来越分散，破坏越来越严重。韧带角度对试样的裂纹演化有显著影响。由于拉伸力集中在温度诱导裂纹处，高温处理后的试样中出现了更多新的分散分布的微裂纹。无论韧带角度如何，第一条裂纹都以剪切裂纹的形式与孔结合，剪切应力的最大值随着温度的升高而减小。

Zeng 等人[102]研究了含硐室试样在单轴加载荷载下的力学性能和开裂行为，发现硐室的形状对单轴抗压强度和破坏模式有相当大的影响，但对弹性模量的影响很小。裂纹萌生前的应力场分布随硐室的形状而变化，差异主要存在于纯拉伸三角形和低应力区的结构中。在压缩过程中，裂纹的产生和扩展受到应力场分布的影响，应力场分布也会受到新形成裂纹的影响。试样中产生的宏观裂纹可分为两类：拉伸诱导裂纹和压缩诱导裂纹，前一种裂纹通常较薄且相对有序，通常沿最大荷载方向扩展，后一种裂纹相对无序且较厚，通常由几条短而厚的裂纹聚结而成。压缩诱导裂纹是拉伸裂纹和剪切裂纹的混合，而拉伸诱导裂纹是纯拉伸裂纹。Yang 等人[103]研究了单轴加载下含椭圆形硐室砂岩的强度、变形和裂纹演化行为，发现峰值强度和弹性模量随椭圆形硐室倾角的增大先减小后增大，但椭圆形硐室倾角对峰值应变影响不大。椭圆形硐室倾角对裂纹的产生和扩展有很大影响。随着椭圆形硐室倾角的增大，翼拉伸裂纹起始区域从椭圆形硐室周边中部向尖端转移，剪切裂纹容易在椭圆形硐室尖端萌生，翼裂纹起裂应力随着椭圆形硐室倾角的增大而增大。

Weng 等人[41]研究了单轴加载下含圆孔花岗岩试样的变形破坏过程（见图 1-7），发现在单轴加载作用下，圆孔的破坏以试样所在区域的主拉裂纹开始，然后在其他区域产生剪切和拉伸裂纹之前，侧壁出现剪切裂纹，在试样中也观察到一些远程裂纹。Zhu 等人[104]研究了单轴加载下硐室中充填体强度、刚度和形状对砂岩试样力学性质和断裂演化的影响，发现充填体类型和形状是影响试样强度和变形特性的重要因素，相对刚性的充填体不仅能显著改善试样的力学性能，而且能为岩石破坏后的结构完整性提供更好的支撑。充填体周围应力分布的剧烈变化极大地影响了充填体周围的断裂行为和裂纹类型，不同充填条件下试样的最终破坏模式可以分为拉伸破坏、剪切破坏和拉伸-剪切混合破坏。Feng 等人[105]模拟分析了开挖卸载过程中圆形硐室周围的整个破坏过程和硬岩体的内在特性，认为硐室的破坏强度是结构面倾角和摩擦系数的函数，导致硐室破坏的结构面的临界倾角在很大程度上取决于摩擦系数。随着侧压系数的增大，硐室周围（尤其是硐室顶底部）的破坏强度和破坏程度加剧，破坏可分为开挖边界附近的片帮破坏和受结构面控制的剪切滑移破坏。

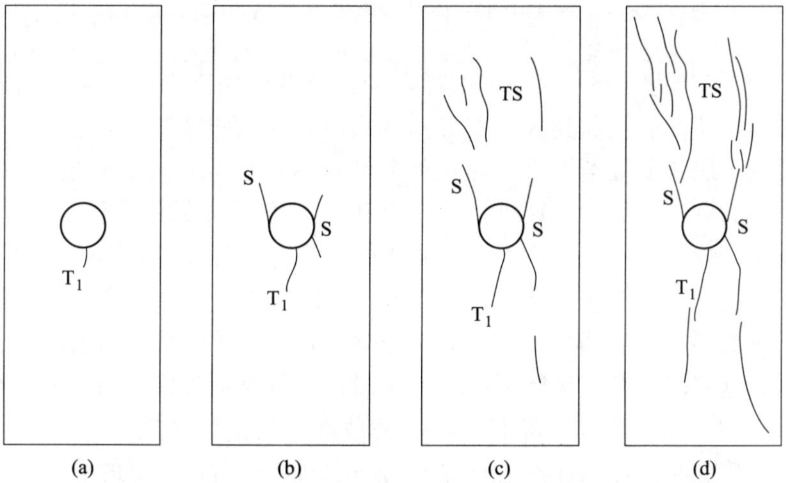

图 1-7 单轴加载下含硐室花岗岩试样断裂演化过程[41]

（a）张拉裂纹起裂；（b）剪切裂纹出现；（c）拉-剪裂纹形成；（d）主要破裂面聚结

T—张拉裂纹；S—剪切裂纹；TS—拉-剪裂纹

Li 等人[24]研究了含有不同硐室尺寸的类岩石试样在单轴加载下的力学特性和破坏模式，发现硐室尺寸对峰值强度和弹性模量有很大影响。裂纹起裂首先从试样的上表面开始，而不是从硐室的周围开始。拉伸裂纹和剪切裂纹共存于试样的顶部和底部，而拉伸裂纹在硐室两侧占主导地位（见图 1-8），试验的断裂模式受到岩柱和硐室的相对尺寸的影响。

1.3.2.2 动载下变形破坏机制及稳定性

为了能反映实际工程中地下硐室受动态扰动的影响，一些学者研究了完整岩体硐室围岩在冲击动载下的失稳破坏行为。

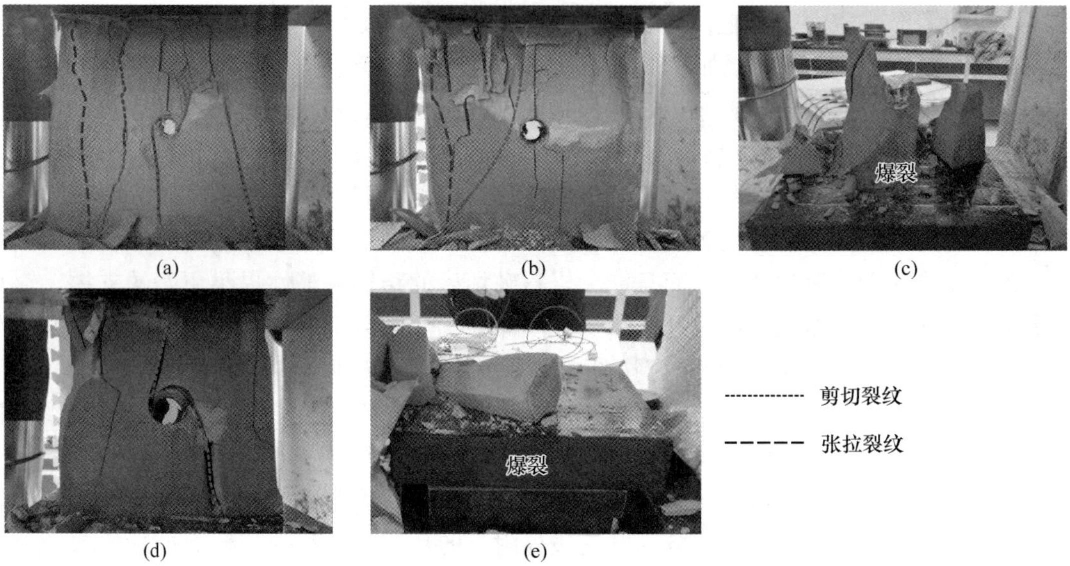

图 1-8　单轴加载下含硐室类岩样破坏模式[24]

（a）$\lambda=0.1$；（b）$\lambda=0.13$；（c）$\lambda=0.17$；（d）$\lambda=0.2$；（e）$\lambda=0.23$

李地元等人[106]认为含硐室大理岩试样在冲击荷载作用下会在硐室周边产生平行于轴向加载方向的初始拉伸裂纹和类 X 型初始剪切裂纹，在试样破坏中起主导作用。随着孔径增大，剪切裂纹扩展速度逐渐增大，而拉伸裂纹扩展速度减小。椭圆形硐室的长短轴比、长轴与加载方向的夹角均是影响裂纹扩展速度和动态抗压强度的因素。Li 等人[107]研究了含孔砂岩试样在动静组合加载作用下的断裂过程，认为静荷载显著影响表面裂纹的产生及破坏区的形状和大小。只有在动态荷载作用下，表面裂纹萌生的位置才会随机分布，试样最终会形成具有圆形开口的凹坑。施加横向静荷载后，试样中心开始出现平行于静荷载方向的表面裂纹。这些凹坑开口是椭圆形的，椭圆长轴与静态荷载方向一致。在较大的静态和动态荷载下，凹坑体积增加，静态和动态荷载都会促进试样破坏。Tao 等人[108]认为高静态预应力与动荷载共同作用促使岩石碎屑向周围圆孔喷出，较低的静态预应力与动荷载耦合不会导致岩石破坏。在半正弦波加载条件下，瞬态波入射时圆孔周围的动应力集中进一步得到证明，静应力集中和动应力集中的共同作用诱发了岩石的初次断裂。Han 等人[109]研究了动态冲击作用下含双椭圆硐室的绿砂岩试样的变形特性和断裂演化过程，发现损伤角对动态强度的影响比韧带角更显著，韧带角对动态变形特性影响很大。宏观尺度裂纹大多始于椭圆硐室尖端或其附近，然后以不同的裂纹几何形状在不同的路径上扩展，导致基于裂纹聚结的五种典型模式下的最终破坏。

Weng 等人[41]测试了含孔花岗岩试样的动态破坏过程，发现当试样处于相似的动态扰动条件下时，试样的动态裂纹起裂应力、破坏模式和动态裂纹速度都取决于预应力水平。随着预应力的增加，裂纹起裂应力阈值先略有增加，然后急剧下降。在较低预应力下，试样主要被平行于加载方向的拉伸裂纹破坏，而在较高预应力下，试样被附加的剪切裂纹严重破坏。初始裂纹的扩展速度明显大于后续裂纹的扩展速度。此外，Weng 等人[110]还认为在高预应力下岩石损伤更大，在相同的动态加载条件下，含正方形硐室试样比含圆孔试样破坏的更严重，预应力和随后的动荷载引起的硐室周围的环向应力集中，试样断裂起始于最大环向应力集中区。

1.3.3 节理化岩体硐室围岩变形破坏机制及稳定性

目前有关节理化岩体硐室围岩在静载和动载作用下的变形破坏机制及稳定性研究较少，只有少量静载作用下节理化岩体硐室围岩变形破坏机制及稳定性的研究成果可见报道。Sagong 等人[13]研究了双轴压缩条件下不同节理倾角对含孔节理岩体断裂行为和节理滑动特性的影响，发现拉伸裂纹的起裂和扩展是低节理倾角试样中孔周围的主要断裂行为，拉伸裂纹的扩展方向大致垂直于节理面，随着拉伸裂纹的扩展，产生可移动的岩块（见图 1-9）。随着节理倾角的减小，拉伸断裂的环向应力阈值增加，孔周围损伤区域增加。

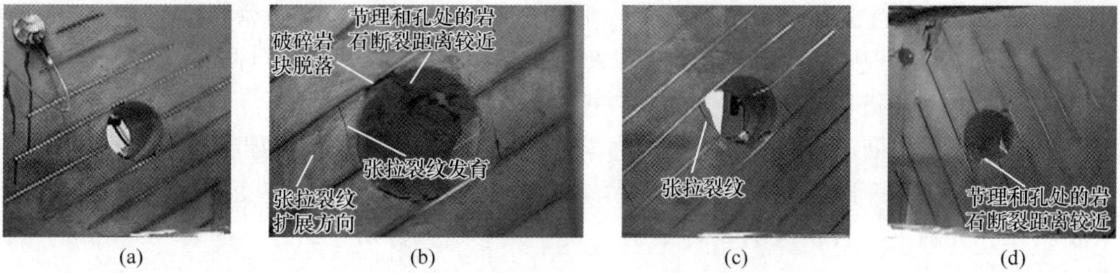

图 1-9 双轴加载下含硐室花岗岩试样断裂演化过程[13]

（a）节理角度为 30°的岩石模型；（b）节理角度为 30°的岩石模型圆孔周围的放大图；（c）节理角度为 45°的岩石模型；（d）节理角度为 60°的岩石模型

杨圣奇等人[23]认为含硐室节理砂岩试样的力学参数均显著低于完整试样，但降低幅度与硐室直径及节理对称分布密切相关，随着硐室直径的增加，试样的峰值强度与峰值应变均呈减小趋势，不对称分布试样的力学参数均低于对称分布。Wang 等人[27]基于基底摩擦试验研究了层状节理倾角对节理岩体圆孔稳定性的影响，发现新产生裂纹的主要扩展方向近似垂直于节理倾角。对于脆性岩体基体，地下硐室周围的变形受岩体基体的拉伸破坏控制。节理倾角的减小导致岩体塑性破坏区增加，节理倾角较小的试样会产生大量裂纹。硐室形状对新产生裂纹的主要扩展方向的影响较小。Cao 等人[28]研究了硐室和节理对硐室周围裂纹聚结行为的相互作用效应，认为试样强度参数主要受节理倾角和节理间距的影响，硐室对节理试样的破坏模式有很大影响，节理试样呈现出水平对称劈裂破坏、硐室侧阶梯破坏、平面破坏和混合破坏 4 种破坏模式（见图 1-10）。

Fan 等人[29]研究了单轴加载下含孔节理试样的峰值应力、裂纹起裂应力、微裂纹数量、局部应力分布和断裂行为，发现节理和硐室与峰值应力、裂纹起裂应力和微裂纹数量有明显的关系。随着节理倾角的增大，节理周围的主应力分布发生变化，而硐室周围的主应力呈现出大小不同的相似形状。Yin 等人[30]研究了单轴加载条件下含孔节理砂岩试样的力学行为和裂纹聚结模式，认为含孔节理试件的力学参数低于完整试件，其减小程度与节

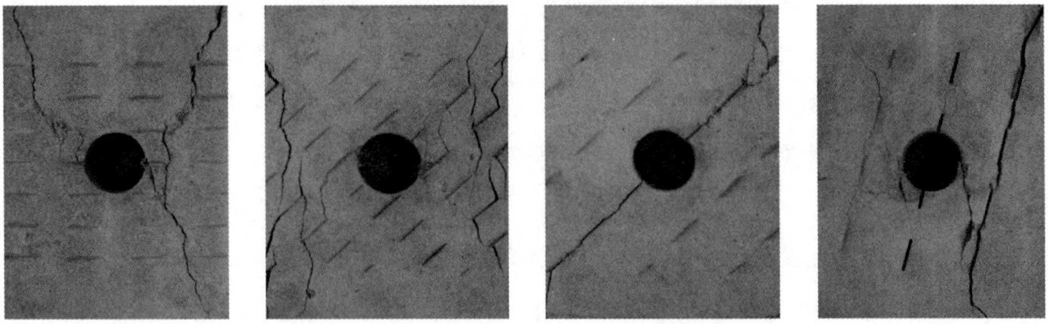

图 1-10　不同破坏模式下的裂纹聚结[28]
(a) 对称劈裂破坏；(b) 硐室侧阶梯破坏；(c) 平面破坏模式；(d) 混合破坏模式

理倾角、韧带长度和节理长度有关。初始裂纹类型和断裂模式取决于组合节理几何形状。节理倾角、韧带长度或节理长度较小时，含孔节理试样的断裂模式通常从孔壁开始并演化到试样边界，而节理倾角、韧带长度或节理长度较大时，从孔壁和节理尖端出现的裂纹形成主破坏面，并伴随着试样内独立的"三棱柱结构"出现。Liu 等人[38]认为含椭圆形硐室节理砂岩试样中的韧带角度是影响试样力学特性的重要因素，随着韧带角度的增加，峰值强度、峰值应变和弹性模量先减小后增大。裂纹扩展行为是突出的应变局部化区域渐进演化的结果，并确定了岩桥区的 4 种聚结模式：无聚结、剪切聚结、双剪切聚结和双拉伸聚结。

1.3.4　节理岩体中应力波传播特性

天然岩体中存在的节理对波传播有显著影响，应力波在节理岩体中传播与衰减规律的研究已成为岩石力学研究的热点方向。由地震、冲击或者爆炸产生的 P 波在具有节理的岩体中传播时，由于节理的存在，应力波的振幅或波速等性质发生变化，通过研究冲击应力波在节理岩体中的衰减特性可得到节理岩体的动态力学性质[44]。

节理岩体中应力波传播特性研究主要集中在理论研究、试验和模拟研究等方面。理论研究方面，学者们已经提出了两类方法来研究波在节理岩体中的传播。(1) 等效介质方法，该方法将节理岩体视为等效连续介质，通过等效介质的有效模量来考虑节理对岩体的影响，根据有效模量的不同，该方法可分为静态等效介质法和动态等效介质法[111]。Crampin 等人[112]使用动态等效介质方法获得相速度方程，然而这种方法是有局限性的，忽略了波的频率依赖性[113]。因此，Li 等人[114]提出了等效黏弹性介质法来克服这些局限性。等效黏弹性介质方法的实用性和有效性得到了 Ma[115] 和 Fan[116] 等人的进一步验证。(2) 位移不连续法，它包括由 Mindlin[117]建立的线性模型和由 Bandis 等人[118-119]提出的非线性模型，该方法已被广泛应用于研究波在线性和非线性变形节理岩体中的传播。例如，Zhao 等人[120]用位移不连续法分析了弹性纵波穿过平行节理的传播特性。Fan 和 Wong[121]利用非线性位移不连续法研究了应力波在填充节理内的传播规律。以前的研究主要集中在节理前后具有相同性质的岩体中的波传播问题。Fan 等人[122]研究了节理两侧岩石具有不同波阻抗的复杂岩体中波的传播，通过引入四组特征线，对复杂岩体波传播的传统位移间断法进行了改进。“软到硬”和“硬到软”岩体被用来演示波在复杂岩体中的传播，波阻抗比对波在复杂岩体中的传播起着重要作用。对于“软到硬”岩体，当波阻抗比和入射波频率足够小时，颗粒速度传输比总是小于 1.0，而应力传输比可能大于 1.0。对于“硬到软”岩体，当波阻抗比足够大且入射波频率足够小时，应力传输比总是小于 1.0，而颗粒速度传输比可能大于 1.0。表明波在复杂岩体中的传播并不总是衰减的，在某些情况下可能会增强。

此外，也有学者从其他方面对应力波进行了理论研究。王明洋和钱七虎[123]根据断层与节理裂隙带的几何关系，运用应力波通过裂隙传播理论，分析了应力波通过节理裂隙带的衰减规律。Ma 等人[115]采用傅里叶变换方法对应力波在节理岩体等效黏弹性介质中的传播进行了理论推导，并解析确定了等效黏弹性介质参数的方法，认为等效黏弹性介质法比传统的有效弹性模量法能更准确地预测节理岩体中的有效速度和应力波传播系数。赵安平等人[124]建立了节理岩体一维分析模型并进行量纲分析，探讨了节理特性对应力波传播规律的影响。柴少波等人[125]采用时域递归分析法分析了两条交叉节理之间多重反射波的传播过程，结合叠加原理建立了平面 P 波在两条交叉节理中的传播方程。

在试验和模拟研究方面，Zhang 和 Zhao 等人[126]介绍了应力波在岩石节理传播过程中可能出现的情况（见图 1-11），并研究了冲击波在岩石裂缝和岩体中的传播规律。刘婷婷等人[127]模拟了节理角度和间距对称交叉节理对应力波传播规律的影响，发现与平行节理相比，相同角度和间距下交叉节理对应力波的衰减作用更大，夹角越大，透射系数越小，

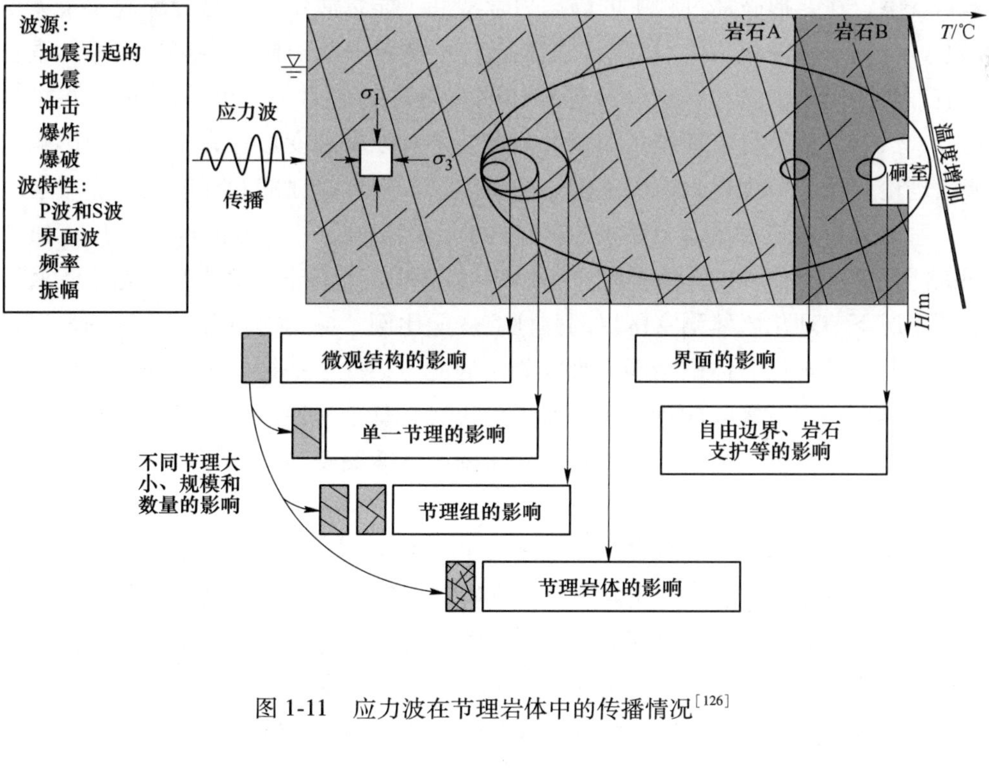

图 1-11 应力波在节理岩体中的传播情况[126]

间距对透射系数的影响与平行节理有相似的趋势。陈昕等人[128]研究了一维应力波在预制节理花岗岩试样中的传播规律，进而分析了节理的动力学特性。李新平等人[129]通过模型试验研究不同地应力下应力波在节理岩体中的传播规律，同时考虑节理数量的影响，并推导地应力作用下应力波在多条非线性节理处的传播方程。

1.4 研究内容

地下工程岩体自身复杂的力学行为及其所处的多变的工程地质环境致使地下硐室在开挖和服役期间表现出复杂多变的破坏现象，尤其是近年来世界范围内的地下工程（如采矿工程、隧道工程等）正以前所未有的速度不断向地下深部延伸，地下硐室围岩的稳定性问题更加突出，所造成的灾难性破坏事故的频度和强度呈上升趋势。鉴于此，本书从地下硐室围岩稳定性及其控制这一关键科学问题出发，采用物理模拟试验方法，开展静态和动态荷载作用下完整岩体硐室围岩和节理化岩体硐室围岩（含平行节理岩体硐室围岩、含交叉节理岩体硐室围岩）的失稳破坏机制及防控技术研究。最后，以典型的山东三山岛金矿为工程背景，采用三维离散元软件 3DEC 模拟分析该矿节理化岩体巷道受冲击扰动后的变形破坏特征，系统地揭示不同工况下节理化岩体硐室围岩的失稳破坏机制，为建立地下硐室围岩稳定性的合理评价指标、准确预测方法和有效防控技术措施提供科学依据。本书围绕上述问题，主要内容如下。

（1）静载下节理化岩体硐室围岩失稳破坏能量演化机制及判据研究。通过开展较低加载速率下的静态加载试验，分析完整岩体硐室围岩、含平行节理岩体硐室围岩和含交叉节理岩体硐室围岩在变形破坏过程中的静态力学特性、能量演化过程与分配规律及失稳破坏能量判据，为揭示节理化岩体硐室围岩损伤破坏的能量演化机制提供理论支撑。重点分析含平行节理岩体硐室围岩和含交叉节理岩体硐室围岩的应力-应变演化特征，并对其进行阶段划分，然后分析平行节理倾角和交叉节理夹角对强度和变形等力学参数的影响。基于岩石能量理论，研究节理化岩体硐室围岩的总能量、弹性应变能和耗散能随加载水平的演化模式，重点分析这三种能量在临近破坏时的突变特征，讨论峰值点总能量、弹性应变能、耗散能及破坏时输入的总能量随平行节理倾角和交叉节理夹角的变化趋势。通过对比分析不同工况下节理化岩体硐室围岩的弹性应变能比例，揭示能量分配规律的差异性，并分析不同工况下节理化岩体硐室围岩吸收能量的能力，揭示平行节理和交叉节理及其角度对节理化岩体硐室围岩吸收能量的弱化作用。最后，基于弹性能耗比建立节理化岩体硐室围岩失稳破坏能量判据，分析弹性能耗比变化率的连续突变与试样裂纹扩展扩展和失稳破坏的对应关系。

（2）静载下节理化岩体硐室围岩失稳破坏声发射变异性及前兆信息研究。基于静态加载试验和 AE 监测技术，系统研究含完整岩体硐室围岩、含平行节理岩体硐室围岩和含交叉节理岩体硐室围岩在变形破坏过程的 AE 参数的变异性特征及前兆信息。重点分析含平行节理岩体硐室围岩、含交叉节理岩体硐室围岩在变形破坏过程中声发射时序参数（包括 AE 事件率、累积事件数、能率、累积能量和 b 值）和频域参数（包括 AE 峰频、幅值）

的演化特征，并分析不同工况下节理化岩体硐室围岩 AE 演化特征的差异性，尤其是平行节理倾角和交叉节理夹角的改变对 AE 特征的影响。在此基础上，进一步分析不同 AE 参数之间的相互关系，探讨可用于节理化岩体硐室围岩破坏前兆信息识别的 AE 特征参数，揭示节理化岩体硐室围岩 AE 性能变异的细观机理，为地下工程中节理化岩体硐室围岩 AE 监测预报技术的现场应用提供基础依据。

（3）静载下节理化岩体硐室围岩失稳破坏特征及其控制研究。结合数字图像相关方法从定量和定性角度对完整岩体硐室围岩、含平行节理岩体硐室围岩和含交叉节理岩体硐室围岩在变形破坏过程中的全局变形场（水平位移场、垂直位移场和主应变场）的演化特征进行宏细观分析。重点分析含不同平行和交叉节理角度的节理化岩体硐室围岩在破坏过程中的局部变形集中现象、裂纹起裂位置和扩展路径，获得裂纹扩展演化过程和最终破坏模式，揭示节理化岩体硐室围岩在静态荷载下的渐进式失稳破坏机制。此外，对比分析含不同平行和交叉节理角度的节理化岩体硐室围岩表面的变形破坏特征，揭示平行节理倾角和交叉节理夹角对节理化岩体硐室围岩裂纹扩展过程，以及断裂机制的影响规律。然后，探讨含不同平行和交叉节理角度的节理化岩体硐室围岩在变形破坏过程中出现的白色斑块的形成机制，以及拉伸和剪切裂纹的断裂特征。最后，基于静态加载试验结果，提出相应的节理化岩体硐室围岩失稳控制建议。

（4）动载下节理化岩体硐室围岩力学响应特征及其破坏机制与控制研究。采用分离式霍普金森压杆装置研究不同冲击气压下完整岩体硐室围岩、含平行节理岩体硐室围岩和含交叉节理岩体硐室围岩的动态力学特性、应力波波动特性、能量耗散特征、裂纹扩展演化过程及破坏模式等，重点分析平行节理倾角、交叉节理夹角及冲击气压大小对这些研究对象的影响规律，揭示节理化岩体硐室围岩的突发式失稳破坏机制。同时，与静态荷载作用下的力学特性、裂纹扩展规律和破坏模式等特征进行对比分析，探索静态和动态荷载作用下节理化岩体硐室围岩力学响应行为和失稳破坏机制的差异性。最后基于动态加载试验结果，提出相应的节理化岩体硐室围岩失稳控制建议。

（5）冲击扰动下矿山井下节理化岩体硐室围岩稳定性分析与控制研究。以典型的山东三山岛金矿地下深部巷道为工程背景，首先对该矿区进行地应力测量，并根据三维不接触扫描系统采集到的巷道围岩结构面信息，确定优势结构面产状。采用三维离散元软件 3DEC 建立考虑实际地应力状态和优势结构面空间分布的节理化岩体巷道数值模型，将实测的地应力场模型作为数值模型的应力边界，研究节理化岩体巷道围岩受到冲击扰动时的失稳破坏特征及其稳定性。然后，进一步探讨冲击扰动作用下不同埋深、不同冲击应力波峰值及不同冲击应力波延时对节理化岩体巷道围岩变形及失稳破坏特征的影响规律。在物理模拟试验和数值计算结果的基础上，探讨节理化岩体硐室围岩的失稳破坏机制，提出节理化岩体硐室围岩失稳控制理论，并构建相应的失稳控制技术措施，为工程动力灾害防控提供指导。

本书的技术路线如图 1-12 所示。

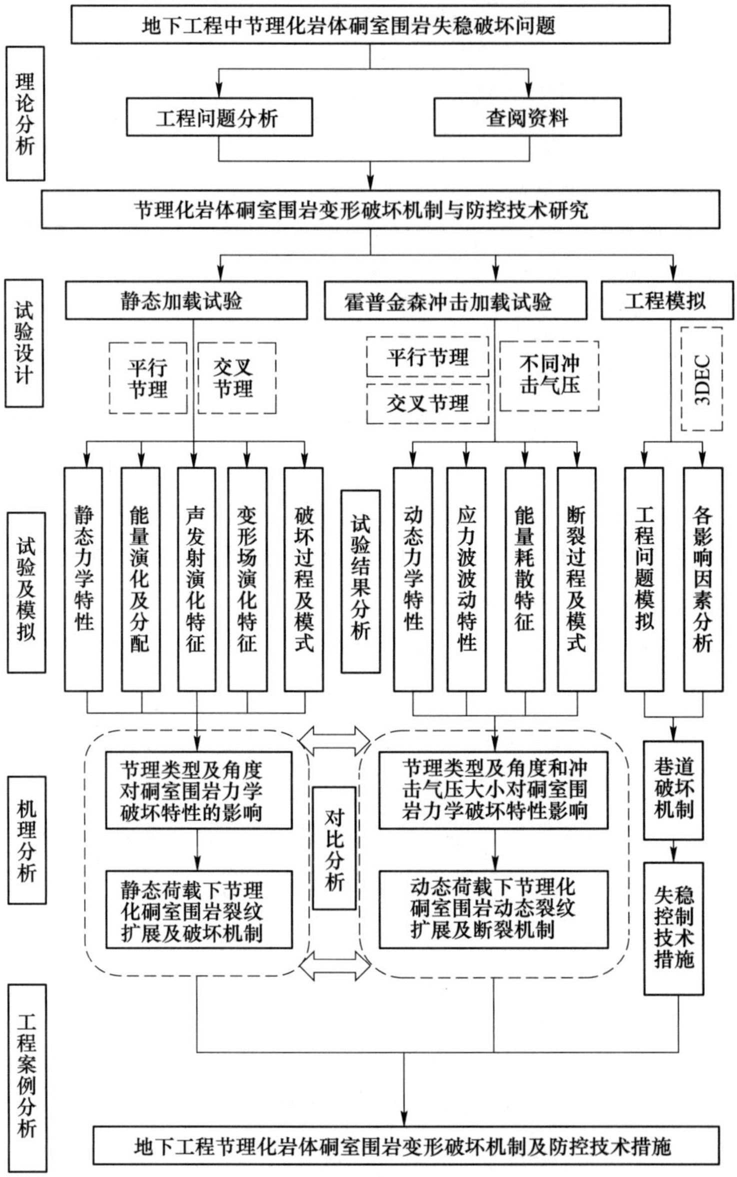

图 1-12　技术路线图

参 考 文 献

[1] 李鹏，郭奇峰，苗胜军，等．浅部和深部工程区地应力场及断裂稳定性比较［J］．哈尔滨工业大学学报，2017，49（9）：10-16.

[2] 唐春安．锦屏二级水电站深埋隧洞岩爆分析与预警［J］//第十二次全国岩石力学与工程学术大会，南京，2012.

[3] MAS IVARS D，PIERCE M E，DARCEL C，et al. The synthetic rock mass approach for jointed rock mass modelling［J］. International Journal of Rock Mechanics and Mining Sciences，2011，48（2）：219-244.

[4] 吴文平，冯夏庭，张传庆，等．深埋硬岩隧洞围岩的破坏模式分类与调控策略［J］．岩石力学与工

程学报，2011，30（9）：1782-1802.

[5] 邓伟，刘成禹，李红军，等．乌兹别克斯坦甘姆奇克隧道岩爆特点及其形成机制［J］．隧道建设，2016，36（3）：275-281.

[6] 吴满路，廖椿庭．大茅隧道地应力测量及围岩体稳定性研究［J］．地质力学学报，2000（2）：71-76.

[7] 姜耀东，刘文岗，赵毅鑫，等．开滦矿区深部开采中巷道围岩稳定性研究［J］．岩石力学与工程学报，2005（11）：1857-1862.

[8] 任富强．冬瓜山铜矿床岩爆浅析［J］．采矿技术，2010，10（4）：41-42.

[9] 吴世勇，王鸽．锦屏二级水电站深埋长隧洞群的建设和工程中的挑战性问题［J］．岩石力学与工程学报，2010，29（11）：2161-2171.

[10] 杨云浩，王仁坤，邢万波，等．猴子岩水电站洞群硬脆性围岩变形破坏特征的 3DEC 分析［J］．岩石力学与工程学报，2015，34（S2）：4178-4186.

[11] 苏国韶，冯夏庭，江权，等．高地应力下地下工程稳定性分析与优化的局部能量释放率新指标研究［J］．岩石力学与工程学报，2006（12）：2453-2460.

[12] 罗超文，李海波，李卫兵，等．赣龙铁路梅花山隧道围岩应力及岩体模量研究［J］．岩石力学与工程学报，2014，33（9）：1880-1886.

[13] SAGONG M，PARK D，YOO J，et al. Experimental and numerical analyses of an opening in a jointed rock mass under biaxial compression［J］. International Journal of Rock Mechanics and Mining Sciences，2011，48（7）：1055-1067.

[14] 李地元，刘濛，韩震宇，等．含孔洞层状砂岩动态压缩力学特性试验研究［J］．煤炭学报，2019，44（5）：1349-1358.

[15] VAN DE STEEN B，VERVOORT A，NAPIER J A L，et al. Implementation of a flaw Model to the fracturing around a vertical shaft［J］. Rock Mechanics and Rock Engineering，2003，36（2）：143-161.

[16] GHAZVINIAN E. Modelling and testing strategies for brittle fracture simulation in crystalline rock samples［D］. Queen's University，2010.

[17] BRADLEY A L. Investigating the influence of mechanical anisotropy on the fracturing behaviour of brittle clay shales with application to deep geological repositories［D］. University of Toronto，2013.

[18] 李夕兵，翁磊，谢晓锋，等．动静载荷作用下含孔洞硬岩损伤演化的核磁共振特性试验研究［J］．岩石力学与工程学报，2015，34（10）：1985-1993.

[19] 腾俊洋，唐建新，李欣怡．含孔洞加锚岩石力学特性及裂纹扩展规律［J］．岩石力学与工程学报，2018，37（1）：87-103.

[20] TANG C A，WONG R，CHAU K T，et al. Modeling of compression-induced splitting failure in heterogeneous brittle porous，solids［J］. Engineering Fracture Mechanics，2005，72（4）：597-615.

[21] WONG R H C，LIN P，TANG C A. Experimental and numerical study on splitting failure of brittle solids containing single pore under uniaxial compression［J］. Mechanics of Materials，2006，38（1/2）：142-159.

[22] 杨圣奇，吕朝辉，渠涛．含单个孔洞大理岩裂纹扩展细观试验和模拟［J］．中国矿业大学学报，2009，38（6）：774-781.

[23] 杨圣奇，刘相如，李玉寿．单轴压缩下含孔洞裂隙砂岩力学特性试验分析［J］．岩石力学与工程学报，2012，31（S2）：3539-3546.

[24] LI P，REN F，CAI M，et al. Investigating the mechanical and acoustic emission characteristics of brittle failure around a circular opening under uniaxial loading［J］. International Journal of Minerals，Metallurgy，and Materials，2019，26（10）：1217-1230.

[25] AFOLAGBOYE L O, HE J, WANG S. Crack initiation and coalescence behavior of two non-parallel flaws [J]. Geotechnical and Geological Engineering, 2018, 36 (1): 105-133.

[26] JIANG Y, LI B, YAMASHITA Y. Simulation of cracking near a large underground cavern in a discontinuous rock mass using the expanded distinct element method [J]. International Journal of Rock Mechanics and Mining Sciences, 2009, 46 (1): 97-106.

[27] WANG X, JIANG Y, LI B. Experimental and numerical study on crack propagation and deformation around underground opening in jointed rock masses [J]. Geosciences Journal, 2017, 21 (2): 291-304.

[28] CAO R H, CAO P, LIN H, et al. Mechanical behavior of an opening in a jointed rock-like specimen under uniaxial loading: Experimental studies and particle mechanics approach [J]. Archives of Civil and Mechanical Engineering, 2018, 18 (1): 198-214.

[29] FAN X, LI K, LAI H, et al. Internal stress distribution and cracking around flaws and openings of rock block under uniaxial compression: A particle mechanics approach [J]. Computers and Geotechnics, 2018, 102: 28-38.

[30] YIN Q, JING H, SU H. Investigation on mechanical behavior and crack coalescence of sandstone specimens containing fissure-hole combined flaws under uniaxial compression [J]. Geosciences Journal, 2018, 22 (5): 825-842.

[31] 谢和平，鞠杨，黎立云．基于能量耗散与释放原理的岩石强度与整体破坏准则 [J]. 岩石力学与工程学报，2005 (17): 3003-3010.

[32] ZOU C, WONG L N Y. Experimental studies on cracking processes and failure in marble under dynamic loading [J]. Engineering Geology, 2014, 173: 19-31.

[33] PARK C H, BOBET A. Crack coalescence in specimens with open and closed flaws: A comparison [J]. International Journal of Rock Mechanics and Mining Sciences, 2009, 46 (5): 819-829.

[34] LEE H, JEON S. An experimental and numerical study of fracture coalescence in pre-cracked specimens under uniaxial compression [J]. International Journal of Solids and Structures, 2011, 48 (6): 979-999.

[35] YANG S, TIAN W, HUANG Y, et al. An experimental and numerical study on cracking behavior of brittle sandstone containing two non-coplanar fissures under uniaxial compression [J]. Rock Mechanics and Rock Engineering, 2016, 49 (4): 1497-1515.

[36] MORGAN S P, EINSTEIN H H. Cracking processes affected by bedding planes in Opalinus shale with flaw pairs [J]. Engineering Fracture Mechanics, 2017, 176: 213-234.

[37] MODIRIASARI A, BOBET A, PYRAK-NOLTE L J. Active seismic monitoring of crack initiation, propagation, and coalescence in rock [J]. Rock Mechanics and Rock Engineering, 2017, 50 (9): 2311-2325.

[38] LIU X, YANG S, HUANG Y, et al. Experimental study on the strength and fracture mechanism of sandstone containing elliptical holes and fissures under uniaxial compression [J]. Engineering Fracture Mechanics, 2019, 205: 205-217.

[39] LAJTAI E Z, LAJTAI V N. The collapse of cavities [J]. International Journal of Rock Mechanics and Mining Sciences & Geomechanics Abstracts, 1975, 12 (4): 81-86.

[40] YANG S Q, XU T, HE L, et al. Numerical study on failure behavior of brittle rock specimen containing pre-existing combined flaws under different confining pressure [J]. Archives of Civil and Mechanical Engineering, 2015, 15 (4): 1085-1097.

[41] WENG L, LI X, TAHERI A, et al. Fracture evolution around a cavity in brittle rock under uniaxial compression and coupled static-dynamic loads [J]. Rock Mechanics and Rock Engineering, 2018, 51 (2): 531-545.

[42] LIU X, YANG S, HUANG Y, et al. Experimental study on the strength and fracture mechanism of sandstone containing elliptical holes and fissures under uniaxial compression [J]. Engineering Fracture Mechanics, 2019, 205: 205-217.

[43] LAWN B R. Fracture of Brittle Solids [M]. 2nd ed. Cambridge: Cambridge University Press, 1993.

[44] 陈昕. 节理粗糙度对岩体抗压动态力学特性影响的实验研究 [D]. 北京: 北京科技大学, 2016.

[45] 李娜娜, 李建春, 李海波, 等. 节理接触面对应力波传播影响的SHPB试验研究 [J]. 岩石力学与工程学报, 2015, 34 (10): 1994-2000.

[46] BOBET A, EINSTEIN H H. Fracture coalescence in rock-type materials under uniaxial and biaxial compression [J]. International Journal of Rock Mechanics and Mining Sciences, 1998, 35 (7): 863-888.

[47] HAERI H, SHAHRIAR K, MARJI M F, et al. Experimental and numerical study of crack propagation and coalescence in pre-cracked rock-like disks [J]. International Journal of Rock Mechanics and Mining Sciences, 2014, 67: 20-28.

[48] PAKZAD R, WANG S, SLOAN S. Numerical study of the failure response and fracture propagation for rock specimens with preexisting flaws under compression [J]. International Journal of Geomechanics, 2018, 18 (040180707).

[49] 谭志宏, 唐春安, 朱万成, 等. 含缺陷花岗岩破坏过程中的红外热像试验研究 [J]. 岩石力学与工程学报, 2005 (16): 2977-2981.

[50] 肖桃李, 李新平, 贾善坡. 深部单裂隙岩体结构面效应的三轴试验研究与力学分析 [J]. 岩石力学与工程学报, 2012, 31 (8): 1666-1673.

[51] 刘红岩, 黄妤诗, 李楷兵, 等. 预制节理岩体试件强度及破坏模式的试验研究 [J]. 岩土力学, 2013 (5): 1235-1241.

[52] WONG L N Y, ZHANG X. Size effects on cracking behavior of flaw-containing specimens under compressive loading [J]. Rock Mechanics and Rock Engineering, 2014, 47 (5): 1921-1930.

[53] 李建林, 王乐华, 孙旭曙. 节理岩体卸荷各向异性力学特性试验研究 [J]. 岩石力学与工程学报, 2014, 33 (5): 892-900.

[54] ZHANG X, WONG L N Y, WANG S. Effects of the ratio of flaw size to specimen size on cracking behavior [J]. Bulletin of Engineering Geology and the Environment, 2015, 74 (1): 181-193.

[55] CHONG Z, LI X, YAO Q, et al. Anchorage behaviour of reinforced specimens containing a single fissure under uniaxial loading: A particle mechanics approach [J]. Arabian Journal of Geosciences, 2016, 9 (12): 1-19.

[56] ZHANG Q, MA D, LIU J, et al. Numerical studies on the failure process of heterogeneous rock material with preexisting fracture under uniaxial compression [J]. Advances in Civil Engineering, 2018, 2018: 1-12.

[57] HAERI H, SHAHRIAR K, MARJI M F, et al. On the strength and crack propagation process of the pre-cracked rock-like specimens under uniaxial compression [J]. Strength of Materials, 2014, 46 (2): 301.

[58] HAERI H. Crack analysis of pre-cracked brittle specimens under biaxial compression [J]. Journal of Mining Science, 2015, 51 (6): 1091-1100.

[59] YANG S Q, JIANG Y Z, XU W Y, et al. Experimental investigation on strength and failure behavior of pre-cracked marble under conventional triaxial compression [J]. International Journal of Solids and Structures, 2008, 45 (17): 4796-4819.

[60] YANG S, LIU X, JING H. Experimental investigation on fracture coalescence behavior of red sandstone containing two unparallel fissures under uniaxial compression [J]. International Journal of Rock Mechanics

and Mining Sciences, 2013, 63: 82-92.

[61] ZHANG X, WONG L N Y. Crack initiation, propagation and coalescence in rock-like material containing two flaws: a numerical study based on bonded-particle model approach [J]. Rock Mechanics and Rock Engineering, 2013, 46 (5): 1001-1021.

[62] ZHAO Y, ZHANG L, WANG W, et al. Cracking and stress-strain behavior of rock-like material containing two flaws under uniaxial compression [J]. Rock Mechanics and Rock Engineering, 2016, 49 (7): 2665-2687.

[63] HUANG Y, YANG S, ZHAO J. Three-Dimensional numerical simulation on triaxial failure mechanical behavior of rock-like specimen containing two unparallel fissures [J]. Rock Mechanics and Rock Engineering, 2016, 49 (12): 4711-4729.

[64] YIN Q, JING H, ZHU T. Mechanical behavior and failure analysis of granite specimens containing two orthogonal fissures under uniaxial compression [J]. Arabian Journal of Geosciences, 2016, 9 (1): 1-15.

[65] FU J, LIU S, ZHU W, et al. Experiments on failure process of new rock-like specimens with two internal cracks under biaxial loading and the 3D simulation [J]. Acta Geotechnica, 2018, 13 (4): 853-867.

[66] FENG P, DAI F, LIU Y, et al. Effects of strain rate on the mechanical and fracturing behaviors of rock-like specimens containing two unparallel fissures under uniaxial compression [J]. Soil Dynamics and Earthquake Engineering, 2018, 110: 195-211.

[67] NIU Y, ZHOU X P, ZHANG J Z, et al. Experimental study on crack coalescence behavior of double unparallel fissure-contained sandstone specimens subjected to freeze-thaw cycles under uniaxial compression [J]. Cold Regions Science and Technology, 2019, 158: 166-181.

[68] PARK C H, BOBET A. Crack initiation, propagation and coalescence from frictional flaws in uniaxial compression [J]. Engineering Fracture Mechanics, 2010, 77 (14): 2727-2748.

[69] HAERI H. Propagation mechanism of neighboring cracks in rock-like cylindrical specimens under uniaxial compression [J]. Journal of Mining Science, 2015, 51 (3): 487-496.

[70] LEE J, HONG J, JUNG J. The mechanism of fracture coalescence in pre-cracked rock-type material with three flaws [J]. Engineering Geology, 2017, 223: 31-47.

[71] YANG Z Y, CHEN J M, HUANG T H. Effect of joint sets on the strength and deformation of rock mass models [J]. International Journal of Rock Mechanics and Mining Sciences, 1998, 35 (1): 75-84.

[72] WONG R H C, TANG C A, CHAU K T, et al. Splitting failure in brittle rocks containing pre-existing flaws under uniaxial compression [J]. Engineering Fracture Mechanics, 2002, 69 (17): 1853-1871.

[73] YANG S Q, YANG D S, JING H W, et al. An experimental study of the fracture coalescence behaviour of brittle sandstone specimens containing three fissures [J]. Rock Mechanics and Rock Engineering, 2012, 45 (4): 563-582.

[74] ZHOU X P, BI J, QIAN Q H. Numerical simulation of crack growth and coalescence in rock-like materials containing multiple pre-existing flaws [J]. Rock Mechanics and Rock Engineering, 2015, 48 (3): 1097-1114.

[75] 黄彦华，杨圣奇．含两组交叉节理砂岩强度及破坏特征离散元分析 [J]．煤炭学报，2015，40 (S1): 76-84.

[76] CHENG H, ZHOU X, ZHU J, et al. The effects of crack openings on crack initiation, propagation and coalescence behavior in rock-like materials under uniaxial compression [J]. Rock Mechanics and Rock Engineering, 2016, 49 (9): 3481-3494.

[77] CAO R, CAO P, LIN H, et al. Mechanical behavior of brittle rock-like specimens with pre-existing fissures under uniaxial loading: Experimental studies and particle mechanics approach [J]. Rock

Mechanics and Rock Engineering, 2016, 49 (3): 763-783.
[78] CAO R, CAO P, FAN X, et al. An experimental and numerical study on mechanical behavior of ubiquitous-joint brittle rock-like specimens under uniaxial compression [J]. Rock Mechanics and Rock Engineering, 2016, 49 (11): 4319-4338.
[79] CAO R, CAO P, LIN H, et al. Experimental and numerical study of the failure process and energy mechanisms of rock-like materials containing cross un-persistent joints under uniaxial compression [J]. Plos One, 2017, 12 (12): e0188646.
[80] YANG S, HUANG Y, TIAN W, et al. An experimental investigation on strength, deformation and crack evolution behavior of sandstone containing two oval flaws under uniaxial compression [J]. Engineering Geology, 2017, 217: 35-48.
[81] CAO R H, CAO P, LIN H, et al. Failure characteristics of jointed rock-like material containing multi-joints under a compressive-shear test: Experimental and numerical analyses [J]. Archives of Civil and Mechanical Engineering, 2018, 18 (3): 784-798.
[82] DAI F, XIA K, ZHENG H, et al. Determination of dynamic rock Mode-I fracture parameters using cracked chevron notched semi-circular bend specimen [J]. Engineering Fracture Mechanics, 2011, 78 (15): 2633-2644.
[83] ZOU C, WONG L N Y, LOO J J, et al. Different mechanical and cracking behaviors of single-flawed brittle gypsum specimens under dynamic and quasi-static loadings [J]. Engineering Geology, 2016, 201: 71-84.
[84] JIANG C, ZHAO G, ZHU J, et al. Investigation of dynamic crack coalescence using a gypsum-like 3D printing material [J]. Rock Mechanics and Rock Engineering, 2016, 49 (10): 3983-3998.
[85] LI X, ZHOU T, LI D. Dynamic strength and fracturing behavior of single-flawed prismatic marble specimens under impact loading with a Split-Hopkinson Pressure Bar [J]. Rock Mechanics and Rock Engineering, 2017, 50 (1): 29-44.
[86] 王建国，梁书锋，高全臣，等. 节理倾角对类岩石冲击能量传递影响的试验研究 [J]. 中南大学学报（自然科学版），2018，49 (5)：1237-1243.
[87] SHU P, LI H, WANG T, et al. Dynamic strength of rock with single planar joint under various loading rates at various angles of loads applied [J]. Journal of Rock Mechanics and Geotechnical Engineering, 2018, 10 (3): 545-554.
[88] LI D, HAN Z, SUN X, et al. Dynamic mechanical properties and fracturing behavior of marble specimens containing single and double flaws in SHPB tests [J]. Rock Mechanics and Rock Engineering, 2019, 52 (6): 1623-1643.
[89] CARTER B J, LAJTAI E Z, PETUKHOV A. Primary and remote fracture around underground cavities [J]. International Journal for Numerical and Analytical Methods in Geomechanics, 1991, 15 (1): 21-40.
[90] FAKHIMI A, CARVALHO F, ISHIDA T, et al. Simulation of failure around a circular opening in rock [J]. International Journal of Rock Mechanics and Mining Sciences, 2002, 39 (4): 507-515.
[91] 刘招伟，李元海. 含孔洞岩石单轴压缩下变形破裂规律的实验研究 [J]. 工程力学，2010，27 (8)：133-139.
[92] 李英杰，潘一山，张顶立. 岩石孔洞试件变形破坏的电测法实验 [J]. 北京交通大学学报，2011，35 (4)：78-82.
[93] 张艳博，刘善军. 含孔岩石加载过程的热辐射温度场变化特征 [J]. 岩土力学，2011，32 (4)：1013-1017，1024.
[94] ZHAO X, ZHANG H, ZHU W. Fracture evolution around pre-existing cylindrical cavities in brittle rocks

under uniaxial compression [J]. Transactions of Nonferrous Metals Society of China, 2014, 24 (3): 806-815.

[95] WONG R H C, LIN P. Numerical study of stress distribution and crack coalescence mechanisms of a solid containing multiple holes [J]. International Journal of Rock Mechanics and Mining Sciences, 2015, 79: 41-54.

[96] LIN P, WONG R H C, TANG C A. Experimental study of coalescence mechanisms and failure under uniaxial compression of granite containing multiple holes [J]. International Journal of Rock Mechanics and Mining Sciences, 2015, 77: 313-327.

[97] LI D, ZHU Q, ZHOU Z, et al. Fracture analysis of marble specimens with a hole under uniaxial compression by digital image correlation [J]. Engineering Fracture Mechanics, 2017, 183: 109-124.

[98] XU S, LI Y, LIU J. Detection of cracking and damage mechanisms in brittle granites by moment tensor analysis of acoustic emission signals [J]. ACOUSTICAL PHYSICS, 2017, 63 (3): 359-367.

[99] DU M, JING H, SU H, et al. Strength and failure characteristics of sandstone containing two circular holes filled with two types of inclusions under uniaxial compression [J]. Journal of Central South University, 2017, 24 (11): 2487-2495.

[100] ZHANG H, SHI H, JING H, et al. Numerical study of remote fracturing around a circular opening in rock [J]. European Journal of Environmental and Civil Engineering, 2018: 1-19.

[101] YANG S, TIAN W, HUANG Y. Failure mechanical behavior of pre-holed granite specimens after elevated temperature treatment by particle flow code [J]. Geothermics, 2018, 72: 124-137.

[102] ZENG W, YANG S, TIAN W. Experimental and numerical investigation of brittle sandstone specimens containing different shapes of holes under uniaxial compression [J]. Engineering Fracture Mechanics, 2018, 200: 430-450.

[103] YANG S, TIAN W, HUANG Y, et al. Experimental and discrete element modeling on cracking behavior of sandstone containing a single oval flaw under uniaxial compression [J]. Engineering Fracture Mechanics, 2018, 194: 154-174.

[104] ZHU Q, LI D, HAN Z, et al. Mechanical properties and fracture evolution of sandstone specimens containing different inclusions under uniaxial compression [J]. International Journal of Rock Mechanics and Mining Sciences, 2019, 115: 33-47.

[105] FENG F, LI X, ROSTAMI J, et al. Modeling hard rock failure induced by structural planes around deep circular tunnels [J]. Engineering Fracture Mechanics, 2019, 205: 152-174.

[106] 李地元，成腾蛟，周韬，等. 冲击载荷作用下含孔洞大理岩动态力学破坏特性试验研究 [J]. 岩石力学与工程学报，2015，34 (2)：249-260.

[107] LI Y, PENG J, ZHANG F, et al. Cracking behavior and mechanism of sandstone containing a pre-cut hole under combined static and dynamic loading [J]. Engineering Geology, 2016, 213: 64-73.

[108] TAO M, MA A, CAO W, et al. Dynamic response of pre-stressed rock with a circular cavity subject to transient loading [J]. International Journal of Rock Mechanics and Mining Sciences, 2017, 99: 1-8.

[109] HAN Z, LI D, ZHU Q, et al. Dynamic fracture evolution and mechanical behavior of sandstone containing noncoplanar elliptical flaws under impact loading [J]. Advances in Civil Engineering, 2018, 2018: 1-16.

[110] WENG L, WU Z, Li X. Mesodamage characteristics of rock with a pre-cut opening under combined static-dynamic loads: a nuclear magnetic resonance (NMR) investigation [J]. Rock Mechanics and Rock Engineering, 2018, 51 (8): 2339-2354.

[111] SCHOENBERG M. Reflection of elastic waves from periodically stratified media with interfacial slip

[J]. Geophysical Prospecting, 1983, 31 (2): 265-292.

[112] CRAMPIN S, MCGONIGLE R, BAMFORD D. Estimating crack parameters from observations of P-wave velocity anisotropy [J]. Geophysics, 1980, 45 (3): 345-360.

[113] COOK N G W. Natural joints in rock: Mechanical, hydraulic and seismic behaviour and properties under normal stress [J]. International Journal of Rock Mechanics and Mining Sciences and Geomechanics Abstracts, 1992, 29 (3): 198-223.

[114] LI J, MA G, ZHAO J. An equivalent viscoelastic model for rock mass with parallel joints [J]. Journal of Geophysical Research-Solid Earth, 2010, 115 (B03305).

[115] MA G W, FAN L F, LI J C. Evaluation of equivalent medium methods for stress wave propagation in jointed rock mass [J]. International Journal for Numerical and Analytical Methods in Geomechanics, 2013, 37 (7): 701-715.

[116] FAN L F, REN F, MA G W. Experimental study on viscoelastic behavior of sedimentary rock under dynamic loading [J]. Rock Mechanics and Rock Engineering, 2012, 45 (3): 433-438.

[117] MINDLIN R D. Waves and vibrations in isotropic, elastic plates [J]. Structure Mechanics, 1960: 199-232.

[118] BANDIS S C, LUMSDEN A C, BARTON N R. Fundamentals of rock joint deformation [J]. International Journal of Rock Mechanics and Mining Sciences & Geomechanics Abstracts, 1983, 20 (6): 249-268.

[119] BARTON N, BANDIS S, BAKHTAR K. Strength, deformation and conductivity coupling of rock joints [J]. International Journal of Rock Mechanics and Mining Sciences & Geomechanics Abstracts, 1985, 22 (3): 121-140.

[120] ZHAO J, ZHAO X B, CAI J G. A further study of P-wave attenuation across parallel fractures with linear deformational behaviour [J]. International Journal of Rock Mechanics and Mining Sciences, 2006, 43 (5): 776-788.

[121] FAN L F, WONG L N Y. Stress wave transmission across a filled joint with different loading/unloading behavior [J]. International Journal of Rock Mechanics and Mining Sciences, 2013, 60: 227-234.

[122] FAN L F, WANG L J, WU Z J. Wave transmission across linearly jointed complex rock masses [J]. International Journal of Rock Mechanics and Mining Sciences, 2018, 112: 193-200.

[123] 王明洋，钱七虎．爆炸应力波通过节理裂隙带的衰减规律 [J]. 岩土工程学报，1995 (2): 42-46.

[124] 赵安平，冯春，郭汝坤，等．节理特性对应力波传播及爆破效果的影响规律研究 [J]. 岩石力学与工程学报，2018，37 (9)：2027-2036.

[125] 柴少波，李建春，赵均海，等．P 波在非线性交叉节理岩体中的传播特性研究 [J]. 岩石力学与工程学报，2019，38 (6)：1149-1157.

[126] ZHANG Q B, ZHAO J. A review of dynamic experimental techniques and mechanical behaviour of rock materials [J]. Rock Mechanics and Rock Engineering, 2014, 47 (4): 1411-1478.

[127] 刘婷婷，李建春，李海波，等．非线性节理模型对应力波传播影响的数值分析 [J]. 岩石力学与工程学报，2015，34 (5)：953-959.

[128] 陈昕，李建春，任奋华，等．JMC 对应力波透射系数和节理比刚度影响的实验研究 [J]. 岩石力学与工程学报，2016，35 (5)：957-963.

[129] 李新平，董千，刘婷婷，等．不同地应力下爆炸应力波在节理岩体中传播规律模型试验研究 [J]. 岩石力学与工程学报，2016，35 (11)：2188-2196.

2 静载下节理化岩体硐室围岩失稳破坏能量演化机制及判据

地下硐室围岩的变形破坏被认为是围岩体中能量驱动的结果。目前很多学者开展了大量有关地下硐室围岩能量演化机制方面的试验和数值模拟研究，促进了人们对硐室围岩破坏本质的认识。然而，相关研究主要关注了完整岩体硐室围岩在受力过程中的能量演化规律，较少关注节理化岩体硐室围岩在荷载作用下的能量演化规律。鉴于此，本章开展室内静态加载试验，研究节理化岩体硐室围岩在变形破坏过程中的能量演化机制，分析不同节理角度（平行节理倾角和交叉节理夹角）对储能能力、耗能机制和损伤破坏演化机制的影响，并基于弹性耗能比建立节理化岩体硐室围岩失稳破坏能量判据。研究结果对进一步理解节理化岩体硐室围岩损伤能量演化机制和完善岩石力学能量理论体系等方面具有重要意义。

2.1 试验方案

2.1.1 试样加工及说明

2.1.1.1 试样加工

试验所用的花岗岩试样全部取自山东莱州地区，为保证试样的一致性，试样均取自于同一块较大的花岗岩块体。该花岗岩块体无明显的裂隙，具有较好的几何完整性和岩相均匀性，孔隙率和含水量较低。该花岗岩属于较粗粒非均质材料，主要由斜长石、石英等矿物组成。

为了减少人为破坏的影响，首先使用机械切割方法加工完整花岗岩试样。这与钻爆法相比，对试样和剩余块体的物理损伤较小。在加工过程中，沿相同方向切割所有试样以避免各向异性影响试验结果。目前关于地下硐室围岩模拟岩石试样或类岩样的合理代表性尺寸尚无人论及，且无统一认识[1]。国内外学者在开展地下硐室物理模拟试验和数值模拟研究时大多采用长方体试样，但试样的尺寸却没有统一的标准，均是根据自身的试验需求来设定。中南大学李夕兵教授团队[1-4]采用尺寸为 100 mm×35 mm×35 mm（长×宽×厚）的只含圆形或方形硐室的长方体花岗岩试样开展了一系列模拟地下硐室断裂行为的动静组合加载试验研究，取得了许多有价值的研究成果。借鉴其思路，为了研究节理化岩体硐室围岩在静、动载条件下的力学破坏特性，首先加工了尺寸为 100 mm×35 mm×35 mm（长×宽×厚）的完整长方体花岗岩试样（见图 2-1（a））。试样的长宽比为 2.86，这符合国际岩石力学与工程学会（ISRM）建议的单轴加载试验的测试标准（推荐的纵横比为 2.5～3.0）[5]，可以确保试样中心部分均匀的受力状态。

完整试样加工完成后，采用改进的高压水射流切割设备（见图 2-2）在完整试样上切割出含有圆形硐室（圆孔）和节理缺陷的所需试样。混合石榴石砂的高压水从直径为 0.5 mm

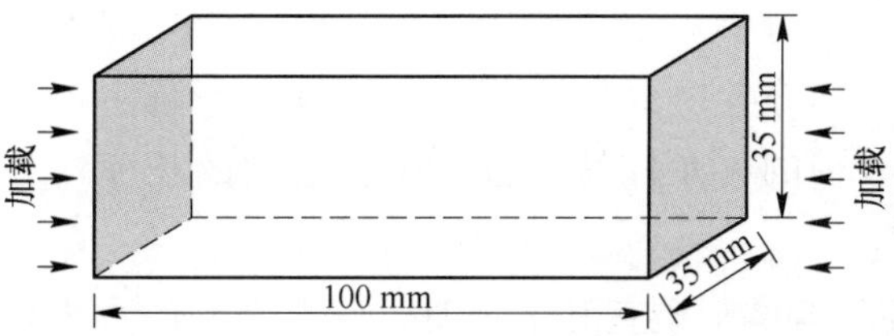

(a)

(b)

图 2-1　完整花岗岩试样模型及实物

(a) 完整试样模型及尺寸；(b) 完整试样实物照片

图 2-2　改进型高压水射流切割设备

的喷嘴喷出，制作孔径宽度约为 0.8 mm 的预制节理，且可以切割出任意尺寸的硐室。在每个试样中心位置切割出一个圆形硐室，硐室直径为 10 mm，称为完整岩体硐室试样（见图 2-3（a））。在完整岩体硐室试样上切割了具有不同倾角 α（α = 0°、15°、30°、45°、60°、75°和 90°）的两条对称分布平行节理，其几何布置方式如图 2-3（b）所示，称为含

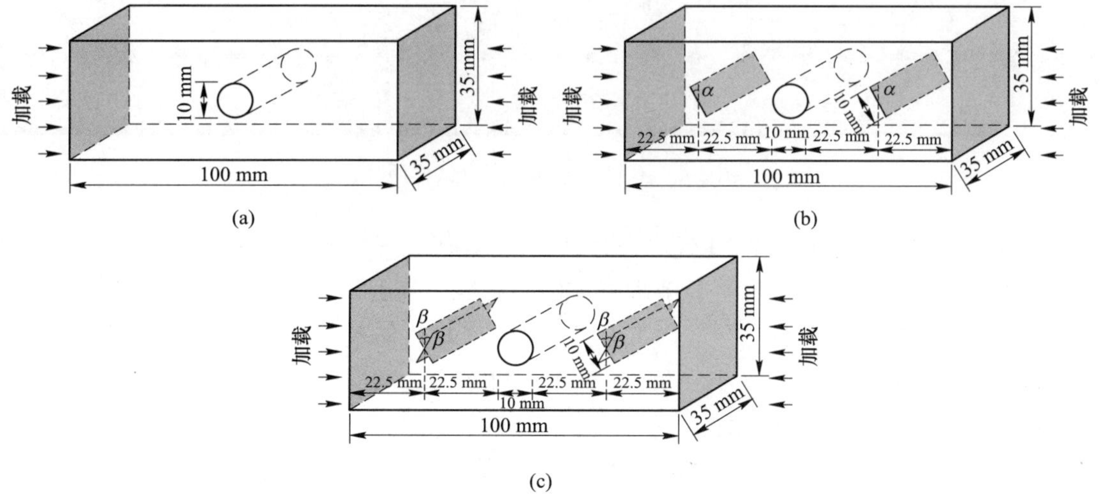

图 2-3　不同工况试样模型及尺寸

(a) 完整岩体硐室试样模型及尺寸；(b) 含平行节理岩体硐室试样模型及尺寸；

(c) 含交叉节理岩体硐室试样模型及尺寸

平行节理岩体硐室试样；还切割了具有不同夹角 2β（半夹角 β = 15°、30°、45°、60°和 75°，$\beta=\alpha$）的两组对称分布的交叉节理，其几何布置方式如图 2-3（c）所示，称为含交叉节理岩体硐室试样，每个试样中两组交叉节理的夹角保持一致；所有节理的长度约为 10 mm，宽度约为 0.8 mm。

为了保证试验结果的可靠性和准确性，在切割圆形硐室和节理时，确保它们的大小和形状在试样两侧尽量相同十分重要。因此，在准备试样时要特别小心，尽量控制硐室和节理在试样前后两侧的形状基本一致。特别是在切割完成后，仔细抛光试样，以确保加载面的平行度和垂直度，以及硐室和节理表面的光滑度[1]。确保试样端面的不行度和不垂直度均小于 0.02 mm，使之符合岩石力学试验的基本要求，以最大限度地减少加载过程中端部效应的影响[6]。在所有试验中，试样都是以相同的方式加工和测试的，因此试验结果是可比较的[7]。加工的完整试样和完整岩体硐室试样用于对比分析。

需要说明的是，采用高压水射流切割技术制作的预制节理在其起点处具有孔径宽度稍大（约为 1.0 mm）的中心圆孔，因为水射流最初在穿透试样过程中会产生一个小孔，该小孔的存在已被证明对节理尖端附近的应力和应变场的影响可以忽略不计[8-10]。对于高压水射流切割对节理的扰动，试样切割质量如图 2-4 所示，经检查，在节理附近非常狭窄的区域，只有少量的表面颗粒被高压水冲走，没有产生任何新的诱发裂纹。实际上，一些学者已采用高压水射流切割技术制作了含各种类型缺陷（如节理、圆孔及椭圆孔等）的岩石试样开展岩石力学试验，取得了良好的试验效果[9]。

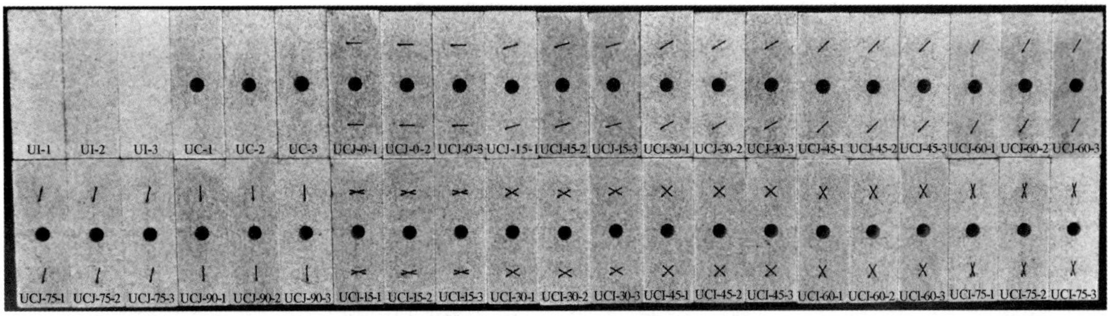

图 2-4　不同工况的花岗岩试样照片

在图 2-4 中，试样编号中 UI 代表完整试样，UC 代表完整岩体硐室试样，其后面的数字代表试样序号；UCJ 代表含平行节理岩体硐室试样，其后面的第 1 个数字代表预制节理倾角，第 2 个数字代表试样序号。UCI 代表含交叉节理岩体硐室试样，其后面的第 1 个数字代表交叉节理夹角的一半（半夹角），第 2 个数字代表试样序号。为了能获得可靠的试验结果，每种工况准备 3 个试样。

根据国际岩石力学学会（ISRM）建议的方法[5]，进行标准岩石力学试验测试完整花岗岩试样的物理力学性质，获得的物理力学参数见表 2-1。完整长方体花岗岩试样的单轴抗压强度为 251.27 MPa，可见该花岗岩材料具有较高的强度。单轴抗压强度与抗拉强度之比约为 14，表明该花岗岩试样属于典型的脆性或准脆性岩石[11]。

表 2-1 完整花岗岩试样的基本物理力学参数

名称	符号	量值
密度/kg·m^{-3}	ρ	2595
孔隙率/%	n	0.14
弹性模量/GPa	E	34.61
泊松比/N·A^{-1}	v	0.21
纵波波速/m·s^{-1}	P	3702
单轴抗压强度/MPa	UCS	251.27
抗拉强度/MPa	σ_t	17.85
内聚力/MPa	c	42.17
内摩擦角/(°)	φ	41.51

2.1.1.2 试样尺寸说明

在开展单轴静态和动态加载试验之前，有必要先对所加工的 100 mm×35 mm×35 mm 尺寸的试样进行说明，以便获得合理且令人信服的试验结果。一方面，由于后文要利用分离式霍普金森压杆试验装置开展冲击加载试验，霍普金森压杆试验装置中的入射杆和透射杆的直径均为 50 mm，测试横截面为 35 mm×35 mm 的试样将在入射端获得均匀的应力波加载条件[4]。另一方面，通过在试样中制作一个直径为 10 mm 的圆形硐室，可以更容易、更清楚地观察加载过程中硐室周围发生的变形破坏行为。此外，目测来看，硐室的尺寸比岩石粒度大 20 倍以上，这满足 ISRM 的建议[4,12]。

当硐室边界足够靠近试样边界时，试样边界可能会对硐室的破裂产生一定影响。然而，本书的目的并不是为了说明这种情况对硐室破坏模式的影响，硐室尺寸的合理性可以通过前人的研究工作来证明。例如，Fakhimi 等人[13]和 Wang 等人[14]在研究地下硐室围岩破坏和裂纹扩展时对含有 14 mm 直径圆孔的长方体试样（尺寸为 100 mm×40 mm×100 mm）分别进行了数值模拟和试验研究，圆孔中心到试样边界的距离为 20 mm，可知该距离与圆孔半径之比为 2.86。在这种距离与圆孔半径之比下，数值模拟和试验测试获得了一致的结果。Liu 等人[15]在研究地下硐室岩爆时对含有 50 mm 直径圆孔的长方体试样（尺寸为110 mm×110 mm×110 mm）进行了物理模拟试验研究，圆孔中心到试样边界的距离为55 mm，该距离与圆孔半径之比仅为 2.2。此外，这一比值在 Yin 等人[16]的试验研究中为 2.86，在 Huang 等人[17]的试验研究中为 3.33。而在本书中，设计的圆孔中心到试样边界的距离与圆孔半径之比为 3.5，这与李夕兵教授团队设计的比值一致[1-4]，但比上述前人研究中设计的比值大。因此，在 100 mm×35 mm×35 mm 尺寸的试样中钻取一个直径 10 mm 的圆孔，用其类比于地下硐室开展相关的试验研究可认为是合理的。

2.1.2 试验设备

为了研究静载作用下节理化岩体硐室围岩的力学特性与能量演化机制，采用华北理工大学力学实验中心的 TAW-3000 微机控制电液伺服试验机（见图 2-5）进行单轴加载试验。该试验系统的最大轴向承载能力为 3000 kN，分辨能力 20 N，加载过程中试样的轴向荷载和位移可由加载设备自动实时获取并记录。可实现全曲线绘制，具有加载方式多样、设备性能稳定及控制精度高等优点[18]。

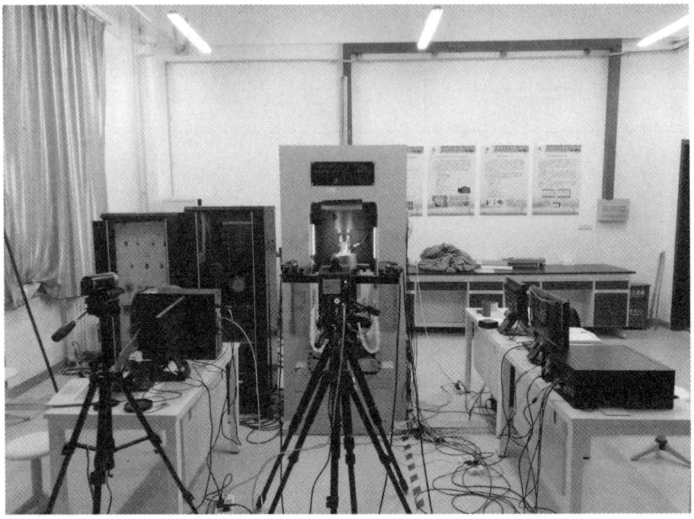

图 2-5　单轴加载测试系统

2.1.3　试验过程

采用单轴加载系统开展较低加载速率下的岩石力学试验，以研究在静载作用下节理化围岩硐室的力学特性和能量演化机制。为了获得准确的试验结果和最佳的比较，所有试验都在自然干燥条件下进行。

将准备好的试样放置在试验台上，试样的上下加载端均匀地涂抹一层凡士林，并粘贴相同截面尺寸的 A4 纸，然后在试样上端放置刚性加载板，以最大程度地减少试验过程中试样和加载板之间的摩擦效应。预先施加 2 kN 的垂直荷载，以确保试样端面与加载板完全接触。然后加载正式开始，垂直荷载逐渐增加，直至试样破坏，整个试验过程都由录像机监控。单轴加载试验均是使用位移控制模式进行的，恒定加载速率设置为 0.1 mm/min（相应的应变速率为 1.67×10^{-5}/s），这样足够低的加载速率可消除试验机对试样的动态扰动影响，确保试样在试验过程中保持准静态平衡[19-20]。

2.2　静态力学特性分析

2.2.1　轴向应力-应变关系

图 2-6（a）所示为完整试样和完整岩体硐室试样在单轴加载下的轴向应力-应变曲线，达到峰值强度后不久，应力随着试样断裂的巨大响声急剧下降至接近零。单轴加载试验中完整试样的应力-应变曲线与典型的脆性行为模型[11]较为吻合，表明花岗岩试样具有较强的脆性或准脆性破坏特征。此外，图 2-6（b）所示为完整试样的最终破坏情况，发生了典型的竖向劈裂破坏，这进一步证实了所测试花岗岩试样的脆性性质。完整岩体硐室试样在加载过程中出现了两次明显的应力降，表明了硐室的存在增强了花岗岩试样的塑性性能。

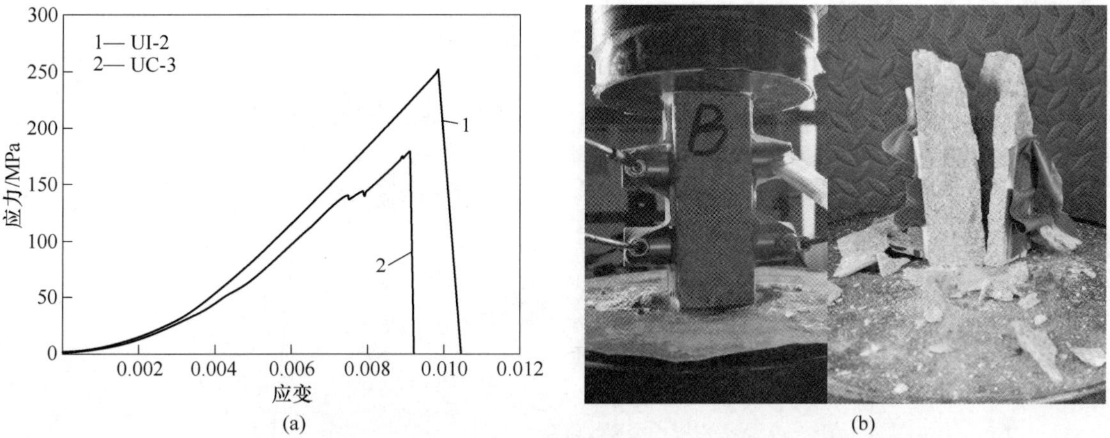

图 2-6　完整试样和完整岩体硐室试样应力-应变曲线及完整试样破坏特征

（a）完整试样和完整岩体硐室试样应力-应变曲线；（b）完整试样破坏前和破坏后

图 2-7 所示为含平行（交叉）节理岩体硐室试样在单轴加载下的应力-应变曲线。可以看出，各试样在单轴加载下的变形破坏过程是高度非线性的，但应力-应变曲线变化趋势比较相似，两种类型的试样在峰值强度附近均出现了一定量的塑性变形。结合 Bieniawski[21] 的研究成果，将各试样的应力-应变曲线变化过程划分为初始压密阶段、弹性变形阶段、裂纹稳定扩展阶段、裂纹非稳定扩展阶段和残余强度阶段等五个阶段（见图 2-8）。下面具体分析各阶段的特征。

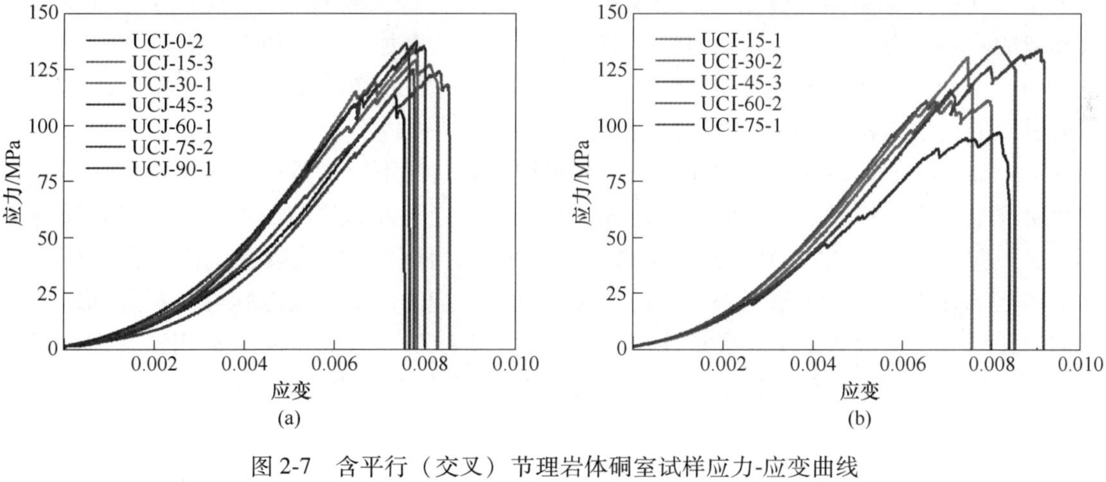

图 2-7　含平行（交叉）节理岩体硐室试样应力-应变曲线

（a）含平行节理岩体硐室试样；（b）含交叉节理岩体硐室试样

（1）初始压密阶段（*OA* 段）：应力-应变曲线略微向上弯曲呈非线性发展，表明试样的轴向刚度增加，这是由于试样中原始微观/亚微观孔隙或裂纹被压密造成的，该阶段的范围取决于原始缺陷密度和缺陷群的几何特征[22]。不同试样的应力-应变曲线在该阶段的差异较小。

（2）弹性变形阶段（*AB* 段）：试样内大部分的原始微空隙被压密后，应力-应变曲线随着轴向荷载的增加而进入近似弹性变形阶段，试样的应力随应变几乎呈线性增长。完整

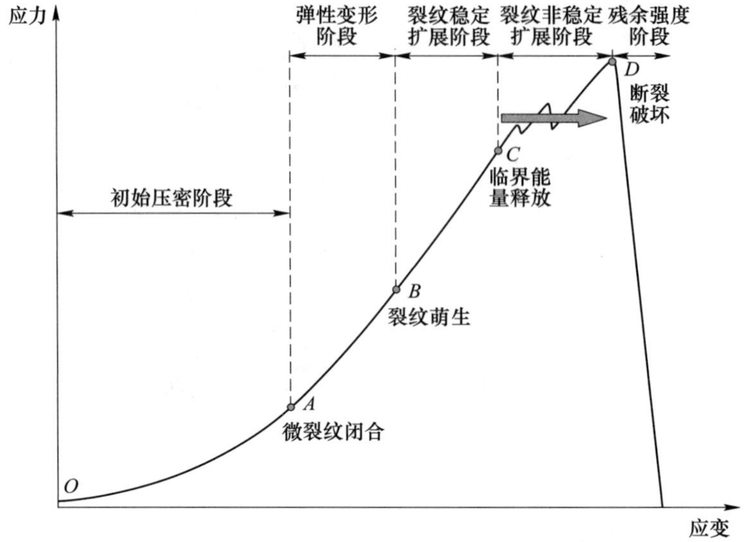

图 2-8　试样应力-应变曲线阶段划分示意图

岩体硐室试样、含平行（交叉）节理岩体硐室试样的应力与完整试样的应力差异随着应变的增加逐渐增大。此外，与完整试样相比，完整岩体硐室试样、含平行（交叉）节理岩体硐室试样的应力-应变曲线中弹性阶段的长度和斜率明显偏小。

（3）裂纹稳定扩展阶段（*BC* 段）：随着应力的增加，弹性变形阶段结束，试样中节理尖端和（或）硐室周围开始出现应力集中现象，当局部区域的应力强度因子达到试样裂纹起裂的临界应力时，裂纹开始萌生。随着应力的逐渐增加，裂纹稳定扩展。

（4）裂纹非稳定扩展阶段（*CD* 段）：在荷载逐渐接近峰值应力的过程中，随着裂纹扩展引发的损伤累积，与引发裂纹扩展相关的应力水平基本保持不变，然而，破裂所需的应力水平显著降低，即在荷载增加量很小或不增加的情况下，裂纹应变将持续增大。裂纹在该阶段呈非稳定扩展，且扩展速度较快，新生裂纹之间开始聚结贯通，最终导致试样破坏。在该阶段，完整试样的应力-应变曲线比较平滑，而完整岩体硐室试样、含平行（交叉）节理岩体硐室试样出现了明显的应力突降现象，应力降的出现意味着试样局部区域裂纹的快速萌生、扩展或聚结。经过几次应力降后，裂纹快速发展、交叉且相互贯通形成宏观断裂面，试样将迅速达到峰值强度，并随着轴向变形的增加而发生脆性不稳定破坏[23]，试样承载力急剧下降。

（5）残余强度阶段（*D* 点后）：达到峰值强度时，一些试样没有完全破坏，峰值点和最终破坏点之间存在较短时滞，这主要是由裂纹表面之间的摩擦引起的，裂纹表面通常呈锯齿状。试样强度主要表现为沿破坏面的残余摩擦力，抵抗变形能力很小，试样变形主要表现为沿局部化带的剪切滑动变形。需要说明的是，完整试样和完整岩体硐室试样的残余强度阶段并不明显，只有部分含平行（交叉）节理岩体硐室试样存在明显的残余强度阶段。

比较不同试样的应力-应变曲线可知，相较于完整试样，含平行（交叉）节理岩体硐室试样内硐室和节理的存在会在一定程度上改变花岗岩材料的应力应变特性，即增强了花岗岩的塑性性能，这些试样的应力-应变曲线在峰值附近表现出一定的波动性，尤其是含交叉节理岩体硐室试样更为显著。对于含平行节理岩体硐室试样，节理倾角较小时（如0°、15°），其应力-应变曲线出现多次应力降，随着节理倾角的增大，试样在变形破坏过程中应力降出现的次数整体上减少，表明随着节理倾角的增加，试样表现出的塑性变形行为减弱。此外，含交叉节理岩体硐室试样在受力过程中出现应力降的次数普遍多于含平行节理岩体硐室试样，这表明随着节理数量的增加，试样的塑性行为进一步增强。

试样中每一次较大的裂纹扩展对应着应力-应变曲线上较大的应力跌落，试样应力-应变曲线形态的差异也是试样内部裂纹扩展演化过程不同的外在表现。因此，若以时间为横坐标，试样的应力-时间曲线可在一定程度上反映试样内裂纹的扩展演化特征。

2.2.2 强度与变形特性

完整试样的峰值强度最大，达到251.27 MPa，完整岩体硐室试样次之，为179.27 MPa，下降了28.65%，硐室的存在降低了试样强度。图2-9所示为含平行（交叉）节理岩体硐室试样的峰值强度随节理角度的变化趋势，反映了试样中硐室和节理对峰值强度的影响。由图2-9（a）可知，含平行节理岩体硐室试样（倾角为0°、15°、30°、45°、60°、75°和90°）的峰值强度分别为124.26 MPa、134.19 MPa、129.38 MPa、114.65 MPa、125.18 MPa、136.69 MPa和137.67 MPa，相比完整试样，分别下降了50.55%、46.60%、48.51%、54.37%、50.18%、45.60%和45.21%。由图2-9（b）可知，含交叉节理岩体硐室试样（半夹角为15°、30°、45°、60°和75°）的峰值强度分别为130.72 MPa、111.40 MPa、97.19 MPa、135.61 MPa和133.99 MPa，相比完整试样，分别下降了47.98%、55.67%、61.32%、46.03%和46.67%。可以看出，相较于完整试样，含平行（交叉）节理岩体硐室试样的峰值强度大幅度下降，尤其是含交叉节理岩体硐室试样的下降量更大，表明硐室和节理的存在可显著弱化试样的强度，节理数量的增加可更大程度地降低试样的承载能力。这主要是因为硐室和节理的存在减小了试样的相对尺寸，支撑能力减弱，加剧了硐室和节理周围应力集中，导致试样更容易发生断裂。

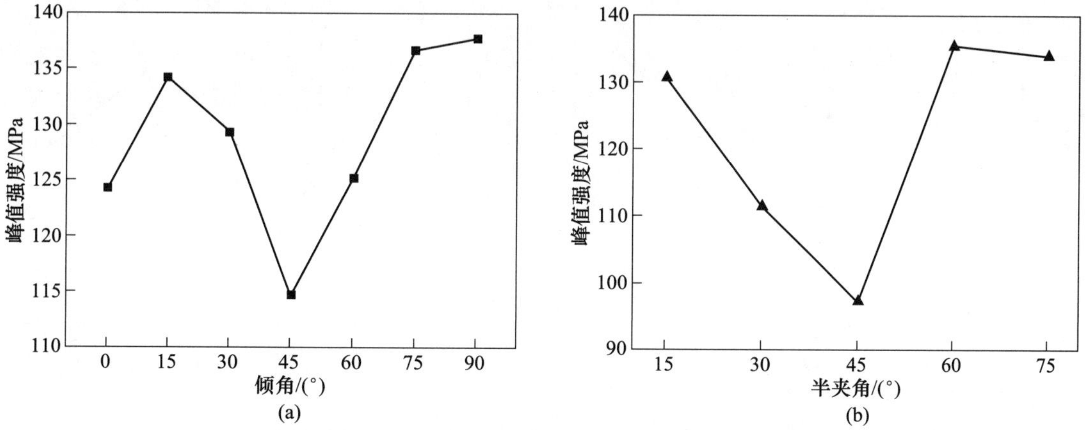

图2-9 含平行（交叉）节理岩体硐室试样峰值强度

（a）含平行节理岩体硐室试样；（b）含交叉节理岩体硐室试样

含平行（交叉）节理岩体硐室试样的峰值强度均随节理角度的增加呈现出先减少后增加的非线性变化趋势。含平行节理岩体硐室试样的峰值强度随节理倾角从 0°增加到 45°时呈整体下降趋势，分别下降了 7.73%、14.56%和 11.38%，随节理倾角从 45°增加到 90°时呈增大趋势，分别增加了 8.41%、16.12%和 16.72%，节理倾角为 45°时峰值强度最小，90°时最大。含交叉节理岩体硐室试样的峰值强度随半夹角从 15°增加到 45°时呈下降趋势，分别下降了 25.65%和 12.75%，随半夹角从 45°增加到 75°时呈增大趋势，分别增加了 28.33%和 27.47%，半夹角为 45°时峰值强度最小。

弹性模量定义为完整应力-应变曲线上直线段的平均斜率。完整试样的弹性模量最大，为 34.61 GPa。完整岩体硐室试样次之，为 30.58 GPa，下降了 11.64%。含平行（交叉）节理岩体硐室试样的弹性模量值随节理角度的变化趋势如图 2-10 所示。含平行节理岩体硐室试样（倾角为 0°、15°、30°、45°、60°、75°和 90°）的弹性模量分别为 24.16 GPa、25.70 GPa、24.33 GPa、21.94 GPa、23.38 GPa、23.76 GPa 和 26.63 GPa，相较于完整试样分别降低了 30.19%、25.74%、29.70%、36.61%、32.45%、31.35%和 23.06%。含交叉节理岩体硐室试样（半夹角为 15°、30°、45°、60°和 75°）的弹性模量分别为 23.59 GPa、22.72 GPa、20.38 GPa、23.76 GPa 和 22.64 GPa，相较于完整试样分别降低了 30.19%、31.84%、34.35%、41.12%、31.35%和 34.59%。试验结果表明，硐室和节理的存在对试样的弹性模量具有显著影响，弹性模量受硐室和平行节理的影响程度明显小于峰值强度。相较于含平行节理岩体硐室试样，含交叉节理岩体硐室试样的弹性模量的下降程度更大。

含平行节理岩体硐室试样的弹性模量随节理倾角从 0°增加到 45°时呈整体下降趋势，分别下降了 9.19%、14.63%和 9.82%，随节理倾角从 45°增加到 90°时呈增大趋势，分别增加了 6.16%、7.66%和 17.61%，节理倾角为 45°时的弹性模量最小，90°时最大。含交叉节理岩体硐室试样的弹性模量随半夹角从 15°增加到 45°时呈减小趋势，分别下降了 13.61%和 10.30%，随半夹角从 45°增加到 75°时呈增大趋势，分别增加了 14.23%和 9.98%，半夹角为 45°时弹性模量最小。可以看出，弹性模量与峰值强度具有相似的变化趋势。

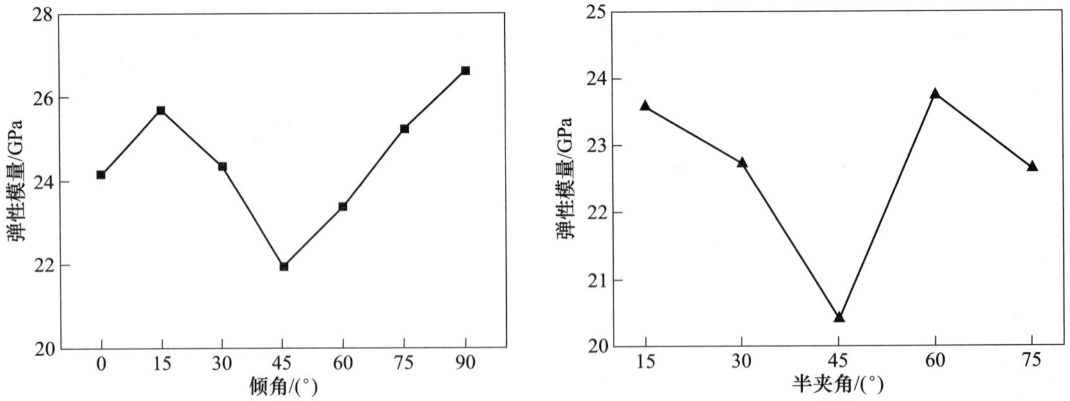

图 2-10　含平行（交叉）节理岩体硐室试样弹性模量
（a）含平行节理岩体硐室试样；（b）含交叉节理岩体硐室试样

综上所述，岩石中硐室和节理的存在及节理角度的差异在岩石变形破坏中起着重要作用，这些因素会导致试样具有不同的承载能力并显著影响岩石的力学行为，从而表现出显著的各向异性特征，这对深入理解地下节理化岩体硐室围岩的变形、承载能力及其支护具有重要的工程指导意义。

2.3　失稳破坏能量演化机制分析

2.3.1　破坏过程中能量转化

从能量的角度来解释岩石的变形破坏力学行为，并建立能量演化特征与岩石破坏过程之间的相关关系，不仅有助于认识岩石破坏的本质，还可以在理论上量化岩体工程灾害的强度和等级，为岩石理论及工程实践提供新思路。热力学观点认为，能量转化是物质物理过程的本质特征，物质的破坏是能量驱动下的一种状态失稳现象[24]。岩石在外力持续作用下不断积聚能量，当积聚的能量足以迫使节理尖端起裂时，裂纹萌生和扩展。因此，岩石的变形破坏过程在本质上是其内部能量积聚与耗散、释放的过程[25]。岩石系统在受载过程中一直在跟外界进行着能量交换，其能量转化大致可分为能量输入、能量积聚、能量耗散及能量释放等四个过程，如图 2-11 所示[26]。

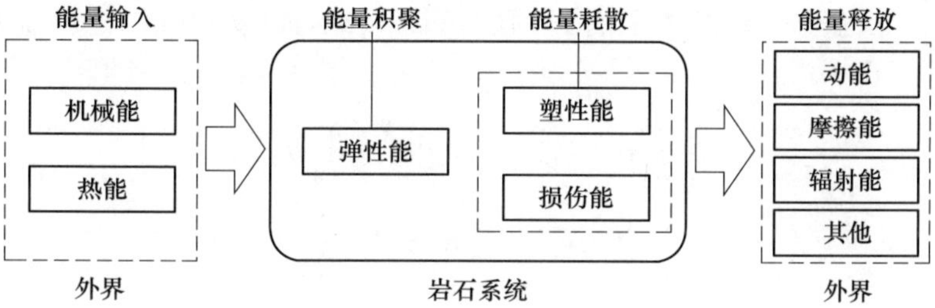

图 2-11　受载岩石系统的能量转化[26]

外界对岩石所做的功（输入的能量）首先以弹性能的形式储存在岩石内，随着外界能量的持续输入，岩石在某一时刻开始发生变形，其中一部分能量会以塑性能和损伤能（如裂纹扩展）等形式被耗散。在能量的转化中，弹性能的积聚过程是可逆的，若卸载外力，弹性能可释放出来，岩石发生的变形可以恢复；而塑性能和损伤能的耗散是不可逆的。当输入的能量足以使岩石产生破裂面而失去整体承载能力时，岩石发生断裂破坏，剩余的能量主要以动能的形式释放出来，同时也有少量能量以摩擦能、辐射能等形式释放出来。岩石在变形破坏过程中所涉及的能量转化是一种动态演化过程，主要表现为机械能、弹性应变能、塑性能及损伤能等之间的转化与平衡。在岩石变形破坏过程中，岩石所处的任何一个特定的变形状态，都对应于一个特定的能量状态，该能量状态是应力、应变与时间的函数[27]。需要说明的是，能量积聚与耗散共存于岩石的整个变形破坏阶段，峰前阶段能量积聚大于能量耗散，而达到峰值后岩石瞬间破坏，表现为能量释放。

2.3.2　能量计算原理

受载岩石在整个变形破坏阶段所涉及的能量种类繁多，很难在试验中监测到每一种能量的变化。由于岩石的弹性能是可逆的，耗散能是不可逆的，且它们各自对岩石破碎的块度和剧烈程度具有制约作用。因此，只分析弹性能和耗散能的演化过程，其中耗散能主要包括塑性能、损伤能和断裂面表面能等。

通常情况下，将岩石加载变形破坏过程看作是一个封闭系统，即假设岩石在整个受力过程中不与外界发生热交换。因此，外力做功所产生的能量可以定义为：

$$U = U_d + U_e \tag{2-1}$$

式中，U 为外界输入的能量；U_e 为弹性能；U_d 为耗散能。

由于弹性应变能是可逆的，基于这一理论观点，可利用岩石的加卸载应力-应变曲线来计算岩石在受力过程中的弹性能和耗散能。一般认为卸载后所释放的能量为卸载时应力水平下所积聚的弹性应变能，而相对于加载总能量的减少量为该应力水平下所耗散的能量。图 2-12 所示为弹性应变能 U_e 和耗散能 U_d 的关系示意图，其中阴影部分面积为由于变形而积聚在岩石中的弹性应变能 U_e，卸载弹性模量 E_u 与应力-应变曲线及水平轴围成的面积为岩石内部损伤形成所需的耗散能 U_d。在三维应力状态下，单位体积岩石的能量计算公式为[28]：

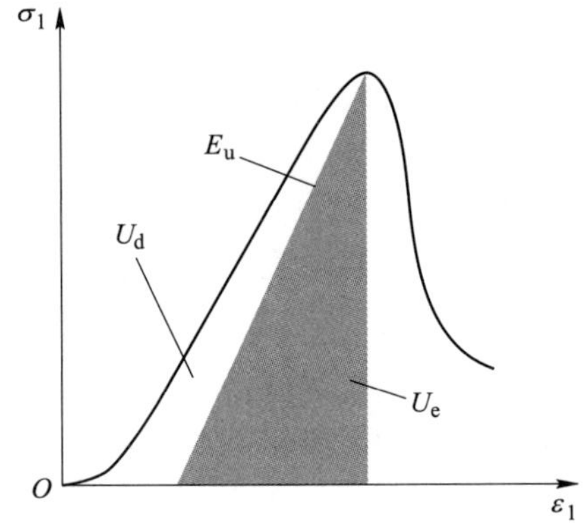

图 2-12　岩石中弹性应变能与耗散能关系

$$U = \int_0^{\varepsilon_1} \sigma_1 \mathrm{d}\varepsilon_1 + \int_0^{\varepsilon_2} \sigma_2 \mathrm{d}\varepsilon_2 + \int_0^{\varepsilon_3} \sigma_3 \mathrm{d}\varepsilon_3 \tag{2-2}$$

$$U_e = \frac{1}{2}\sigma_1 \varepsilon_{e1} + \frac{1}{2}\sigma_2 \varepsilon_{e2} + \frac{1}{2}\sigma_3 \varepsilon_{e3} \tag{2-3}$$

$$\varepsilon_{ei} = \frac{1}{E_u}[\sigma_i - v_u(\sigma_j + \sigma_k)] \tag{2-4}$$

$$U_e = \frac{1}{2E_0}[\sigma_1^2 + \sigma_2^2 + \sigma_3^2 - 2v(\sigma_1\sigma_2 + \sigma_2\sigma_3 + \sigma_1\sigma_3)] \tag{2-5}$$

式中，$\sigma_i(i=1、2、3)$ 为主应力；$\varepsilon_i(i=1、2、3)$ 为主应变（压应变为正），则岩石受压后侧向膨胀 ε_2、ε_3 为负值；$\varepsilon_{ei}(i=1、2、3)$ 为相应的弹性应变；E_0 为初始弹性模量；E_u 和 v_u 分别为卸载弹性模量和泊松比。

对于单位体积岩石可释放应变能 U_e，为便于计算，通常将岩石在应力-应变曲线上的卸载曲线和再加载曲线看作是基本一致的，即将卸载弹性模量 E_u 近似等同于弹性模量 E_0。在计算应力-应变曲线上任意一点所对应的弹性应变能时，是根据该点的应力值和弹性模量确定的[29-30]。因此，对于单轴加载试验，单位体积岩石的能量可简化为：

$$U = \int_0^{\varepsilon_1} \sigma_1 \mathrm{d}\varepsilon_1 \tag{2-6}$$

$$U_e = \frac{1}{2E_0}\sigma_1^2 \tag{2-7}$$

则耗散能 U_d 为：

$$U_d = U - U_e \tag{2-8}$$

2.3.3 能量演化过程及规律

根据能量计算方法，可以得到试样在单轴加载过程中总能量 U、弹性应变能 U_e 和耗散能 U_d 随应变的演化过程。图 2-13 ~ 图 2-15 分别给出了完整试样、完整岩体硐室试样、含平行（交叉）节理岩体硐室试样的总能量 U、弹性应变能 U_e 和耗散能 U_d 随应变的演化关系。整体来看，各试样的能量演化模式均比较相似，总能量和弹性应变能随荷载的增加呈非线性增长，其中弹性应变能呈现出先增大后减小的变化趋势；而耗散能在试样破坏之前增长非常缓慢，临近破坏时出现陡增现象，其值突然超过弹性应变能。

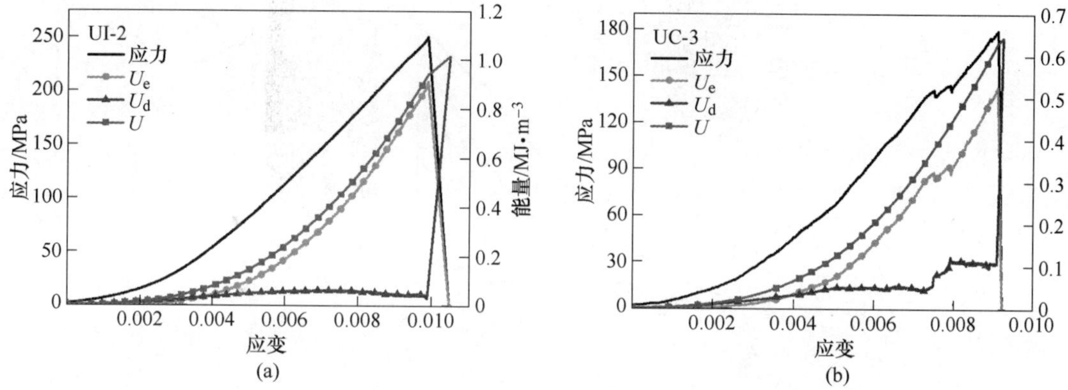

图 2-13　完整试样和完整岩体硐室试样应力-应变与能量演化曲线

（a）试样 UI-2；（b）试样 UC-3

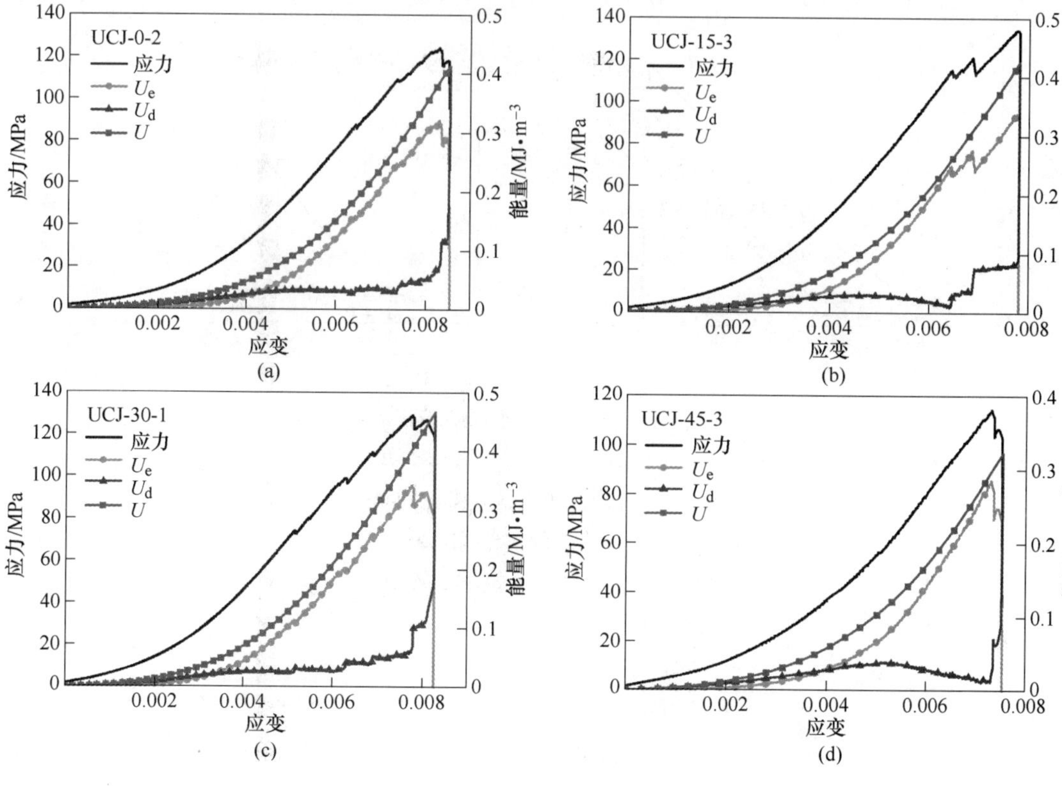

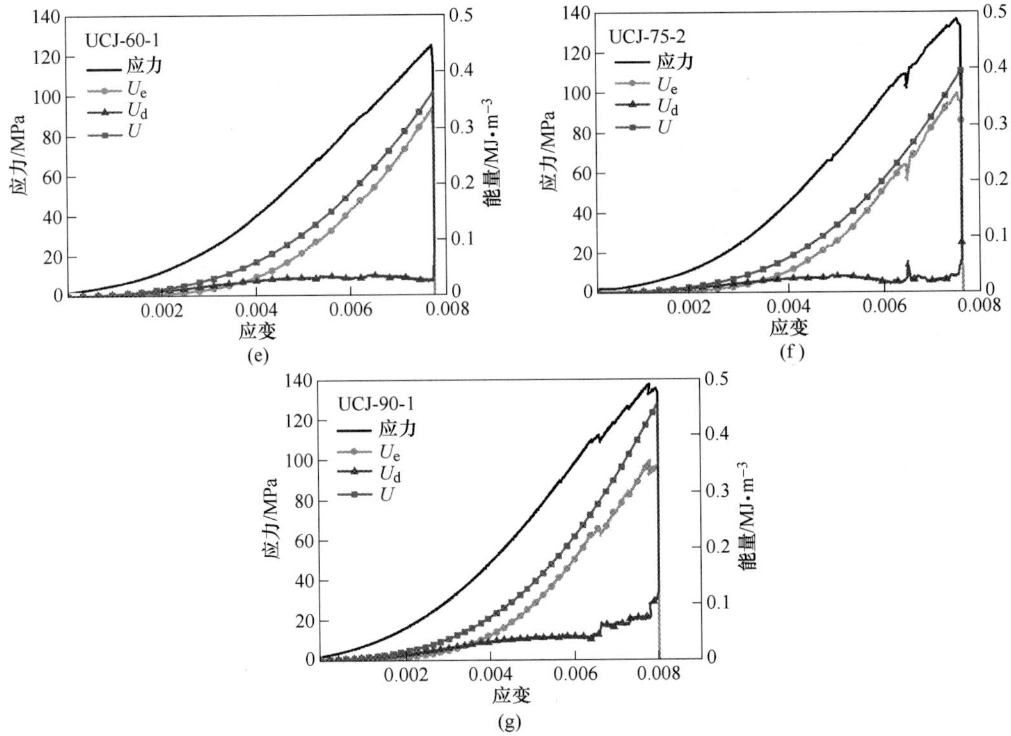

图 2-14　含平行节理岩体硐室试样应力-应变与能量演化曲线

（a）试样 UCJ-0-2；（b）试样 UCJ-15-3；（c）试样 UCJ-30-1；

（d）试样 UCJ-45-3；（e）试样 UCJ-60-1；（f）试样 UCJ-75-2；（g）试样 UCI-90-1

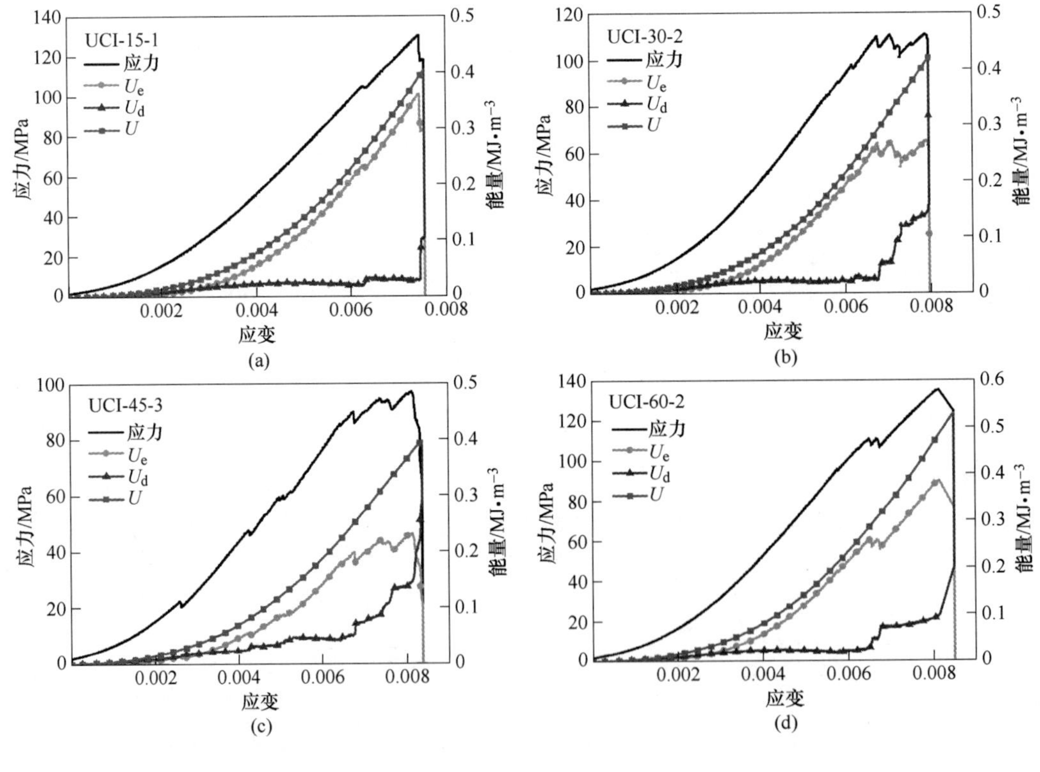

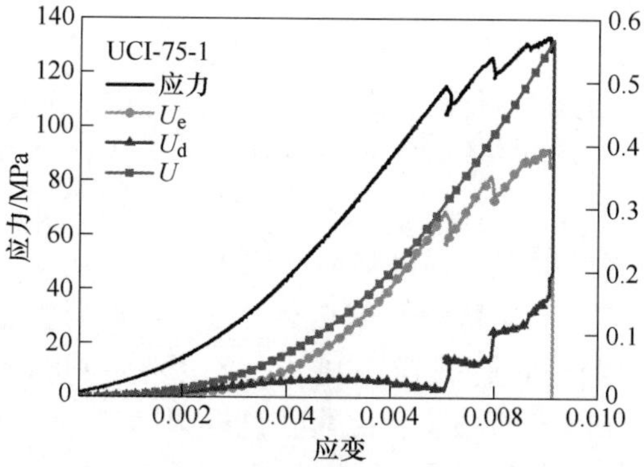

(e)

图 2-15 含交叉节理岩体硐室试样应力-应变与能量演化曲线

(a) 试样 UCI-15-1；(b) 试样 UCI-30-2；(c) 试样 UCI-45-3；(d) 试样 UCI-60-2；(e) 试样 UCI-75-1

不同试样变形阶段的能量演化特征存在一定差异。在初始压密阶段，所有试样吸收的总能量与弹性应变能大致呈抛物线型增加，耗散能随应变呈扁平“S”型增长，出现耗散能增长速率大于弹性应变能的情况，这一现象在完整岩体硐室试样、含平行（交叉）节理岩体硐室试样能量曲线中更加明显，因为此阶段试样中微裂纹闭合和摩擦会消耗掉大部分能量，硐室和节理对初始荷载的自适应调整也会消耗能量。随着应力的增加，试样内的微裂纹逐渐闭合致使有效接触面积增大，硐室和节理的自适应调整趋于稳定，耗散能增长速率开始减小，弹性应变能的增长速率开始增大并逐渐超过耗散能的增长速率，并与总能量的增长速率基本相同。在弹性变形阶段，随应变的增加，总能量和弹性应变能呈近似线性增加，而耗散能的增长速率逐渐变慢，且基本保持不变；试样吸收的能量基本全部转化为弹性应变能储存在试样内，能量耗散很小。在裂纹稳定扩展阶段，外力对试样所做的功（总能量）一部分用于岩石内部微裂纹的萌生、扩展和聚结等而被耗散掉，另一部分仍以弹性应变能的形式储存在试样内。由于花岗岩试样的脆性特征，此阶段所形成的微裂纹相对较少，总能量与弹性应变能随应变仍大致呈线性增加，而耗散能基本保持不变。在裂纹非稳定扩展阶段，总能量和弹性应变能随应变的增加继续增大，但弹性应变能的增长幅度逐渐减缓，弹性应变能值在峰值点处达到最大；耗散能从稳定状态开始呈“台阶”状增加，且增长速率逐渐变大；这一过程在完整试样中并不明显，而在完整岩体硐室试样、含平行（交叉）节理岩体硐室试样中较为显著。在残余强度阶段，试样中积聚的弹性应变能达到储能极限后，瞬间释放转化为耗散能，造成耗散能急剧增加，这是试样破坏的能量来源。

完整试样的三种能量随应变的演化曲线比较平滑，而完整岩体硐室试样、含平行（交叉）节理岩体硐室试样的三种能量变化曲线则表现出“台阶”状的渐进突变特征。相较于含平行节理岩体硐室试样，含交叉节理岩体硐室试样的三种能量变化曲线的“台阶”状渐进突变特征更加显著。这一现象表明完整试样在变形破坏过程中，其内部受力比较均匀，局部没有产生应力集中情况，萌生的微裂纹分布也较为均匀，达到峰值强度时微裂纹突然贯通形成宏观破裂面，致使试样破坏，属于典型的损伤累计诱导突变破坏模式。而完整岩体硐室试样、含平行（交叉）节理岩体硐室试样在变形破坏过程中，其内部应力分布不均匀，在节理尖端和硐室周围会形成明显的应力集中，导致裂纹逐步开始起裂、扩展和聚结，最终发生整体破坏，属于典型的损伤渐进破坏模式。

表 2-2 所列为完整试样、完整岩体硐室试样、含平行（交叉）节理岩体硐室试样在单轴加载下峰值点处总能量、弹性应变能和耗散能及破坏时输入的总能量值。完整试样破坏时输入的总能量最大，为 1.01625 MJ/m^3，完整岩体硐室试样次之，为 0.64322 MJ/m^3，下降了 36.71%。含平行节理岩体硐室试样破坏时输入的总能量为 0.32291~0.46709 MJ/m^3，相比完整试样下降了 54.04%~68.23%。含交叉节理岩体硐室试样输入的总能量为 0.39742~0.56935 MJ/m^3，相比完整试样下降了 43.98%~60.89%。可以看出，含平行（交叉）节理岩体硐室试样输入的总能量比完整试样显著减少，表明试样中硐室和节理的存在弱化了试样的整体强度，从而降低了试样破坏过程中的能量消耗。与含平行节理岩体硐室试样相比，含交叉节理岩体硐室试样破坏时输入的总能量反而较大，这主要是因为含交叉节理岩体硐室试样的塑性性能增强，在变化破坏过程中出现较多次应力降，且最大变形量整体大于含平行节理岩体硐室试样，因而含交叉节理岩体硐室试样的应力-应变曲线所围成的面积相对较大，从而计算得到的破坏时输入的总能量较大。

表 2-2 各试样峰值点处能量值及破坏时总能量 （MJ/m^3）

试样	峰值点总能量	峰值点弹性应变能	峰值点耗散能	破坏总能量
UI-2	0.94062	0.91214	0.02848	1.01625
UC-3	0.63151	0.52548	0.10603	0.64322
UCJ-0-2	0.38423	0.31955	0.06468	0.41322
UCJ-15-3	0.41931	0.33720	0.08211	0.42600
UCJ-30-1	0.40495	0.34400	0.06095	0.46709
UCJ-45-3	0.29831	0.28652	0.01179	0.32291
UCJ-60-1	0.36083	0.33509	0.02574	0.36442
UCJ-75-2	0.38505	0.35587	0.02918	0.39708
UCJ-90-1	0.43163	0.35588	0.07575	0.45707
UCI-15-1	0.39310	0.36217	0.03093	0.40500
UCI-30-2	0.41404	0.27309	0.14095	0.42179
UCI-45-3	0.37771	0.23175	0.14596	0.39742
UCI-60-2	0.48580	0.38699	0.09881	0.53141
UCI-75-1	0.55361	0.39651	0.15710	0.56935

图 2-16 所示为含平行（交叉）节理岩体硐室试样在峰值点处的总能量、弹性应变能和耗散能及破坏时输入的总能量值随节理角度的变化曲线。含平行节理岩体硐室试样的峰值点总能量、弹性应变能、耗散能及破坏时输入的总能量均随节理倾角的增加整体呈先减小后增大的趋势，在节理倾角为 45°时最小。含交叉节理岩体硐室试样的峰值点总能量、弹性应变能及破坏时输入的总能量均随节理半夹角的增加整体呈先减小后增大的趋势，在半夹角为 45°时最小，而耗散能与节理半夹角的增加呈整体增大趋势。完整试样的峰值点弹性应变能最大，为 0.91214 MJ/m^3，完整岩体硐室试样次之，为 0.52548 MJ/m^3，下降了 42.39%。含平行节理岩体硐室试样峰值点弹性应变能为 0.28652~0.35588 MJ/m^3，相

比完整试样下降了 60.98%~68.59%。含交叉节理岩体硐室试样输入的总能量为 0.23175~0.39651 MJ/m³，相比完整试样下降了 56.53%~74.59%。

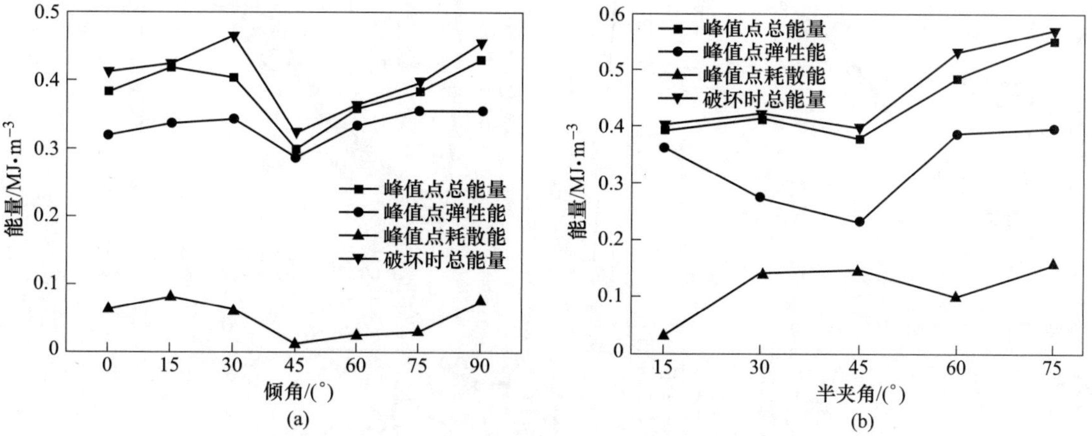

图 2-16　含平行（交叉）节理岩体硐室试样能量值

（a）含平行节理岩体硐室试样；（b）含交叉节理岩体硐室试样

峰值点弹性应变能可作为试样储能极限用来反映试样积聚弹性变形能和抵抗破坏的能力，而硐室和节理的存在严重削弱了试样的储能极限。不同节理角度及受力状态下的试样具有不同的储能极限。完整试样强度最大，其储能极限也最大。相较于完整试样，完整岩体硐室试样、含平行（交叉）节理岩体硐室试样的储能极限均有不同程度的下降，其中节理倾角为 45°时的含平行节理岩体硐室试样储能极限相对较小，而半夹角为 45°时的含交叉节理岩体硐室试样的储能极限最小。试样储能极限越小，越容易受到能量驱动而发生破坏[26]。

上述分析表明，对于脆性花岗岩试样，弹性应变能和耗散能共同决定了试样的破坏过程。即使岩性一致，由于硐室和节理的存在及节理角度的变化，试样的能量演化仍会存在一定差异。由于硐室和节理造成的初始损伤及变形破坏过程中节理尖端和硐室周围裂纹起裂、扩展耗散的能量，使得完整岩体硐室试样、含平行（交叉）节理岩体硐室试样吸收能量的能力大幅度减弱，可见硐室和节理对试样具有明显的能量弱化作用。

2.3.4　能量分配规律

对于完整试样、完整岩体硐室试样、含平行（交叉）节理岩体硐室试样，外界输入的总能量在转化为试样弹性应变能和耗散能的过程中，各能量参数的分配比例会存在一定差异，从而可能会影响试样的变形破坏模式。

由于弹性应变能和耗散能所占总输入能的比值之和等于 1，因而只给出了各试样在变形破坏过程中的弹性应变能比例随应变的变化曲线，如图 2-17 所示，反映了试样能量分配规律的节理结构效应。

整体来看，各试样的能量分配模式总体相似，在峰值水平前，出现弹性应变能比例小于耗散能比例的情况，也有两者比例相当的情况，但弹性应变能比例整体上大于耗散能比例，即输入试样的能量大部分以弹性应变能的形式储存在试样中，硐室和节理对能量分配

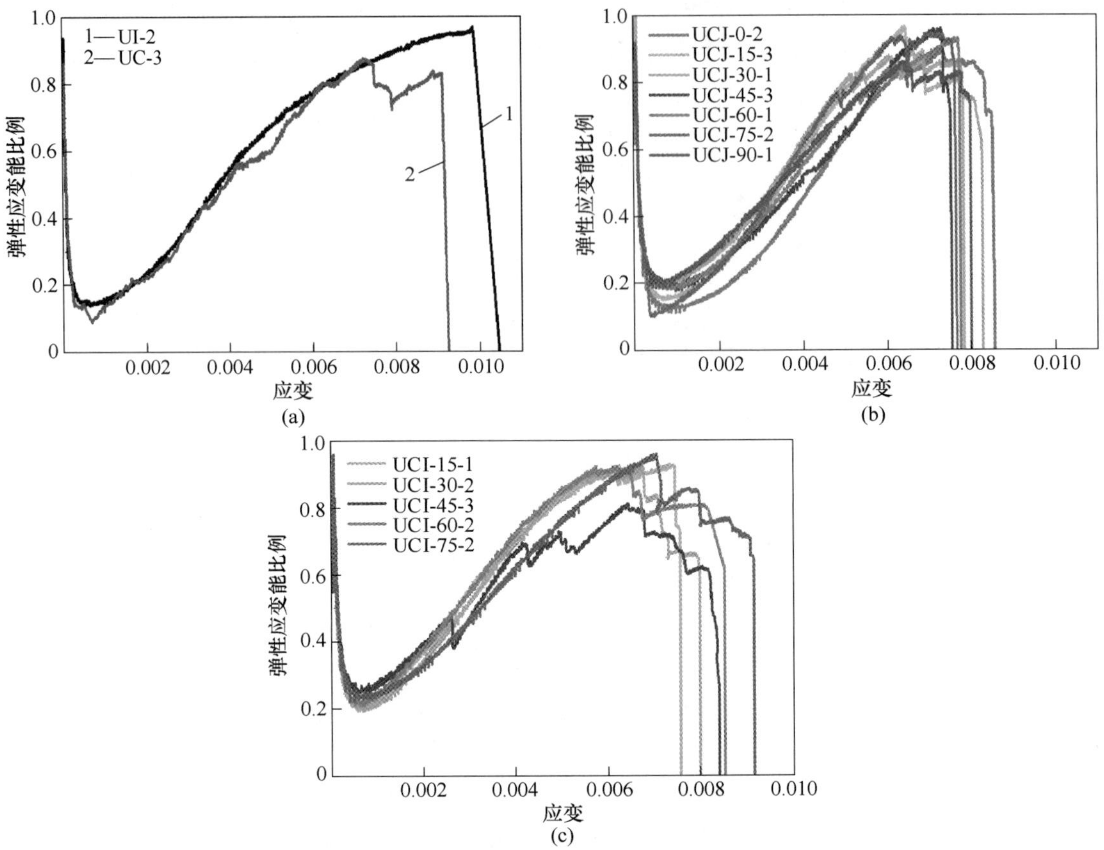

图 2-17　不同试样的弹性应变能比例随应变的变化规律

（a）完整试样和完整岩体硐室试样；（b）含平行节理岩体硐室试样；（c）含交叉节理岩体硐室试样

比例影响不大，表明在峰前加载过程中的能量转化规律相似，以能量积聚为主。具体分析，刚对试样施加荷载时，弹性应变能比例出现接近于 1 的情况，这是由于试样对外加应力的调整造成的，此时的应力水平还不足以使原生裂隙闭合，基本没有能量耗散。弹性应变能比例在初始压密阶段时相对较小，进入弹性变形阶段后开始逐渐增大，由于花岗岩材料的脆性特征，弹性应变能比例增长到临近试样破坏时突然下降。耗散能比例的变化趋势与弹性应变能比例的变化趋势相反，由于初始压密阶段原生裂隙的闭合及摩擦等作用，耗散能比例较大。但随着荷载的增加，耗散能比例逐渐稳定在一个较低水平，临近试样破坏时由于宏观裂纹的扩展、聚结而突然增大。

完整试样和完整岩体硐室试样在初始压密阶段的最小弹性应变能比例分别为 13.79% 和 8.81%，达到峰值强度时的最大弹性应变能比例分别为 96.97% 和 83.21%。含平行节理岩体硐室试样（倾角为 0°、15°、30°、45°、60°、75°和 90°）在初始压密阶段的最小弹性应变能比例分别为 11.19%、15.07%、18.42%、17.74%、18.19%、10.03%和 18.43%，达到峰值强度时的最大弹性应变能比例分别为 83.17%、80.42%、84.95%、96.05%、92.87%、92.42%和 82.45%。含交叉节理岩体硐室试样（半夹角为 15°、30°、45°、60°和 75°）在初始压密阶段的最小弹性应变能比例分别为 19.83%、19.20%、24.81%、20.84%

和 21.88%，达到峰值强度时的最大弹性应变能比例分别为 92.13%、65.96%、61.36%、79.66%和 71.62%。可见，硐室和节理的存在及节理角度的改变对试样在峰前的弹性应变能比例具有较大影响，岩石输入能量的分配规律存在一定差异。在达到峰值水平前，完整试样的弹性应变能比例-应变曲线增长比较平滑，在受力过程中基本没有发生耗散能突变情况，而完整岩体硐室试样、含平行（交叉）节理岩体硐室试样的弹性应变能比例-应变曲线都存在不同程度的波动情况，这与试样的受力特征是相对应的，反映出硐室和节理对试样在变形破坏过程中储能的影响，完整岩体硐室试样、含平行（交叉）节理岩体硐室试样的能量积聚效率不如完整试样。完整岩体硐室试样、含平行（交叉）节理岩体硐室试样破坏后，沿节理尖端和硐室周围将出现主裂纹扩展，弹性应变能大量释放，破裂岩块沿主裂纹发生位移和摩擦，耗散能增加，轴向应变和横向应变显著增大。待试样破裂结构重组稳定，达到残余强度后，试样仍具有一定的能量积聚能力，但能量积聚效率明显不如峰前。

此外，含交叉节理岩体硐室试样在峰值强度时的最大弹性应变能比例普遍低于含平行节理岩体硐室试样在峰值强度时的最大弹性应变能比例，这表明试样中节理数量的增加会弱化试样的能量积聚效率。与含平行节理岩体硐室试样相比，含交叉节理岩体硐室试样的弹性应变能比例变化曲线表现出的“台阶”状渐进突变特征更加明显，表明含交叉节理岩体硐室试样的能量演化规律更复杂。

2.3.5 失稳破坏能量机制

试样在变形破坏过程中的能量耗散引起岩石内部结构损伤，致使试样承载能力逐渐下降至最终失稳破坏。可以看出，试样的失稳破坏过程与其内部能量耗散有关，可用耗散能来反映试样变形破坏过程中的损伤程度。

根据含平行（交叉）节理岩体硐室试样在变形破坏过程中耗散能演化规律，可以将它们的损伤破坏过程大致分为初始损伤阶段、稳定损伤阶段、非稳定损伤阶段和失稳破坏阶段 4 个阶段（见图 2-18）（分别以试样 UCJ-30-1 和 UCI-30-2 为例），具体分析如下。

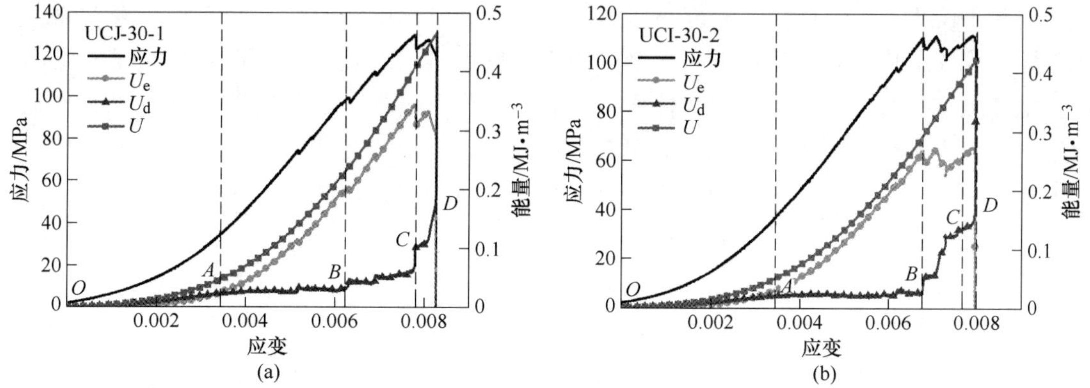

图 2-18 含平行（交叉）节理岩体硐室试样能量损伤演化分段

（a）含平行节理岩体硐室试样；（b）含交叉节理岩体硐室试样

（1）初始损伤阶段（OA 段）：在该阶段，试样内的原始微裂纹被压密过程中产生少量能量耗散，耗散能随应力的增加略有增大，但试样整体损伤程度较低。此阶段外力输入的能量一部分以耗散能的形式损失，一部分以弹性应变能的形式储存在试样内。整体来看，此阶段耗散掉的能量大于积聚的弹性应变能。

（2）稳定损伤阶段（*AB* 段）；试样内的原始微裂纹基本被压密后，试样进入稳定损伤阶段，此阶段耗散能随应力的增加呈近似水平演化，但耗散能很小，表明试样内部产生的损伤程度仍比较小。然而，弹性应变能随应力的增加呈近似线性增加，外力输入的总能量绝大部分转化为弹性应变能存储在试样内，此阶段是试样的主要储能阶段。

（3）非稳定损伤阶段（*BC* 段）：当应力增加到一定程度，节理尖端和硐室周边形成的应力集中作用凸显，并会引发微裂纹的萌生和扩展，试样的损伤在该阶段开始迅速发展。此时，试样内积聚的弹性应变能曲线偏离总能量曲线并呈“台阶”状陡降，相应地，耗散能曲线从近似水平演化突变为呈“台阶”状突然增大。在该阶段，试样内部的损伤非稳定发展，微裂纹可能集中出现。

（4）失稳破坏阶段（*CD* 段）：试样的承载力达到其峰值强度时，试样开始进入损伤破坏阶段，试样中储存的弹性应变能急剧释放，试样内的裂纹进一步扩展贯通形成宏观断裂面，试样强度失效，显现出显著的脆性特征。此阶段耗散能突然急剧增大，弹性应变能迅速下降至接近零，弹性应变能与耗散能曲线基本重合。

上述几个阶段能很好地反映含平行（交叉）节理岩体硐室试样在变形破坏过程中的损伤演化规律。从本质上讲，工程中岩体失稳破坏现象均是由岩体中能量的驱动作用造成的，岩体中的能量积聚、耗散演化过程与工程灾害的孕育过程密切相关，能量积聚和耗散的相对比例直接决定了工程灾害的强度和破坏程度。如果岩体容易积聚高弹性应变能、能量耗散少，且具有较强的能量释放能力，那么其诱发工程灾害的可能性和强度就会大大增加。

2.4 失稳破坏能量判据分析

谢和平院士[24,31-32]认为，局部高应力条件下的岩石强度失效并不一定造成岩石发生整体破坏，当前的应力强度理论和破坏准则很大程度上难以有效分析岩石复杂的强度变化特征及整体破坏行为。对于节理化岩体硐室围岩，其变形过程中节理尖端和硐室周围产生应力集中，应力集中区裂纹起裂和扩展引起能量耗散，耗散能转化为裂纹扩展的表面能。由于硐室和预制节理具有优势导向作用，能量释放相对集中且迅速，耗散能呈“台阶”状演化。节理化岩体硐室围岩中裂纹的扩展演化过程，既是其破坏过程，也是其内部能量转化出现突变的过程，这可从能量突变角度揭示节理化岩体硐室围岩裂纹的起裂和扩展机制。

结合以往研究[27-28]，将弹性能耗比 K 定义为耗散能与弹性应变能之比，可反映试样变形破坏过程中的耗能和储能状态，即：

$$K = U_d / U_e \tag{2-9}$$

图 2-19～图 2-21 分别为完整试样、完整岩体硐室试样、含平行（交叉）节理岩体硐室试样在单轴加载过程中弹性能耗比 K 与应力-应变曲线关系。可以看出，不同类型试样在初始压密阶段的弹性能比均随应变呈先增大后减小的变化趋势，破坏时发生突变，急剧

增大。具体来看，完整试样在初始压密阶段由于微裂纹的闭合而耗散能量，耗散能的增长速率大于弹性应变能，因此弹性能耗比急剧增加。弹性能耗比增长到极大值后，随着微裂纹逐渐闭合，耗散能增长速率减缓，弹性应变能增长速率逐渐增大，因而弹性能耗比开始逐渐下降并趋于稳定，最后弹性能耗比在残余强度阶段出现急剧突变增大到最大值，表明试样发生整体破坏。

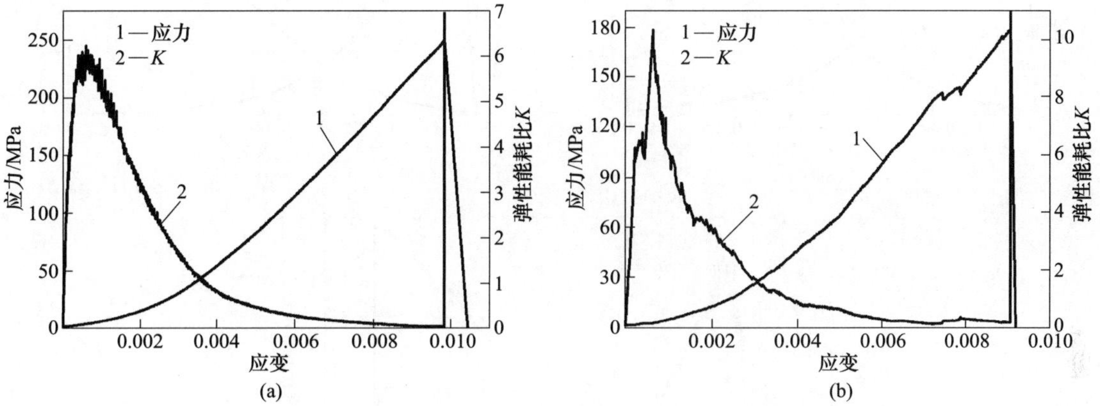

图 2-19 完整试样和完整岩体硐室试样的弹性能耗比随应变演化规律

（a）试样 UI-2；（b）试样 UC-3

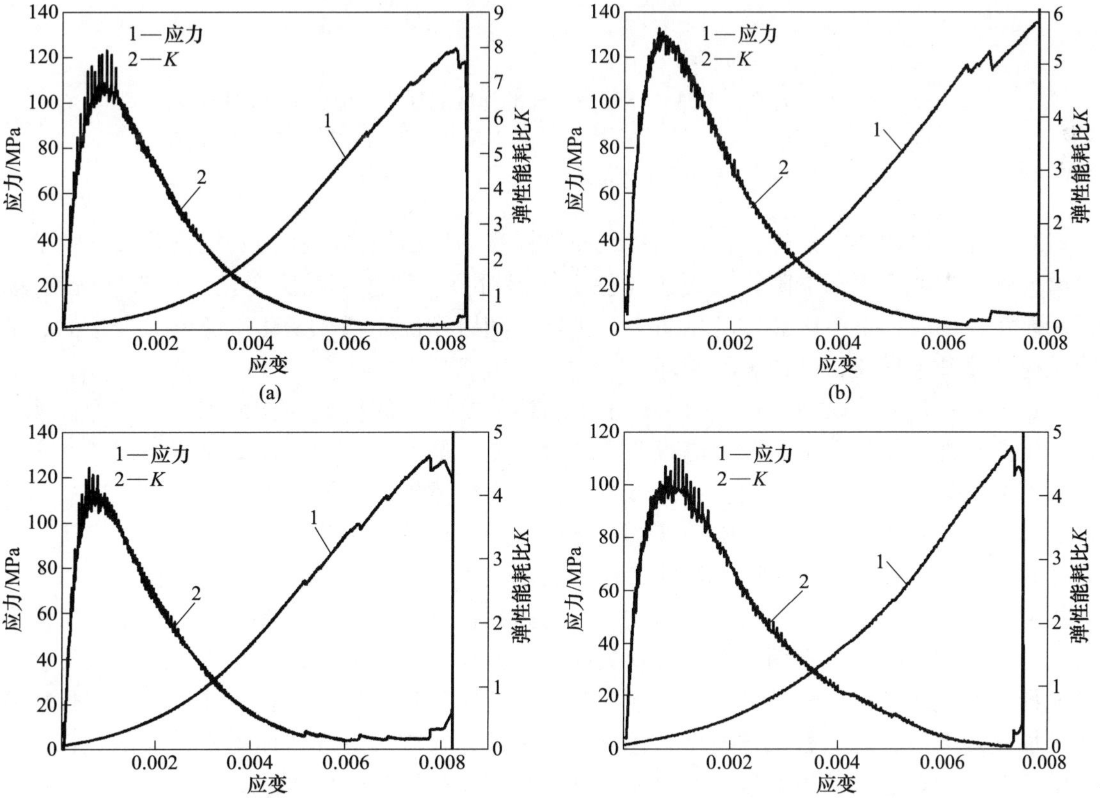

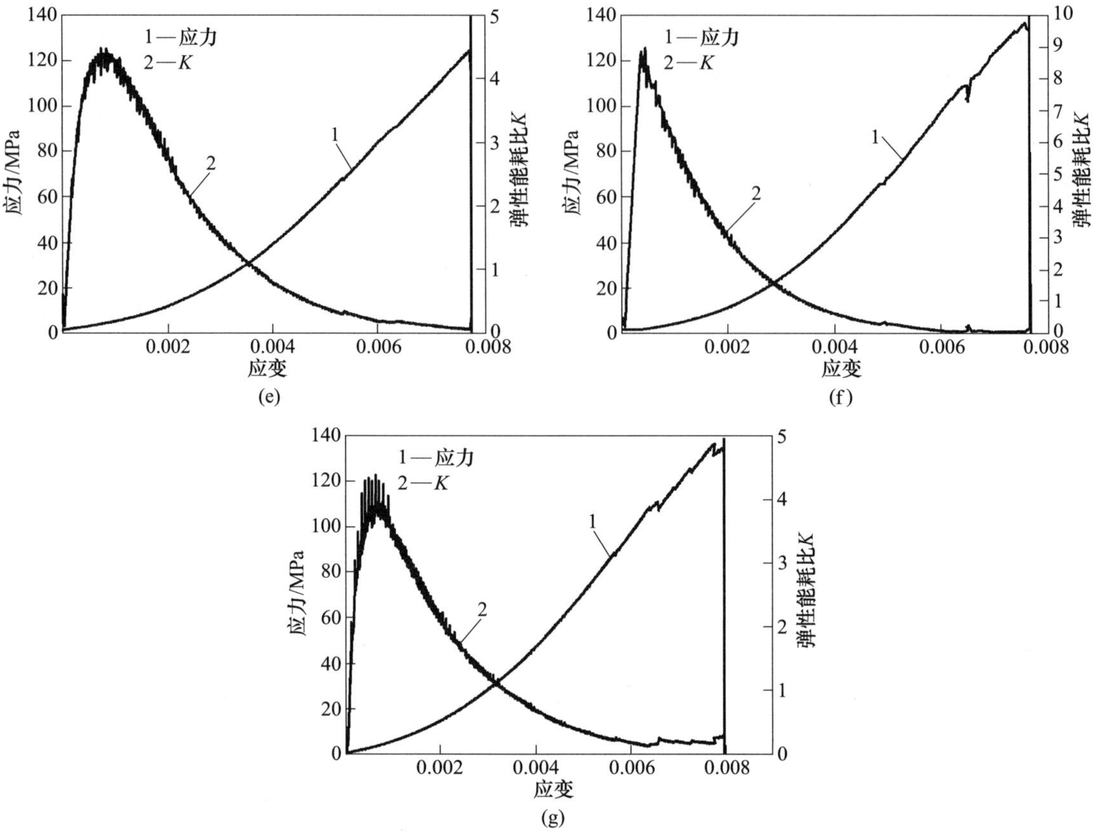

图 2-20　含平行节理岩体硐室试样的弹性能耗比随应变演化规律

（a）试样 UCJ-0-2；（b）试样 UCJ-15-3；（c）试样 UCJ-30-1；（d）试样 UCJ-45-3；
（e）试样 UCJ-60-1；（f）试样 UCJ-75-2；（g）试样 UCJ-90-1

对于完整岩体硐室试样，预制硐室致使试样存在初始损伤，在初始压密阶段弹性能耗比增大到极大值后逐渐下降，在裂纹非稳定扩展阶段，弹性能耗比变化率出现连续突变，预示硐室周围应力集中区裂纹开始萌生、扩展，随后弹性能耗比变化率急剧突变增大，表明试样裂纹基本贯通，试样失稳破坏。

相较于完整岩体硐室试样，含平行节理岩体硐室试样的初始损伤增加，导致弹性能耗比变化率在裂纹非稳定扩展阶段出现明显较大突变，最后弹性能耗比变化率出现急剧突变增大，弹性能耗比增加到最大值，意味着试样发生整体破坏。同时也可以看出，含平行节理岩体硐室试样的弹性能耗比随应变的变化趋势受节理倾角变化的影响较小。含交叉节理岩体硐室试样在初始压密阶段弹性能耗比增大到极大值后开始逐渐下降，相比含平行节理岩体硐室试样，含交叉节理岩体硐室试样的初始损伤进一步增大，在裂纹稳定扩展阶段和裂纹非稳定扩展阶段由于两组交叉节理尖端和硐室周围区域的裂纹萌生、扩展更剧烈，弹性能耗比变化率发生明显较大突变，最后弹性能耗比变化率出现急剧突变增大，弹性能耗比增加到最大值，意味着试样发生整体破坏。另外，含交叉节理岩体硐室试样的弹性能耗比随应变的变化趋势较为一致，受交叉节理夹角变化的影响也较小。

综上所述，弹性能耗比变化率的连续突变可作为试样裂纹萌生和扩展的判据，随后的

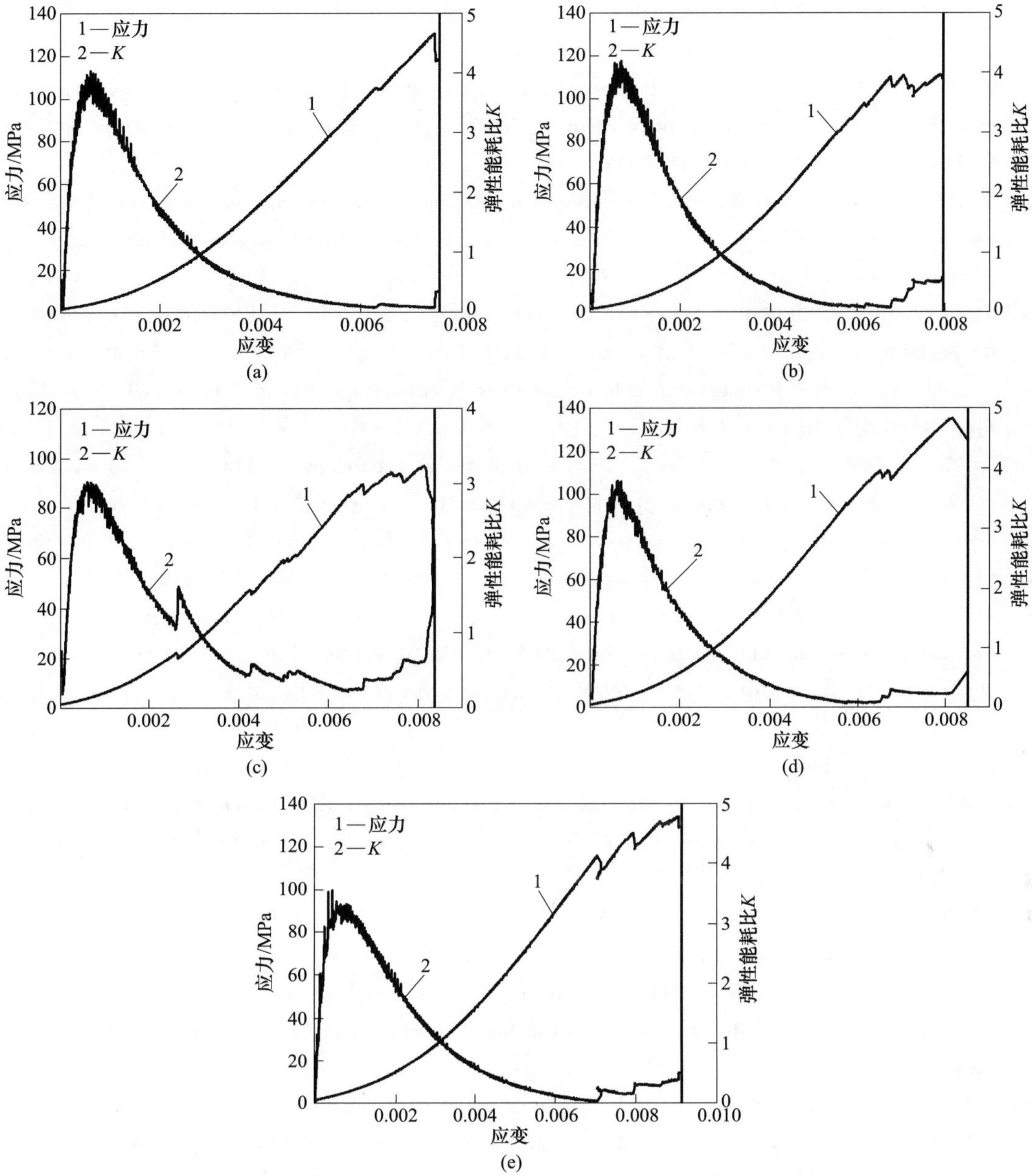

图 2-21 含交叉节理岩体硐室试样的弹性能耗比随应变演化规律

（a）试样 UCI-15-1；（b）试样 UCI-30-2；（c）试样 UCJ-45-3；（d）试样 UCI-60-2；（e）试样 UCI-75-1

弹性能耗比变化率的急剧突变可作为试样的失稳破坏判据。从能量角度建立的岩石失稳破坏能量判据可为判断岩体工程的整体稳定性提供基础依据。

参 考 文 献

[1] WENG L, LI X, TAHERI A, et al. Fracture evolution around a cavity in brittle rock under uniaxial compression and coupled static-dynamic loads [J]. Rock Mechanics and Rock Engineering, 2018, 51 (2): 531-545.

[2] 李夕兵，翁磊，谢晓锋，等．动静载荷作用下含孔洞硬岩损伤演化的核磁共振特性试验研究［J］．岩石力学与工程学报，2015，34（10）：1985-1993.

[3] WENG L，WU Z，LI X. Mesodamage characteristics of rock with a pre-cut opening under combined static-dynamic loads：A nuclear magnetic resonance（NMR）investigation［J］. Rock Mechanics and Rock Engineering，2018，51（8）：2339-2354.

[4] Weng L，LI X，SHANG X，et al. Fracturing behavior and failure in hollowed granite rock with static compression and coupled static-dynamic loads［J］. International Journal of Geomechanics，2018，18（6）：4018045.

[5] BIENIAWSKI Z T，BERNEDE M J. Suggested methods for determining the uniaxial compressive strength and deformability of rock materials：Part 1. Suggested method for determining deformability of rock materials in uniaxial compression［J］. International Journal of Rock Mechanics and Mining Sciences and Geomechanics Abstracts，1979，16（2）：138-140.

[6] ZHAO X G，CAI M，WANG J，et al. Damage stress and acoustic emission characteristics of the Beishan granite［J］. International Journal of Rock Mechanics and Mining Sciences，2013，64：258-269.

[7] PARK C H，BOBET A. Crack coalescence in specimens with open and closed flaws：A comparison［J］. International Journal of Rock Mechanics and Mining Sciences，2009，46（5）：819-829.

[8] LI Y，CHEN L，WANG Y. Experimental research on pre-cracked marble under compression［J］. International Journal of Solids and Structures，2005，42（9/10）：2505-2516.

[9] LI X，ZHOU T，LI D. Dynamic strength and fracturing behavior of single-flawed prismatic marble specimens under impact loading with a Split-Hopkinson Pressure Bar［J］. Rock Mechanics and Rock Engineering，2017，50（1）：29-44.

[10] YANG S Q，HUANG Y H. An experimental study on deformation and failure mechanical behavior of granite containing a single fissure under different confining pressures［J］. Environmental Earth Sciences，2017，76（10）：364-385.

[11] HAJIABDOLMAJID V，KAISER P K，MARTIN C D. Modelling brittle failure of rock［J］. International Journal of Rock Mechanics and Mining Sciences，2002，39（6）：731-741.

[12] FAIRHURST C E H J A. Draft ISRM suggested method for the complete stress-strain curve for intact rock in uniaxial compression［J］. International Journal of Rock Mechanics and Mining Sciences，1999，36（3）：279-289.

[13] FAKHIMI A，CARVALHO F，ISHIDA T，et al. Simulation of failure around a circular opening in rock［J］. International Journal of Rock Mechanics and Mining Sciences，2002，39（4）：507-515.

[14] WANG S Y，SLOAN S W，SHENG D C，et al. Numerical analysis of the failure process around a circular opening in rock［J］. Computers and Geotechnics，2012，39：8-16.

[15] LIU D，LI D，ZHAO F，et al. Fragmentation characteristics analysis of sandstone fragments based on impact rockburst test［J］. Journal of Rock Mechanics and Geotechnical Engineering，2014，6（3）：251-256.

[16] YIN Q，JING H，ZHU T. Experimental study on mechanical properties and cracking behavior of pre-cracked sandstone specimens under uniaxial compression［J］. Indian Geotechnical Journal，2017，47（3）：265-279.

[17] HUANG Y，YANG S，HALL M R，et al. Experimental study on uniaxial mechanical properties and crack propagation in sandstone containing a single oval cavity［J］. Archives of Civil and Mechanical Engineering，2018，18（4）：1359-1373.

[18] 张艳博，孙林，姚旭龙，等. 花岗岩破裂过程声发射关键信号时频特征实验研究 [J]. 岩土力学，2020，41 (1)：1-10.

[19] SAGONG M，PARK D，YOO J，et al. Experimental and numerical analyses of an opening in a jointed rock mass under biaxial compression [J]. International Journal of Rock Mechanics and Mining Sciences，2011，48 (7)：1055-1067.

[20] ZHOU Z，TAN L，CAO W，et al. Fracture evolution and failure behaviour of marble specimens containing rectangular cavities under uniaxial loading [J]. Engineering Fracture Mechanics，2017，184：183-201.

[21] BIENIAWSKI Z T. Mechanism of brittle fracture of rock：Part Ⅰ—theory of the fracture process [J]. International Journal of Rock Mechanics and Mining Sciences and Geomechanics Abstracts，1967，4 (4)：395-406.

[22] ZHOU X，ZHANG J，QIAN Q，et al. Experimental investigation of progressive cracking processes in granite under uniaxial loading using digital imaging and AE techniques [J]. Journal of Structural Geology，2019，126：129-145.

[23] YANG S，HUANG Y，TIAN W，et al. An experimental investigation on strength，deformation and crack evolution behavior of sandstone containing two oval flaws under uniaxial compression [J]. Engineering Geology，2017，217：35-48.

[24] 谢和平，鞠杨，黎立云. 基于能量耗散与释放原理的岩石强度与整体破坏准则 [J]. 岩石力学与工程学报，2005，24 (17)：3003-3010.

[25] 钟志彬，HU X Z，邓荣贵，等. 含裂隙充填节理岩体的压剪断裂机制研究 [J]. 岩石力学与工程学报，2018，37 (S1)：3320-3331.

[26] 张志镇，高峰. 单轴压缩下岩石能量演化的非线性特性研究 [J]. 岩石力学与工程学报，2012，31 (6)：1198-1207.

[27] 李子运，吴光，黄天柱，等. 三轴循环荷载作用下页岩能量演化规律及强度失效判据研究 [J]. 岩石力学与工程学报，2018，37 (3)：662-670.

[28] 王桂林，张亮，许明，等. 单轴压缩下非贯通节理岩体损伤破坏能量演化机制研究 [J]. 岩土工程学报，2019，41 (4)：639-647.

[29] CAO R，CAO P，LIN H，et al. Experimental and numerical study of the failure process and energy mechanisms of rock-like materials containing cross un-persistent joints under uniaxial compression [J]. PLOS One，2017，12 (12)：e0188646.

[30] 尤明庆，苏承东. 大理岩试样循环加载强化作用的试验研究 [J]. 固体力学学报，2008，29 (1)：66-72.

[31] 谢和平，彭瑞东，鞠杨，等. 岩石破坏的能量分析初探 [J]. 岩石力学与工程学报，2005，24 (15)：2603-2608.

[32] 谢和平，鞠杨，黎立云，等. 岩体变形破坏过程的能量机制 [J]. 岩石力学与工程学报，2008，27 (9)：1729-1740.

3 静载下节理化岩体硐室围岩失稳破坏声发射变异性及前兆信息

Obert 和 Duvall 曾发现岩石受压缩荷载作用时能够产生声发射（acoustic emission，AE）现象，并将 AE 监测技术用于监测预报矿山岩体稳定性和岩爆灾害[1]。目前，AE 监测技术是研究脆性岩石失稳破坏演化过程的重要手段之一，可以连续、实时监测岩石的整个变形破坏过程，已被广泛应用于研究岩石的失稳破坏机理。本章结合静态加载试验研究节理化岩体硐室围岩在变形破坏过程的声发射特征，系统分析完整试样、完整岩体硐室试样、含平行（交叉）节理岩体硐室试样在失稳破坏过程中声发射时序参数（包括 AE 事件率、累积事件数、能率、累积能量和 b 值）和频域参数（包括 AE 频率、幅值）的变异性特征。在此基础上，进一步分析不同参数之间的相互关系，探讨可用于岩石破坏前兆信息识别的 AE 参数，可为地下硐室围岩 AE 监测预报技术的现场应用提供基础依据，以期能够提高地下硐室围岩稳定性 AE 监测预报的准确率。

3.1 声发射测试技术

3.1.1 声发射信号及其表征参数

AE 测试可以从细观尺度上研究材料内微裂纹的发展及材料损伤演化。AE 现象的出现要具备两个条件：（1）材料承受外力作用；（2）材料内的微结构不均匀或存在缺陷。AE 信号是由 AE 传感器接收到的材料内部释放的 AE 波并经放大处理后的一种应力波脉冲信号，包含了材料在破裂过程中微裂纹发展活动的丰富信息。在岩石变形破坏过程中，AE 信号包含的信息反映了岩石微观破坏的过程，通过解译岩石破坏产生的 AE 信号，可推断岩石内部力学状态的变化情况，即微观变形和破裂及裂纹的萌生和扩展的动态信息，进而分析岩石的破坏程度及破坏机制。

目前采用的 AE 信号表征参数主要是通过对输出的波形处理获得的，常用来表征 AE 特征的基本参数主要有 AE 事件率、能率、累积事件数、累积能量、b 值、幅值、频率及上升时间等。典型的 AE 信号波形参数示意图如图 3-1 所示。试样在加载过程中，AE 信号源在试样中产生，经过传播，最终被安装在试样上的传感器检测到。对于 AE 信号表征参数，峰值幅度与 AE 事件的来源和位置有关，上升时间是阈值交叉点和达到峰值幅度点之间的时间。AE 计数表示信号越过门槛噪声阈值的次数，较大的 AE 事件将产生更多的计数和更长的事件持续时间。事件数和累积计数的相关性取决于设定的阈值水平[2]。通过设置合理的检测参数（如定时参数、增益大小等），就可以很好地监测到有效信号。

3.1.2 声发射测试设备

采用美国物理声学公司（PAC）生产的 PCI-2 型六通道 AE 监测系统（见图 3-2（a））

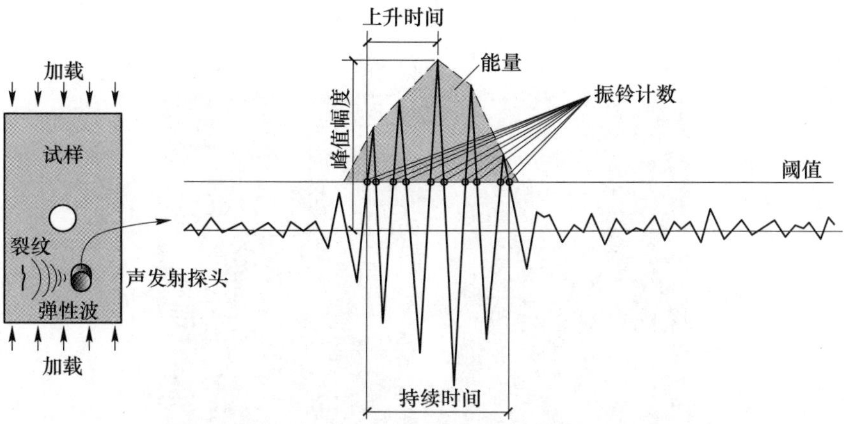

图 3-1　典型 AE 波形特征示意图

来记录试样在单轴加载过程中产生的 AE 信号。该 AE 监测系统可实现 18 位 A/D 转换、每个通道 40 MHz 的高采样率，可将 AE 波形以 10 MHz/s 的速率连续不断地存储，AE 波形采集和分析性能强大，具有阈值低、处理速度快、可靠性高及噪声低等优点，且能有效降低采样噪声。

同时，采用 PAC 公司生产的 R6α 型谐振式高灵敏度传感器（见图 3-2（b）），具有高灵敏度和低共振频率特性。从 AE 传感器传输的 AE 信号以 40 dB 的增益放大，以消除背景噪声的影响。AE 的触发阈值大小被设置为 45 dB 以避免电子或环境噪声的影响，并且以 1 MHz 的数据采集速率自动记录全部波形数据。AE 波形采样率为 1 MHz，预触发为 256，长度为 2 K。

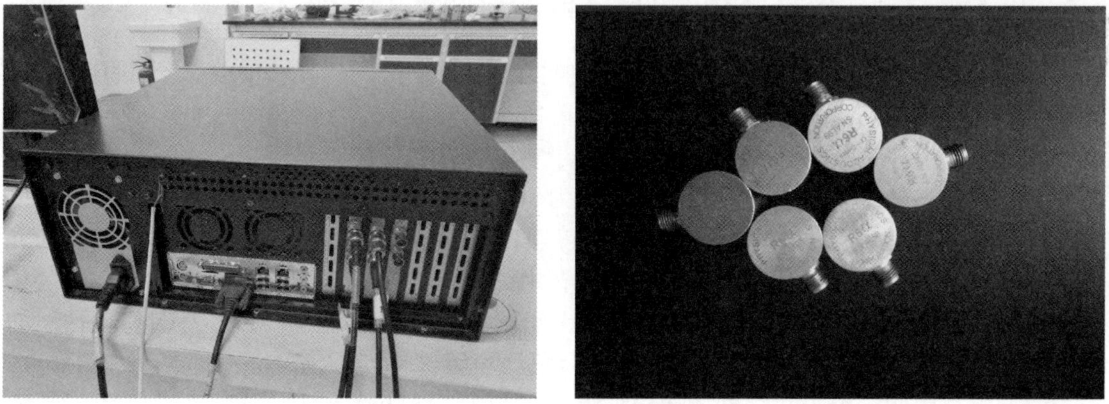

(a)　(b)

图 3-2　PCI-2 型 AE 监测系统

（a）PCI-2 型六通道 AE 监测设备；（b）R6α 型谐振式传感器

3.1.3　声发射测试说明

综合考虑试样和 AE 传感器的尺寸后，在试样的左右侧面分别均匀布置两个 AE 传感器（见图 3-3），以更好地覆盖试样并精确记录 AE 信号。传感器表面涂抹一层凡士林，然后用橡皮筋将传感器固定在试样左右侧面，以保证传感器和试样之间良好的声学耦合，减少 AE 信号的衰减。

图 3-3　AE 探头布置方式

在单轴加载试验开始之前，采用断铅法测试信号的强度，检查 4 个传感器与试样之间的耦合效果，待 AE 系统正常工作后再进行试验。在单轴加载试验正式开始时，AE 设备同步启动，实时获取试样在加载过程中试样破裂产生的 AE 信号。在测试中，试验机和声发射主机接地，以消除电流引起的噪声。

为了确保 AE 信号在试样变形破坏过程中能够被有效地连续记录，在 4 个传感器中，选择完整性最好且与应力-应变曲线匹配性最好的那个通道的 AE 信号数据进行后期处理[3]。

3.2　岩石失稳破坏过程与声发射信号相关性

岩石中 AE 事件的产生源于岩石内矿物颗粒之间的位错、晶界移动或微裂纹的形成和扩展。伴随着这些过程，岩石内储存的弹性能的突然释放会产生瞬态弹性波，弹性波通过岩石传播，并由连接到采集系统的传感器记录[4]。由于 AE 监测对荷载作用下岩石中裂纹的萌生、扩展和聚结具有很高的敏感性，这为研究脆性岩石的变形破坏提供了一种独特的方法[5]。作为伴随岩石破坏过程的一种现象，AE 信号包含许多关于岩石内部变形特征和力学行为的信息，这些信息可以直接反映岩石中微裂纹的演化，也可以用来捕捉岩石破坏的前兆[6]。目前 AE 技术已广泛应用于岩石力学研究和工程应用中，如岩石损伤评估、岩爆风险评估、冒顶预测、岩质边坡稳定性和大型地下硐室稳定性监测等[7]。

大量研究表明，由于大多数不良 AE 事件发生在岩石破坏之前，AE 事件与微破裂能紧密联系起来的阶段大多位于裂纹扩展的后期。在加载初期，一般缺乏明显的 AE 事件，很难将背景噪声与断裂相关的 AE 事件区分开来。因此，必须设置合适的事件阈值，该阈值既要足够高以滤除大部分背景噪声，同时又要足够低以监测微破裂过程的开始[8]。

通常使用 AE 事件计数、与应力-应变关系成比例的 AE 计数率及 AE 事件的源位置来研究不同荷载条件下的岩石破坏特征。此外，AE 事件产生过程中涉及的一些波形参数，如振铃计数、能量、峰值振幅、上升时间和事件持续时间等，为进一步研究与宏观变形破坏相关的岩石破裂机制提供了有价值的信息[5]。总的来看，AE 分析方法常用的主要有参数和波形分析两种，参数分析只是对波形的简单分析，无法获取 AE 波形中蕴含的岩石受力状态及物理力学性质等全部信息，而波形分析能够挖掘到 AE 信号中的关键信息，其提取到的频谱特征可以更全面地反映 AE 信号特征[9]。

因此，开展岩石破裂 AE 信号时序和频域参数分析，进一步揭示岩石破裂过程中 AE 信号的演变规律，对诠释岩石的破坏机制和捕捉岩石破坏的前兆特征具有重要意义。

3.3 失稳破坏过程中声发射时序参数变异性特征

3.3.1 声发射事件特征

AE 事件率是指单位时间内 AE 事件的个数。图 3-4～图 3-6 所示为单轴加载过程中完整试样、完整岩体硐室试样、含平行（交叉）节理岩体硐室试样的 AE 事件率和 AE 累积计数演化特征及相应的应力-时间曲线。可以看出，所有试样在初始压密阶段就已开始对荷载条件作出反应并产生一定量的 AE 信号，并一直持续到试样最终断裂破坏，表明在受力的全过程中，试样内部颗粒之间的摩擦、晶体错断、裂纹萌生和扩展活动比较活跃[10]。不同试样的 AE 事件率的变化趋势总体相似。在弹性变形阶段和裂纹稳定扩展阶段，AE 事件率的波动相对“稳定”，而进入裂纹非稳定扩展阶段后，AE 事件率曲线出现多次较大的波动，AE 事件率由较高值快速下降到较低值可作为试样内局部区域裂纹快速萌生、扩展或聚结的标志，该过程一直持续到试样整体破坏。

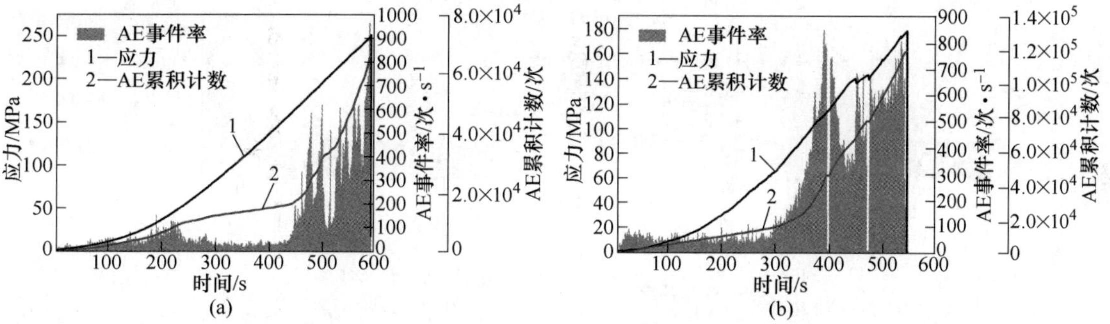

图 3-4 完整试样和完整岩体硐室试样 AE 事件率和累积计数演化
（a）试样 UI-2；（b）试样 UC-3

此外，不同试样在加载初期所产生的 AE 事件特征也存在一定的差异。完整试样在加载初期相对较为“平静”，所产生的 AE 事件较少，而完整岩体硐室试样、含平行（交叉）节理岩体硐室试样均产生了较大量的 AE 事件，表明硐室和预制节理的存在促使试样在加载初期就出现较为明显的裂纹萌生现象，导致试样发生微破裂，这可以解释为硐室和节理这些薄弱结构周边形成的高应力集中加剧了裂纹的产生，从而在加载初期就产生较多的 AE 事件。对于含平行（交叉）节理岩体硐室试样，节理角度的改变对试样 AE 事件率曲线形态产生较大影响，不同阶段的 AE 事件率大小不同。

此外，所有试样的 AE 事件率响应曲线与其应力变化特征具有很好的对应关系。对于脆性岩石破坏，完整试样在 AE 事件率达到峰值后立即破坏，AE 事件率峰值可作为其破坏的前兆。然而，完整岩体硐室试样、含平行（交叉）节理岩体硐室试样的 AE 事件率峰

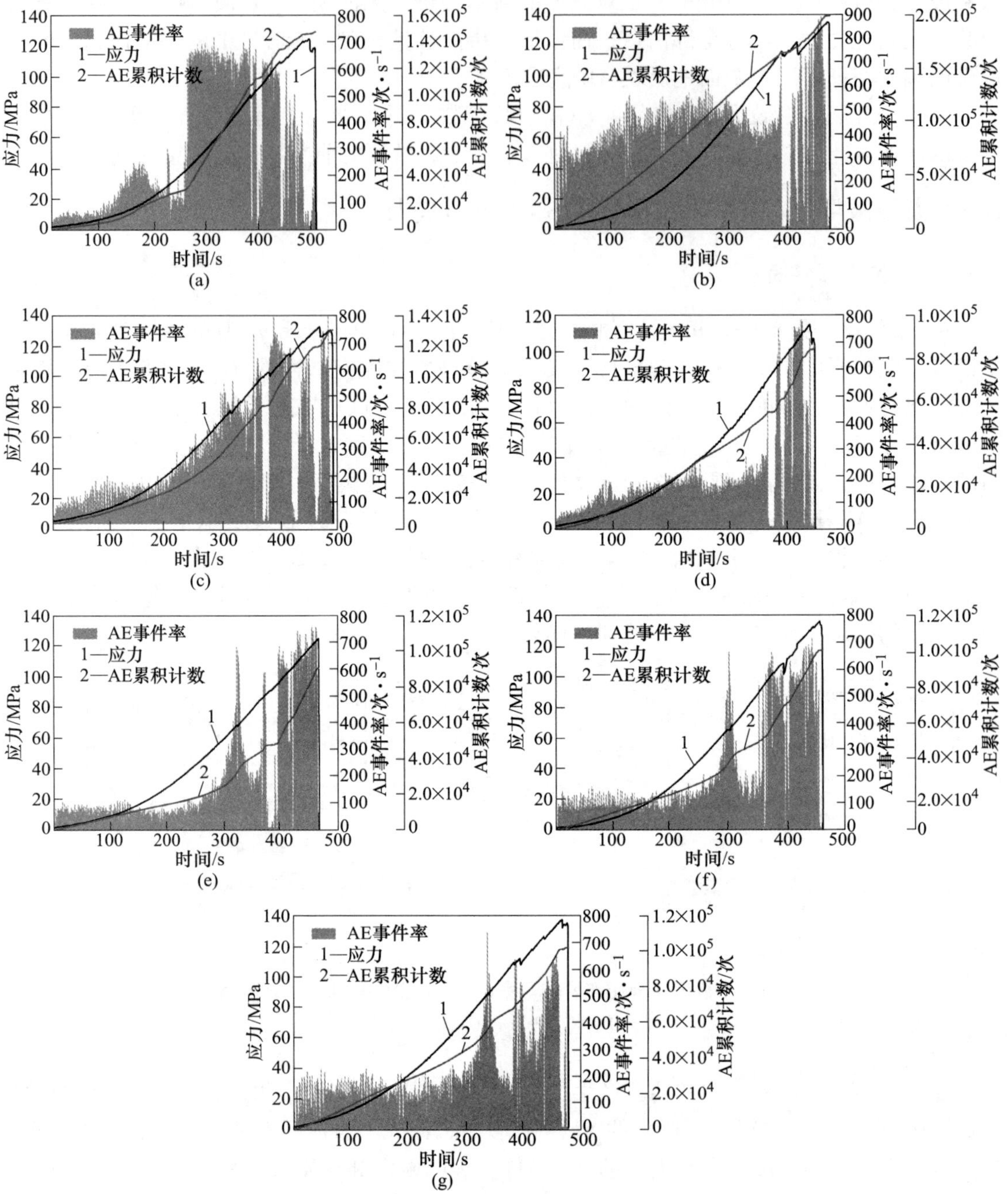

图 3-5　含平行节理岩体硐室试样 AE 事件率和累积计数演化

(a) 试样 UCJ-0-2；(b) 试样 UCJ-15-3；(c) 试样 UCJ-30-1；(d) 试样 UCJ-45-3；
(e) 试样 UCJ-60-1；(f) 试样 UCJ-75-2；(g) 试样 UCJ-90-1

值并不一定出现在应力峰值处，试样破坏时的 AE 事件率下降明显。

AE 累积计数是指 AE 事件个数在时间上的累积。由图 3-4～图 3-6 可以看出，各试样 AE 累积计数的增加与应力水平密切相关。对于所有试样，在初始压密阶段，AE 累积计数

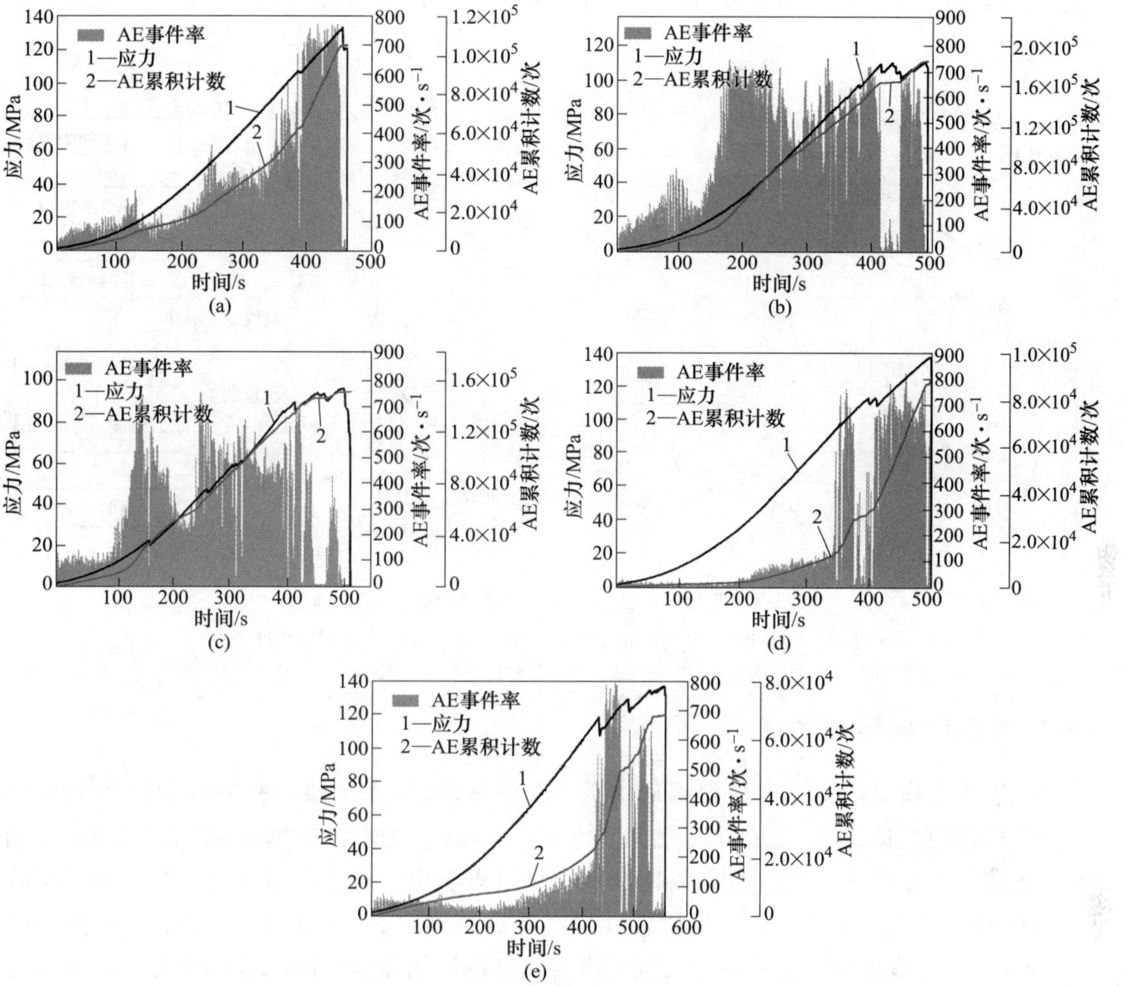

图 3-6 含交叉节理岩体硐室试样 AE 事件率和累积计数演化

(a) 试样 UCI-15-1；(b) 试样 UCI-30-2；(c) 试样 UCI-45-3；(d) 试样 UCI-60-2；(e) 试样 UCI-75-1

缓慢增加，然后随轴向应力的增加呈近似线性增加。AE 累积计数曲线具有总体相似的变化趋势，且都包含缓慢增加和突然增加过程。然而，不同试样的 AE 累积计数曲线在缓慢增加阶段也显示出了显著的差异。这种差异可能并不仅仅是由试样中是否含有硐室和节理以及节理角度的不同造成的，这也可能反映了一个事实，即不存在单一一致的 AE 响应曲线，而是存在不同的 AE 响应曲线[2]。

基于获得的单轴加载下的 AE 累积计数曲线，图 3-7（a）中总结了 4 种典型的 AE 累积计数曲线模式。AE 累积计数曲线上的标签编号为“1”至“4”，四种类型的 AE 累积计数曲线中都存在弹性变形区域，在每条曲线上标记为“2”，这些标签及其描述有助于理解 AE 响应曲线。AE 累积计数涵盖了试样从最初施加荷载至完全破坏的所有重要过程，有利于深入了解试样的破坏机理。因此，对典型的 AE 累积计数曲线与试样的外加应力水平进行了考察，如图 3-7（b）所示，其可以与 Bieniawski[11] 给出的脆性岩石断裂过程相关联。AE 曲线上的标签“1”至“4”对应于图 3-7（a）中标记的区域。如图 3-7（b）所示，所有试样的裂纹扩展过程主要以裂纹稳定和不稳定扩展两个阶段为特征，这与 Meyer[2] 得到的结论一致。

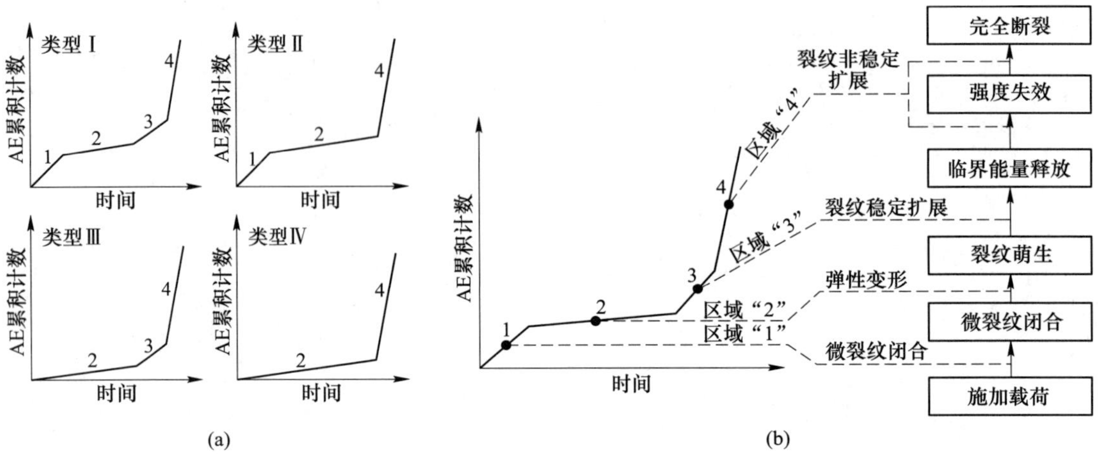

图 3-7　四种 AE 特征及其与脆性断裂过程的关联
（a）四种 AE 累积计数曲线模式；（b）AE 特征与脆性断裂过程的联系

3.3.2　声发射能量演化特征

AE 能率是指单位时间内材料释放出的 AE 信号能量。图 3-8～图 3-10 分别为完整试样、完整岩体硐室试样、含平行（交叉）节理岩体硐室试样在单轴加载下的 AE 能率和 AE 累积能量演化特征及相应的应力-时间曲线。可以看出，对于完整试样，在初始压密阶段、弹性变形阶段和裂纹稳定扩展阶段几乎没有观察到明显的能量释放现象，AE 能率曲线表现为接近于零的水平直线，这可能是因为试样内原始微裂纹的闭合并没有引起明显的能量释放[12]，且完整试样对外加荷载具有较强的自我调整能力。直至裂纹非稳定扩展阶段，出现了明显的 AE 能量释放，这意味着试样中产生了新裂纹，AE 能率最大值出现在应力峰值处。完整试样的 AE 能率特征与脆性岩石材料的预期响应规律非常一致[12]。对于完整岩体硐室试样、含平行（交叉）节理岩体硐室试样，在初始压密阶段，与完整试样类似，没有明显的 AE 能量释放。当荷载在弹性变形阶段和裂纹稳定扩展阶段增加时，观察到了少量明显的 AE 能量释放现象，表明试样对荷载条件做出反应，导致试样发生小尺度破裂。完整岩体硐室试样、含平行（交叉）节理岩体硐室试样能量释放发生的时间比完整试样早得多，这是主要因为硐室和节理降低了试样对外荷载的自适应能力，硐室周围和节理尖端形成的高应力集中加剧了裂纹较早萌生。在裂纹非稳定扩展阶段和残余强度阶段，大量裂纹萌生、扩展或聚结，引起了多次能量释放过程，随着小尺度裂纹聚结形成大尺度裂纹，直至形成导致试样破坏的宏观裂纹，进一步释放能量，但不一定出现最大 AE 能率。另外，在每个加载阶段，含平行（交叉）节理岩体硐室试样的 AE 能率特征随节理角度的改变也存在较大差异。

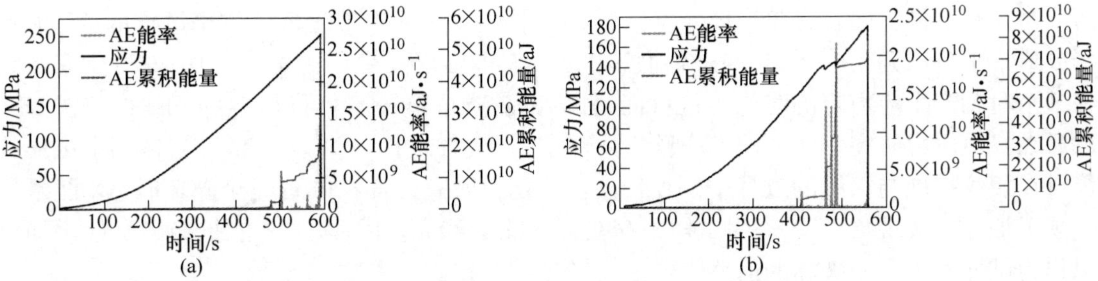

图 3-8 完整试样和完整岩体硐室试样 AE 能率和累积能量演化

(a) 试样 UI-2；(b) 试样 UC-3

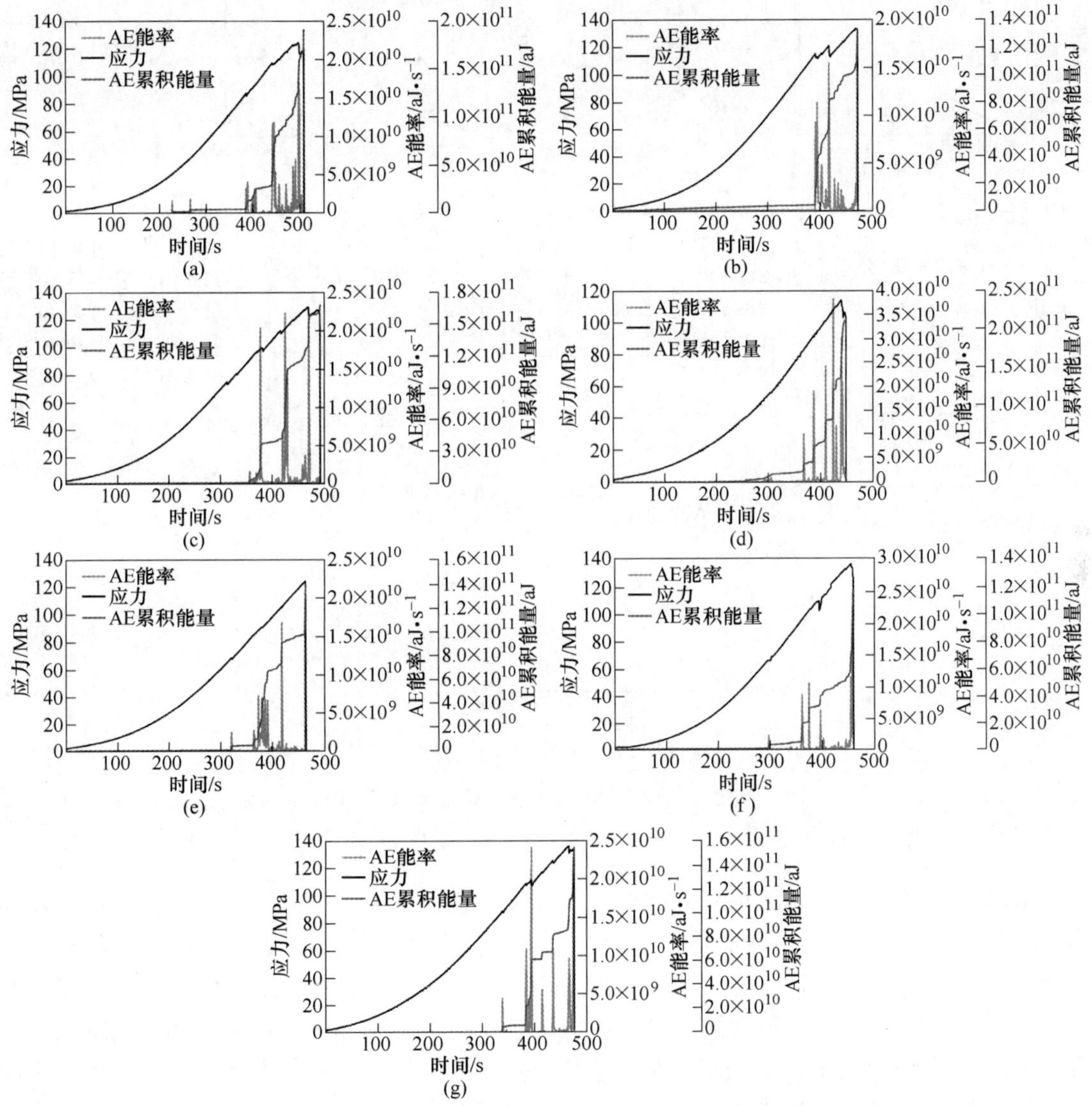

图 3-9 含平行节理岩体硐室试样 AE 能率和累积能量演化

(a) 试样 UCJ-0-2；(b) 试样 UCJ-15-3；(c) 试样 UCJ-30-1；(d) 试样 UCJ-45-3；
(e) 试样 UCJ-60-1；(f) 试样 UCJ-75-2；(g) 试样 UCJ-90-1

与完整试样不同，完整岩体硐室试样、含平行（交叉）节理岩体硐室试样的 AE 能量释放最集中阶段并不一定出现在峰值应力处，大多出现在变形破坏过程中应力-应变曲线在某个时刻产生应力降的时候，这可能是因为完整试样的能量可以在峰前阶段一直积累，然后在峰值应力时突然释放，而完整岩体硐室试样、含平行（交叉）节理岩体硐室试样的能量在裂纹扩展与聚结的过程中持续释放。但是，所有试样在临近完全破坏时 AE 能量均出现了加速释放现象[13]，表明试样中存在临界能量释放。因此，AE 能量的突发性增加可以作为试样发生失稳破坏的前兆[14]。

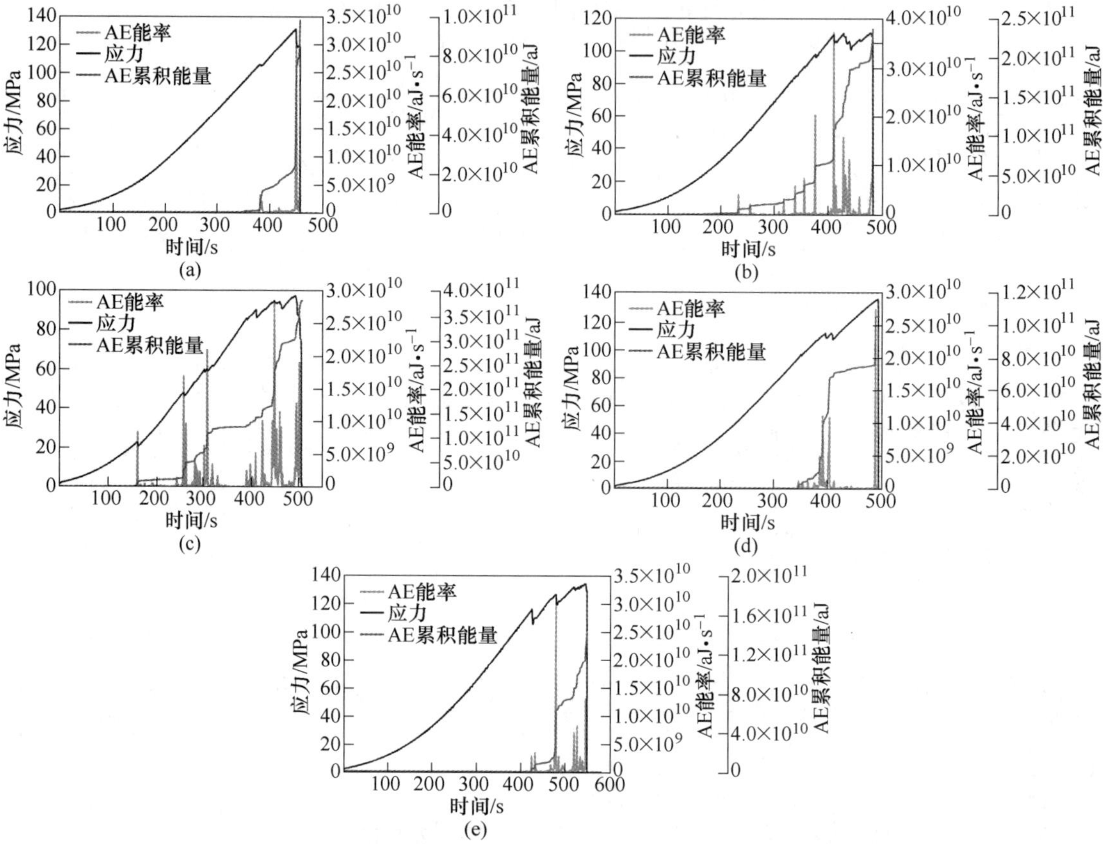

图 3-10　含交叉节理岩体硐室试样 AE 能率和累积能量演化

（a）试样 UCI-15-1；（b）试样 UCI-30-2；（c）试样 UCI-45-3；（d）试样 UCI-60-2；（e）试样 UCI-75-1

AE 累积能量是 AE 信号能量在时间上的累积。由图 3-8～图 3-10 可以看出，各试样的 AE 累积能量曲线形态存在一定差异，但应力加载过程中 AE 累积能量的整体演化规律比较相似，大致可分为三个阶段：（1）初始阶段，该阶段 AE 累积能量较低，接近于零，曲线近似水平直线；（2）稳定增加阶段，该阶段累积能量以阶梯形状逐渐增加，完整试样出现该阶段所需要的时间较长，而完整岩体硐室试样和含平行节理岩体硐室试样达到该阶段所需时间较短；（3）突然增加阶段，该阶段累积能量在非常短的时间内急剧增加，曲线急剧上升。该结果表明岩石在破坏前 AE 能量加速释放。

通过上述分析，可以得到以下结论：（1）相对于完整试样，硐室和节理的存在改变了试样在受力过程中 AE 能量释放特征；（2）对于含平行（交叉）节理岩体硐室试样，节理角度的变化及节理数量的增加对 AE 能量释放演变规律具有明显的影响。

3.3.3 声发射事件率和能率相关性

岩石在加载过程中 AE 能率、事件率与岩石破坏的阶段性特征具有一定的相关性。图 3-11～图 3-13 所示分别为单轴加载过程中完整试样、完整岩体硐室试样、含平行（交叉）节理岩体硐室试样的 AE 能率和事件率的关联图。可以看出，所有试样在变形破坏过程中的 AE 能率和事件率关系呈近似“L”状分布。完整试样、完整岩体硐室试样和含平行节理岩体硐室试样的事件率分布范围为 10～900 次/s，含交叉节理岩体硐室试样的事件率分布范围为 10～800 次/s，能率量级分布范围为 10^9～10^{10}。当 AE 能率较高（能级为 10^{10}）时，AE 事件率却较低，处于接近 25 次/s 的水平；在 AE 事件率较高，接近 700～900 次/s 时，AE 能率处于较低水平，能级为 10^9。分析发现，所有试样在变形破坏过程中的 AE 事件率和能率总体表现出“高能率对应小事件率、低能率对应大事件率”的特征，表明当试样发生断裂破坏时，即 AE 能量释放达到较大或最大时，AE 事件率却较低，AE 活动性处于较低水平。这是所测试试样的共性特征，受硐室和预制节理的存在及节理角度和数量改变的影响较小。

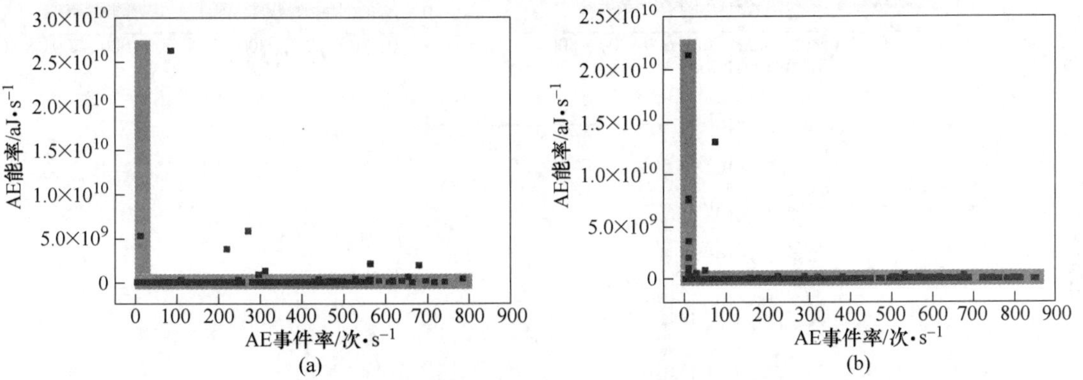

图 3-11 完整试样和完整岩体硐室试样 AE 能率-事件率关联图

（a）试样 UI-2；（b）试样 UC-3

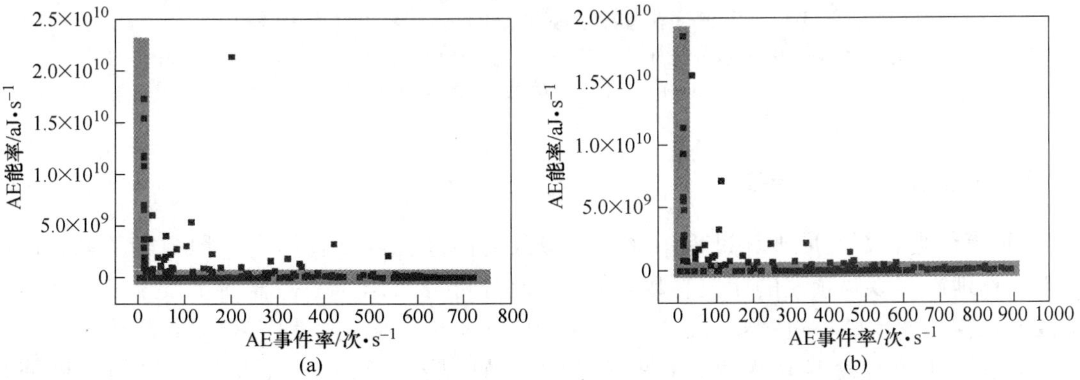

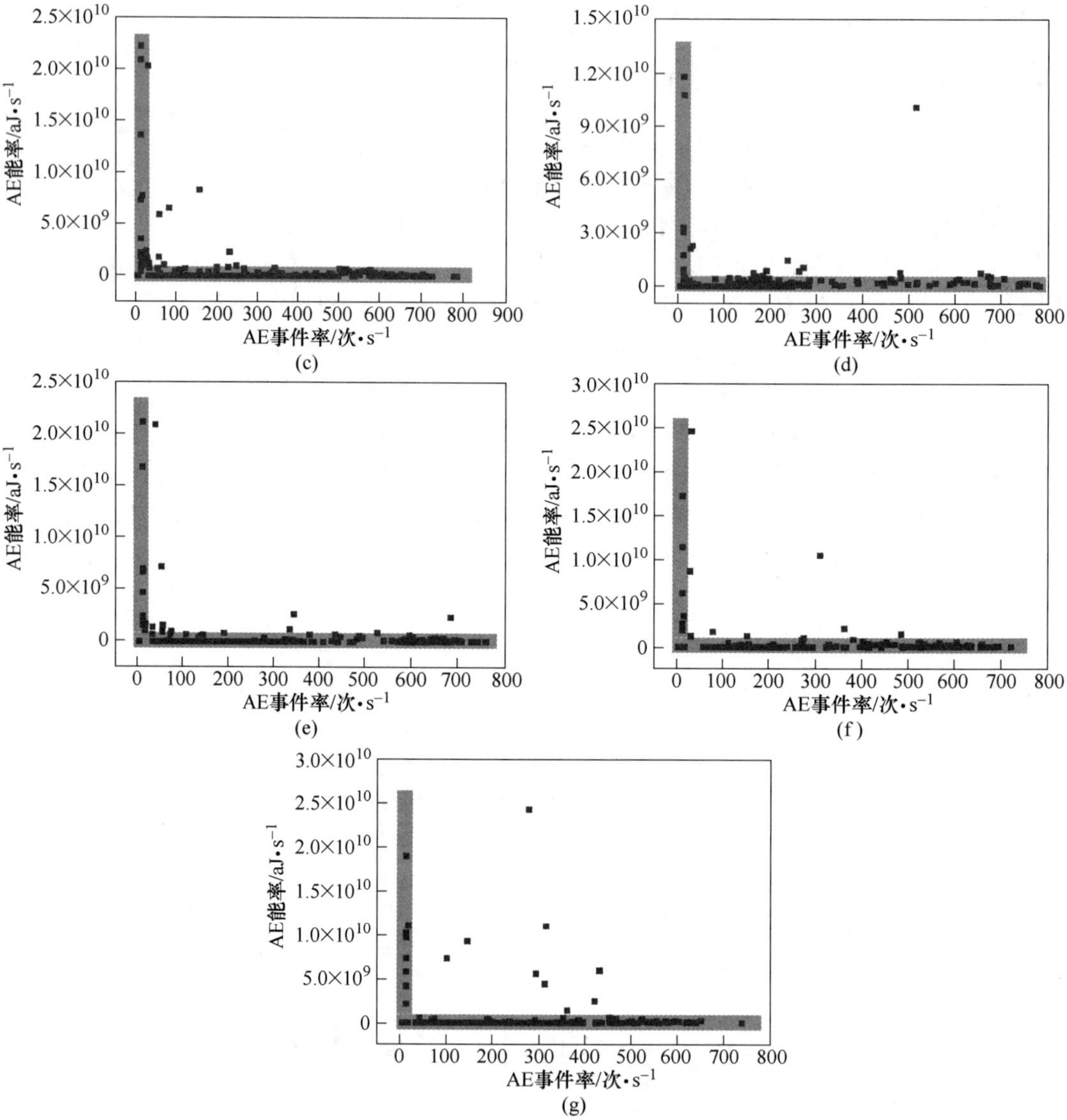

图 3-12　含平行节理岩体硐室试样 AE 能率-事件率关联图

（a）试样 UCJ-0-2；（b）试样 UCJ-15-3；（c）试样 UCJ-30-1；（d）试样 UCJ-45-3；
（e）试样 UCJ-60-1；（f）试样 UCJ-75-2；（g）试样 UCJ-90-1

3.3.4　声发射 *b* 值演化特征

AE 事件是岩石变形破坏过程中弹性能释放的声波，可以看作是一种微震活动，以此可以计算地震震级及频率的相关参数 *b* 值。*b* 值分析可以作为一种辅助手段来表征所测试花岗岩试样的变形破坏过程特征。Gutenberg 和 Richter[15] 确定了地震频度与相应的震级之间的关系，即著名的 G-R 关系，已被广泛用于研究岩石破坏，尤其是裂纹的扩展演化过程。

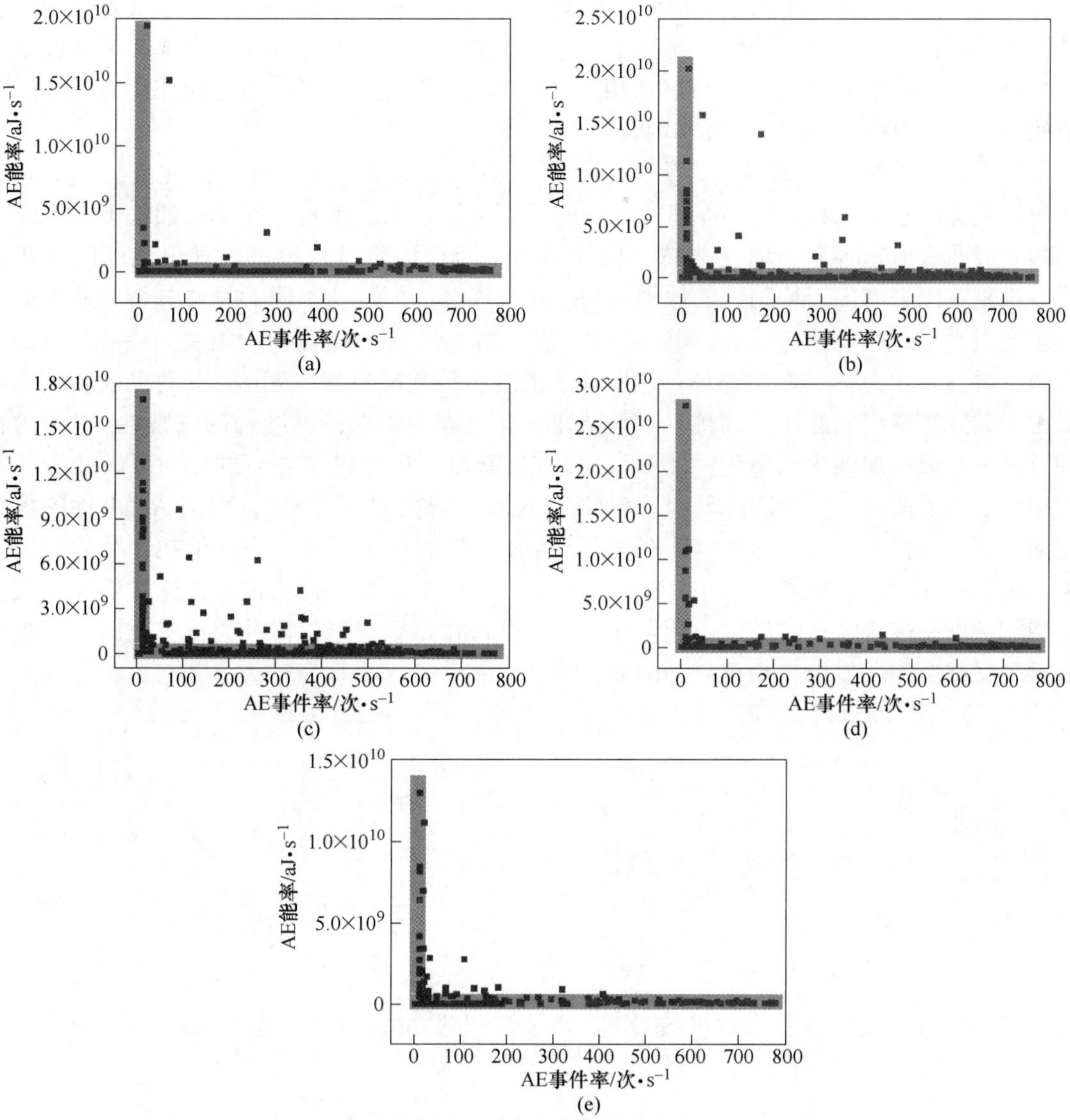

图 3-13　含交叉节理岩体硐室试样 AE 能率-事件率关联图

（a）试样 UCI-15-1；（b）试样 UCI-30-2；（c）试样 UCI-45-3；（d）试样 UCI-60-2；（e）试样 UCI-75-1

G-R 关系可以表示为：

$$\lg N = a - bM \tag{3-1}$$

式中，M 为地震震级；N 为位于 $M \pm \Delta M$ 内的地震事件数，这里认为是试样的声发射事件数；a 和 b 为常数，其中 b 代表斜率。

对于岩石 AE 信号特征，b 值代表裂纹扩展尺度的函数[16]，其基本概念是，随着岩石损伤变得更加局部化，b 值降低。研究表明，当岩石力学状态变得不稳定时，即在岩石中产生宏观裂纹期间，b 值会下降到小于 1.0 的某值[6,11,17]。此外，b 值与声发射样本空间的大小、声发射 N 值和震级 M 的确定密切相关。在计算 b 值时，通常将声发射能量的对数代替震级 M。震级步长间隔选择为 0.5，即 $\Delta M = 0.5$，而 N 值是累积频率的计数。根据声发射测试采集频率，为了防止 b 值因计算间隔过小而致使计算误差过大，以 100 个 AE 事件作为滑动窗口，以窗口的初始时间作为计算 b 值的时间，得到 AE 事件频率 N 和代表每个窗口震级的平均能量 M，从而得到相应的 b 值，这与地震学中的 b 值范围大致相同。b 值的计算使用自行编写的 MATLAB 程序完成。

图 3-14~图 3-16 所示分别为完整试样、完整岩体硐室试样、含平行（交叉）节理岩体硐室试样在整个加载过程中 b 值随时间的演化规律。总的来看，在单轴加载下，不同试样的 b 值曲线形态各异，但变化特征整体相似，即在加载过程中都表现出波动的变化模式，这是花岗岩内部不均匀性的体现，随后在试样破坏前迅速下降。具体分析，从加载开始至应力水平达到峰值应力的 90%左右，试样的 b 值在一定范围内波动（一般为 0.1~0.9），并显示出总体下降的趋势，这反映了微裂纹的逐渐发展。b 值的波动也表明试样内部由于裂纹扩展引起的应力调整，但是试样在此过程中仍保持其结构的完整性。b 值的物理意义是裂纹扩展演化的量度[16]，即 b 值的总体大小和变化趋势与试样中裂纹的发展密切相关。当 b 值在一个阶段降低时，意味着小 AE 事件的比例降低，而大 AE 事件的数量增加。当 b 值在一个阶段增加时，意味着小 AE 事件的数量增加。当 b 值在一个阶段以小振幅稳定变化时，意味着大、小 AE 事件的发生次数大致相等且稳定，在这种情况下试样中裂纹扩展是渐进且稳定的。由此可知，所有试样在每个变形阶段的裂纹演化既有渐进式发展，又有突然式发展，呈现复杂的演化特征。

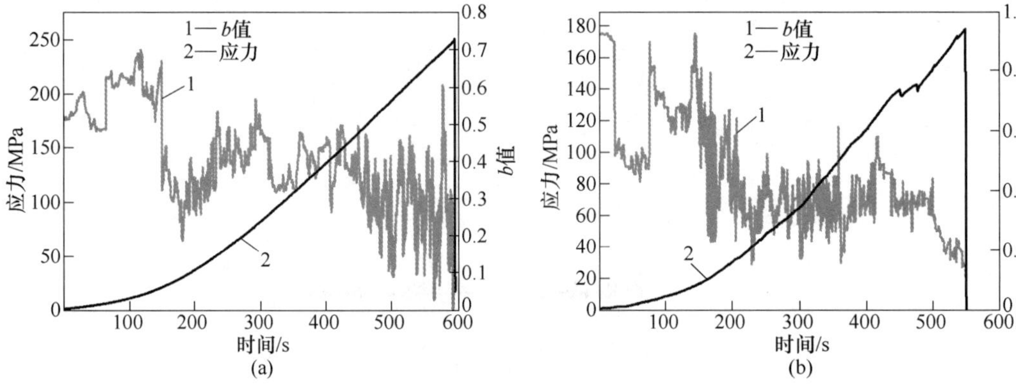

图 3-14 完整试样和完整岩体硐室试样声发射 b 值演化

（a）试样 UI-2；（b）试样 UC-3

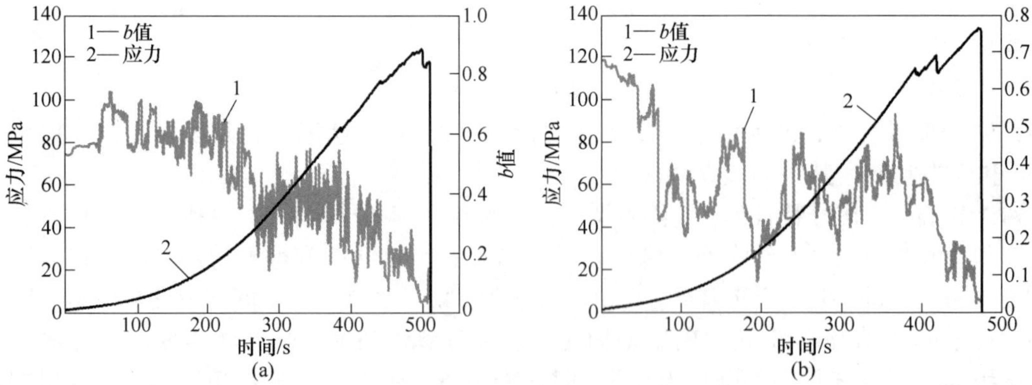

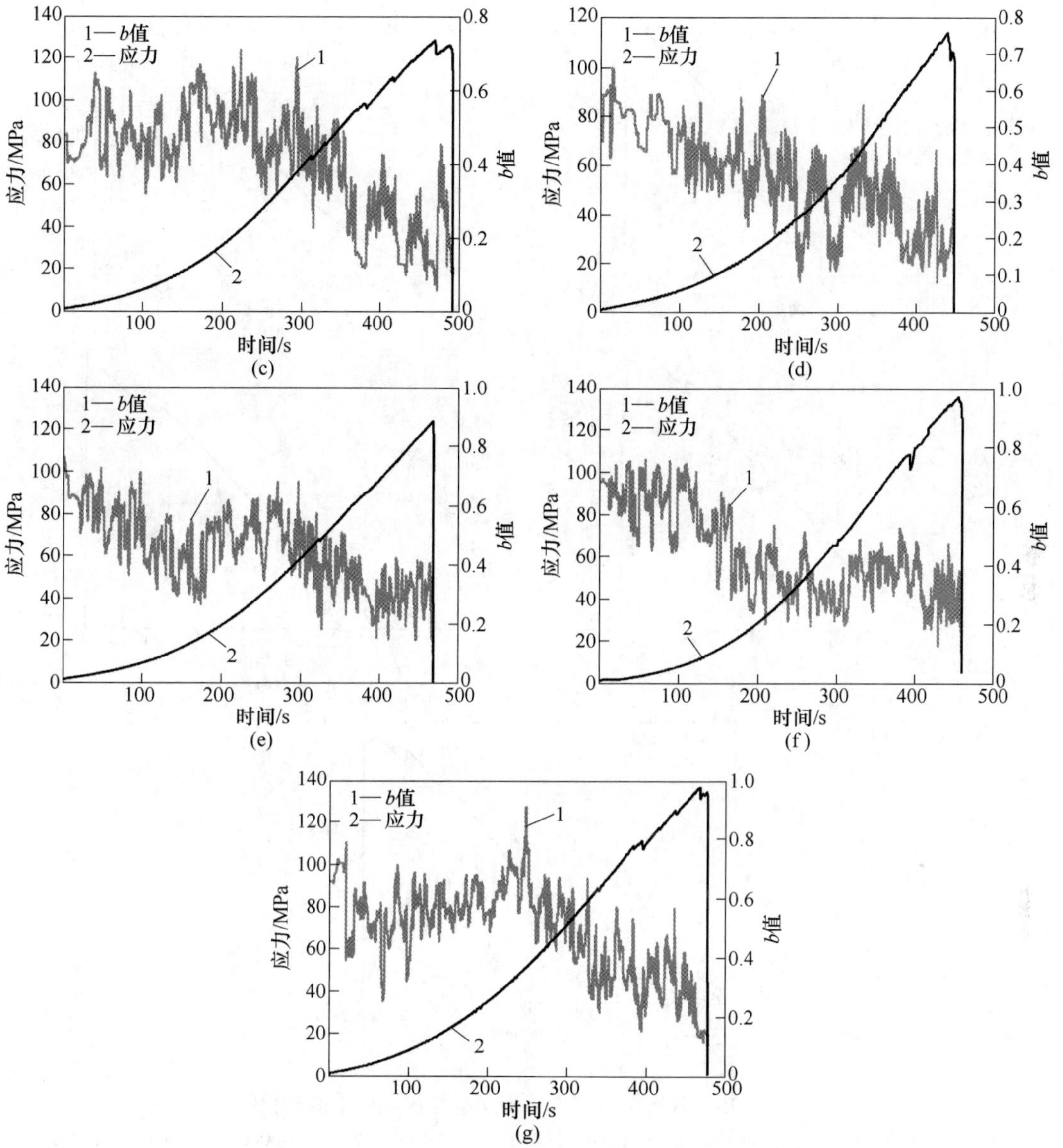

图 3-15　含平行节理岩体硐室试样声发射 b 值演化

（a）试样 UCJ-0-2；（b）试样 UCJ-15-3；（c）试样 UCJ-30-1；（d）试样 UCJ-45-3；（e）试样 UCJ-60-1；（f）试样 UCJ-75-2；（g）试样 UCJ-90-1

此外，由图 3-14~图 3-16 可知，所有试样的 b 值每次大幅下降一般发生在 b 值逐渐增加的阶段之后，表明试样中先出现小裂纹，然后出现大裂纹，这意味着形成的微裂纹发生聚结贯通。当荷载接近峰值应力时，相应的 b 值急剧下降。结合应力-应变曲线，认为 b 值的突然变化对应于应力下降和脆性破坏。在峰值应力附近，小裂纹聚结并发展成大的宏观裂纹，此时大能量 AE 事件的数量增加。b 值的突然下降表明试样中裂纹的发展形式发生了变化，裂纹急剧扩展，这是 AE 事件增加的迹象，试样很可能发生脆性破坏。试样破坏前 b 值降低的物理机制可归因于两个方面[18]：（1）试样中的微裂纹由拉伸断裂变为剪切

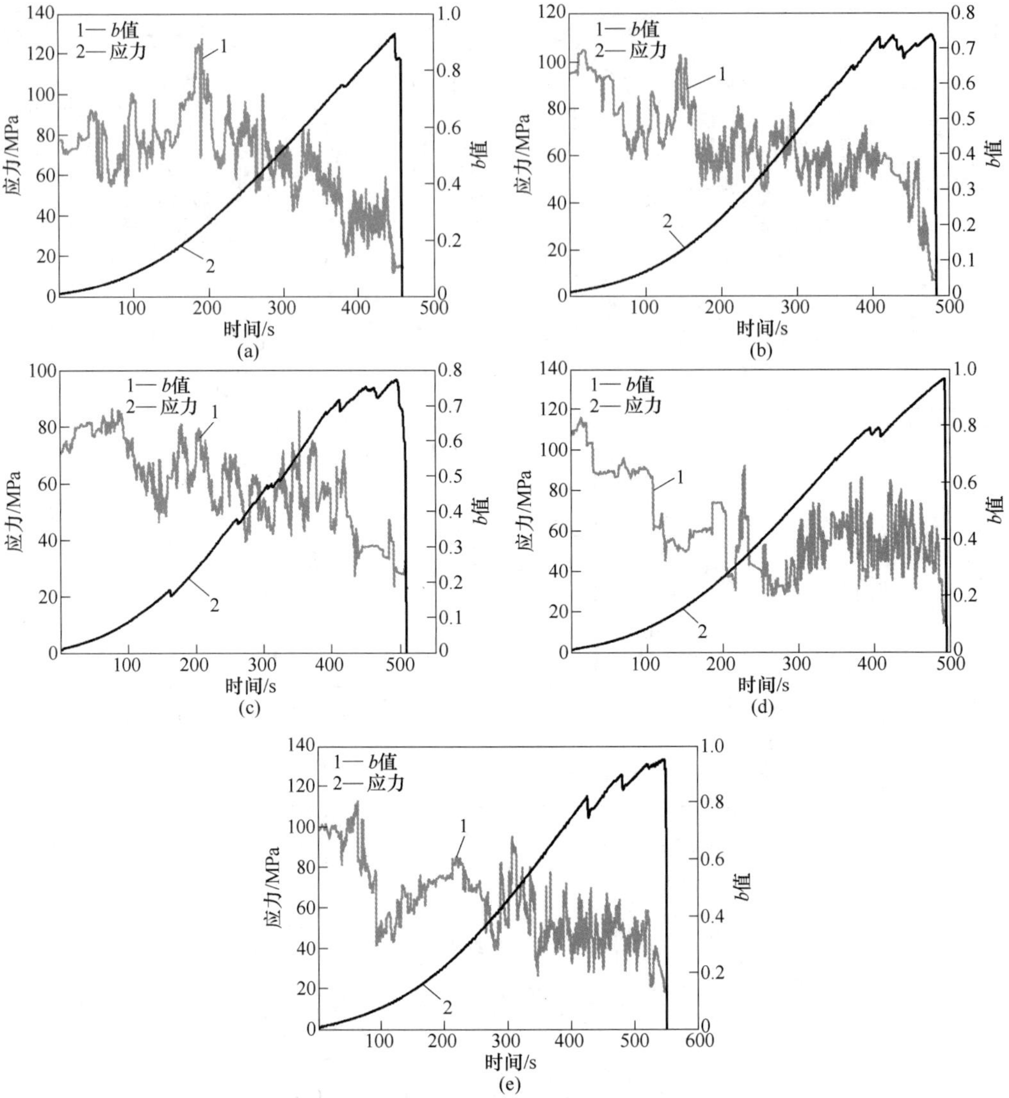

图 3-16　含交叉节理岩体硐室试样声发射 b 值演化

（a）试样 UCI-15-1；（b）试样 UCI-30-2；（c）试样 UCI-45-3；（d）试样 UCI-60-2；（e）试样 UCI-75-1

断裂；（2）裂纹间相互作用大大增强。这两方面的综合效应显著增加了大 AE 事件的数量，降低了 b 值。

通过上述分析可知，试样中硐室和节理的存在以及节理角度和数量的改变会显著影响 b 值大小和 b 值曲线的变化形态，但所有试样的 b 值均呈整体下降趋势。

3.4　失稳破坏过程中声发射频域参数变异性特征

3.4.1　声发射频率演化特征

岩石变形破坏是微裂纹萌生、扩展和聚结的过程，该过程表现为从微观到宏观的岩石破坏，在这个过程中会有大量的 AE 信号产生。对不同加载阶段的 AE 信号进行频谱分析，可以得到每个 AE 事件的峰值频率。研究试样在加载过程中的 AE 频率演化特征有助于指导地下硐室围岩稳定性监测。

声发射采样率为 1×10^{6}次/s，可知 AE 信号奈奎斯特频率为 500 kHz。结合 AE 信号频率分布特征，将 0~128 kHz，128~256 kHz 和 256~500 kHz 三个频段分别称为低频、中频和高频[9]。实际统计时，根据频谱变换结果发现试样在加载过程中机械振动的 AE 频率基本上是小于 30 kHz 的低频成分，因此删除了低频（机械振动）及低幅值（仪器采集电磁信号）部分[9]，结合 AE 信号峰频的分布特征，低频统计范围为 30~128 kHz，中频为 128~256 kHz，高频为 256~500 kHz。

图 3-17~图 3-19 所示分别为完整试样、完整岩体硐室试样、含平行（交叉）节理岩体硐室试样在单轴加载下的应力-时间-AE 信号峰频关系图。可以看出，所有试样在加载过程中 AE 信号峰频均出现了明显的频段划分，即表现出条带状演变的特征，条带主要分布在 3 个频率段内，从低到高依次为 30~125 kHz、135~185 kHz 和 250~350 kHz。在 30~125 kHz 频段内，所有试样都出现一条清晰可辨的峰频密集条带。在 135~185 kHz 频段内，随着荷载的增加，基本上所有试样在 135~160 kHz 频段内的峰频逐渐变集中，均形成了两条清晰可辨的峰频带，峰频带均较窄，在中心频率附近分布较为密集。在 250~350 kHz 频段内，所有试样的峰频分布均比较分散，没有形成密集分布的峰频带。完整试样的峰频分布范围最大且最密集，而完整岩体硐室试样、含平行（交叉）节理岩体硐室试样的峰频主要集中在 250~325 kHz 频段内，且比较稀疏。

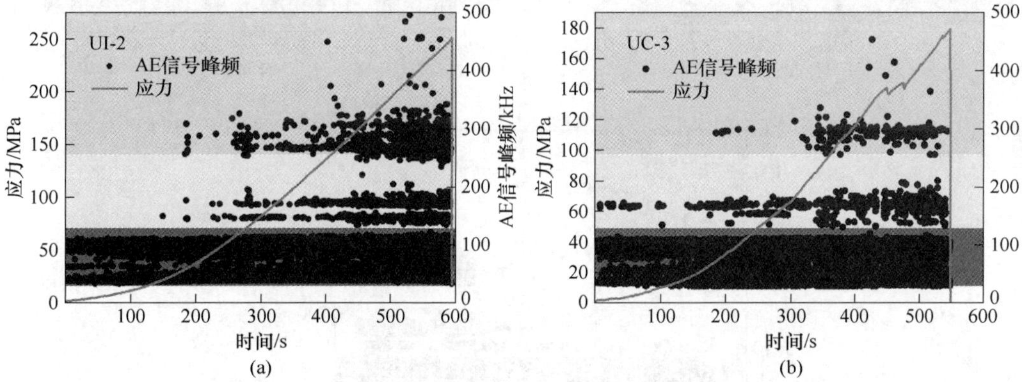

图 3-17　完整试样和完整岩体硐室试样应力-时间-AE 信号峰频演化

（a）试样 UI-2；（b）试样 UC-3

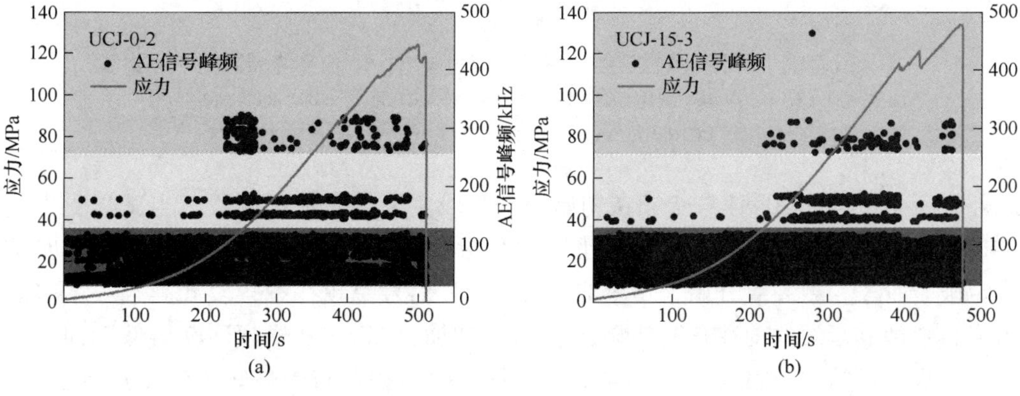

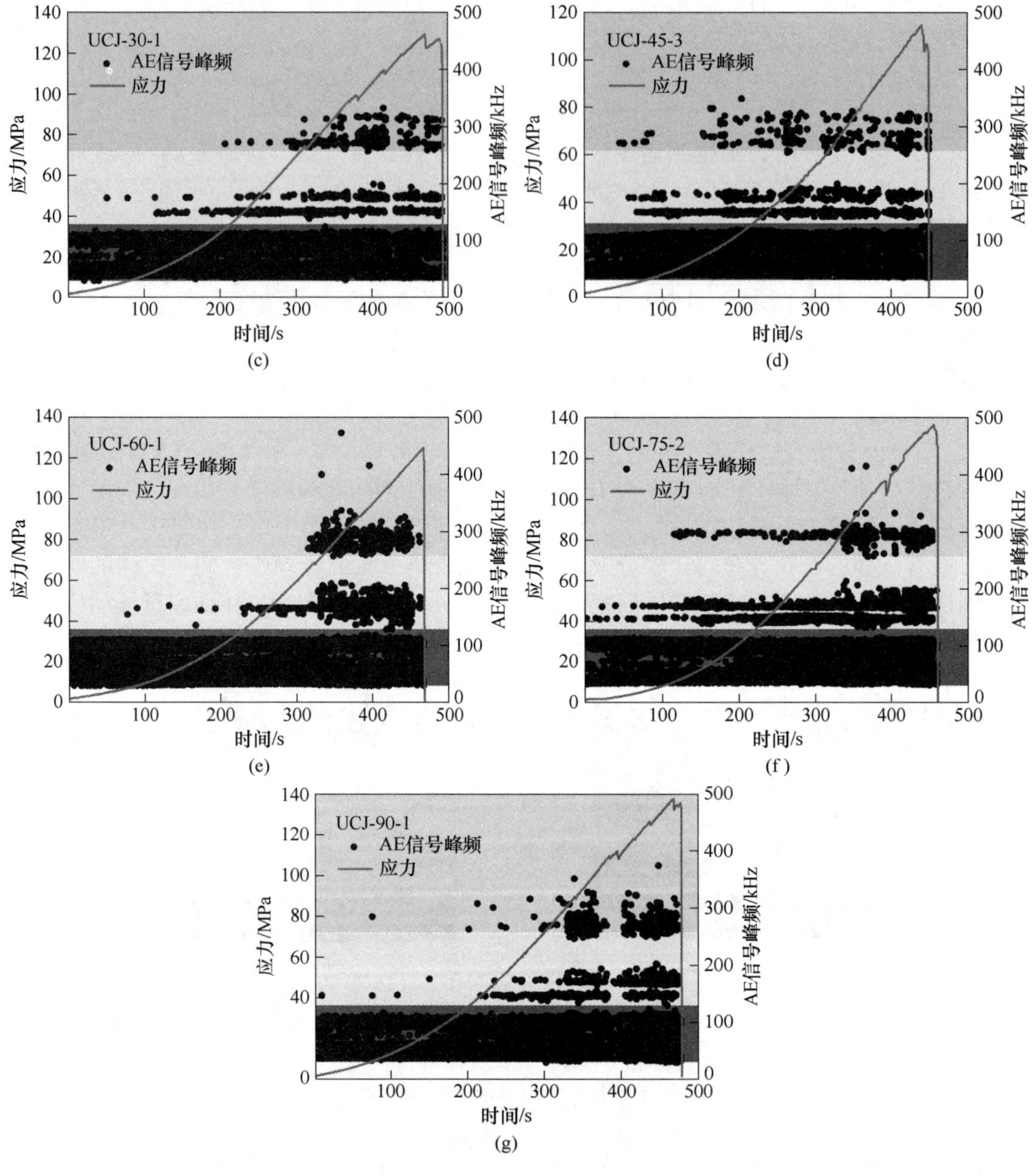

图 3-18　含平行节理岩体硐室试样应力-时间-AE 信号峰频演化

（a）试样 UCJ-0-2；（b）试样 UCJ-15-3；（c）试样 UCJ-30-1；（d）试样 UCJ-45-3；（e）试样 UCJ-60-1；（f）试样 UCJ-75-2；（g）试样 UCJ-90-1

此外，所有试样的 AE 信号峰频在初始压密阶段主要分布在低频段，当试样受力达到 30%~40%峰值应力时，AE 信号峰频几乎同时开始集中出现在中频段和高频段，此时试样处于稳定破裂阶段，微裂纹开始大量生成，因此 AE 信号峰频在中频段和高频段增多现象可视为岩石中裂纹起裂的前兆信息。随着应力的增加，AE 信号峰频逐渐由低频向中、高频演变，呈现显著的“分散集中”特征，3 个频段内峰频分布的峰频段最多达到了 6 个。

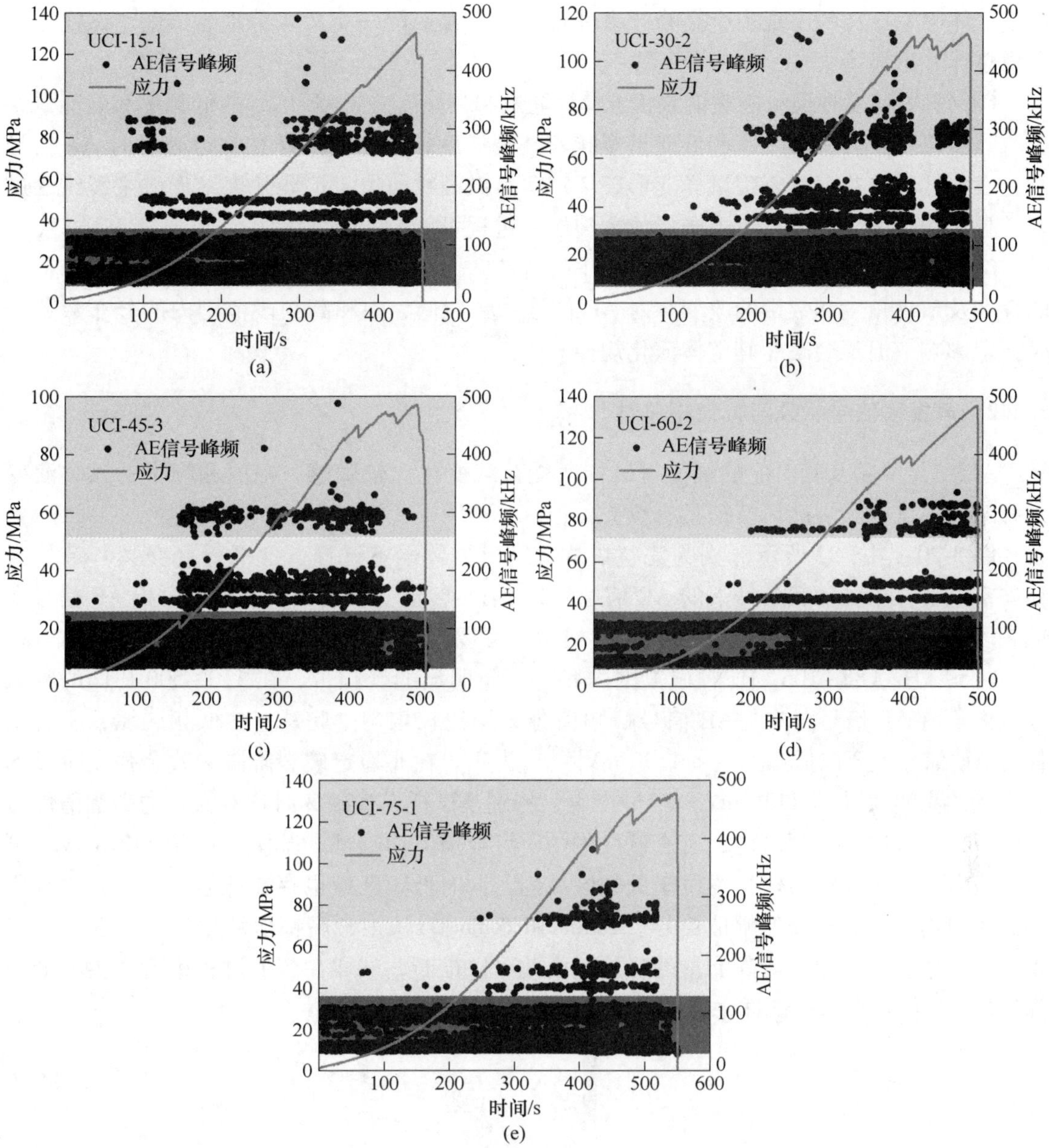

图 3-19　含交叉节理岩体硐室试样应力-时间-AE 信号峰频演化

（a）试样 UCI-15-1；（b）试样 UCI-30-2；（c）试样 UCI-45-3；（d）试样 UCI-60-2；（e）试样 UCI-75-1

当试样受力达到 80%～90%峰值应力水平时，峰频的条带分布特征更加显著，且高频段波动范围比较大，此时试样处于非稳定破裂阶段，试样内微裂纹的扩展演化发生了质的变化，不断聚结形成宏观主破裂，随后达到试样的峰值强度。因此，AE 信号峰频的峰频段增多现象可以作为试样发生宏观破坏的一种预警标志[19]。总的来看，AE 信号峰频主要分布在低频段，中、高频段范围的峰频分布较少，这意味着试样在加载过程中 AE 信号峰频数量占比和频率呈反比，峰频的频率越大，而相应的峰频数量所占比例越少。应力水平越大，试样破裂时释放出的 AE 信号峰频频段分布范围越广。在峰值应力附近，完整试样和完整岩体硐室试样的出现多个高峰频事件现象，而含平行（交叉）节理岩体硐室试样这一现象总体并不显著。

Cai 等人[20]发现裂纹破裂的尺度与 AE 能量和频率有关，AE 信号的低频率和高能量意味着破裂尺度较大，高频率和低能量意味着破裂尺度较小。各试样在临近破坏时 AE 信号高频段和低频段共存，表明试样变形破坏过程是微裂纹萌生、扩展并聚结形成主裂纹的过程，且微裂纹萌生和微裂纹聚结形成主裂纹的过程可能是同时发生的。

综上所述，各试样在单轴加载过程中峰频在 3 个频段内均呈条带状分布，硐室和节理的存在及节理角度和数量的改变会对 AE 信号峰频在低、中和高频段范围内的分布数量产生一定影响，但不会改变其整体演化规律。

3.4.2　声发射信号峰频与幅值相关性

AE 信号峰频及其对应的幅值对试样所受荷载变化比较敏感，幅值和频率的相关演变过程对表征试样断裂破坏特征具有重要价值。

图 3-20~图 3-22 所示分别为完整试样、完整岩体硐室试样、含平行（交叉）节理岩体硐室试样在单轴加载条件下的 AE 信号峰频-时间-幅值三维关系图，用来分析 AE 信号在低频段、中频段和高频段内幅值的演变规律。可以看出，所有试样的 AE 信号比较丰富，在 30~59 kHz、88~106 kHz 频域范围内各有一条明显的峰频带，在 110~500 kHz 的频域范围内均有 AE 信号分布，AE 信号峰频值分布均比较均匀。此外，在低频区域，所有试样的 AE 信号主要以低幅值（< 1130 mV[21]）为主。在非稳定破裂阶段和残余强度阶段均有少量的高幅值（≥ 1130 mV）信号产生，特别是试样发生破坏时均有大量的高幅值信号产生。在中频段和高频段内，所有试样的 AE 信号幅值均较低，基本都小于 1130 mV。可知，所有试样的高幅值信号均位于低频区域内，同时低频区域也存在低幅值信号，中频段和高频段内基本只存在低幅值信号。Santis 和 Tomor[22]认为，高幅值波形信号一般集中出现在低频率段内，预示着高能量的释放。由此可以推断，试样在变形过程中所产生的低频高幅值 AE 信号意味着试样中积聚的能量在短时间内大量释放。

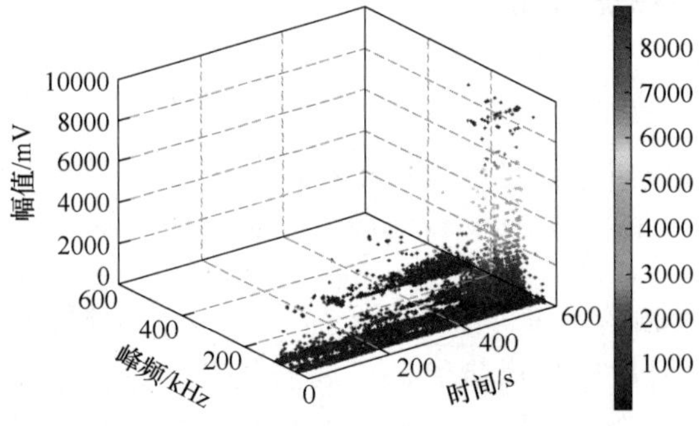

(a)

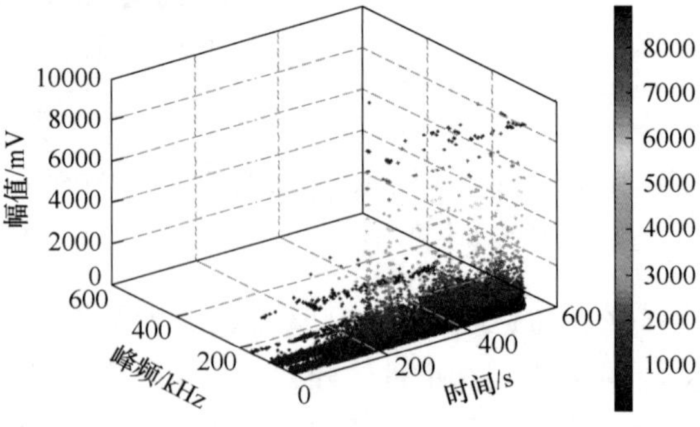

(b)

图 3-20　完整试样和完整岩体硐室试样 AE 信号峰频-时间-幅值三维分布

（a）试样 UI-2；（b）试样 UC-3

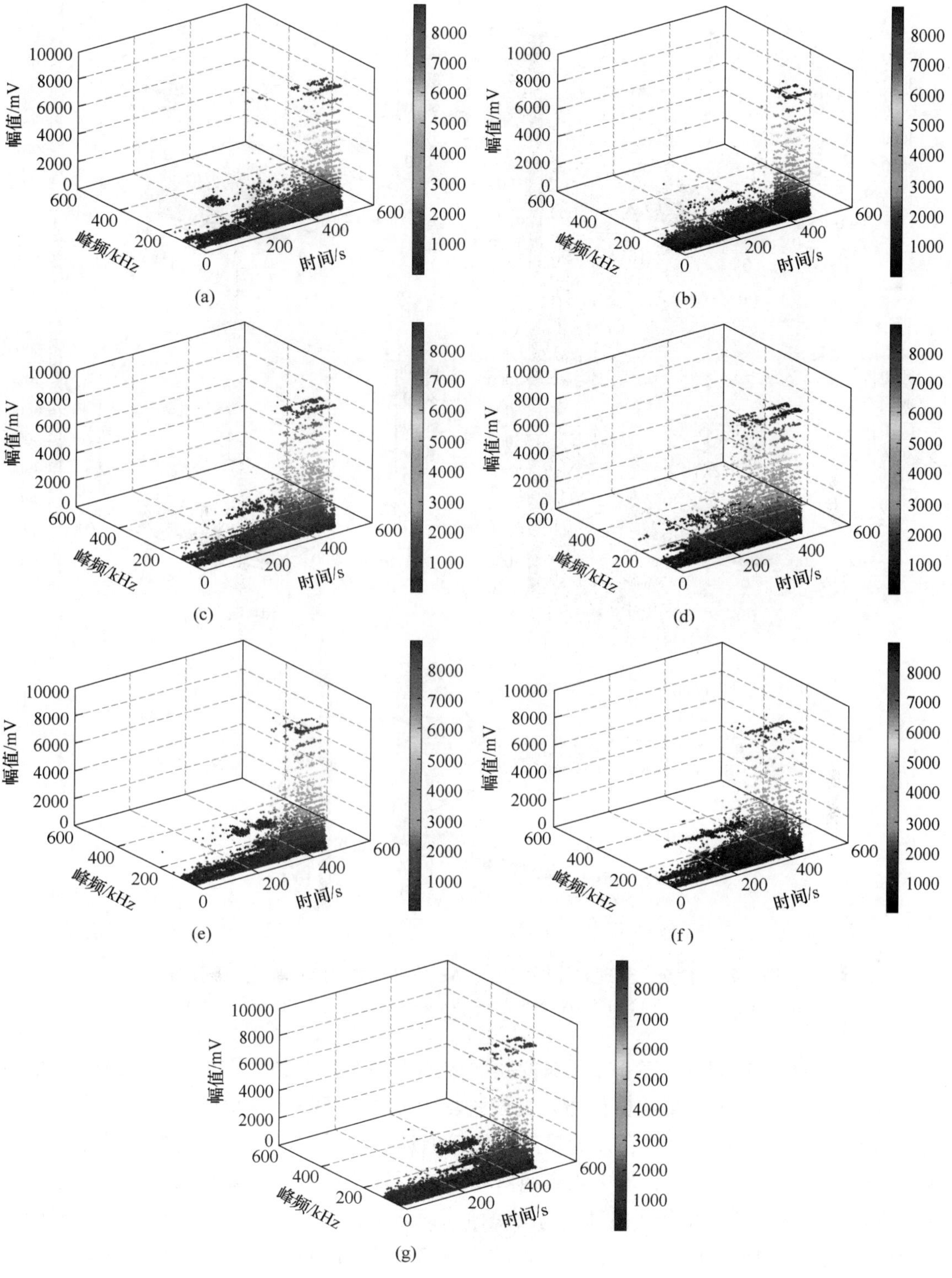

图 3-21 含平行节理岩体硐室试样 AE 信号峰频-时间-幅值三维分布

(a) 试样 UCJ-0-2；(b) 试样 UCJ-15-3；(c) 试样 UCJ-30-1；(d) 试样 UCJ-45-3；
(e) 试样 UCJ-60-1；(f) 试样 UCJ-75-2；(g) 试样 UCJ-90-1

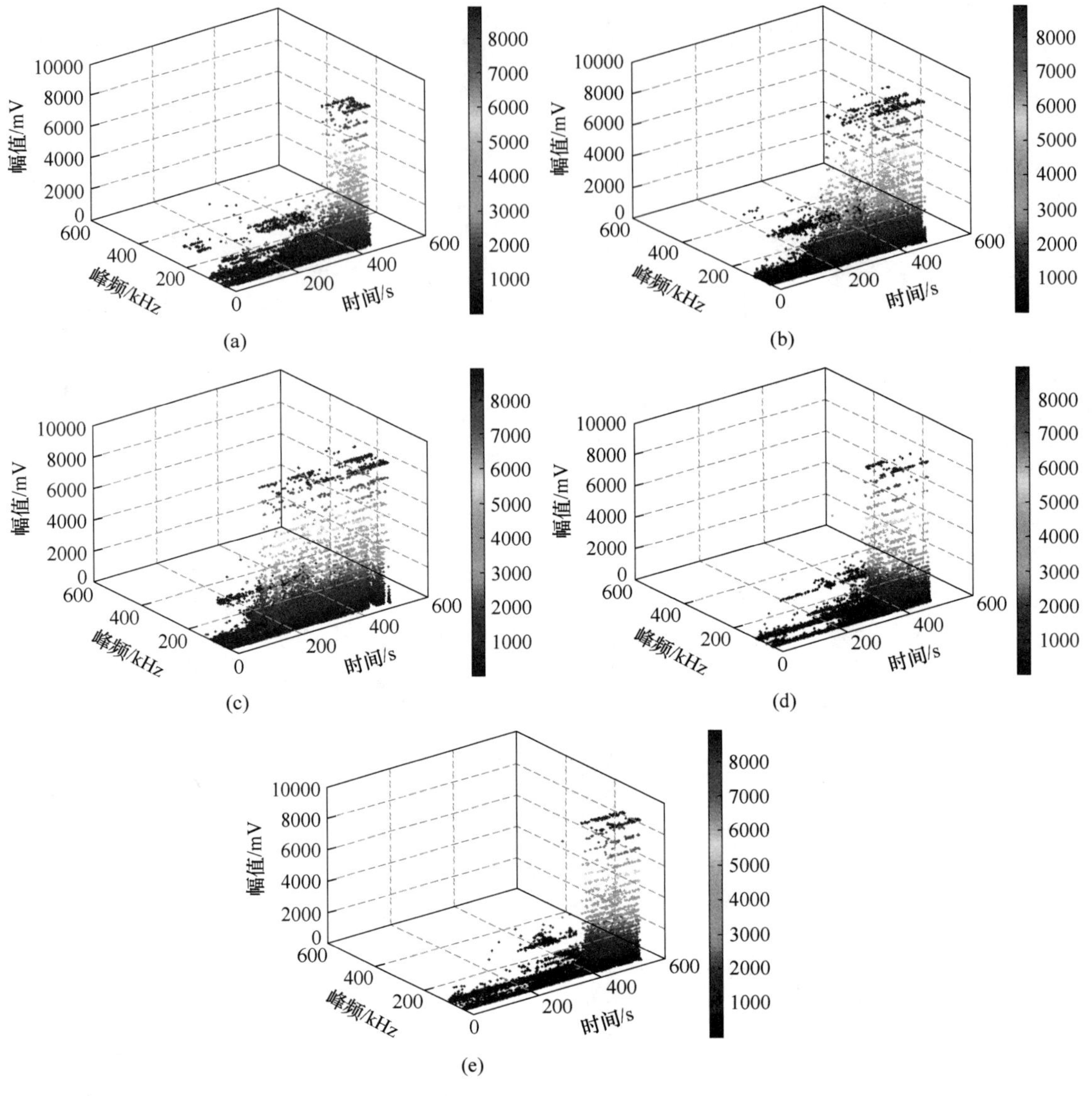

图 3-22　含交叉节理岩体硐室试样 AE 信号峰频-时间-幅值三维分布

(a) 试样 UCI-15-1；(b) 试样 UCI-30-2；(c) 试样 UCI-45-3；(d) 试样 UCI-60-2；(e) 试样 UCI-75-1

此外，所有试样的 AE 信号峰频在低频区域出现多个高幅值。在低频区域的 AE 信号可分为低频高幅值和低频低幅值信号，这两种信号基本在 30~125 kHz 内均有分布。在中频区域内，试样的 AE 信号也存在少量高幅值，但远少于低频区域内的高幅值数量。在低频区域也存在两类 AE 信号，即中频高幅值和中频低幅值信号。在高频区域内，完整试样和完整岩体硐室试样存在个别相对较高的幅值，而含平行（交叉）节理岩体硐室试样的幅值相对较低，表明试样中节理的存在会影响高频区的 AE 信号幅值特征。高频区域也只存在两类 AE 信号，即高频低幅值和高频高幅值信号。可见，所有试样在加载过程中的 AE 信号峰频在低、中和高频区域均有分布，且可以划分为 6 种类型，即低频高幅值、低频低幅值、中频高幅值、中频低幅值、高频高幅值和高频低幅值。

由 AE 信号峰频和幅值的演化特征可知，低频低幅值和中频低幅值信号在试样加载过程中均存在，但在试样变形破坏各阶段变化不明显，不适合作为试样断裂破坏预测的主要信号源。虽然中频高幅值和高频高幅值信号在试样变形破坏过程中有变化，但变化量很小，对试样破裂各阶段变化敏感性较差，也不宜作为试样断裂破坏预测的主要信号源。低频高幅值和高频低幅值信号在试样破坏前数量均增加，尤其是低频高幅值信号在试样非稳定破裂阶段会突然陡增，在不同变形阶段呈现不同的特征，对试样受力状态变化较为敏感，可以作为试样破坏预测的主要信号源。

3.5 声发射信号作为工程岩体破坏前兆信息探讨

3.5.1 岩石试样破坏的声发射前兆信息

国内外学者对岩石变形破坏过程中的 AE 信号前兆信息方面开展了大量研究。李安强等人[23]认为单轴加载过程中 AE 累积计数具有上升期、平静期和波动期三阶段，并将 AE 平静期作为岩石破坏的预警信号。类似地，李庶林等人[24]指出，AE 事件数平静期现象比 AE 突增前兆更适合作为岩体失稳破坏预报的前兆信息，认为其更接近岩石的破坏。然而，所测试的完整试样、完整岩体硐室试样、含平行（交叉）节理岩体硐室试样在单轴加载过程中的 AE 事件率和 AE 累积计数随时间的演化形态曲线基本上是非线性的，临近峰值应力未观察到 AE 平静期特征。这是因为所采用的花岗岩材料具有明显的脆性特征，在破坏前塑性变形不大，尽管完整岩体硐室试样、含平行（交叉）节理岩体硐室试样在加载过程中的应力-应变曲线出现了多个应力下降后又重新增加的现象，但 AE 事件率前后变化不大，不存在明显的塑性阶段“耗时”现象，即不存在明显的 AE 平静期现象，达到峰值强度后试样很快发生破坏。因此，AE 时序参数突发性增加似乎更适合作为所研究试样发生破坏的前兆特征。尹贤刚等人[25]认为塑性变形阶段明显的岩石，在临近岩石破坏的峰值应力阶段时应力增加极其缓慢，在峰值应力附近可以明显地观察到 AE 平静现象。可见，AE 平静期的出现与岩石材料的性质有关，也可能与岩石组成、结构等因素有关。因此，采用 AE 平静现象作为岩石失稳破坏的前兆信息并不一定适用于所有种类的岩石，需根据 AE 试验来确定所研究岩石的 AE 特性，进而确定 AE 平静现象是否存在。

李安强等人[23]认为 AE 事件率和 AE 能率作为 AE 活动强弱的表征参数，可直接作为岩石破坏的前兆信息。他们认为 AE 事件率和 AE 能率大致存在 2 个前兆特征，且这两个前兆特征几乎同时出现。第一个前兆出现时，岩石内部新微裂纹萌生、扩展，随后达到峰值强度。第二个前兆出现时，岩石内部大量微裂纹扩展，裂纹之间岩桥快速断裂以致形成宏观裂纹，预示岩石发生整体破坏。Wang 等人[26]认为 AE 能量、计数和上升时间等特征参数可以反映类岩石材料峰值阶段的 AE 特征，但不能很好地反映初始压密阶段和弹性变形阶段的 AE 特征。需要指出的是，不同 AE 事件释放的能量有时相差很大，而释放不同能量的 AE 事件对岩石产生的扰动也不完全相同，大型 AE 事件往往与岩石大的破裂相对应，对岩石造成的损伤影响也相对较大，因此如何更好地依据 AE 特征参数定义岩石破坏的前兆信息将是未来研究的重点。

Rao 和 Prasanna Lakshmi[27]、张黎明等人[16]、李元辉等人[18]、Li 等人[6]的研究，以及本书的试验结果均发现声发射 b 值在岩石变形过程中整体呈下降趋势，随着应力的增加，b 值开始较快速下降，并在岩石发生整体破坏时达到最小值。其中，Li 等人[6]认为在接近 b 值曲线最终下降阶段的 b 值最小点可以作为岩石破坏的前兆点。然而，在实际工程岩体稳定性监测中，工程灾害发生时的声发射 b 值的临界值究竟是多少仍是目前难以解决的问题，这也是一直影响现场监测准确性的关键难题[18]。

此外，岩石变形过程中会产生大量的 AE 信号，但其中很大一部分 AE 信号是由原有微裂隙压密、新微裂纹萌生及岩石内部摩擦滑移等人低能量事件产生的，这些信号通常会对研究岩石破坏特征带来一定的影响[28]。因此，提取岩石破坏过程中的关键信号，剔除无用的干扰信息，有助于捕捉岩石破坏过程中的前兆信息，提高岩石破坏实时预警的准确性和可靠性。目前主要采取神经网络算法和遗传算法提取 AE 特征信息，但这两种方法属于隐性分析方法，难以提取出 AE 信号的直观特征属性。张艳博等人[28]利用决策树模型构建了提取出 AE 信号的直观特征属性计算方法，为岩石破坏监测提供了一种新思路。综上所述，AE 信号可以作为岩石破坏预测的重要参数，能够反映岩石破坏的本质特征，但 AE 信号值受岩性、岩石成分和结构等影响较大[28]，因而应根据研究对象选择合适的能够表征前兆信息的 AE 特征参数。

3.5.2　工程岩体失稳破坏的声发射前兆信息

在大量室内研究的基础上，近年来一些学者在 AE 监测技术的工程岩体实际应用方面开展了一些有益尝试。例如，加拿大 URL 地下实验室利用平行钻孔非爆炸技术，对开挖直径为 3.5 m 的试验隧道在开挖前后岩体行为和损伤演化进行了 AE 监测，以研究隧道周围岩体的完整力学响应机制；检测到超过 25000 个 AE 事件，其中定位了大约 3500 个事件，据此圈定了隧道围岩的损伤区域[29]。瑞典核废料管理公司（SKB）利用 AE 监测和超声波测量技术在 Äspö 岩石实验室开展试验，以研究开挖硐室周围岩体的力学响应[30]。此外，Cai 等人[20]为了解大规模硐室开挖过程中应力在岩体中的传播和破坏机理及岩体损伤过程，在日本 Kannagawa 发电站地下厂房的建造过程中进行了大量的现场 AE 监测（见图 3-23），定位和评估地下开挖引起的岩体损伤，从而确定厂房周围开挖损伤带（excavation damaged zone）或屈服带（yield zone）的范围和形状，为厂房安全施工提供保障。

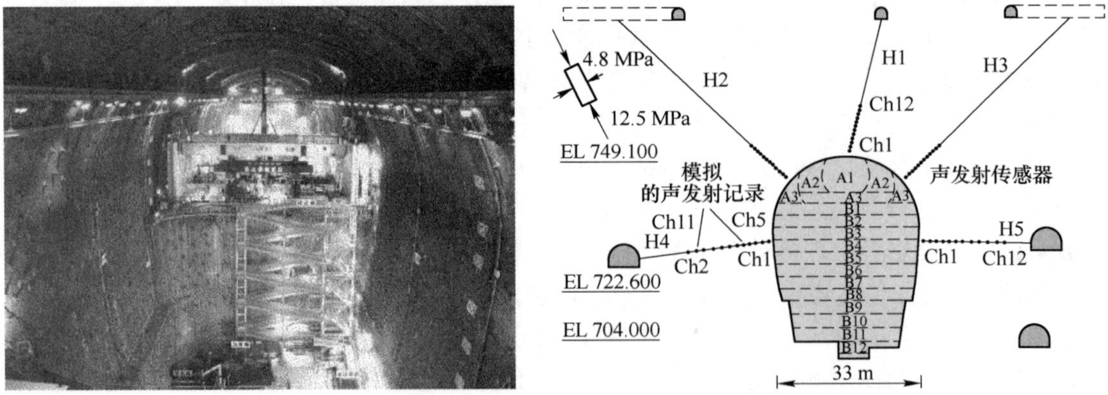

(a)　　　　(b)

图 3-23　日本 Kannagawa 发电站地下厂房及现场 AE 传感器布置[20]

（a）Kannagawa 发电站地下厂房；（b）Kannagawa 厂房 AE 传感器布置

目前 AE 特征参数作为岩石破坏的前兆信息还没有从理论方面对其进行较好的解释，仍处于经验使用阶段，导致 AE 监测在现场工程应用还处于尝试阶段。室内岩石受力与工程岩体受力环境是大不相同的，处于三维应力状态下的岩体的受力情况要远比处于室内岩石的受力情况复杂得多[25]。工程岩体受到开挖和爆破作业扰动的影响时，岩体自身具有一定的自调节能力，应力状态进行重新分布，并发生应力转移。然而，应力转移可能会使得岩体还没有达到其承载极限就开始卸载，从而致使 AE 监测得到的信息可能是岩体塑性变形前期所产生的 AE 信号。因此，现场 AE 监测到的信号可能并不是工程灾害事故发生的前兆。

鉴于工程岩体失稳破坏问题的复杂性和影响因素的多样性，在地下硐室施工过程中采用 AE 监测时，应准确掌握施工区域的岩性、岩石组分及受力特征等信息，选择合适的 AE 参数，建立多参数联合分析和预报，综合分析 AE 各前兆识别因子，全面了解硐室围岩内部裂纹萌生、扩展和聚结过程，获得更为准确的前兆信息。此外，还应与其他监测手段（如锚杆测力计、多点位移计）相结合，对工程区进行长期实时监测，综合分析多种监测手段的前兆信息，这样才能更好地捕捉硐室围岩变形破坏前兆信息及提高硐室围岩工程灾害预测的准确性和可靠性。

综上所述，对于岩石破坏过程 AE 关键信号研究及工程应用中关键信号捕捉技术研究仍不充分，未来仍需要开展大量研究来解决 AE 监测技术在工程应用中存在的诸多问题。

参 考 文 献

[1] 袁振明等. 声发射技术及其应用 [M]. 北京：机械工业出版社，1985.

[2] MEYER B J. A new objective method for the determination of crack initiation stress using acoustic emission data [Z]. ProQuest Dissertations Publishing, 2018.

[3] ZHU Q, LI D, HAN Z, et al. Mechanical properties and fracture evolution of sandstone specimens containing different inclusions under uniaxial compression [J]. International Journal of Rock Mechanics and Mining Sciences, 2019, 115: 33-47.

[4] HARDY H R. Emergence of acoustic emission/microseismic activity as a tool in geomechanics [C]//First conference on acoustic emission/microseismic activity in geologic structures and materials. Leighton: Trans Tech Publications, 1977: 3-31.

[5] ZHAO X G, CAI M, WANG J, et al. Damage stress and acoustic emission characteristics of the Beishan granite [J]. International Journal of Rock Mechanics and Mining Sciences, 2013, 64: 258-269.

[6] LI P, REN F, CAI M, et al. Investigating the mechanical and acoustic emission characteristics of brittle failure around a circular opening under uniaxial loading [J]. International Journal of Minerals, Metallurgy, and Materials, 2019, 26 (10): 1217-1230.

[7] CAI M, KAISER P K, TASAKA Y, et al. Generalized crack initiation and crack damage stress thresholds of brittle rock masses near underground excavations [J]. International Journal of Rock Mechanics and Mining Sciences, 2004, 41 (5): 833-847.

[8] EBERHARDT E. Brittle rock fracture and progressive damage in uniaxial com pression [D]. Saskatoon: University of Saskatchewan, 1998.

[9] 张艳博，梁鹏，孙林，等．单轴压缩下饱水花岗岩破裂过程声发射频谱特征实验研究［J］．岩土力学，2019，40（7）：1-11.

[10] 刘建坡，徐世达，李元辉，等．预制孔岩石破坏过程中的声发射时空演化特征研究［J］．岩石力学与工程学报，2012，31（12）：2538-2547.

[11] BIENIAWSKI Z T. Stability concept of brittle fracture propagation in rock［J］. Engineering Geology，1967，2（3）：149-162.

[12] HUANG Y，YANG S，HALL M R，et al. Experimental study on uniaxial mechanical properties and crack propagation in sandstone containing a single oval cavity［J］. Archives of Civil and Mechanical Engineering，2018，18（4）：1359-1373.

[13] 魏嘉磊，刘善军，吴立新，等．含孔岩石双轴加载过程声发射多参数特征对比分析［J］．采矿与安全工程学报，2015，32（6）：1017-1025.

[14] 张国凯，李海波，夏祥，等．单轴加载条件下花岗岩声发射及波传播特性研究［J］．岩石力学与工程学报，2017，36（5）：1133-1144.

[15] GUTENBERG B，RICHTER C F. Frequency of earthquakes in California［J］. Bulletin of The Seismological Society of America，1944，34（4）：185-188.

[16] 张黎明，马绍琼，任明远，等．不同围压下岩石破坏过程的声发射频率及 *b* 值特征［J］．岩石力学与工程学报，2015，34（10）：2057-2063.

[17] SCHUMACHER T. New acoustic emission applications in civil engineering［D］. Corvallis：Oregon State University，2010.

[18] 李元辉，刘建坡，赵兴东，等．岩石破裂过程中的声发射 *b* 值及分形特征研究［J］．岩土力学，2009，30（9）：2559-2563，2574.

[19] 纪洪广，卢翔．常规三轴压缩下花岗岩声发射特征及其主破裂前兆信息研究［J］．岩石力学与工程学报，2015，34（4）：694-702.

[20] CAI M，KAISER P K，MORIOKA H，et al. FLAC/PFC coupled numerical simulation of AE in large-scale underground excavations［J］. International Journal of Rock Mechanics and Mining Sciences，2007，44（4）：550-564.

[21] 张艳博，梁鹏，田宝柱，等．花岗岩灾变声发射信号多参量耦合分析及主破裂前兆特征试验研究［J］．岩石力学与工程学报，2016，35（11）：2248-2258.

[22] SANTIS S D，TOMOR A K. Laboratory and field studies on the use of acoustic emission for masonry bridges［J］. NDT & E International，2013，55：64-74.

[23] 李安强，张茹，艾婷，等．花岗岩单轴压缩全过程声发射时空演化行为及破坏前兆研究［J］．岩土工程学报，2016，38（S2）：306-311.

[24] 李庶林，唐海燕．不同加载条件下岩石材料破裂过程的声发射特性研究［J］．岩土工程学报，2010，32（1）：147-152.

[25] 尹贤刚，李庶林，唐海燕，等．岩石破坏声发射平静期及其分形特征研究［J］．岩石力学与工程学报，2009，28（S2）：3383-3390.

[26] WANG X，WEN Z，JIANG Y，et al. Experimental study on mechanical and acoustic emission characteristics of rock-like material under non-uniformly distributed loads［J］. Rock Mechanics and Rock Engineering，2018，51（3）：729-745.

[27] RAO M V M S，JAYA PRASANNA LAKSHMI K. Analysis of b-value and improved b-value of acoustic emissions accompanying rock fracture［J］. Current Science，2005，89（9）：1577-1582.

[28] 张艳博，孙林，姚旭龙，等．花岗岩破裂过程声发射关键信号时频特征实验研究 [J]. 岩土力学，2020，40 (1)：1-10.

[29] READ R S，MARTIN C D. Technical summary of AECL's mine-by experiment phase Ⅰ：Excavation response [R]. Atomic Energy of Canada Ltd，1996.

[30] PETTITT W S，BAKER C，YOUNG R. Using acoustic emissions for assessment of damage in rock around engineered structures at the Äspö Hard Rock Laboratory [C]//5th North American Rock Mechanics Symposium，2002.

4　静载下节理化岩体硐室围岩失稳破坏特征及其控制

数字图像相关方法（digital image correlation，DIC）作为一种先进的直接观测手段已在岩石力学试验中得到了广泛应用，该方法通过计算岩石表面变形前后的灰度值以获得岩石表面的全场变形信息，进而得到岩石的裂纹萌生和扩展信息。为此，本章结合静态加载试验，采用数字图像相关方法研究节理化岩体硐室围岩在失稳破坏过程中的裂纹演化特征，即根据变形前后的全局变形场（位移场、应变场）对完整岩体硐室试样、含平行（交叉）节理岩体硐室试样进行宏细观分析。通过分析不同节理倾角和不同交叉节理夹角等情况下的试样表面变形特征及破坏模式，探讨不同节理倾角及交叉夹角对试样裂纹扩展过程及失稳破坏机制的影响。最后基于静态加载试验结果，提出相应的节理化岩体硐室围岩失稳控制建议。

4.1　数字图像相关方法

4.1.1　数字图像相关方法简介

20 世纪 80 年代，Yamaguchi[1]、Peters 和 Ranson[2] 几乎同时提出了数字图像相关技术，之后很多学者又对其进行了一系列的研究和改进，如今其理论算法和计算精度得到了很大的提升，已被广泛应用于岩石力学领域的研究中[3]。该技术是一种光学非接触粒子跟踪测量技术，可以用来确定数字图像中散斑的位移。该技术的一个基本特点是假设变形前后图像灰度值保持不变[4]。首先在岩石试样表面制作人造斑点。在试验过程中，通过数字图像系统以一定的时间间隔拍摄岩石试样表面的连续图像。数字图像的每个像素被分配一个范围从 0 到 255 的灰度值，以表示该位置的光能的量。图像中的每个斑点由一组像素组成，因此具有独特的灰度值模式。通过跟踪参考图像和变形图像中每个斑点的灰度值，可以获得试样表面上斑点在测量范围内的移动。然后进行图像相关，并基于几何关系获得位移场和应变场。该技术具有测量范围宽、光学设置简单等优点，已被广泛用于监测岩石试样表面的裂纹演化[5]。

4.1.2　数字图像相关方法变形测试原理

数值图像相关方法是一种光学方法，通过处理变形前记录的参考（基准）图像和变形后记录的一系列变形图像，根据散斑点移动的位移和方向计算得出研究对象表面变形场。

数值图像相关方法基本原理是跟踪位于各种变形图像中的相同像素点，而不是跟踪单个像素，如图 4-1 所示。在分析处理数字图像时，首先在参考图像 $P(x, y)$ 中以待测点 $O(x_0, y_0)$ 为中心确定一个正方形参考区域，定义为样本区。变形后图像中与样本区相对应的区域定义为目标区，根据预先选定的相关函数对变形后的图像 $P'(x', y')$ 进行相关运算，通过相关系数最大值和最小值来确定以 $O'(x_0', y_0')$ 为中心的目标图像区域，可以获得目标区中各点的位移分量 u 和 v，从而就可以算得到目标区的全局位移场和应变场。

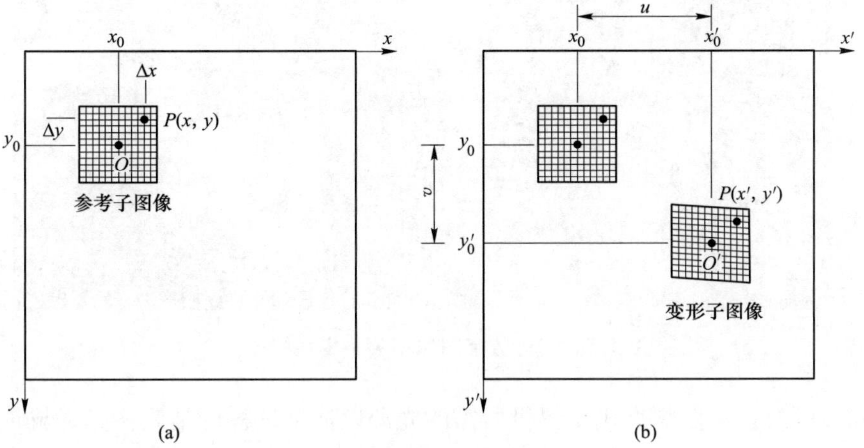

图 4-1 相关匹配示意图[6]

（a）参考图像；（b）变形图像

相对于参考图像中的坐标 $O(x_0, y_0)$，变形图像中的对应点 $P'(x', y')$ 可以计算为[6]：

$$x' = x_0 + \Delta x + u + \frac{\partial u}{\partial x}\Delta x + \frac{\partial u}{\partial y}\Delta y \tag{4-1}$$

$$y' = y_0 + \Delta y + v + \frac{\partial v}{\partial x}\Delta x + \frac{\partial v}{\partial y}\Delta y \tag{4-2}$$

在对比分析参考图像和变形图像时，需要选取某一相关函数对目标区进行变形识别，目前常用的相关函数主要有互相关函数、最小平方距离函数和参数最小平方距离函数等。利用相关函数对研究对象表面任意时刻的散斑图像进行分析，从而获得整个变形过程的变形场演化过程。

4.1.3 数字图像相关系统及操作

本章试验需要采用数字图像采集系统和数字图像相关计算软件，数字图像采集系统包含试验加载设备、白炽灯、标定设备、高速摄像仪和 VIC-3D 数字图像相关分析软件等（见图 4-2）。面内位移精度为±10 nm，全局应变精度为±0.01%，帧率高达 2000 fps。在试验期间，采用弥散张量成像技术实时测量加载过程中岩石试样的变形演化，荷载、变形和相应的数字图像之间一一对应，因而可将特定图像分配给特定应力，研究不同应力作用下的应变演化。

首先在试样的被拍摄表面均匀地喷一层薄薄的哑光白漆，待白漆干燥后贴上特制的散斑贴纸并完全覆盖试样表面用于形成随机的人工斑点图案，保证散斑贴纸能全覆盖试样表面，并将硐室和节理处的散斑贴纸剪切掉（见图 4-3）。将两部摄像机固定在三脚架上，根据试样在计算机上的成像质量调整摄像机的位置、焦距及光源，使试样表面的散斑点均能清晰可辨，保证试样表面图像在整个试验过程中都能被连续完整地记录。高速摄像仪垂直

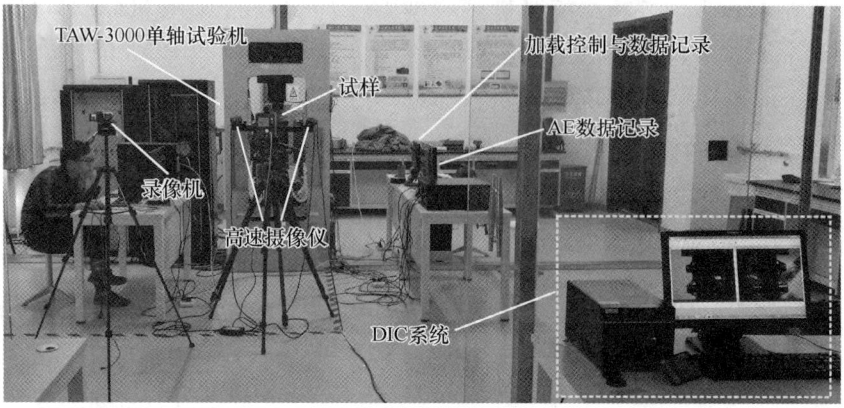

图 4-2　数字图像相关采集系统

于试样的前表面放置，白炽灯用于提供所需的光源以捕捉试样的清晰图像，同时存储在计算机上，用于后续处理。为了保证试验结果准确可靠，使用标准的散斑标定设备对已固定好的装置进行误差标定，确保校正识别误差保持在 0.03 以内、计算误差在 0.1 以内，以满足计算精度要求。计算区域尺寸为 100 mm×35 mm，以完整覆盖试样表面区域。考虑到本试验加载速率较小且为节省存储空间和优化后处理工作量，在试验过程中，设置高速摄像仪以每秒 5 张图片的帧速率连续自动捕捉高分辨率的图像，这足以提供变形场演化和裂纹扩展的具体细节[5]。需要说明的是，每个测试数据采集系统的定时在测试前都是同步的，以确保力学测试和 DIC 图像的记录在时间上严格匹配。试验结束后，使用与 DIC 系统相匹配的 VIC-3D 后处理软件对试验中捕捉到的图像进行相关计算，得到整个试验过程中试样的变形场。

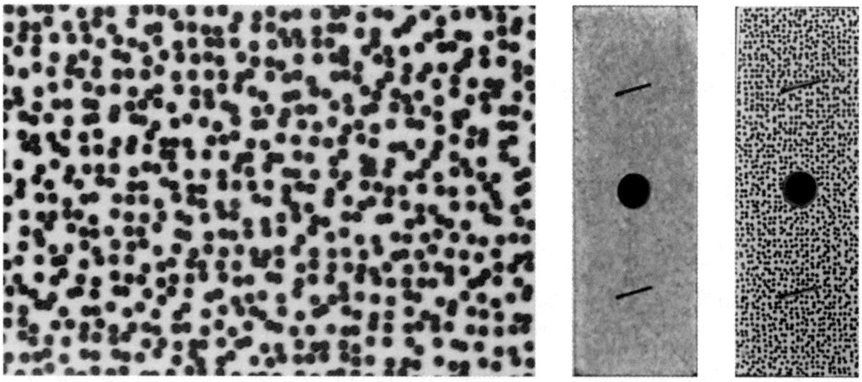

(a)　　(b)

图 4-3　试样表面散斑制作

（a）特制的散斑贴纸；（b）原始试样及散斑试样

4.2　硐室围岩周边静态应力分布特征

同时含硐室与节理的岩体可以看作是复合型缺陷岩体，其断裂行为非常复杂，这主要取决于加载过程中裂纹的萌生、扩展和聚结。含节理硐室岩体的破坏行为与相应加载条件下硐室周围的应力分布密切相关。为深入了解含平行节理岩体硐室试样的破坏模式和裂纹演化，有必要先对硐室周围的应力分布特征进行简要分析。为便于理论推导，通常将硐室简化为平面应力问题，基于二维弹性理论计算双轴应力条件下硐室周围的应力分布情况，理论分析模型如图 4-4 所示。

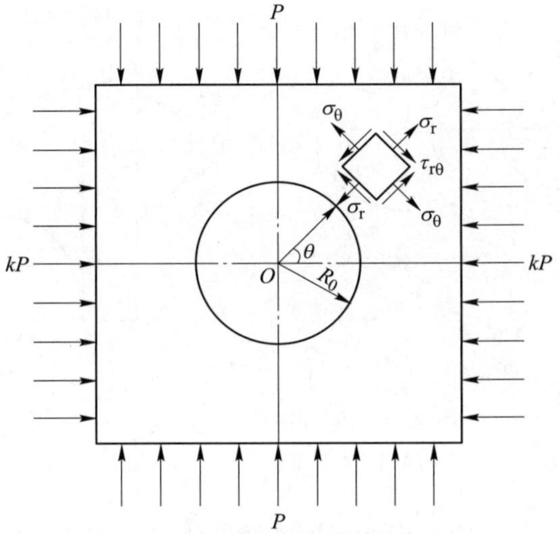

图 4-4 无限平面中硐室受力条件

硐室边界处具体的径向应力、切向应力和剪切应力由著名的基尔希方程给出[7]：

$$\begin{cases}\sigma_r = \dfrac{1}{2}(1+k)P\left(1-\dfrac{R_0^2}{r^2}\right) - \dfrac{1}{2}(1-k)P\left(1-4\dfrac{R_0^2}{r^2}+3\dfrac{R_0^4}{r^4}\right)\cos2\theta \\ \sigma_\theta = \dfrac{1}{2}(1+k)P\left(1+\dfrac{R_0^2}{r^2}\right) + \dfrac{1}{2}(1-k)P\left(1+3\dfrac{R_0^4}{r^4}\right)\cos2\theta \\ \tau_{r\theta} = \dfrac{1}{2}(1-k)P\left(1+2\dfrac{R_0^2}{r^2}-3\dfrac{R_0^4}{r^4}\right)\sin2\theta \end{cases} \tag{4-3}$$

式中，σ_r、σ_θ 和 $\tau_{r\theta}$ 分别为在极坐标系统中距离圆形开口中心 r 处圆周上的径向应力、切向应力和剪应力；θ 为半径与水平轴之间的夹角；P 为垂直应力；k 为侧压系数。

在单轴加载条件下，$r=R_0$、$k=0$，则硐室边界处的应力分布方程可由式（4-3）转化为：

$$\begin{cases}\sigma_r = 0 \\ \sigma_\theta = P(1+2\cos2\theta) \\ \tau_{r\theta} = 0\end{cases} \tag{4-4}$$

根据式（4-4），可得硐室周围的静态切向应力分布如图 4-5（a）所示。沿硐室的切向应力由垂直于硐室的线段表示，线段的长度表示局部切向应力的相对大小。当线段位于硐室之外时，切向应力是正值，反之亦然。由图 4-5（a）可知，硐室顶底部周边的拉应力集中系数为 1.0，硐室两侧壁周边的压应力集中系数达到 3.0。拉应力区以最大值 P 分布在硐室的顶部和底部，拉伸应力将在该区域的压裂中起主导作用，拉应力集中区出现的裂纹称为拉伸裂纹。相应地，压应力集中区以最大值 $3P$ 分布在孔的左右两侧端，由于高压缩应力集中的存在，孔周围的压缩区可能会发生剪切破坏。

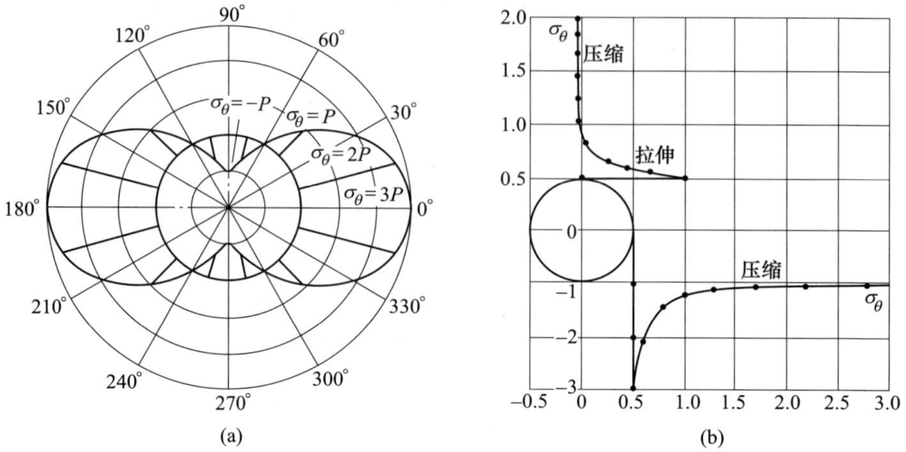

图 4-5　单轴加载下硐室周围静态应力分布及应力转变[9]

（a）单轴压缩下硐室周围应力分布；（b）单轴压缩下硐室周围应力转变

此外，为了进一步了解硐室周围的断裂性质，Goodier[8] 推导出了封闭形式的解，以预测在远场压缩应力作用下基体中球形颗粒周围的应力集中程度。基于 Goodier 解，Janeiro 和 Einstein[9] 计算了承受垂直远场单轴压缩应力的无限平面中硐室周围的应力分布，切向应力 σ_θ 集中系数如图 4-5（b）所示。由图 4-5（b）可知，在硐室的左右两侧的高切向压缩应力集中系数为 3.0，而在硐室的顶底部的中等拉伸应力集中系数为 1.0，这与基尔希方程给出的解是一致的。另外，还可以看出，从硐室的上下边界经过一定范围后，拉伸应力逐渐转化为压缩应力。

需要说明的是，图 4-5 给出的硐室周围静态切向应力分布主要针对的是无限体，可能并不完全适用于本书设计的小尺寸试样，但仍具有参考价值，可以指导试验结果的分析与讨论。

4.3　失稳破坏过程中变形场演化特征

为了从细观角度研究花岗岩试样的变形演化和裂纹扩展过程，采用数字图像相关系统记录了试样在变形破坏过程中的图像演变特征，经后处理后，获得了试样变形破坏过程中变形场（位移场、应变场）的变化特征，进而分析比较试样在静载作用下不同应力阶段的裂纹扩展演化规律。由于所用的花岗岩材料强度较高，试样表面的变形场在加载前期变化不显著，一般只在裂纹稳定扩展阶段和裂纹非稳定扩展阶段才发生明显的裂纹扩展现象。因此，根据试样应力-应变曲线发展特点，并结合 AE 事件演化特征，选取试样在裂纹稳定扩展阶段和裂纹非稳定扩展阶段的一些关键应力点来分析变形场的演化特征[7]。在后面要分析的变形场云图中，U 代表水平方向位移场，V 代表垂直方向（平行于加载方向）位移场，e1 代表主应变场。

4.3.1　完整岩体硐室试样变形场特征

完整岩体硐室试样 UC-3 的应力-时间-AE 事件率曲线如图 4-6 所示，在曲线上标注了 8 个关键应力点（$A\sim H$），分析这些应力点对应的变形场演化特征。

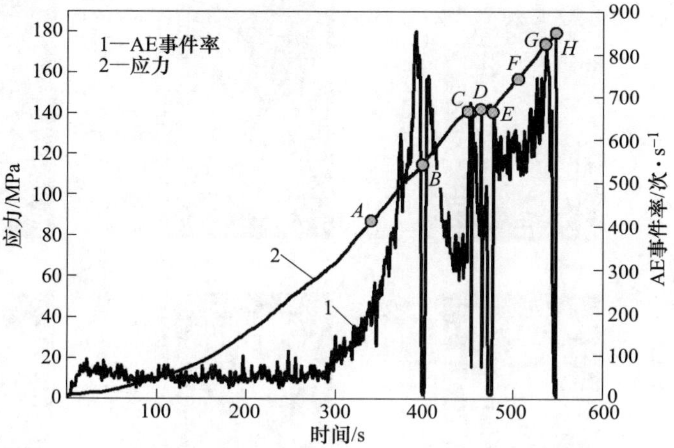

图 4-6　试样 UC-3 的应力-时间-AE 事件率曲线及关键应力点标注

图 4-7 所示为图 4-6 中标注的 8 个关键应力点对应的水平方向位移场云图，清楚地显示了加载过程中试样的水平位移发展情况。总体来看，试样表面的变形近似对称分布在硐室两侧，试样左侧部分为负水平位移，右侧部分为正水平位移，表明硐室左侧表面向左移动，硐室右侧表面向右移动。随着应力的增加，水平位移绝对值逐渐增大。具体分析，加载至 A 点时，试样表面的水平位移等值线呈“V”形对称分布在硐室左右两侧，且位移值相对较大（见图 4-7（a））同时表明试样受力比较均匀。随着荷载增加至 B 点，水平位移进一步增加，硐室顶部和底部的两个不同位移轮廓区域之间出现明显的垂直线性区域（见图 4-7（b））。随着应力继续增大，位移增大区域的范围和量值都有较大增加，位移等值线中间垂直线性区域的两侧逐渐出现多条近似“S”形的对称线（见图 4-7（c）~（g）），硐室左右两侧形成两个呈竖直条带状分布的水平位移增大区。达到峰值强度时，水平位移场演变成由这些对称线分隔形成的不同对称区域，水平位移增大区偏移到硐室的左下方和右上方并延伸到试样顶端和底端，水平位移迅速增加到最大值，为0.334 mm（见图 4-7（h））。

图 4-8 为图 4-6 中标注的 8 个关键应力点对应的垂直方向位移场云图。可以看出，随着应力的增加，位移值逐渐增大，直观地反映了试样表面受荷载作用后沿平行于加载方向的变形情况。加载至 A 点时，垂直位移值从试样下端向上端由大到小呈水平梯度式分布（见图 4-8（a）），位移相差较小，表明此时硐室的存在对试样位移分布的影响还不太显著。加载至 B 点时，受到对称局部化带的影响[10]，垂直位移等值线变得更加紊乱，位移以硐室为中心向上、向下呈“V”形分布（见图 4-8（b）），表现出明显的不连续演化特征。然后随着加载的进行，位移增大区域的范围和量值继续增加，硐室上部和下部形成两个明显的位移增大带，上部位移增大带中心部位的位移值最小，而下部位移增大带中心

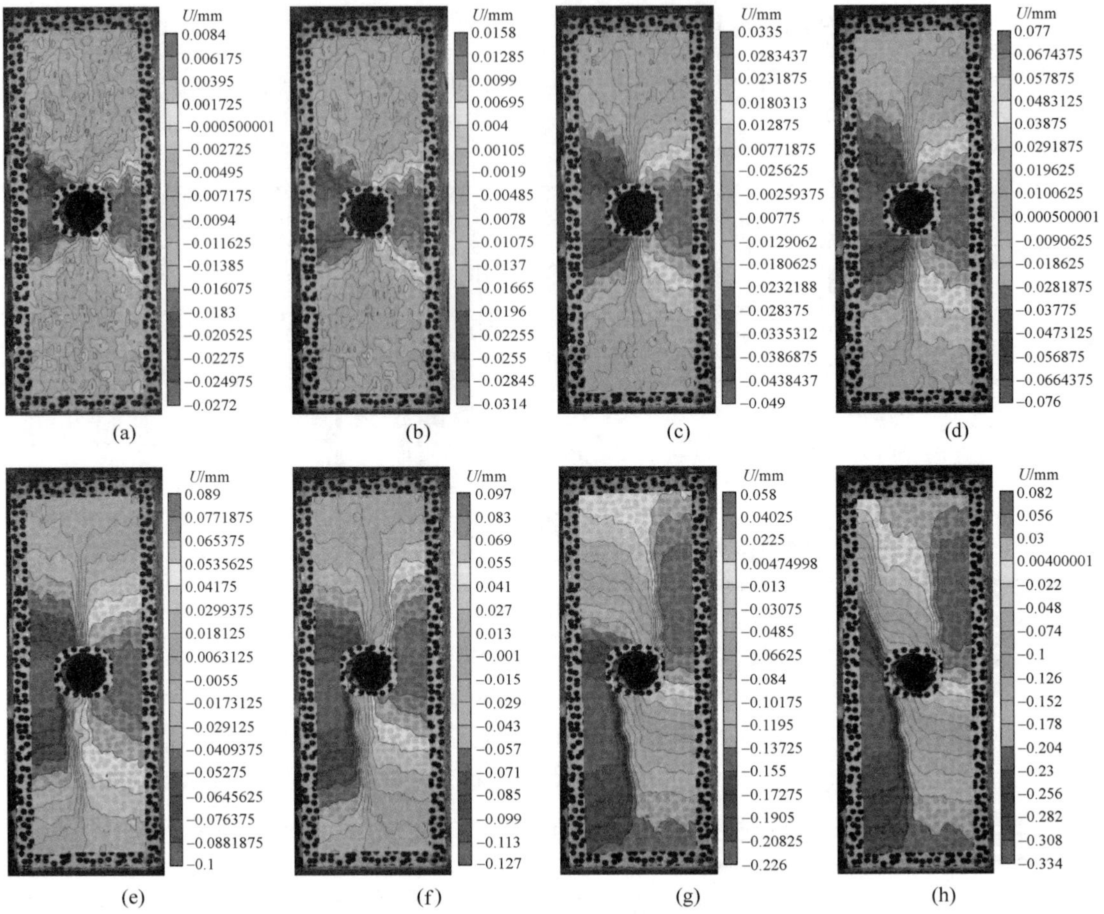

图 4-7　对应于图 4-6 中关键应力点（$A \sim H$）的水平位移场云图

（a）A 点；（b）B 点；（c）C 点；（d）D 点；（e）E 点；（f）F 点；（g）G 点；（h）H 点

部位的位移值最大（见图 4-8（c）~（g））。加载至峰值强度时，垂直位移场状态与 G 点处的位移场相似，但位移增大区域范围进一步发生略微变化，位移值达到最大值 0.474 mm（见图 4-8（h））。

图 4-9 所示为图 4-6 中标注的 8 个关键应力点对应的主应变场云图，显示了裂纹扩展的重要过程。整体来看，主应变场经历了从整体均匀分布逐渐发展到裂纹局部突出，到最后裂纹区域的应变量显著大于其他区域应变量的演化过程。具体分析，加载至 A 点时，主应变场基本呈均匀分布状态，但可以观察到高应变区首先出现在硐室正上方和正下方位置，形成拉伸应力集中（见图 4-9（a））。所测试花岗岩试样的抗拉强度为 17.85 MPa，弹性模量为 34.61 GPa，最大拉伸应变可以计算为临界拉伸应变，即 $\varepsilon_{max}=\sigma/E=5.16\times10^{-4}$，在 A 点时的应力集中区的最大主拉伸应变约为 2.16×10^{-3}，远远超过临界拉伸应变，表明 A 点处于加载过程中拉伸应力集中和裂纹萌生的应力阶段。随着荷载的增加，硐室正上方和正下方的应力集中区的范围和主应变量值进一步增加，形成的两个宏观应力集中带平行于加载方向（见图 4-9（b）~（d））。随着加载继续进行，硐室正下方的应力集中区发生转移，并转移到硐室左下方（见图 4-9（e）），用于表征拉伸裂纹的高应变区逐渐消失，意

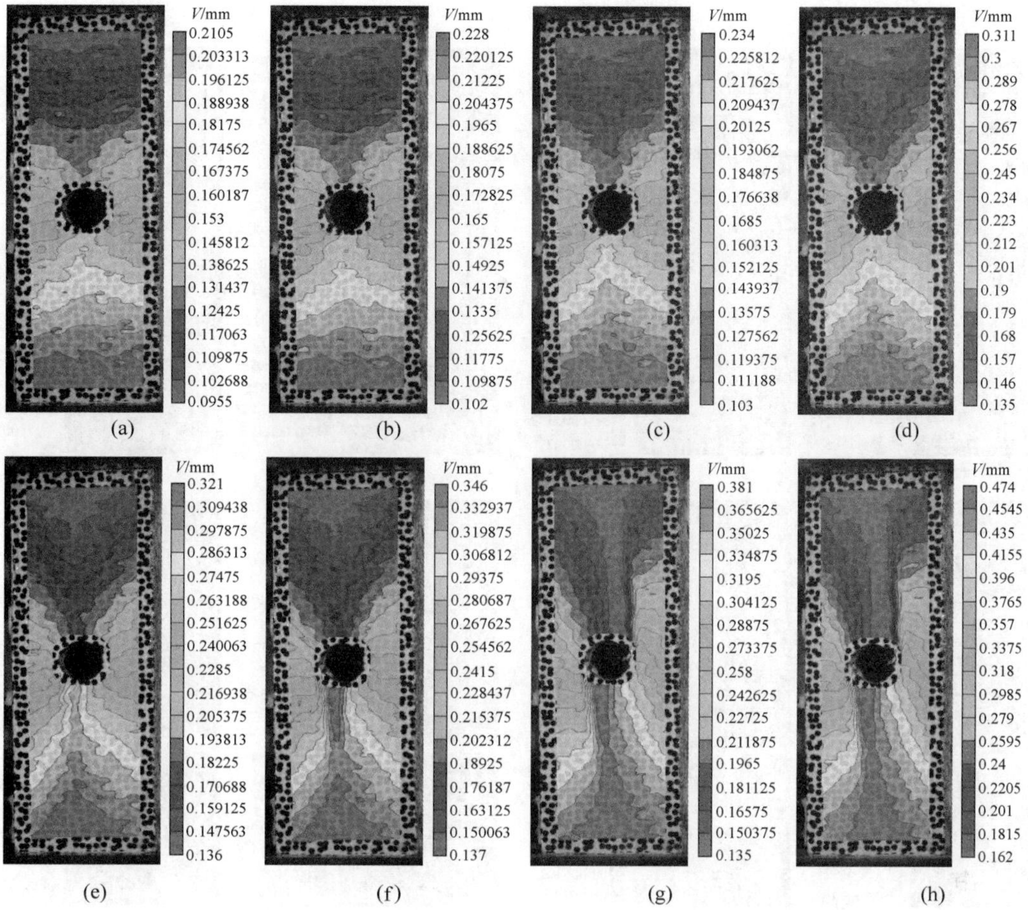

图 4-8 对应于图 4-6 中关键应力点（$A \sim H$）的垂直位移场云图

（a）A 点；（b）B 点；（c）C 点；（d）D 点；（e）E 点；（f）F 点；（g）G 点；（h）H 点

味着硐室左下方将有裂纹萌生。随后，硐室正上方的应力集中区转移到硐室右上方（见图 4-9（f）~（g）），表明硐室右上方也将有裂纹萌生，与硐室左下方的应力集中区呈对角对称分布。试样的应力还在增加，但此时还没有达到试样的峰值应力，表明试样的宏观断裂出现在达到峰值应力之前。达到峰值强度时，主应变值增加至最大值 4.46%，硐室左上方出现应力集中区，并延伸至试样左上角（见图 4-9（h）），表明次级裂纹形成。硐室左右两侧的微裂纹明显倾向于进一步向其原始方向发展，裂纹区几乎穿透整个试样并最终演化成宏观裂纹，试样破坏。此外，还可以看出，硐室正上方和正下方最初形成的局部拉伸变形集中带几乎消失。试验后，观察到图像所识别的应力集中带对应于试样可见断裂的扩展路径。

完整岩体硐室试样的变形破坏过程表明，脆性岩石破坏过程涉及微裂纹的萌生、扩展和聚结，微裂纹的萌生主要是由于试样中硐室周围形成的应力集中所致。在单轴加载过程中，新裂纹萌生起始于试样中原始微裂纹尖端，只有方向和尺寸合适的微裂纹才会在其尖端形成新的微裂纹[11]。然后达到稳定的裂纹扩展阶段，随后在裂纹损伤应力下开始不稳定的裂纹扩展，裂纹的不稳定扩展最终导致试样破坏。由于岩石材料的非均质性，总会有

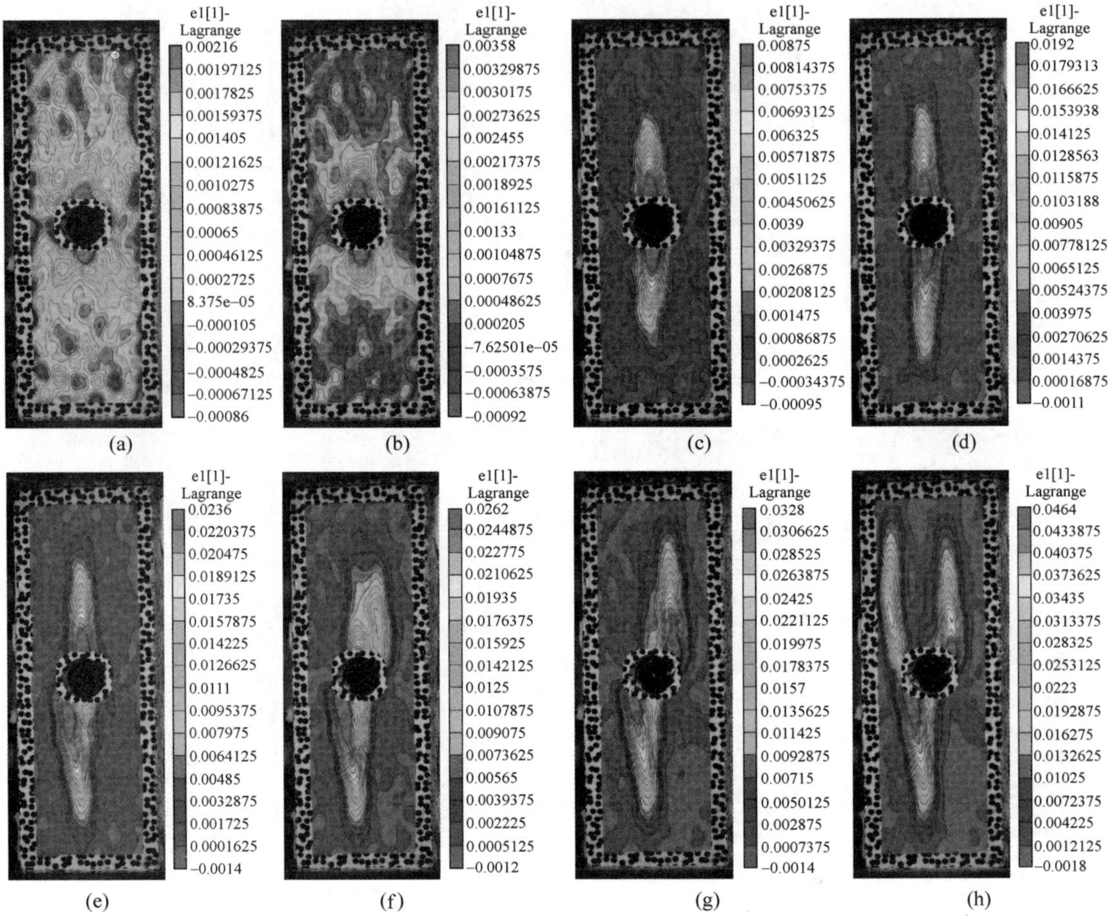

图 4-9　对应于图 4-6 中关键应力点（$A \sim H$）的主应变场云图

（a）A 点；（b）B 点；（c）C 点；（d）D 点；（e）E 点；（f）F 点；（g）G 点；（h）H 点

一条占主导地位的裂纹，导致完整岩体硐室试样的破坏并非完全对称的。加载过程中，硐室两侧形成的宏观裂纹的扩展方向与加载方向基本一致。值得一提的是，完整岩体硐室试样的破坏过程中存在一个有趣的现象，即代表硐室正上方和正下方的初始拉伸裂纹的高应变区在发展一定阶段后不会一直延伸到试样的端部，而是随着次级裂纹的形成逐渐消失，这是因为随着荷载的增加，从硐室的上边界和下边界经过一定范围后，拉伸应力逐渐转化为压缩应力（见图 4-5（b）），这也就解释了为什么拉伸裂纹首先出现在硐室顶部和底部，但不会扩展为导致试样最终破坏的宏观拉伸裂纹。由上述分析可知，完整岩体硐室试样的断裂特征试验结果与前面的理论分析结果是一致的。

4.3.2　含平行节理岩体硐室试样变形场特征

4.3.2.1　含平行节理岩体硐室试样 UCJ-0-2

试样 UCJ-0-2 的应力-时间-AE 事件率曲线如图 4-10 所示，在曲线上标注了 8 个关键应力点（$A \sim H$），分析这些应力点对应的变形场演化特征。

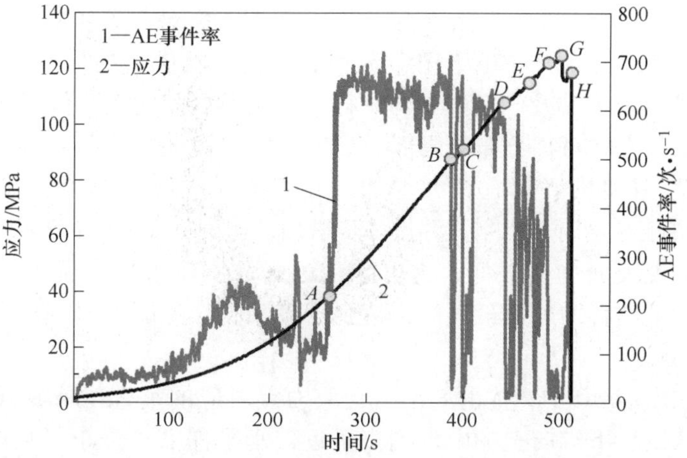

图 4-10 试样 UCJ-0-2 的应力-时间-AE 事件率曲线及关键应力点标注

图 4-11 所示为图 4-10 中标注的 8 个关键应力点对应的水平位移场云图。总体来看，随着荷载的增加，全场位移绝对值逐渐增大。具体分析，加载至 *A* 点时，试样表面的水平

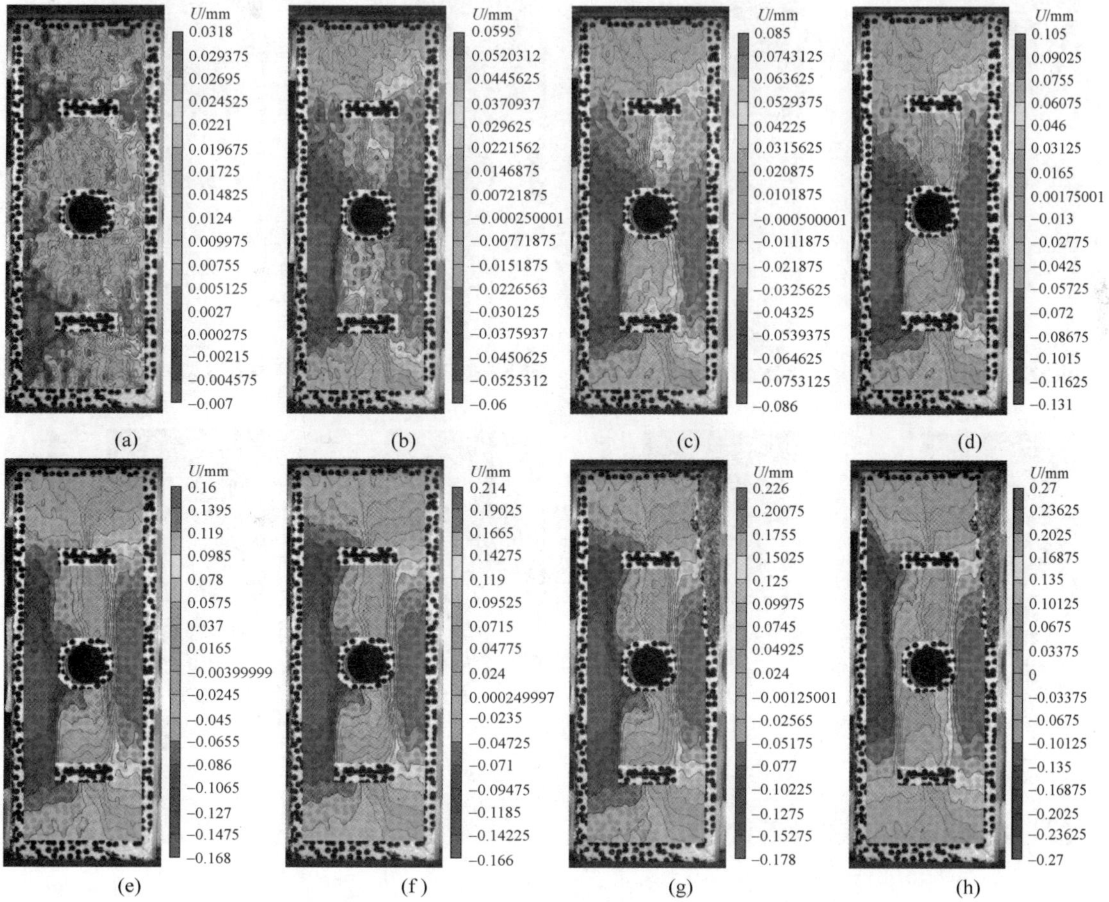

图 4-11 对应于图 4-10 中关键应力点（*A*~*H*）的水平位移场云图

(a) *A* 点；(b) *B* 点；(c) *C* 点；(d) *D* 点；(e) *E* 点；(f) *F* 点；(g) *G* 点；(h) *H* 点

位移等值线非均匀地分布在硐室和上下两条节理周围，两条节理尖端和硐室周围出现局部“V”形水平位移增大区，位移梯度值相对较大，但范围较小（见图 4-11（a））。随着荷载增加至 *B* 点，两条节理尖端及硐室边界与试样两侧边界之间的水平位移增大区进一步增加并汇合，形成竖直条带状对称分布的局部变形集中区（见图 4-11（b））。然后，试样表面位移增大区域的范围和量值都有较大增加，并逐渐向试样顶部和底部延伸（见图 4-11（c）~（f））。达到峰值强度时，水平位移进一步增加，达到 0.226 mm（见图 4-11（g））；此外，试样右上角出现表面剥落破坏，这可能是该区域压应力集中所致。随着加载继续进行，试样表面的水平位移增加至最大值，达到 0.27 mm（见图 4-11（h）），最终导致试样破坏。

图 4-12 所示为图 4-10 中标注的 8 个关键应力点对应的垂直位移场云图。加载至 *A* 点时，垂直位移值从试样下端向上端由大到小呈近似水平梯度式分布（见图 4-12（a）），位移相差较小，表明此时硐室和平行节理的存在对试样表面位移分布的影响还不太明显。加载至 *B* 点时，节理尖端和硐室周围的位移梯度值线变得更加紊乱，表现出不连续演化特征，垂直位移场在上节理上部和下节理下部大致呈梯形分布（见图 4-12（b）），但两条节

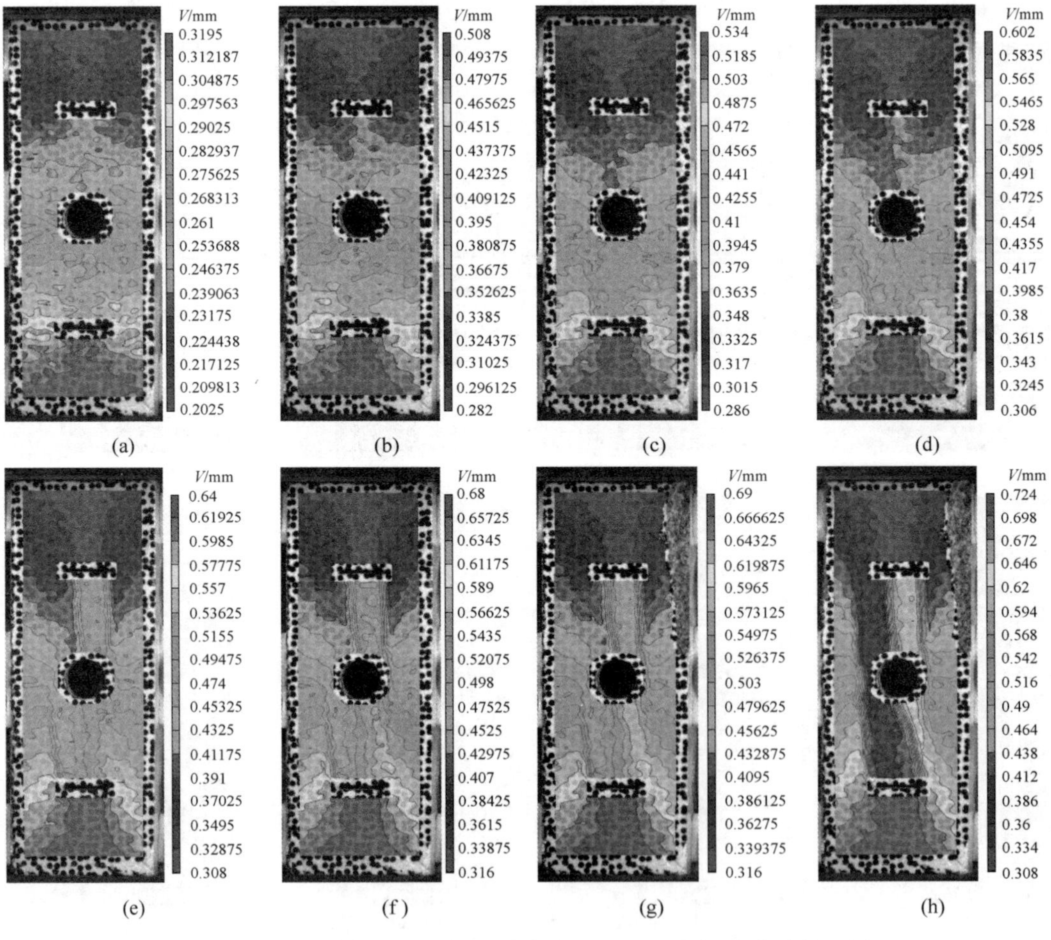

图 4-12　对应于图 4-10 中关键应力点（*A*~*H*）的垂直位移场云图

（a）*A* 点；（b）*B* 点；（c）*C* 点；（d）*D* 点；（e）*E* 点；（f）*F* 点；（g）*G* 点；（h）*H* 点

理之间区域的位移场分布仍相对均匀。随后，位移增大区域的范围和量值逐渐增加，上节理上部和下节理下部的位移场梯形分布特征更加显著，节理尖端和硐室之间的位移场出现局部增加的现象，形成多个明显的位移增大带（见图 4-12（c）~（f））。达到峰值强度时，垂直位移继续增加，达到 0.69 mm（见图 4-12（g））。随着加载继续进行，位移场不连续的特征更加凸显，位移值进一步增大，达到最大值 0.724 mm（见图 4-12（h））。

图 4-13 所示为图 4-10 中标注的 8 个关键应力点对应的主应变场云图。加载至 *A* 点时，主应变值相对较小，但已超过试样的临界拉伸应变，主应变场基本呈均匀分布状态，节理尖端和硐室周围区域出现相对较高应变区的迹象（见图 4-13（a）），预示着将会形成应力集中区。加载至 *B* 点，试样上节理上部、上节理与硐室顶部之间、硐室左下方与下节理左尖端之间及下节理右尖端下部均形成了显著的局部带状变形集中区（见图 4-13（b）），表现出非均匀的演化特征。然后，硐室右下部与下节理右尖端之间、硐室右上部与上节理右尖端之间及上节理左尖端与硐室左侧之间等局部区域的变形也明显集中变大（见图 4-13（c）~（f）），意味着新裂纹可能在这些区域形成。达到峰值强度时，硐室正下方与下节理右尖端之间形成明显的变形集中带，其他区域的变形集中带的变化更加明显，主应变

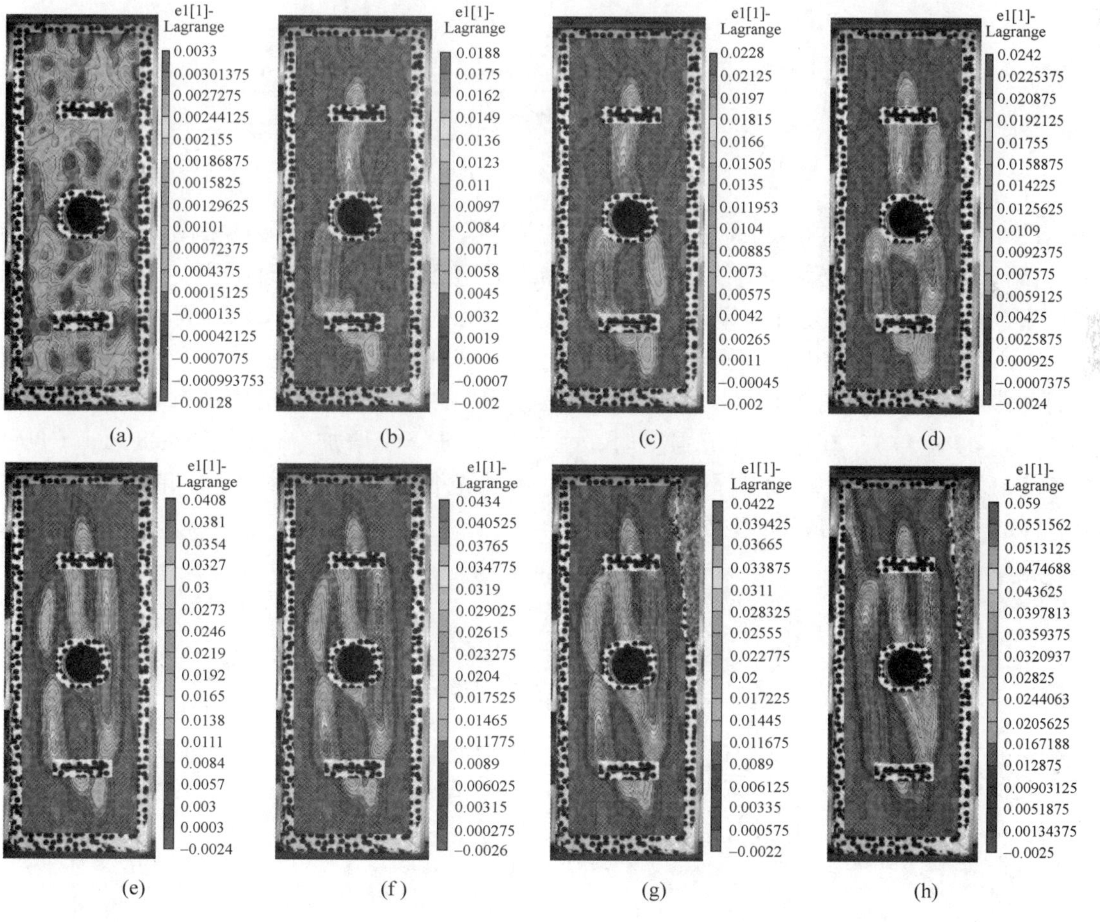

图 4-13 对应于图 4-10 中关键应力点（*A*~*H*）的主应变场云图

（a）*A* 点；（b）*B* 点；（c）*C* 点；（d）*D* 点；（e）*E* 点；（f）*F* 点；（g）*G* 点；（h）*H* 点

值进一步增大，达到 4.22%（见图 4-13（g））。随着加载继续进行，最大主应变值为 5.9%，前期形成的变形集中带伸长、交汇和连接（见图 4-13（h）），最终导致试样破坏，表明峰值后试样变形主要体现为沿局部化带的剪切滑动变形。

4.3.2.2　含平行节理岩体硐室试样 UCJ-15-3

试样 UCJ-15-3 的应力-时间-AE 事件率曲线如图 4-14 所示，在曲线上标注了 8 个关键应力点（*A*~*H*），分析这些应力点对应的变形场演化特征。

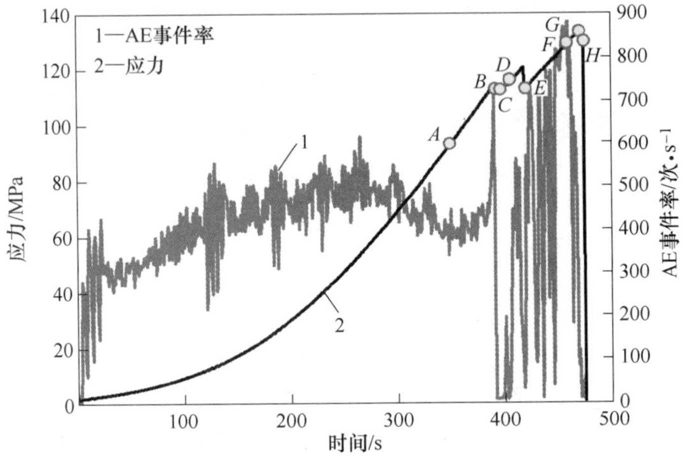

图 4-14　试样 UCJ-15-3 的应力-时间-AE 事件率曲线及关键应力点标注

图 4-15 所示为图 4-14 中标注的 8 个关键应力点对应的水平位移场云图。加载至 *A* 点时，试样表面的水平位移等值线非均匀地分布在硐室和上下两条节理周围，两条节理尖端和硐室周围存在相对较大的位移梯度值，但范围较小（见图 4-15（a））。随着荷载增加至 *B* 点，两条节理尖端及硐室周围与试样边界之间区域开始出现显著的水平位移增大区，呈竖直条带状分布（见图 4-15（b））。随后，位移增大区域的范围和量值都有较大增加（见图 4-15（c）~（f）），在达到峰值强度时，水平位移进一步增加，达到了 0.28 mm（见图 4-15（g）），随着加载继续进行，位移增大区域范围延伸到试样顶部和底部（见图 4-15（h）），水平位移最大值达到 0.48 mm。

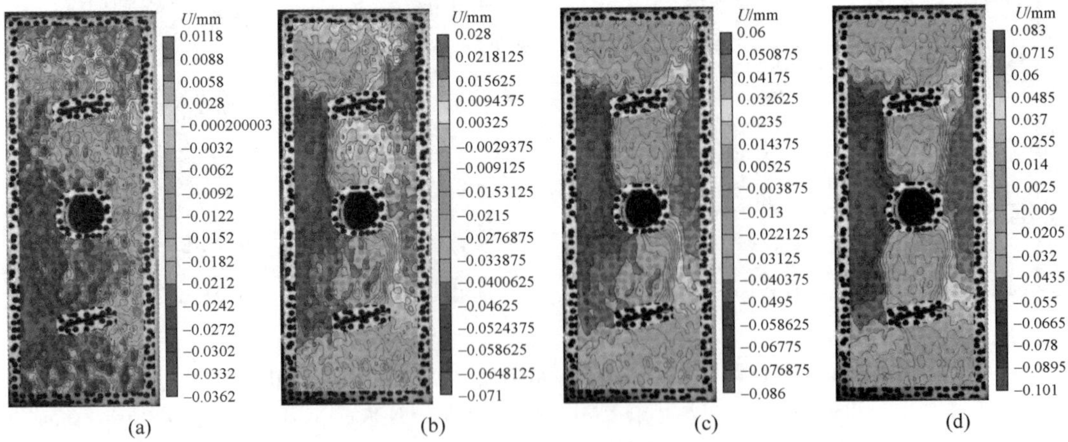

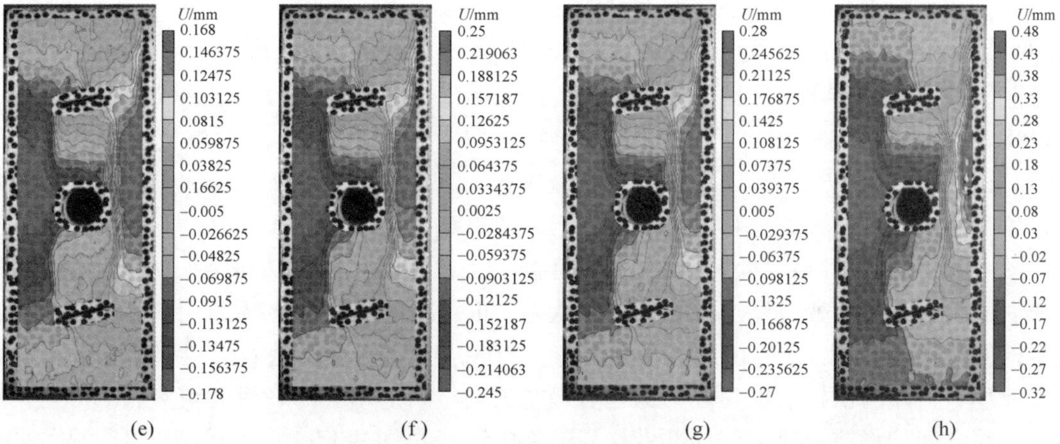

图 4-15 对应于图 4-14 中关键应力点（$A\sim H$）的水平位移场云图

（a）A 点；（b）B 点；（c）C 点；（d）D 点；（e）E 点；（f）F 点；（g）G 点；（h）H 点

图 4-16 所示为图 4-14 中标注的 8 个关键应力点对应的垂直位移场云图。加载至 A 点时，垂直位移值从试样下端向上端由大到小呈水平梯度式分布（见图 4-16（a）），位移相

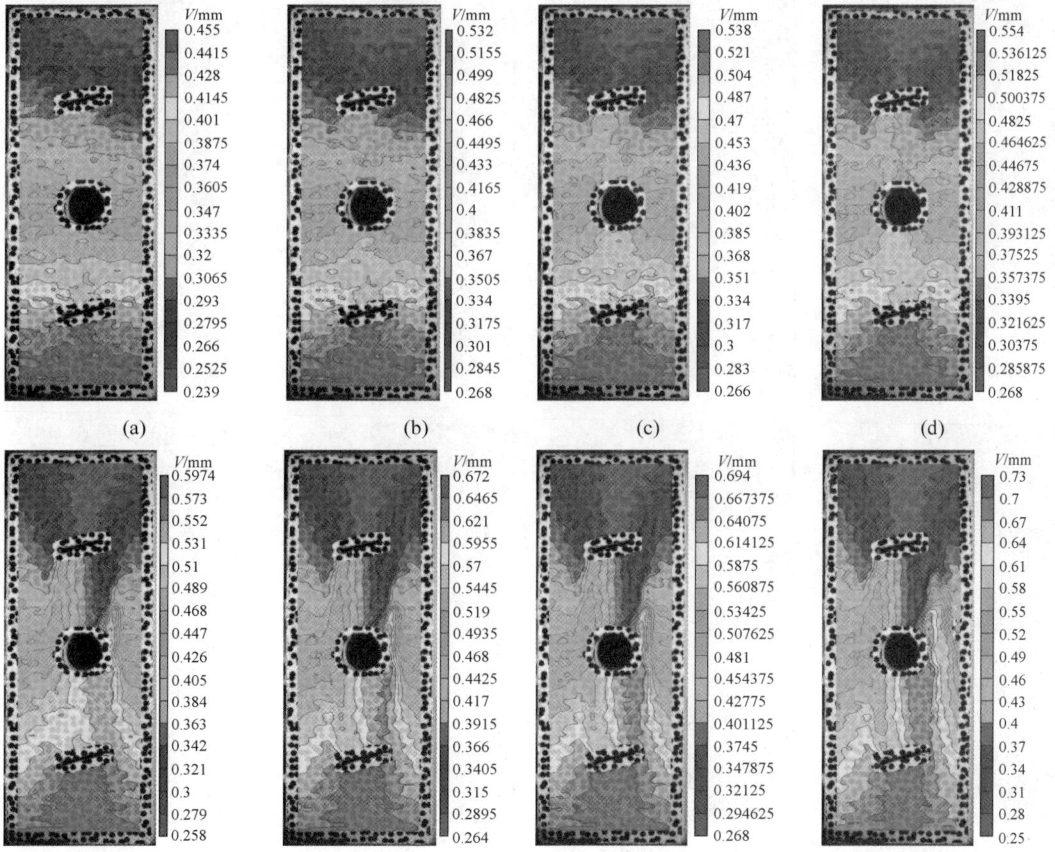

图 4-16 对应于图 4-14 中关键应力点（$A\sim H$）的垂直位移场云图

（a）A 点；（b）B 点；（c）C 点；（d）D 点；（e）E 点；（f）F 点；（g）G 点；（h）H 点

差较小，此时硐室和平行节理的存在对试样位移分布的影响还不太明显。加载至 B 点时，节理尖端和硐室周围的垂直位移等值线变得更加紊乱（见图 4-16（b）)，表现出不连续演化特征。随后，位移增大区域的范围和量值逐渐增加，节理尖端和硐室之间形成多个明显的位移增大带（见图 4-16（c）~（f））。在达到峰值强度时，垂直位移继续增加，达到了 0.694 mm（见图 4-16（g）)，随着加载继续进行，垂直位移场状态与峰值点处的位移场相似，位移值进一步增大，位移增大区域范围发生略微变化（见图 4-16（h））。

图 4-17 所示为图 4-14 中标注的 8 个关键应力点对应的主应变场云图。加载至 A 点时，主应变值较小，主应变场基本呈均匀分布状态，但节理尖端和硐室两侧区域出现相对较高应变区的迹象（见图 4-17（a）)，预示着将会形成应力集中区。随着荷载增加至 B 点，试样上节理右尖端与试样右上角之间、上节理左尖端与硐室左上部之间及硐室右下部与下节理右尖端之间均形成了显著的局部带状变形集中区（见图 4-17（b）)，表现出明显的非均匀性特征，表明新裂纹开始萌生。随着荷载的继续增加，试样右上角、上节理右尖端与硐室右上部之间、硐室左下部与下节理左尖端之间以及下节理左尖端下部等局部区域变形也明显集中（见图 4-17（c）~（f））,表明新裂纹可能在这些区域形成。达到峰值强度时，变形集中带的变化更加明显，主应变值进一步增大，达到 8.55%（见图 4-17（g））。随着加

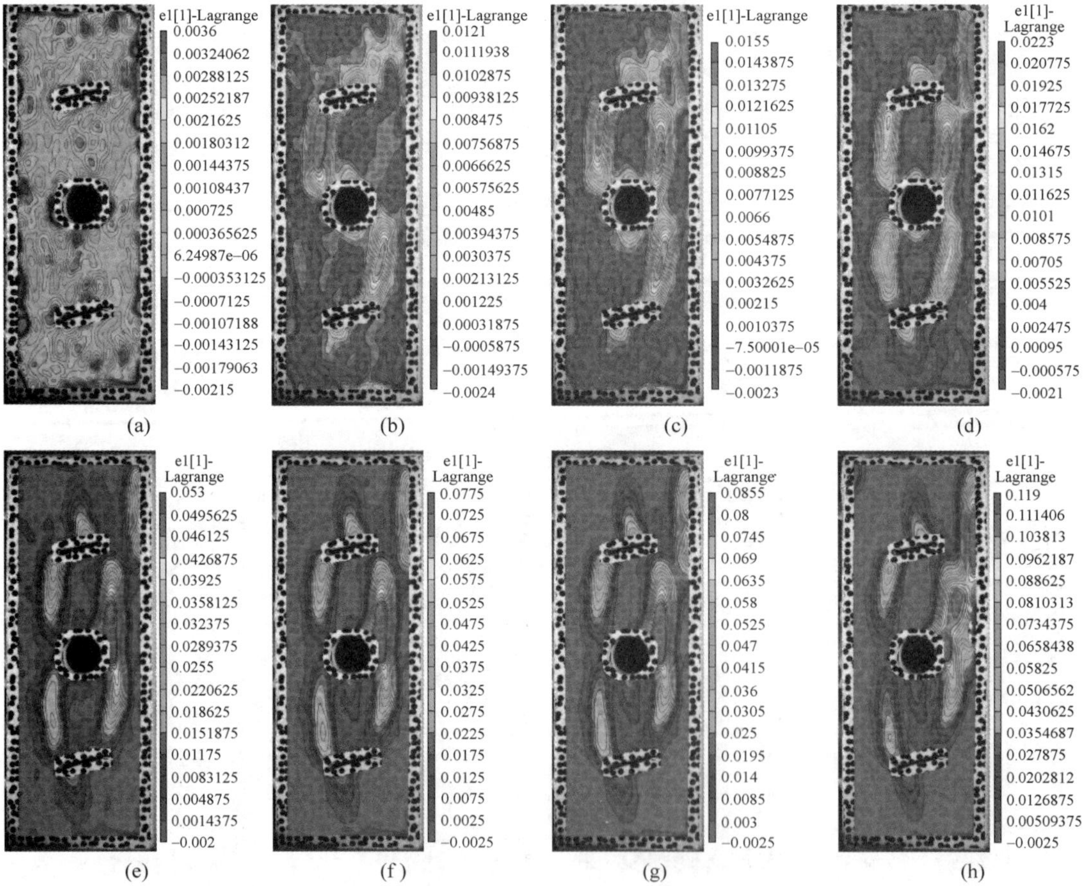

图 4-17　对应于图 4-14 中关键应力点（A~H）的主应变场云图

（a）A 点；（b）B 点；（c）C 点；（d）D 点；（e）E 点；（f）F 点；（g）G 点；（h）H 点

载继续进行，前期形成的变形集中带伸长、交汇和连接（见图 4-17（h）)，最大主应变值为 11.9%，试样破坏。

4.3.2.3 含平行节理岩体硐室试样 UCJ-30-1

试样 UCJ-30-1 的应力-时间-AE 事件率曲线如图 4-18 所示，在曲线上标注了 8 个关键应力点（*A*~*H*），分析这些应力点对应的变形场演化特征。

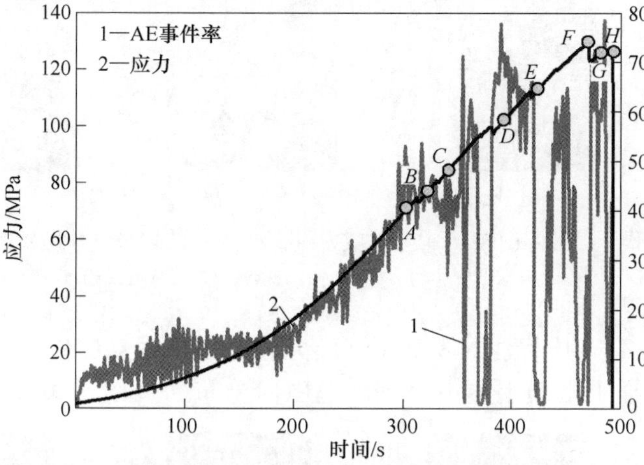

图 4-18 试样 UCJ-30-1 的应力-时间-AE 事件率曲线及关键应力点标注

图 4-19 所示为图 4-18 中标注的 8 个关键应力点对应的水平位移场云图。加载至 *A* 点时，试样表面的水平位移等值线从下向上呈斜向分布，左下角位移绝对值最大，右上角位移值最小，两条节理尖端和硐室两侧存在相对较大的位移梯度值（见图 4-19（a））。随着荷载增加至 *B* 点，上节理左尖端、硐室及下节理右尖端之间出现明显的水平位移分界线，分界线两侧存在较大的位移梯度，呈竖直条带状分布（见图 4-19（b））。随后，位移增大区域的范围和量值都有较大增加，位移场演变成由多条竖直线分隔的不同区域（见图 4-19（c）~（e）)，在达到峰值强度时，水平位移继续增加，达到了 0.375 mm（见图 4-19（f）)，随着加载继续进行，位移增大区的范围和量值进一步增加（见图 4-19（g）~（h）)，水平位移最大值达到 0.415 mm。

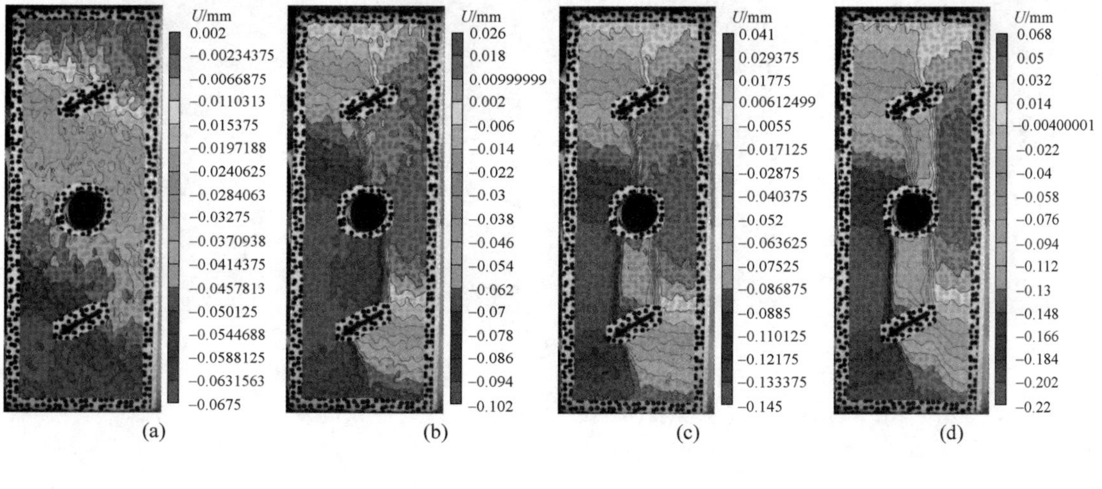

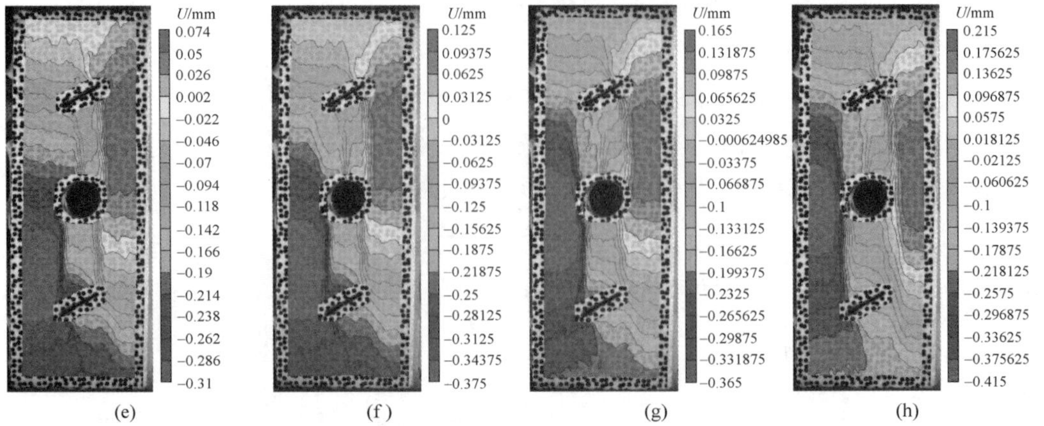

图 4-19　对应于图 4-18 中关键应力点（$A \sim H$）的水平位移场云图

（a）A 点；（b）B 点；（c）C 点；（d）D 点；（e）E 点；（f）F 点；（g）G 点；（h）H 点

图 4-20 所示为图 4-18 中标注的 8 个关键应力点对应的垂直位移场云图。加载至 A 点时，垂直位移值从试样下端向上端由大到小呈斜向分布（见图 4-20（a）），位移相差较

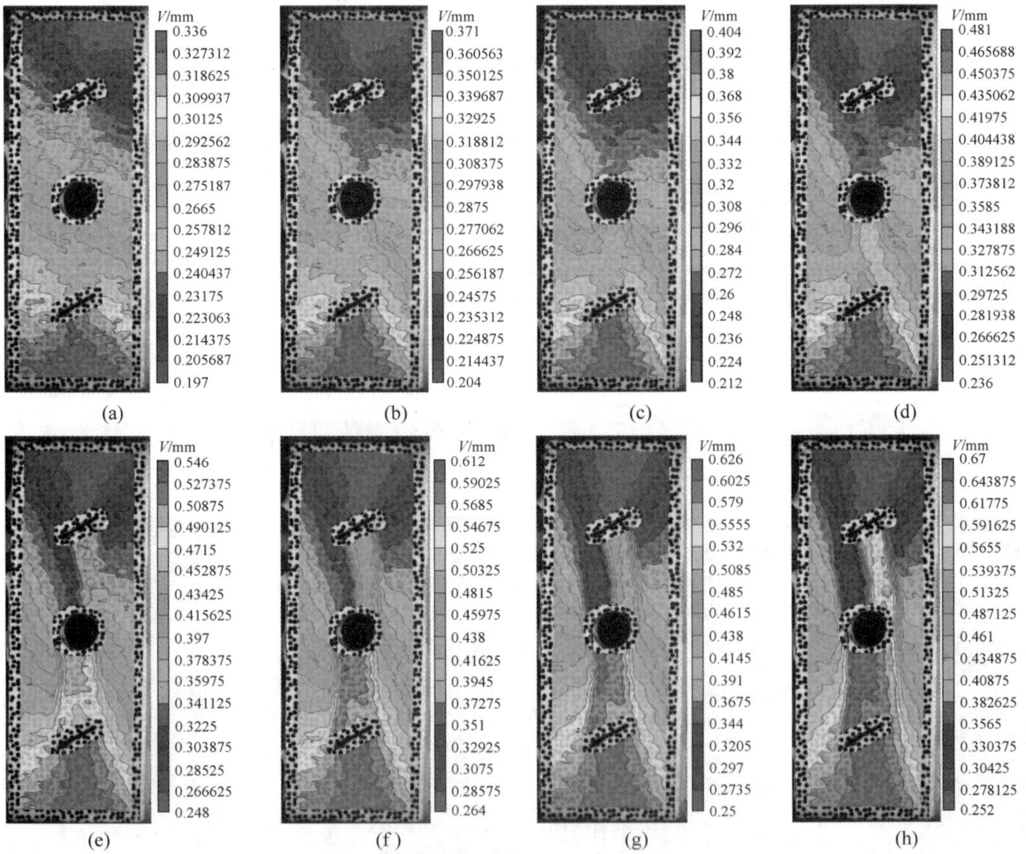

图 4-20　对应于图 4-18 中关键应力点（$A \sim H$）的垂直位移场云图

（a）A 点；（b）B 点；（c）C 点；（d）D 点；（e）E 点；（f）F 点；（g）G 点；（h）H 点

小。加载至 B 点时，节理尖端和硐室周围的位移梯度等值线变得更加紊乱（见图 4-20（b）），表现出不连续演化特征。随后，位移增大区域的范围和量值逐渐增加，节理尖端和硐室之间形成多个明显的位移增大带（见图 4-20（c）~（e））。在达到峰值强度时，垂直位移继续增加，达到了 0.612 mm（见图 4-20（f）），随着加载继续进行，垂直位移场状态与峰值点处的位移场相似，但位移值进一步增大，位移增大区域范围进一步发生略微变化（见图 4-20（g）~（h）），垂直位移最大值达到 0.67 mm。

图 4-21 所示为图 4-18 中标注的 8 个关键应力点对应的主应变场云图。加载至 A 点时，主应变值较小，主应变场基本呈均匀分布状态，但节理尖端和硐室两侧区域出现相对较高应变区的迹象（见图 4-21（a））。随着荷载增加至 B 点，试样上节理右尖端上部、上节理左尖端与硐室上部之间、硐室右下部与下节理右尖端之间及下节理左尖端下部均形成了显著的局部带状变形集中区（见图 4-21（b）），表现出明显的非均匀性特征，表明新裂纹开始萌生。随着荷载的继续增加，硐室左下部与下节理左尖端之间、上节理右尖端与硐室右上部之间、下节理右尖端下部及硐室左上侧等局部区域变形也明显集中（见图 4-21（c）~（e）），表明宏观裂纹可能在这些区域形成。在达到峰值强度时，变形集中带的变化

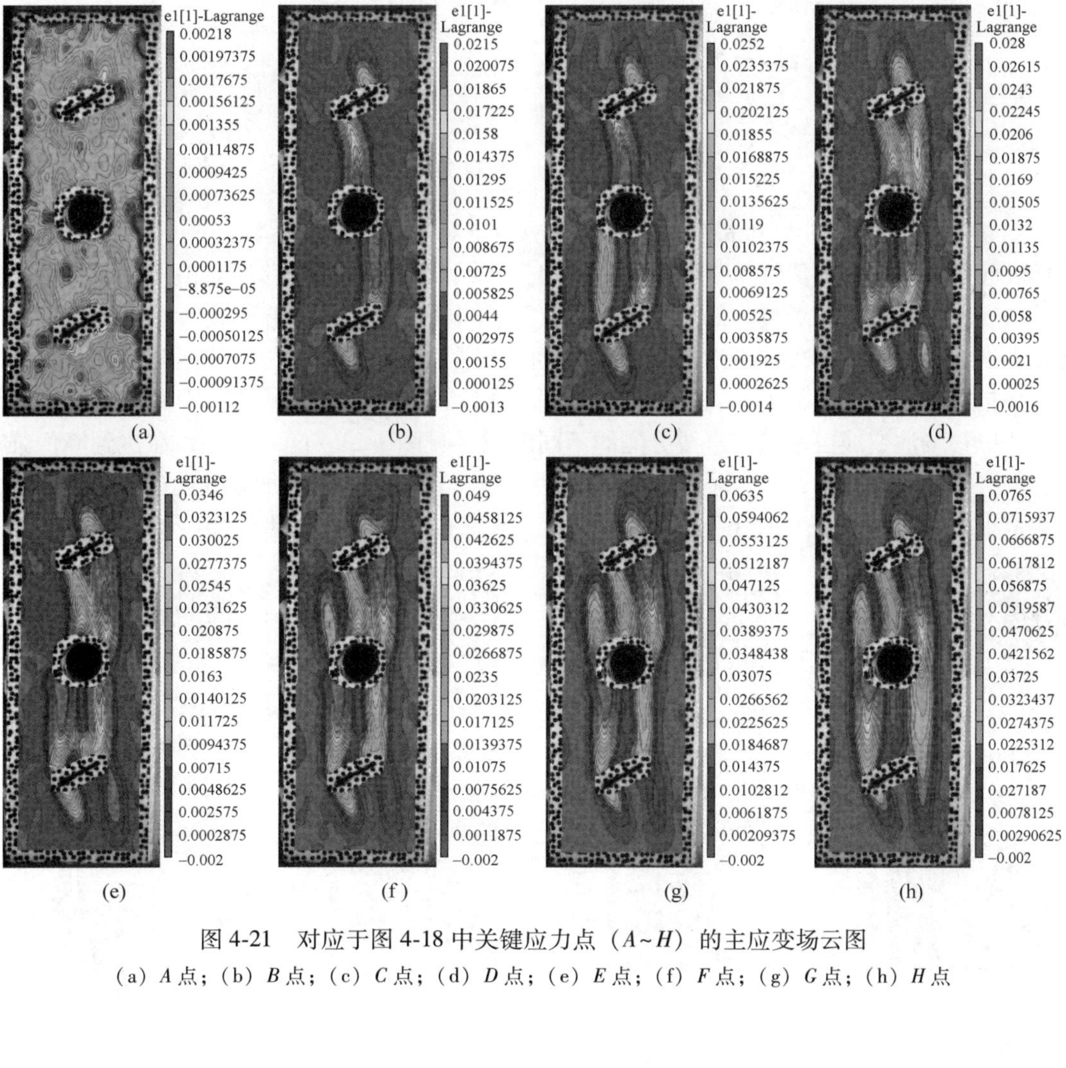

图 4-21 对应于图 4-18 中关键应力点（A~H）的主应变场云图

（a）A 点；（b）B 点；（c）C 点；（d）D 点；（e）E 点；（f）F 点；（g）G 点；（h）H 点

更加明显，主应变值进一步增大，达到4.9%（见图4-21（f））。随着加载继续进行，前期形成的变形集中带伸长、交汇和连接（见图4-21（g）~（h）），最大主应变值为7.65%，最终导致试样整体破坏。

4.3.2.4　含平行节理岩体硐室试样 UCJ-45-3

试样 UCJ-45-3 的应力-时间-AE 事件率曲线如图 4-22 所示，在曲线上标注了 8 个关键应力点（A~H），分析这些应力点对应的变形场演化特征。

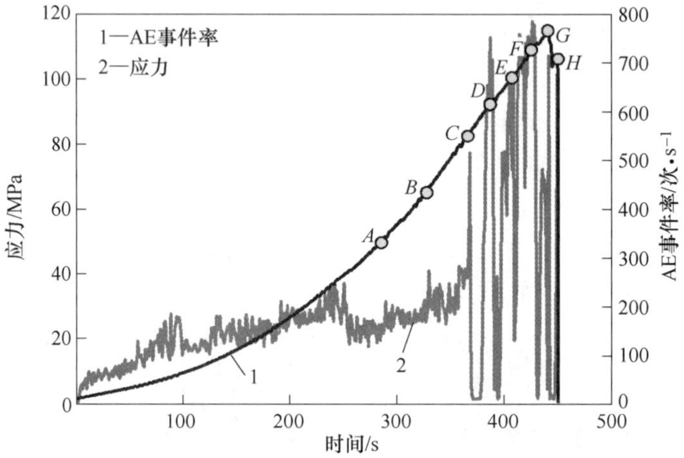

图 4-22　试样 UCJ-45-3 的应力-时间-AE 事件率曲线及关键应力点标注

图 4-23 所示为图 4-22 中标注的 8 个关键应力点对应的水平位移场云图。加载至 A 点时，试样表面的水平位移等值线呈现明显的不均匀分布，试样顶部的位移绝对值最大，两条节理尖端和硐室两侧存在相对较大的位移梯度值（见图 4-23（a））。随着荷载增加至 B 点，上节理左尖端、硐室及下节理右尖端之间形成明显的水平位移分界线，分界线两侧存在较大的呈竖直条带状分布的位移梯度（见图 4-23（b））。然后，位移增大区域的范围和量值都有较大增加，位移场演变成由多条竖直线分隔的不同区域（见图 4-23（c）~（f）），在达到峰值强度时，水平位移继续增加，达到了 0.212 mm（见图 4-23（g）），随着加载继续进行，位移增大区的范围和量值进一步增加（见图 4-23（h）），水平位移最大值达到 0.254 mm。

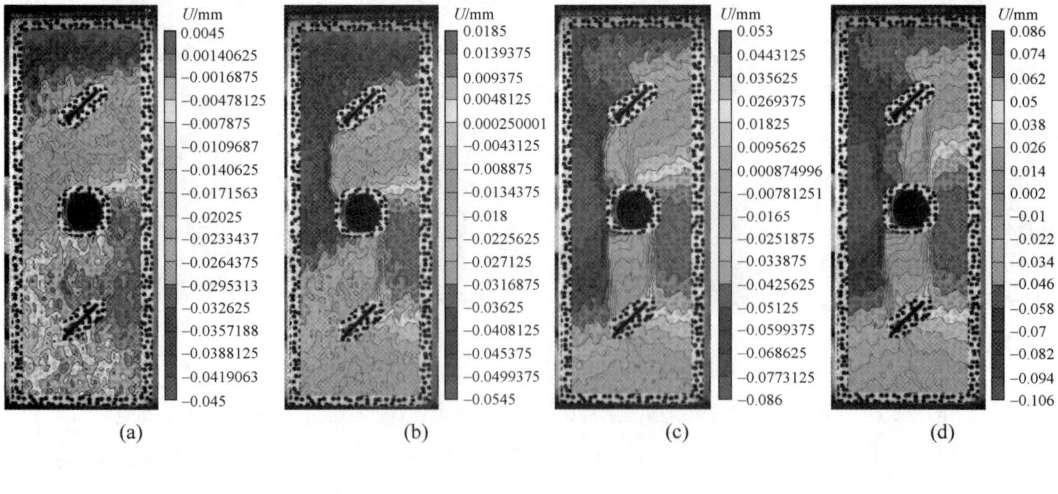

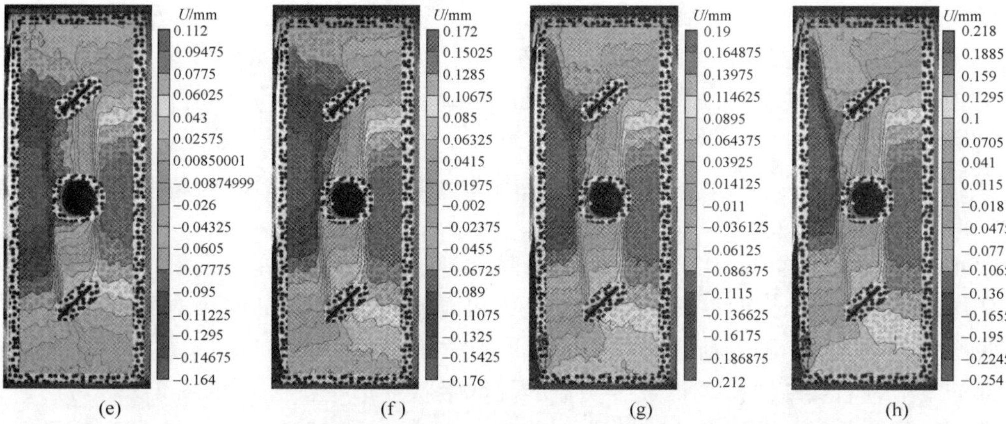

图 4-23 对应于图 4-22 中关键应力点（$A \sim H$）的水平位移场云图

（a）A 点；（b）B 点；（c）C 点；（d）D 点；（e）E 点；（f）F 点；（g）G 点；（h）H 点

图 4-24 所示为图 4-22 中标注的 8 个关键应力点对应的垂直位移场云图。加载至 A 点时，垂直位移值从试样下端向上端由大到小呈斜向分布（见图 4-24（a）），位移相差较

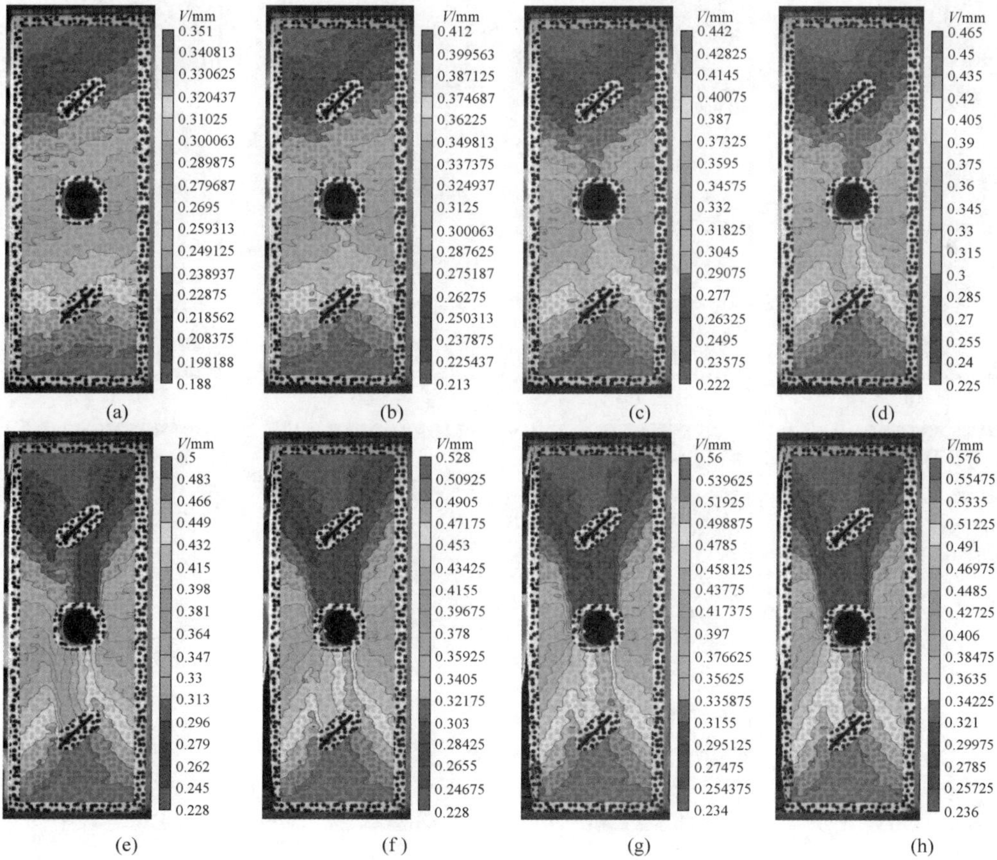

图 4-24 对应于图 4-22 中关键应力点（$A \sim H$）的垂直位移场云图

（a）A 点；（b）B 点；（c）C 点；（d）D 点；（e）E 点；（f）F 点；（g）G 点；（h）H 点

小。加载至 B 点时，节理尖端和硐室周围的位移梯度值线变得更加紊乱（见图 4-24（b）），表现出不连续演化特征。随后，位移增大区域的范围和量值逐渐增加，节理尖端和硐室之间形成多个明显的位移增大带（见图 4-24（c）~（f））。达到峰值强度时，垂直位移继续增加，达到了 0. 56 mm（见图 4-24（g）），随着加载继续进行，垂直位移场状态与峰值点处的位移场相似，但位移增大区域范围进一步发生略微变化（见图 4-24（h）），垂直位移值达到最大，为 0. 576 mm。

图 4-25 所示为图 4-22 中标注的 8 个关键应力点对应的主应变场云图。加载至 A 点时，主应变场基本呈均匀分布状态，但节理尖端和硐室两侧区域出现相对较高应变区的迹象（见图 4-25（a））。随着荷载增加至 B 点，试样上节理左尖端与硐室左上部之间及硐室右下部与下节理右尖端之间均形成了明显的局部带状变形集中区（见图 4-25（b）），表明变形的非均匀演化，新裂纹将会萌生。随着荷载继续增加，上节理左尖端与硐室顶部、硐室左下部与下节理左尖端之间、下节理左尖端下部、上节理右尖端上部及上节理右尖端与硐室右上部之间等部位也相继出现明显的变形集中带（见图 4-25（c）~（f）），表明宏观裂纹可能在这些区域形成。达到峰值强度时，上节理左侧也形成变形集中带，各变形集中带

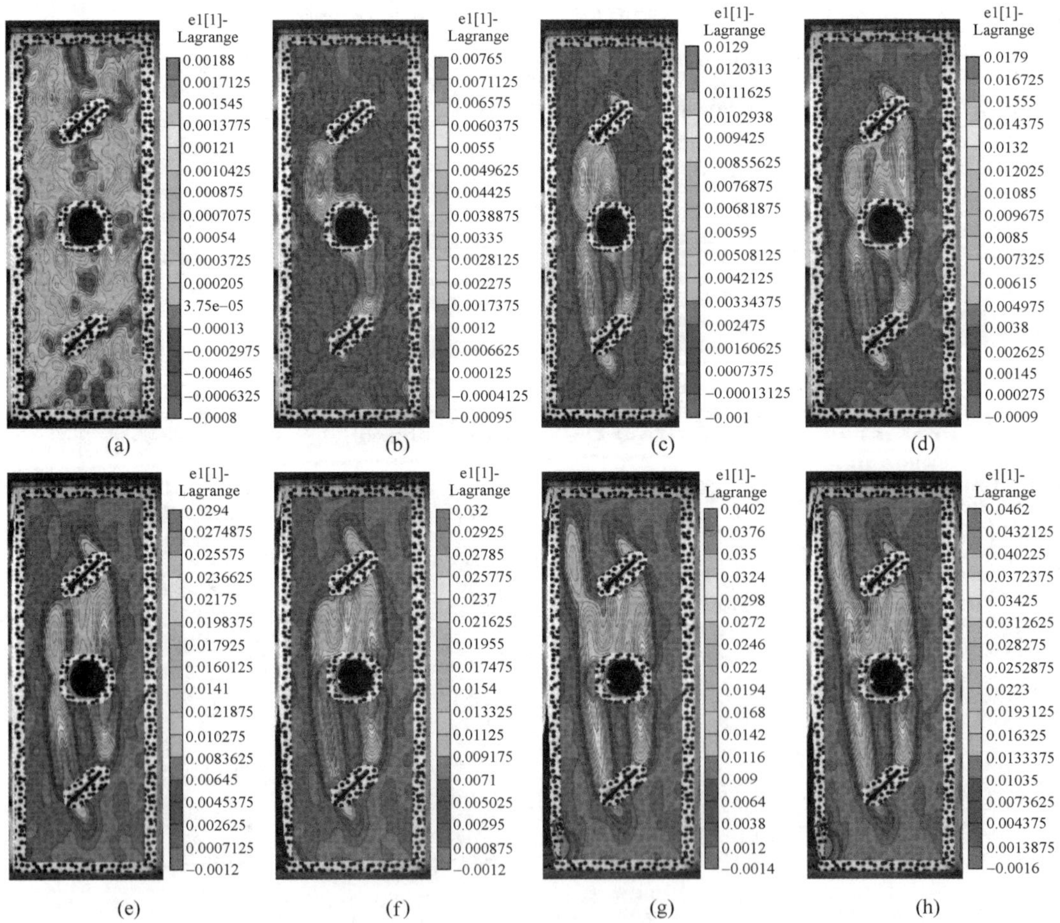

图 4-25　对应于图 4-22 中关键应力点（A~H）的主应变场云图

（a）A 点；（b）B 点；（c）C 点；（d）D 点；（e）E 点；（f）F 点；（g）G 点；（h）H 点

的变化更加明显，主应变值进一步增大，达到 4.02%（见图 4-25（g））。随着加载继续进行，前期形成的变形集中带伸长、交汇和连接（见图 4-25（h）），并延伸到试样左上角，最大主应变值达到 4.62%，最终导致试样破坏。

4.3.2.5 含平行节理岩体硐室试样 UCJ-60-1

试样 UCJ-60-1 的应力-时间-AE 事件率曲线如图 4-26 所示，在曲线上标注了 8 个关键应力点（*A*~*H*），分析这些应力点对应的变形场演化特征。

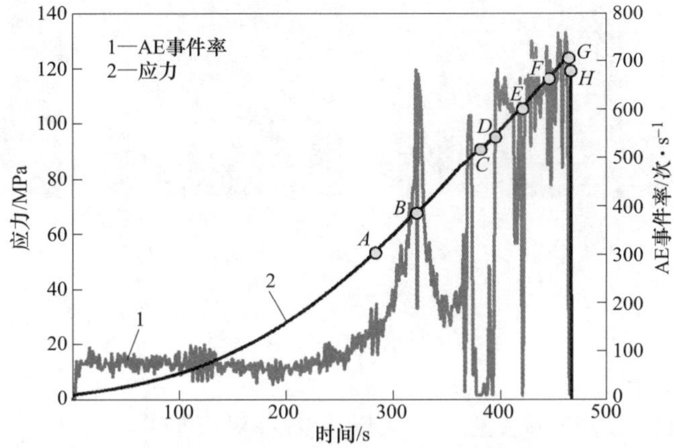

图 4-26 试样 UCJ-60-1 的应力-时间-AE 事件率曲线及关键应力点标注

图 4-27 所示为图 4-26 中标注的 8 个关键应力点对应的水平位移场云图。加载至 *A* 点时，试样表面的水平位移等值线非均匀分布，左下角位移绝对值最大，右上角位移绝对值最小，两条节理尖端和硐室两侧存在相对较大的位移梯度值（见图 4-27（a））。随着荷载增加至 *B* 点，上节理中部、硐室及下节理右尖端之间出现明显的水平位移分界线，分界线两侧存在较大的位移梯度，呈竖直条带状分布（见图 4-27（b））。然后，位移增大区域的范围和量值都有较大增加，位移场演变成由多条分界线分隔的不同区域（见图 4-27（c）~（f）），在达到峰值强度时，水平位移继续增加，达到了 0.246 mm（见图 4-27（g）），随着加载继续进行，位移增大区的范围和量值进一步增加（见图 4-27（h）），水平位移最大值达到 0.29 mm。

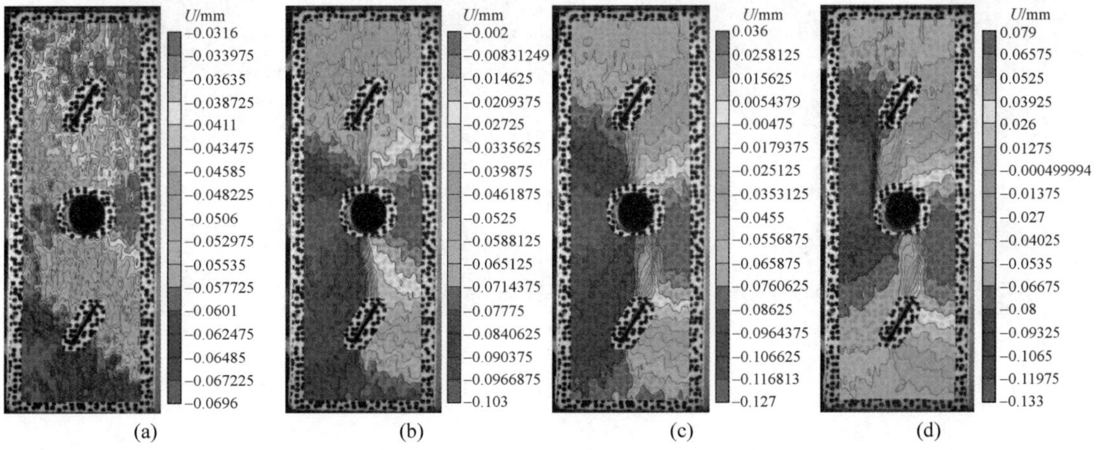

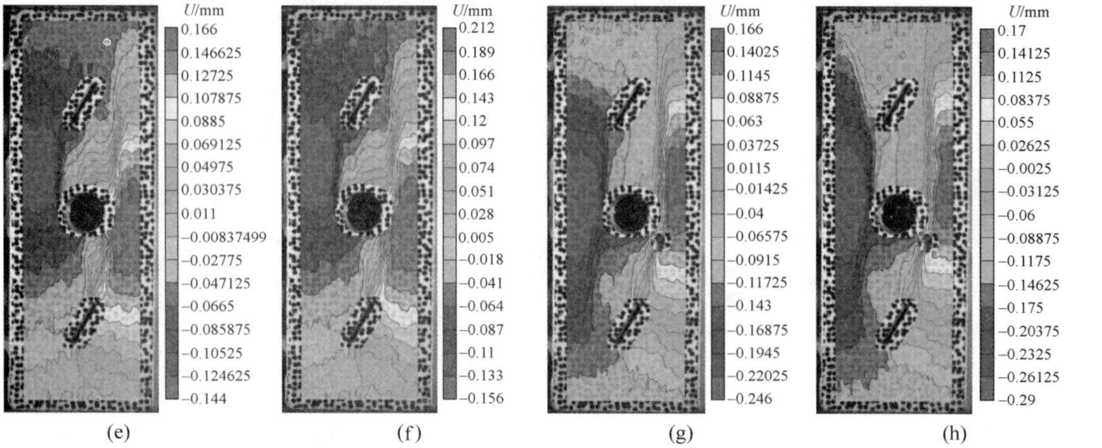

图 4-27　对应于图 4-26 中关键应力点（$A \sim H$）的水平位移场云图
（a）A 点；（b）B 点；（c）C 点；（d）D 点；（e）E 点；（f）F 点；（g）G 点；（h）H 点

图 4-28 所示为图 4-26 中标注的 8 个关键应力点对应的垂直位移场云图。加载至 A 点时，垂直位移值从试样下端向上端由大到小呈斜向分布（见图 4-28（a）），位移相差较小。加载至 B 点时，节理尖端和硐室周围的位移梯度值线变得更加紊乱（见图 4-28（b）），表现出不连续演化特征。随后，位移增大区域的范围和量值逐渐增加，节理尖端和硐室之间形成多个明显的位移增大带（见图 4-28（c）~（f））。达到峰值强度时，垂直位移继续增加，达到了 0.626 mm（见图 4-28（g）），随着加载继续进行，垂直位移场状态与峰值点处的位移场相似，但位移值进一步增大，位移增大区域范围进一步发生略微变化（见图 4-28（h）），垂直位移最大值达到 0.632 mm。

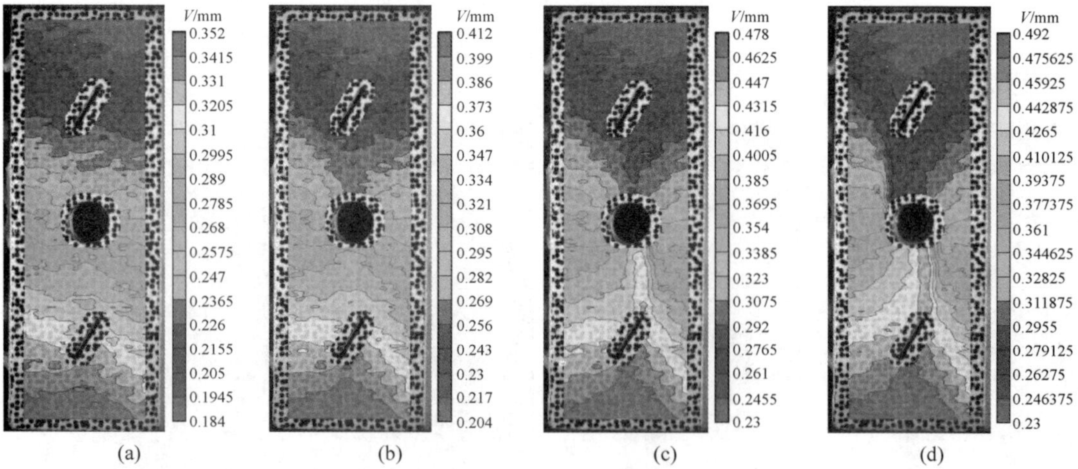

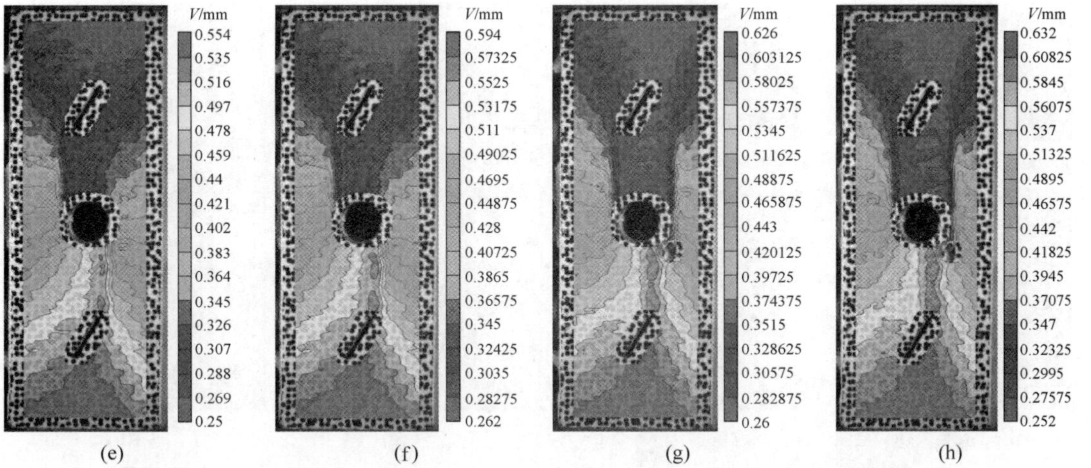

图 4-28 对应于图 4-26 中关键应力点（$A \sim H$）的垂直位移场云图

（a）A 点；（b）B 点；（c）C 点；（d）D 点；（e）E 点；（f）F 点；（g）G 点；（h）H 点

图 4-29 所示为图 4-26 中标注的 8 个关键应力点对应的主应变场云图。加载至 A 点时，主应变值较小，主应变场基本呈均匀分布状态，但节理尖端和硐室两侧区域出现相对较高应变区的迹象（见图 4-29（a））。随着荷载增加至 B 点，试样上节理左尖端与硐室上部之间及硐室下部与下节理右尖端之间均形成了显著的局部带状变形集中区（见图 4-29（b）），表现出明显的非均匀性特征，表明新裂纹开始萌生。随着荷载的继续增加，上节理左尖端与硐室上部之间，以及硐室下部与下节理右尖端之间最初形成的局部变形集中带逐渐消失，下节理左尖端下部、硐室右上部及硐室左下部等局部区域变形也明显集中（见图 4-29（c）~（f）），表明新裂纹可能在这些区域形成。达到峰值强度时，变形集中带的变化更加明显，主应变值进一步增大，达到 6.3%（见图 4-29（g））。随着加载继续进行，前期形成的变形集中带伸长、交汇和连接（见图 4-29（h）），并延伸到试样左上角和右上角，最大主应变值达到 6.5%，最终导致试样破坏。

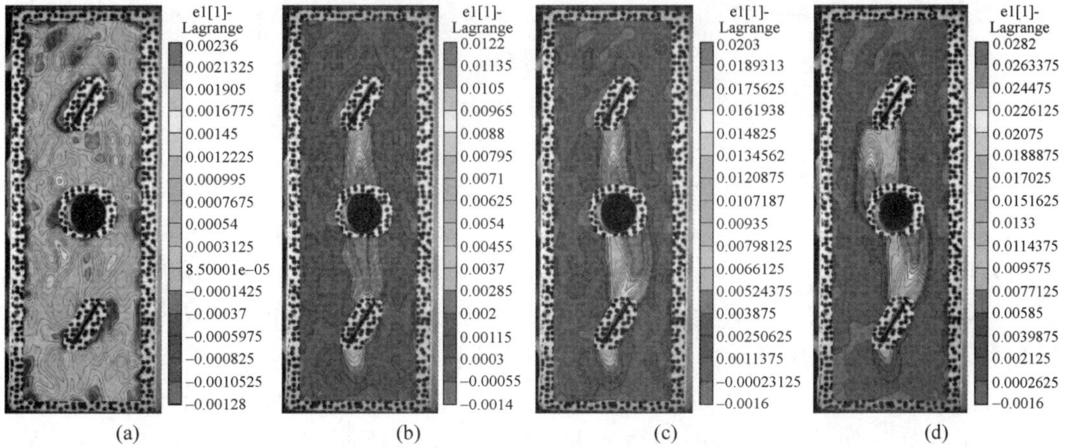

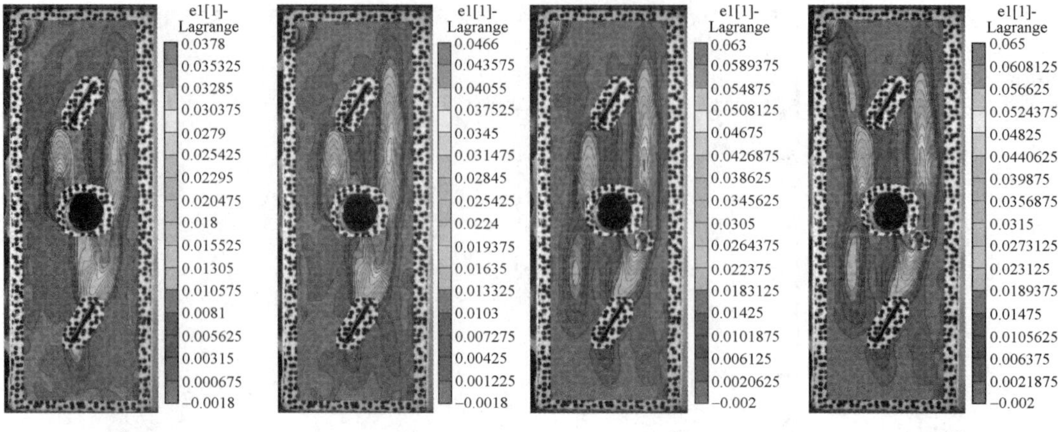

(e)　(f)　(g)　(h)

图 4-29　对应于图 4-26 中关键应力点（*A*~*H*）的主应变场云图

（a）*A* 点；（b）*B* 点；（c）*C* 点；（d）*D* 点；（e）*E* 点；（f）*F* 点；（g）*G* 点；（h）*H* 点

4.3.2.6　含平行节理岩体硐室试样 UCJ-75-2

试样 UCJ-75-2 的应力-时间-AE 事件率曲线如图 4-30 所示，在曲线上标注了 8 个关键应力点（*A*~*H*），分析这些应力点对应的变形场演化特征。

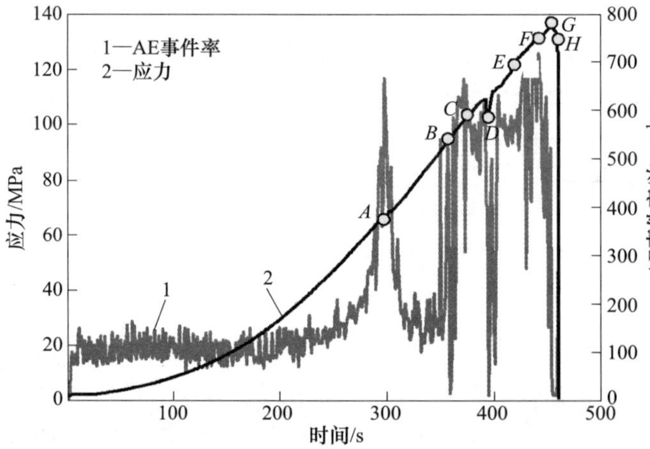

图 4-30　试样 UCJ-75-2 的应力-时间-AE 事件率曲线及关键应力点标注

图 4-31 所示为图 4-30 中标注的 8 个关键应力点对应的水平位移场云图。加载至 *A* 点时，沿加载方向呈现非均匀的梯度变形，在加载作用下，试样下部变形量大于上部，这与所施加荷载的方向一致（见图 4-31（a））。随着荷载增加至 *B* 点，两条节理尖端及硐室两侧与试样边界之间区域开始出现显著的水平位移增大区，呈竖直条带状分布（见图 4-31（b））。然后，位移增大区域的范围和量值都有较大增加，位移场演变成由多条竖直线分隔的不同区域（见图 4-31（c）~（f））。达到峰值强度时，水平位移进一步增加，达到 0. 4 mm（见图 4-31（g）），随着加载继续进行，位移增大区域范围延伸到试样顶部和底部（见图 4-31（h）），水平位移达到最大，为 0. 415 mm。

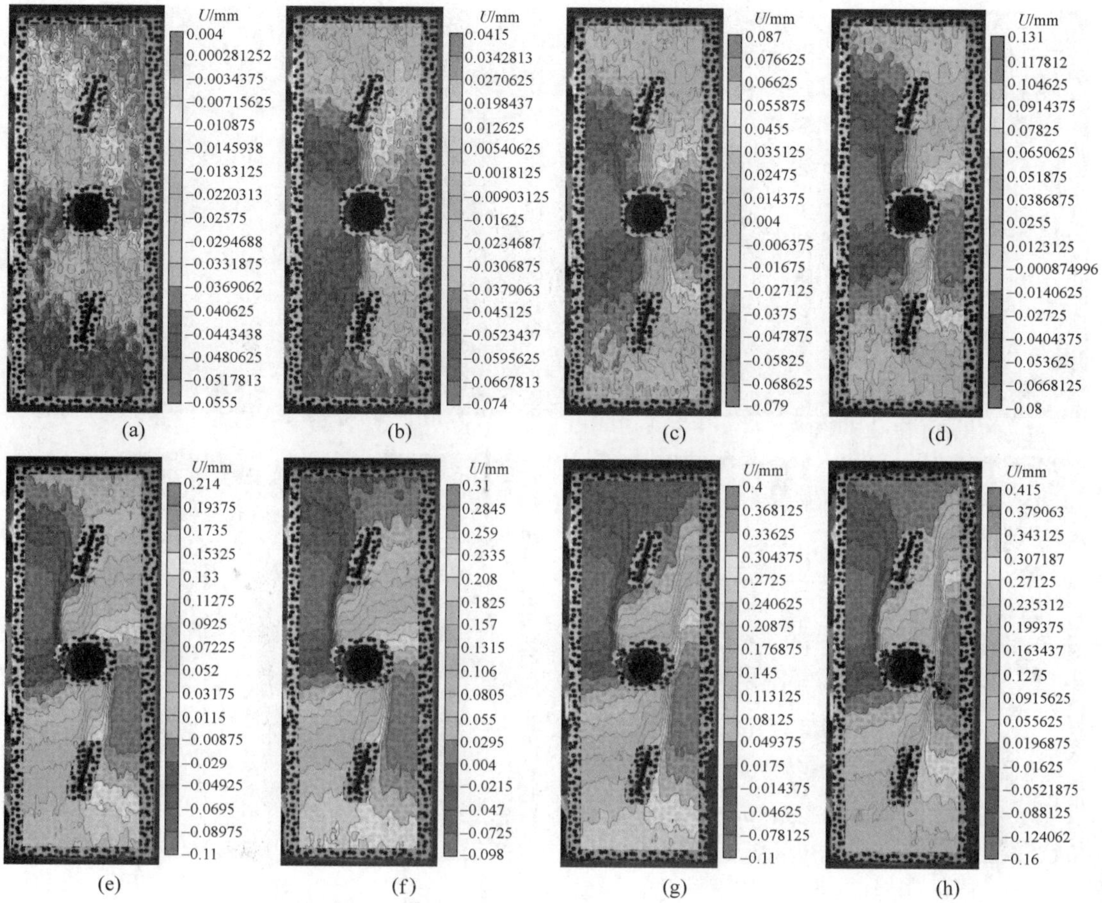

图 4-31 对应于图 4-30 中关键应力点（*A*~*H*）的水平位移场云图

（a）*A* 点；（b）*B* 点；（c）*C* 点；（d）*D* 点；（e）*E* 点；（f）*F* 点；（g）*G* 点；（h）*H* 点

图 4-32 所示为图 4-30 中标注的 8 个关键应力点对应的垂直位移场云图。加载至 *A* 点时，垂直位移值从试样下端向上端由大到小呈向左斜向分布（见图 4-32（a）），位移相差较小。加载至 *B* 点时，节理尖端和硐室周围的位移梯度线变得更加紊乱（见图 4-32（b）），表现出不连续演化特征。随后，位移增大区域的范围和量值逐渐增加，节理尖端和硐室之间形成多个明显的位移增大带（见图 4-32（c）~（f））。达到峰值强度时，垂直位移继续增加，达到了 0.608 mm（见图 4-32（g）），随着加载继续进行，垂直位移场状态与峰值点处的位移场相似，但位移增大区域范围进一步发生略微变化，位移值进一步增大至最大值 0.632 mm（见图 4-32（h））。

图 4-33 所示为图 4-30 中标注的 8 个关键应力点对应的主应变场云图。加载至 *A* 点时，主应变场基本呈均匀分布状态，但节理尖端和硐室两侧区域出现相对较高应变区的迹象（见图 4-33（a）），预示着将会形成应力集中区。随着荷载增加至 *B* 点，试样上节理下端与硐室上部之间及硐室下部与下节理上端之间形成了显著的局部带状变形集中区（见图 4-33（b）），表现出明显的非均匀性特征，表明新裂纹可能萌生。随着荷载继续增加，上

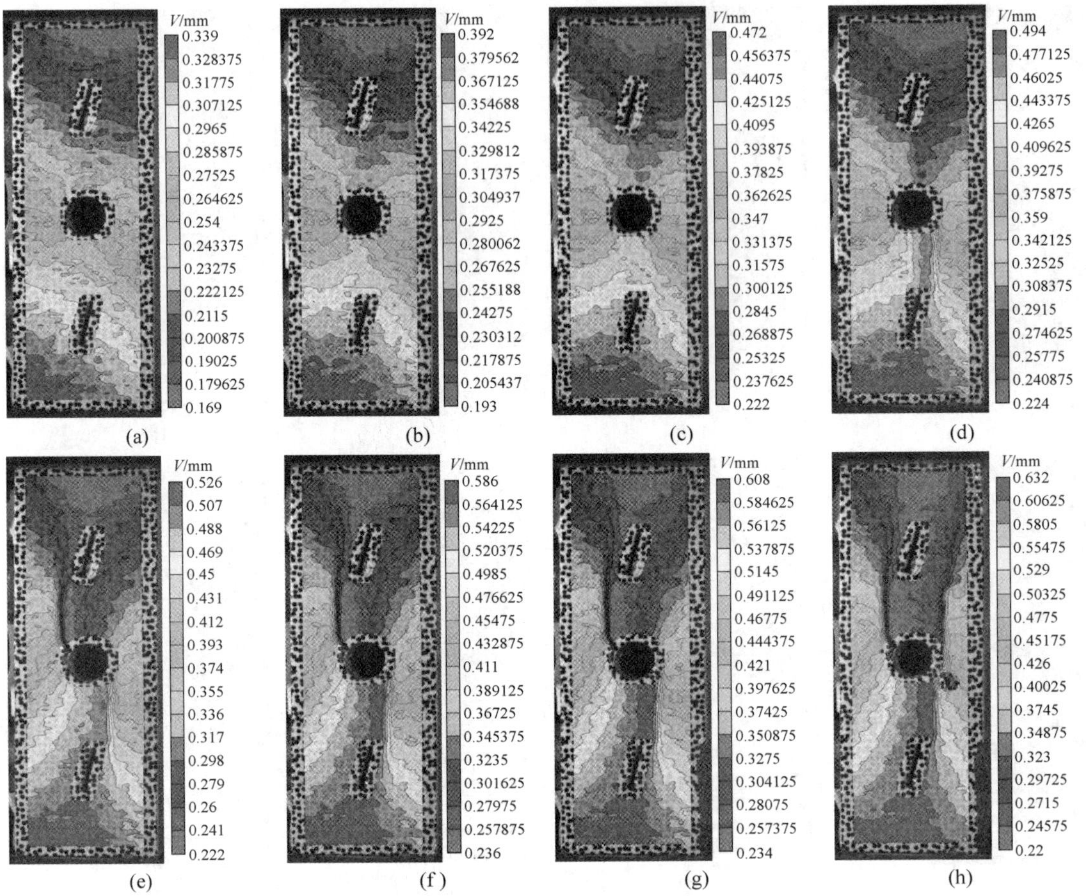

图 4-32　对应于图 4-30 中关键应力点（*A*~*H*）的垂直位移场云图

（a）*A* 点；（b）*B* 点；（c）*C* 点；（d）*D* 点；（e）*E* 点；（f）*F* 点；（g）*G* 点；（h）*H* 点

节理下端与硐室上部之间及硐室下部与下节理上端之间最初形成的局部变形集中带几乎消失，硐室左上方和右下方相继形成带状变形集中区（见图 4-33（c）~（f）），表明新裂纹可能在这些区域形成。达到峰值强度时，硐室右上方也出现了局部变形集中带，各变形集中带的变化更加明显，主应变值进一步增大，达到 5.65%（见图 4-33（g））。随着加载继续进行，变形集中带的范围延伸到试样右上角，最大主应变值达到 7.55%（见图 4-33（h）），最终导致试样破坏。

4.3.2.7　含平行节理岩体硐室试样 UCJ-90-1

试样 UCJ-90-1 的应力-时间-AE 事件率曲线如图 4-34 所示，在曲线上标注了 8 个关键应力点（*A*~*H*），分析这些应力点对应的变形场演化特征。

图 4-35 所示为图 4-34 中标注的 8 个关键应力点对应的水平位移场云图。加载至 *A* 点时，沿加载方向呈现较为均匀的梯度变形，在加载作用下，试样下部变形量大于上部，这与所施加荷载的方向一致（见图 4-35（a））。随着荷载增加至 *B* 点，两条节理尖端及硐室两侧与试样边界之间区域开始出现显著的水平位移增大区，呈竖直条带状分布（见

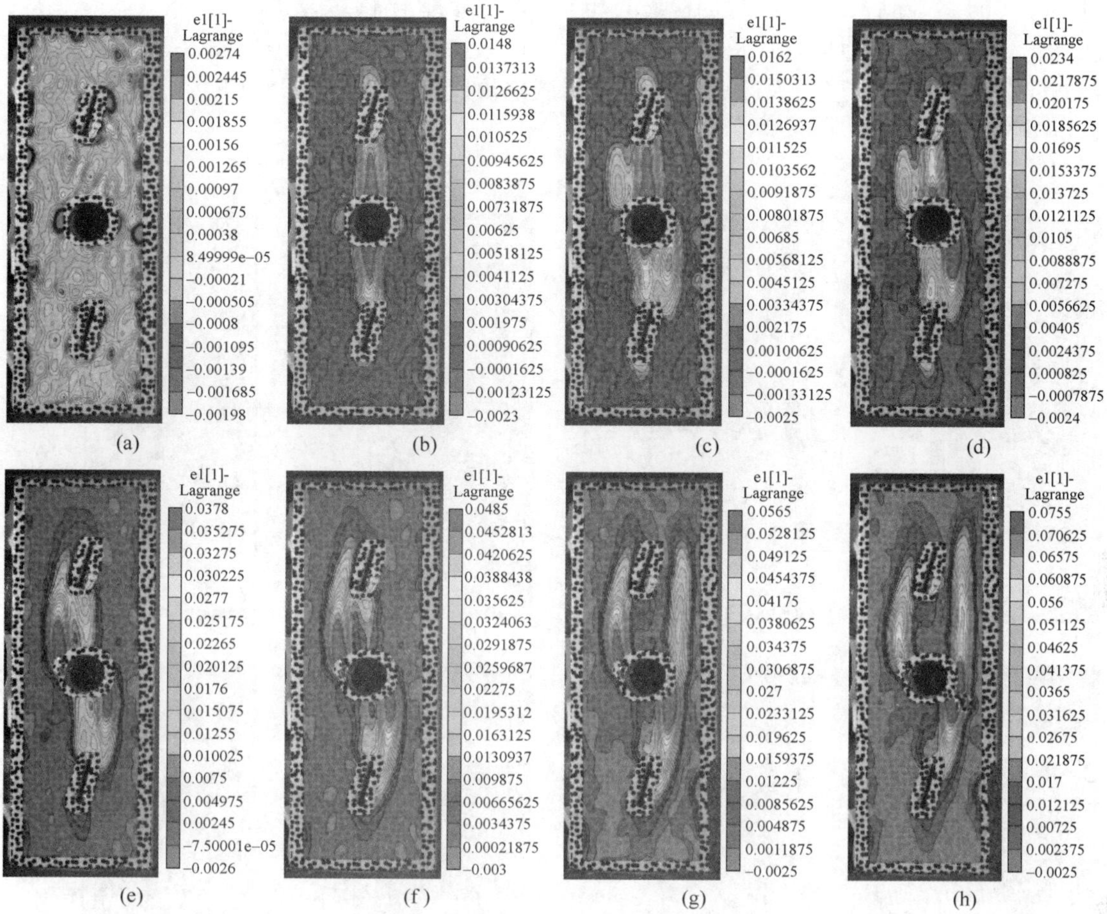

图 4-33 对应于图 4-30 中关键应力点（*A*~*H*）的主应变场云图

（a）*A* 点；（b）*B* 点；（c）*C* 点；（d）*D* 点；（e）*E* 点；（f）*F* 点；（g）*G* 点；（h）*H* 点

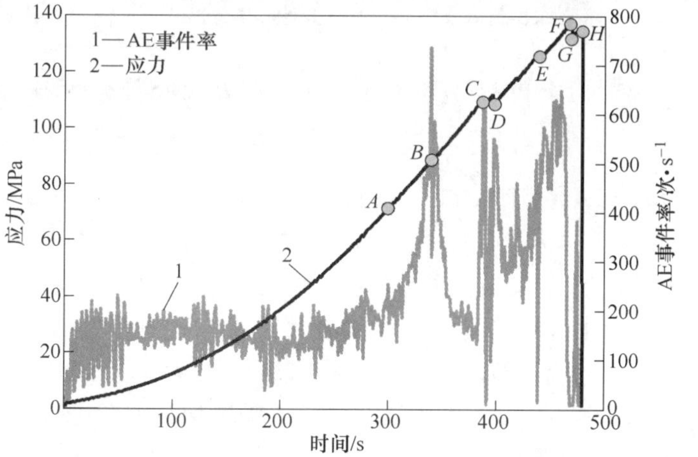

图 4-34 试样 UCJ-90-1 的应力-时间-AE 事件率曲线及关键应力点标注

图 4-35（b））。随后，位移增大区域的范围和量值都有较大增加（见图 4-35（c）~（f）），达到峰值强度时，水平位移进一步增加，达到 0. 194 mm（见图 4-35（g））。随着加载继续进行，位移增大区域范围延伸到试样顶底部（见图 4-35（h）），位移最大值为 0. 24 mm。

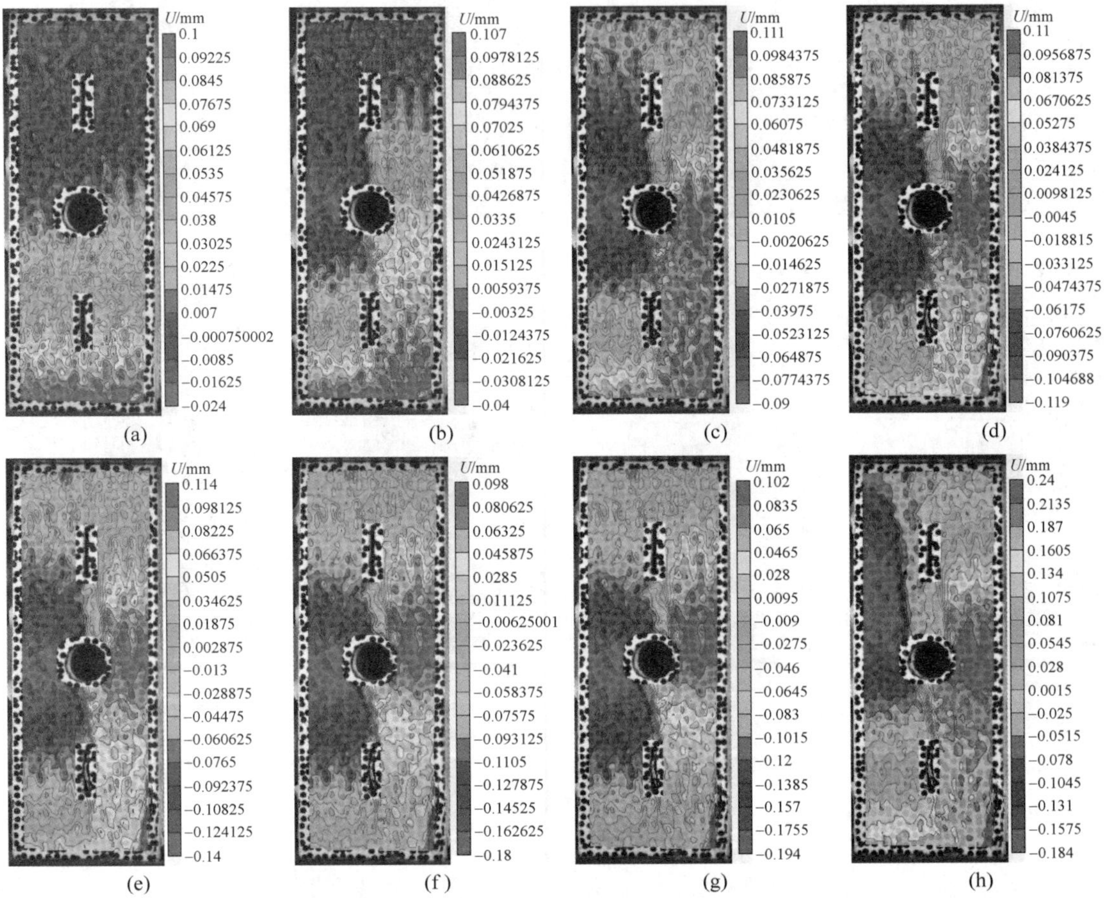

图 4-35　对应于图 4-34 中关键应力点（*A*~*H*）的水平位移场云图

（a）*A* 点；（b）*B* 点；（c）*C* 点；（d）*D* 点；（e）*E* 点；（f）*F* 点；（g）*G* 点；（h）*H* 点

图 4-36 所示为图 4-34 中标注的 8 个关键应力点对应的垂直位移场云图。加载至 *A* 点时，垂直位移值从试样下端向上端由大到小呈向右斜向分布（见图 4-36（a）），位移相差较小。加载至 *B* 点时，节理尖端和硐室周围的位移梯度线变得更加紊乱（见图 4-36（b）），表现出不连续演化特征。随后，位移增大区域的范围和量值逐渐增加，节理尖端和硐室之间形成多个明显的位移增大带（见图 4-36（c）~（f））。达到峰值强度时，垂直位移继续增加，达到了 0. 542 mm（见图 4-36（g））。随着加载继续进行，垂直位移场状态与峰值点处的位移场相似，但位移值进一步增大，位移增大区域范围进一步发生略微变化（见图 4-36（h）），垂直位移最大值达到 0. 564 mm。

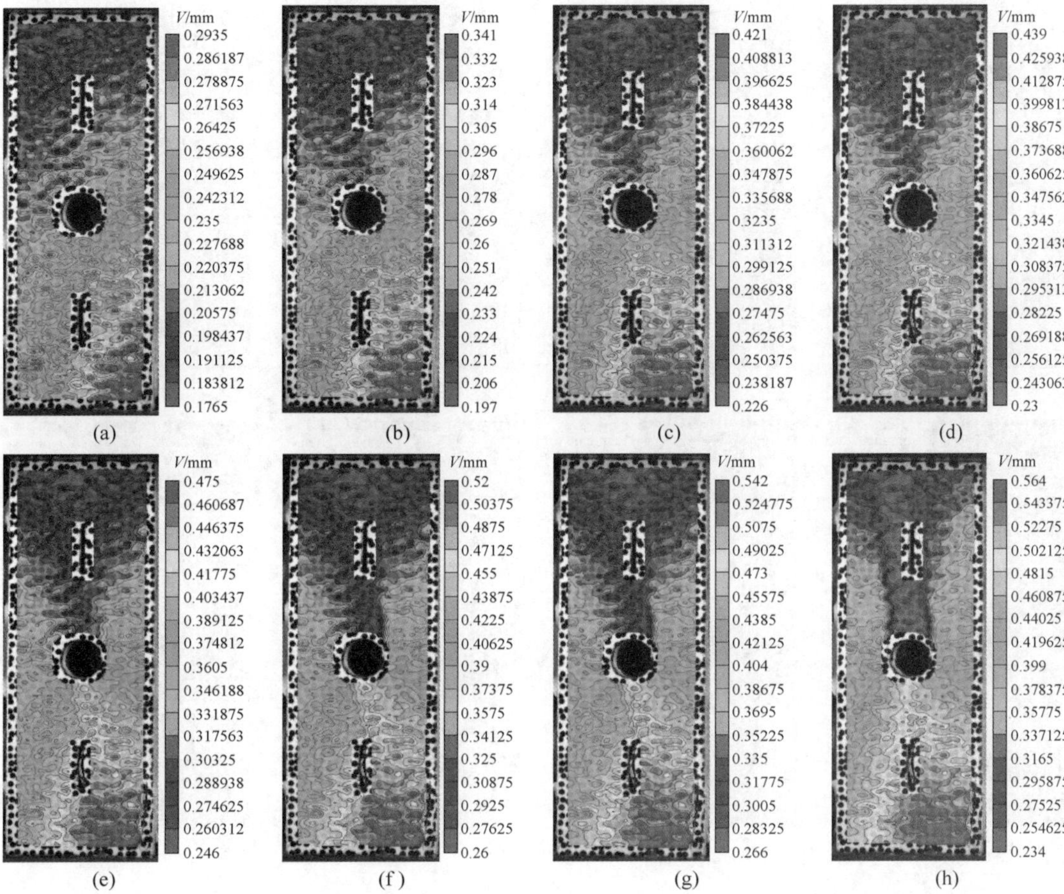

图 4-36 对应于图 4-34 中关键应力点（*A*~*H*）的垂直位移场云图

（a）*A* 点；（b）*B* 点；（c）*C* 点；（d）*D* 点；（e）*E* 点；（f）*F* 点；（g）*G* 点；（h）*H* 点

图 4-37 所示为图 4-34 中标注的 8 个关键应力点对应的主应变场云图。加载至 *A* 点时，主应变值较小，主应变场基本呈均匀分布状态，但节理尖端和硐室两侧区域出现相对较高应变区的迹象（见图 4-37（a）），预示着将会形成应力集中区。随着荷载增加至 *B* 点，试样上节理下端与硐室上部之间及硐室下部与下节理上端之间首先形成了显著的局部带状变形集中区（见图 4-37（b）），表现出明显的非均匀性特征，表明新裂纹可能会萌生。随着荷载继续增加，上节理下端与硐室上部之间最初形成的局部变形集中带逐渐消失，试样上节理下端与硐室上部之间的局部变形集中带向右偏移并扩大，硐室下部与下节理上端之间的局部变形集中带也向右偏移并扩大（见图 4-37（c）~（e）），表明宏观裂纹可能在这些区域形成。达到峰值强度时，变形集中带的变化更加明显，主应变值进一步增大，达到 5.95%（见图 4-37（f））。随着加载继续进行，硐室左上方出现局部变形集中带（见图 4-37（g）~（h）），最大主应变值达到 6.55%，最终导致试样整体破坏。

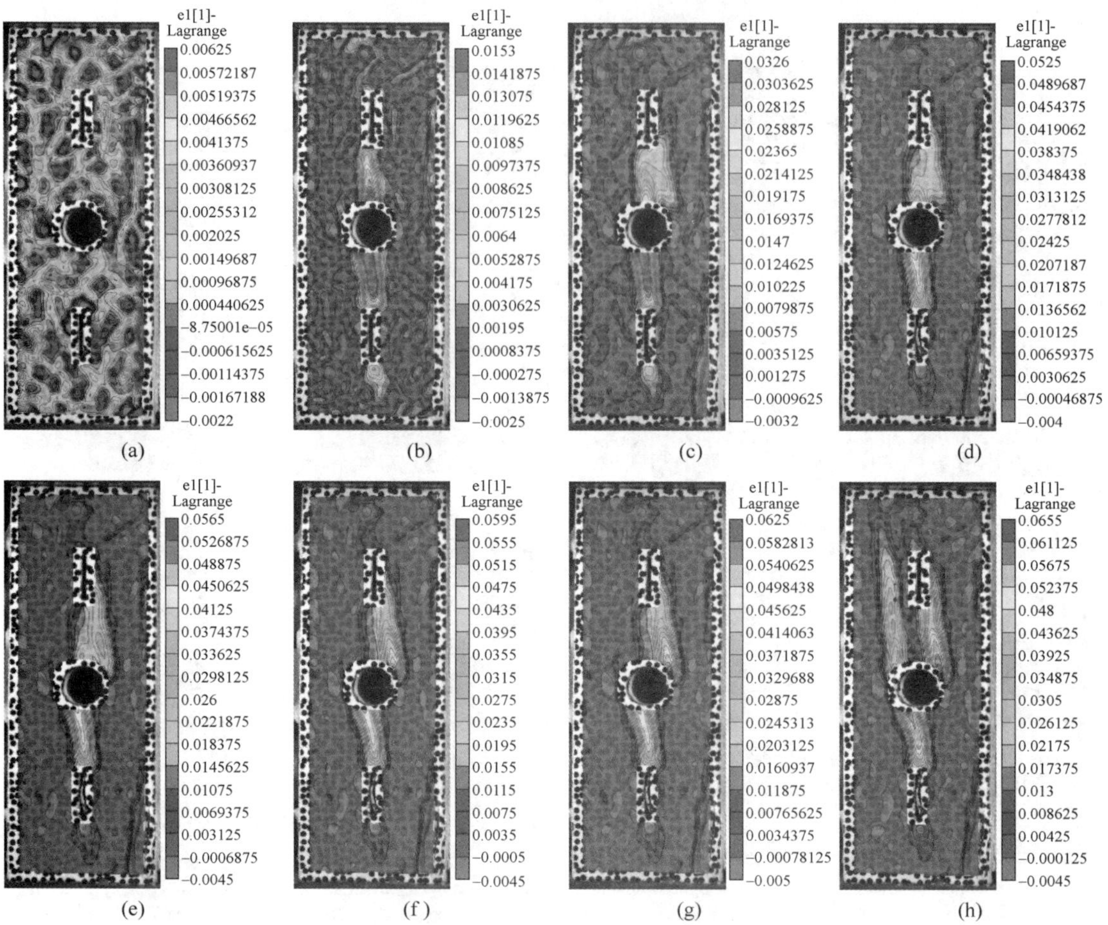

图 4-37　对应于图 4-34 中关键应力点（$A \sim H$）的主应变场云图

（a）A 点；（b）B 点；（c）C 点；（d）D 点；（e）E 点；（f）F 点；（g）G 点；（h）H 点

4.3.3　含交叉节理岩体硐室试样变形场特征

4.3.3.1　含交叉节理岩体硐室试样 UCI-15-1

试样 UCI-15-1 的应力-时间-AE 事件率曲线如图 4-38 所示，在曲线上标注了 8 个关键应力点（$A \sim H$），分析这些应力点对应的变形场演化特征。

图 4-39 所示为图 4-38 中标注的 8 个关键应力点对应的水平位移场云图。加载至 A 点时，试样表面的水平位移等值线非均匀地分布在硐室和上下两组交叉节理周围，两组交叉节理尖端和硐室周围存在水平位移增大区，但范围较小（见图 4-39（a））。加载至 B 点，两组交叉节理尖端和硐室周围的水平位移值略微增加（见图 4-39（b））。然后，两组交叉节理尖端及硐室边界与试样两侧边界之间的水平位移增大区进一步增加并汇合，形成竖直条带状对称分布的局部变形集中区，位移增大区域的范围和量值都有较大增加，并逐渐向试样顶部和底部延伸（见图 4-39（c）~（f））。达到峰值强度时，水平位移进一步增加，达到 0.202 mm（见图 4-39（g））。随着加载继续进行，水平位移略微增加，达到最大值 0.212 mm（见图 4-39（h））。

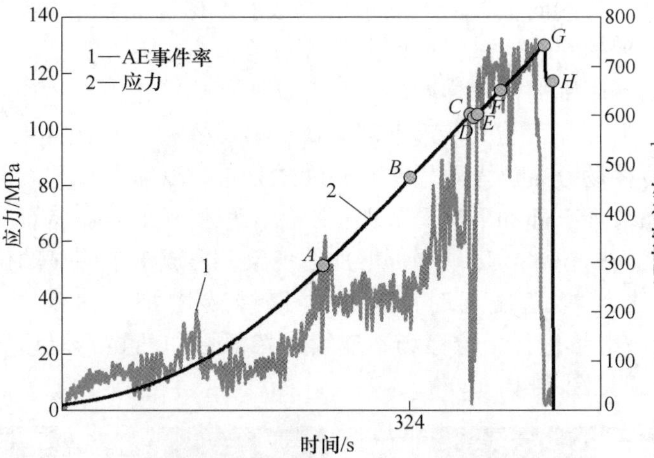

图 4-38 试样 UCI-15-1 的应力-时间-AE 事件率曲线及关键点标注

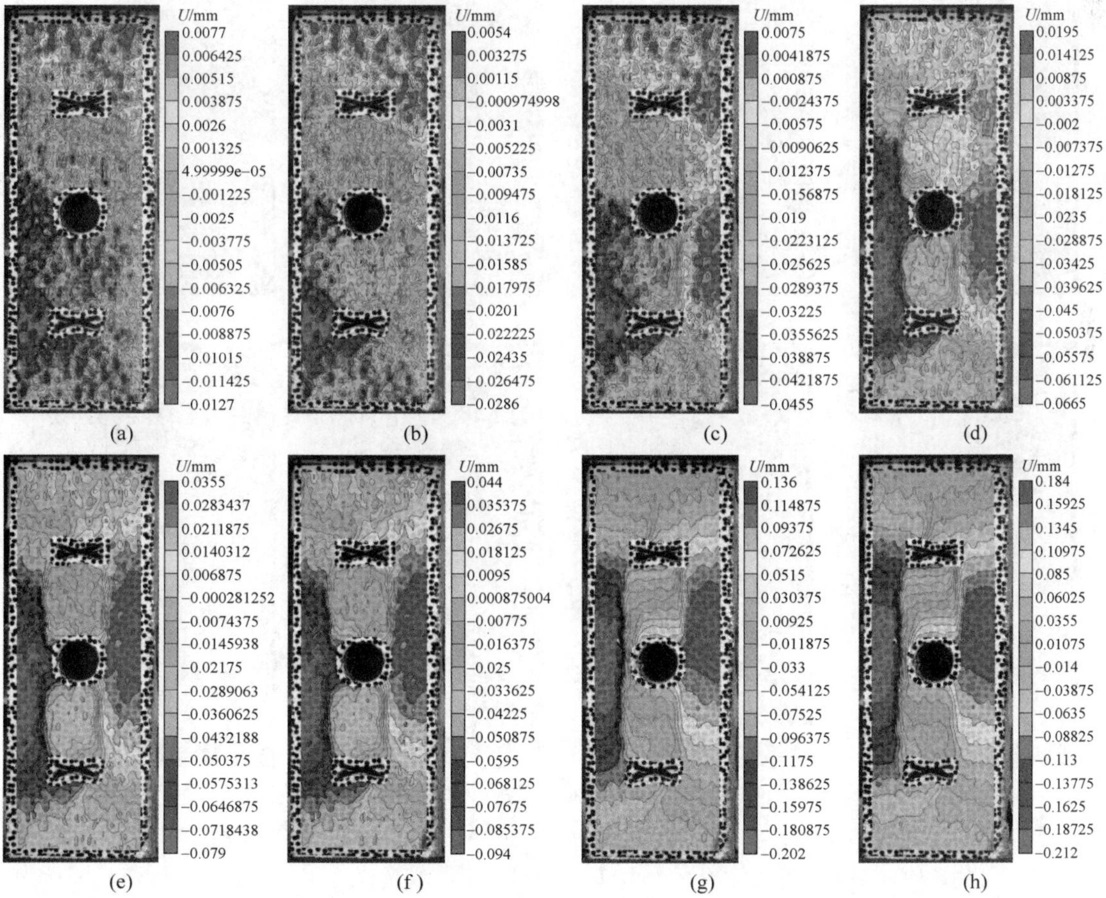

图 4-39 对应于图 4-38 中关键应力点（*A*~*H*）的水平位移场云图

（a）*A* 点；（b）*B* 点；（c）*C* 点；（d）*D* 点；（e）*E* 点；（f）*F* 点；（g）*G* 点；（h）*H* 点

图 4-40 所示为图 4-38 中标注的 8 个关键应力点对应的垂直位移场云图。加载至 A 点时，垂直位移值从试样下端向上端由大到小呈近似水平梯度式分布（见图 4-40（a）），此时硐室和两组交叉节理的存在对试样表面位移分布的影响还不太明显。加载至 B 点时，两组交叉节理尖端和硐室周围的位移梯度值线变得更加紊乱，显现出不连续演化特征，垂直位移场在上交叉节理上部和下交叉节理下部大致呈梯形分布（见图 4-40（b）），但两组交叉节理之间区域的位移场分布仍大致呈水平梯度式分布。随后，位移增大区域的范围和量值逐渐增加，上交叉节理上部和下交叉节理下部的位移场梯形分布特征更加显著，两组交叉节理尖端和硐室之间的位移场出现局部增加的现象，形成多个明显的位移增大带（见图 4-40（c）～（f））。达到峰值强度时，垂直位移继续增加，达到了 0.58 mm（见图 4-40（g）），随着加载继续进行，位移场不连续的特征更加凸显，位移值进一步增大，达到最大值 0.596 mm（见图 4-40（h））。

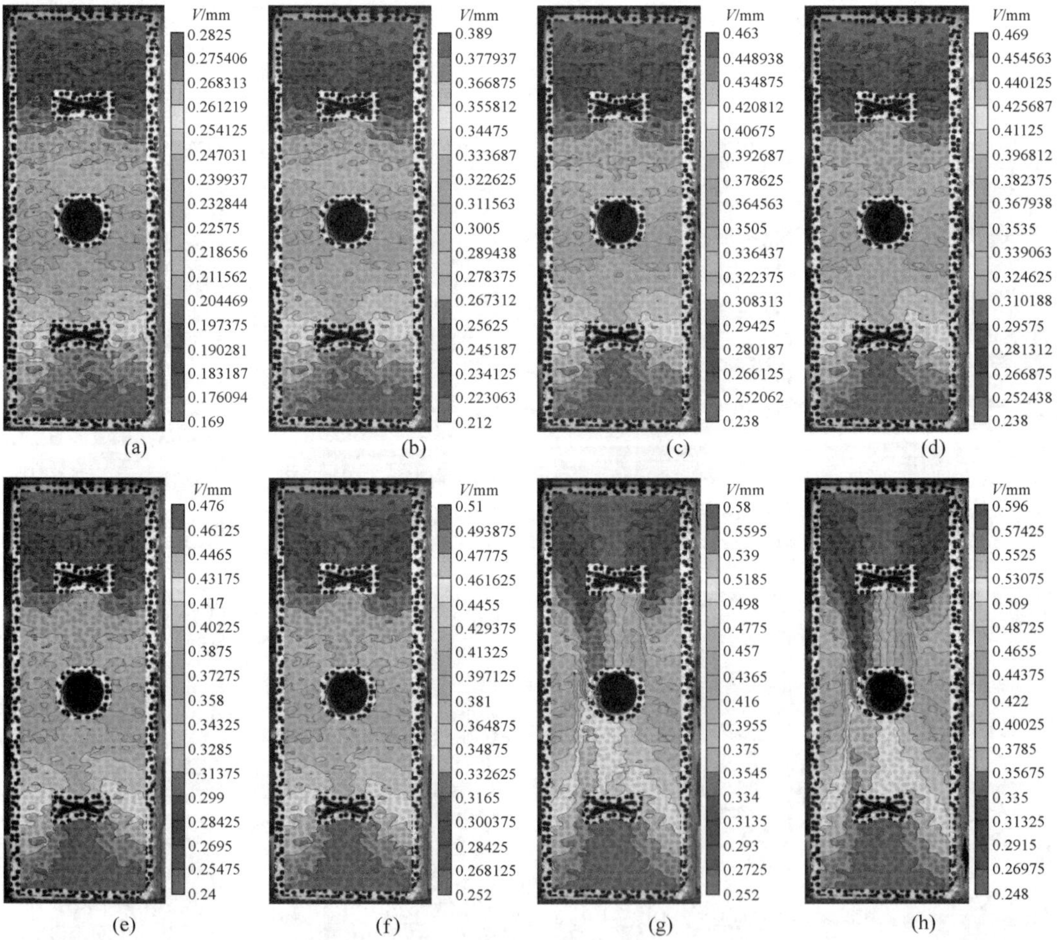

图 4-40　对应于图 4-38 中关键应力点（A～H）的垂直位移场云图

（a）A 点；（b）B 点；（c）C 点；（d）D 点；（e）E 点；（f）F 点；（g）G 点；（h）H 点

图 4-41 所示为图 4-38 中标注的 8 个关键应力点对应的主应变场云图。加载至 A 点时，主应变场基本呈均匀分布状态，两组交叉节理尖端和硐室周围区域出现相对较高应变区的

迹象（见图 4-41（a）），预示着将会形成应力集中区。加载至 *B* 点，主应力场分布状态与 *A* 点类似，主应变值略微增加（见图 4-41（b））。随着荷载继续增加，硐室右下部与下交叉节理右尖端之间、下交叉节理右尖端下部、上交叉节理左尖端与硐室左侧之间、硐室左下侧与下交叉节理左尖端之间及上交叉节理右尖端与硐室右上侧之间等部位均形成了显著的局部带状变形集中区（见图 4-41（c）~（f）），表现出明显的非均匀性特征，意味着新裂纹可能在这些区域形成。达到峰值强度时，变形集中带的变化更加明显，主应变值进一步增大，达到 5.25%（见图 4-41（g））。随着加载继续进行，最大主应变值达到 6.35%，前期形成的变形集中带伸长、交汇和连接（见图 4-41（h）），最终导致试样破坏。

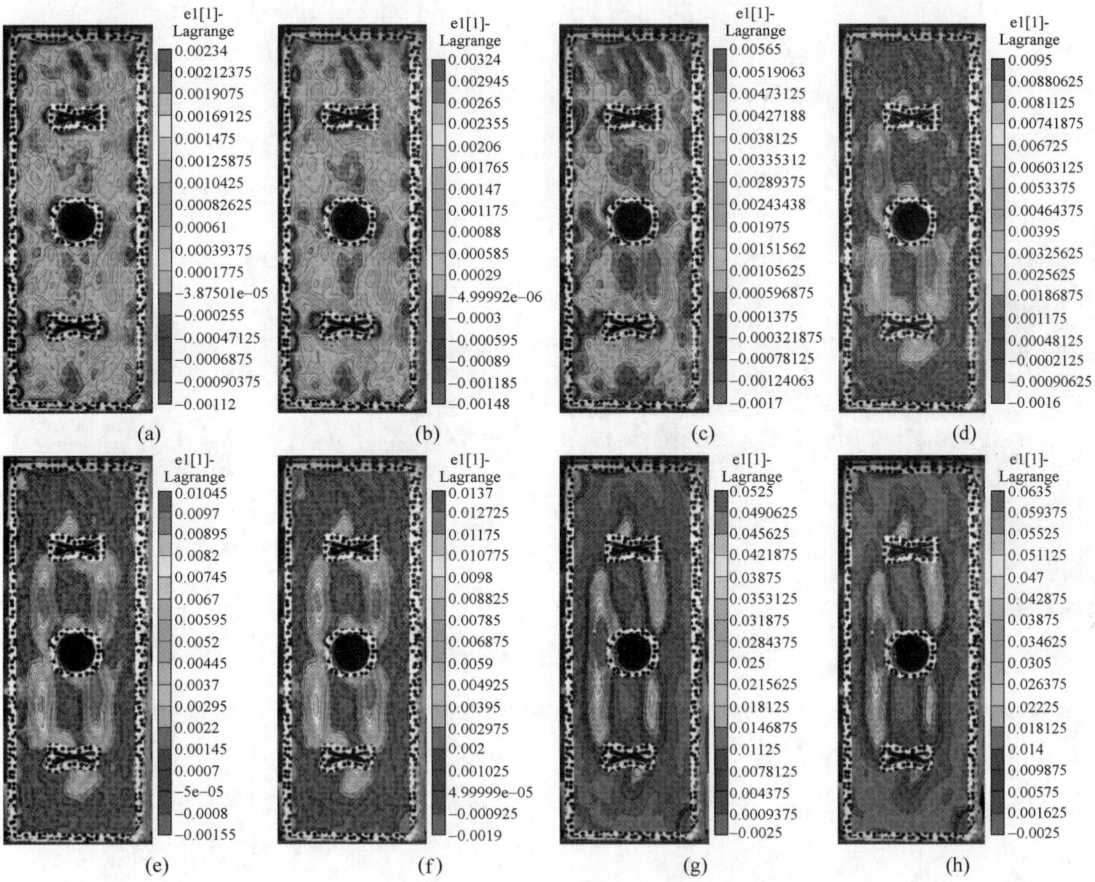

图 4-41 对应于图 4-38 中关键应力点（*A*~*H*）的主应变场云图

（a）*A* 点；（b）*B* 点；（c）*C* 点；（d）*D* 点；（e）*E* 点；（f）*F* 点；（g）*G* 点；（h）*H* 点

4.3.3.2 含交叉节理岩体硐室试样 UCI-30-2

试样 UCI-30-2 的应力-时间-AE 事件率曲线如图 4-42 所示，在曲线上标注了 8 个关键应力点（*A*~*H*），分析这些应力点对应的变形场演化特征。

图 4-43 所示为图 4-42 中标注的 8 个关键应力点对应的水平位移场云图。加载至 *A* 点时，试样表面的水平位移等值线非均匀地分布在硐室和上下两组交叉节理周围，试样左下角位移梯度值相对较大，交叉节理尖端附近位移场较为紊乱（见图 4-43（a））。加载至 *B*

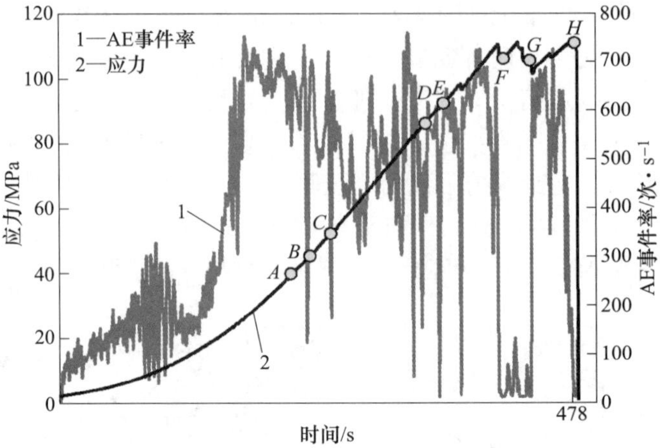

图 4-42　试样 UCI-30-2 的应力-时间-AE 事件率曲线及关键点标注

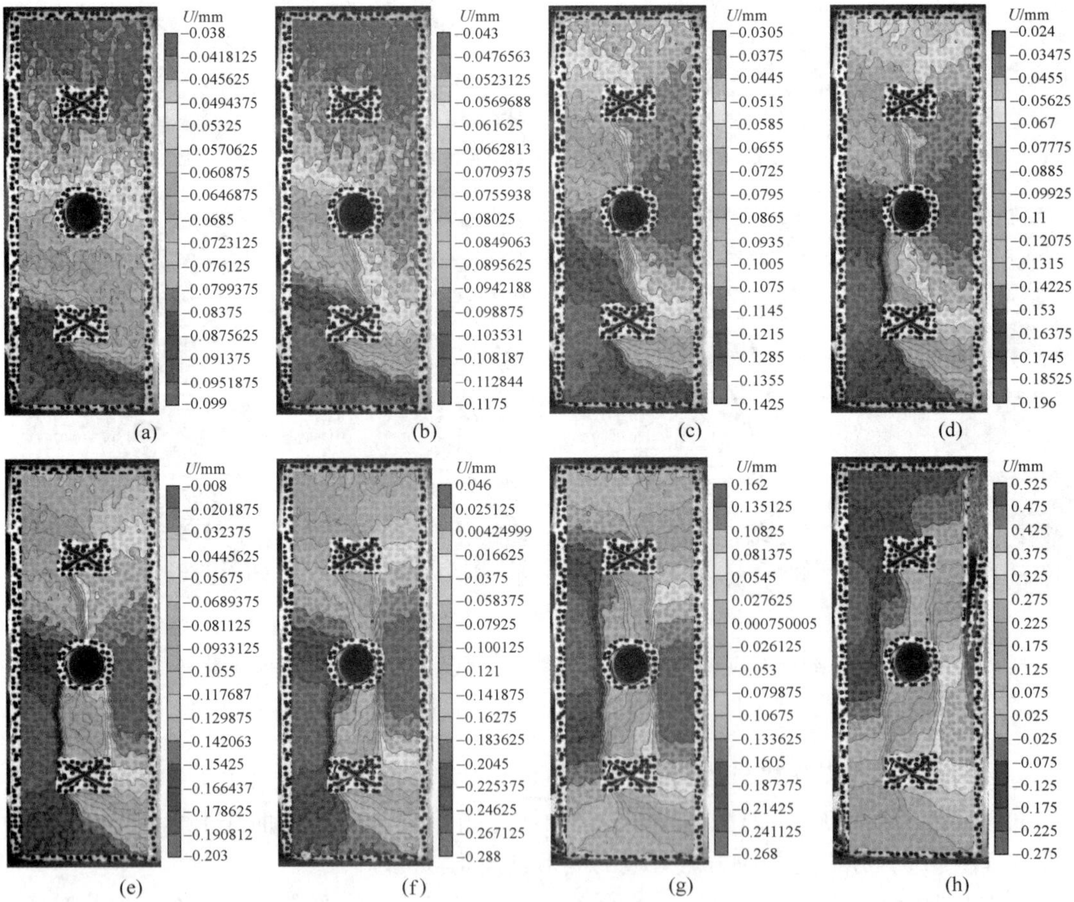

图 4-43　对应于图 4-42 中关键应力点（*A*~*H*）的水平位移场云图

（a）*A* 点；（b）*B* 点；（c）*C* 点；（d）*D* 点；（e）*E* 点；（f）*F* 点；（g）*G* 点；（h）*H* 点

点，两组交叉节理与硐室边界之间区域出现局部水平位移增大区（见图 4-43（b））。然后，试样表面位移增大区域的范围和量值都有较大增加，交叉节理及硐室边界与试样两侧边界之间的水平位移增大区进一步增加并汇合，形成竖直条带状对称分布的局部变形集中区（见图 4-43（c）~（g））。达到峰值强度时，水平位移增加至最大值 0.525 mm（见图4-43（h））。

图 4-44 所示为图 4-42 中标注的 8 个关键应力点对应的垂直位移场云图。加载至 *A* 点时，垂直位移值从试样下端向上端由大到小呈斜向分布（见图 4-44（a）），试样左下角位移值相对较大，表明硐室和两组交叉节理对试样表面位移分布已产生明显影响。加载至 *B* 点，试样表面的垂直位移等值线的形态与 *A* 点处类似，但垂直位移值略微增加（见图 4-44（b））。随着加载继续进行，垂直位移值逐渐增加，上交叉节理上部和下交叉节理下部的垂直位移等值线大致呈梯形分布，交叉节理尖端和硐室之间的位移场出现局部增加的现象，形成明显的位移增大带（见图 4-44（c）~（g））。达到峰值强度时，位移增大区域的范围和量值进一步增加，达到最大值 0.666 mm（见图 4-44（h））。

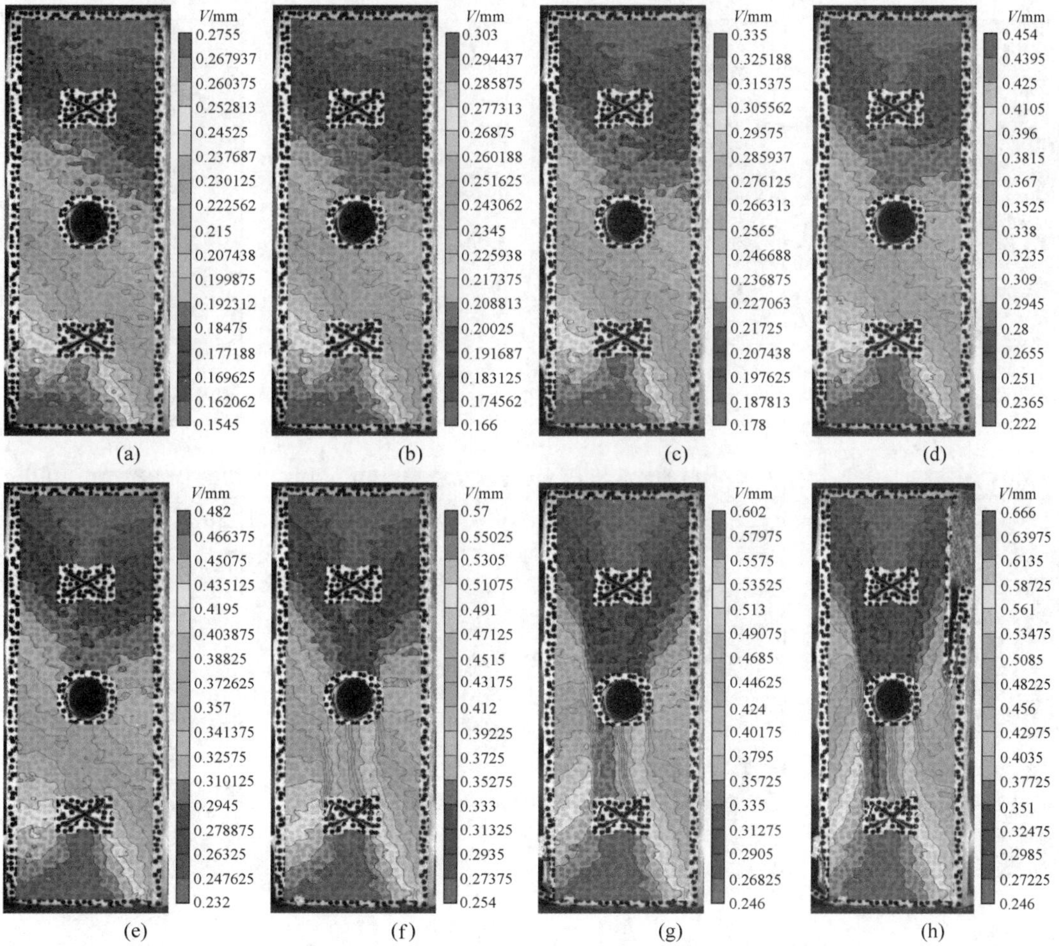

图 4-44　对应于图 4-42 中关键应力点（*A*~*H*）的垂直位移场云图

（a）*A* 点；（b）*B* 点；（c）*C* 点；（d）*D* 点；（e）*E* 点；（f）*F* 点；（g）*G* 点；（h）*H* 点

图 4-45 所示为图 4-42 中标注的 8 个关键应力点对应的主应变场云图。加载至 A 点时，主应变场基本呈均匀分布状态，但下部一组交叉节理的两个尖端区域出现相对较高应变区的迹象（见图 4-45（a）），预示着将会形成应力集中区。加载至 B 点，试样中硐室正下方与下交叉节理右尖端之间及下交叉节理左尖端下方首先形成了明显的局部高应变集中带（见图 4-45（b）），表现出明显的非均匀性特征，表明新裂纹可能会萌生。随着荷载继续增加，上交叉节理左尖端与硐室正上方之间、硐室左下方与下交叉节理左尖端之间、硐室右侧与下交叉节理右尖端之间、上交叉节理右尖端与硐室右上方之间，以及上交叉节理左尖端与硐室左上方之间等局部区域的变形也明显集中变大（见图 4-45（c）~（g）），意味着新裂纹可能在这些区域形成。达到峰值强度时，最大主应变值为 8.5%，上交叉节理左尖端与硐室正上方之间及硐室正下方与下节理右尖端之间形成的变形集中带基本消失，其他变形集中带伸长、交汇和连接（见图 4-45（h）），最终导致试样破坏。此外，试样右上侧发生明显的局部剥落。

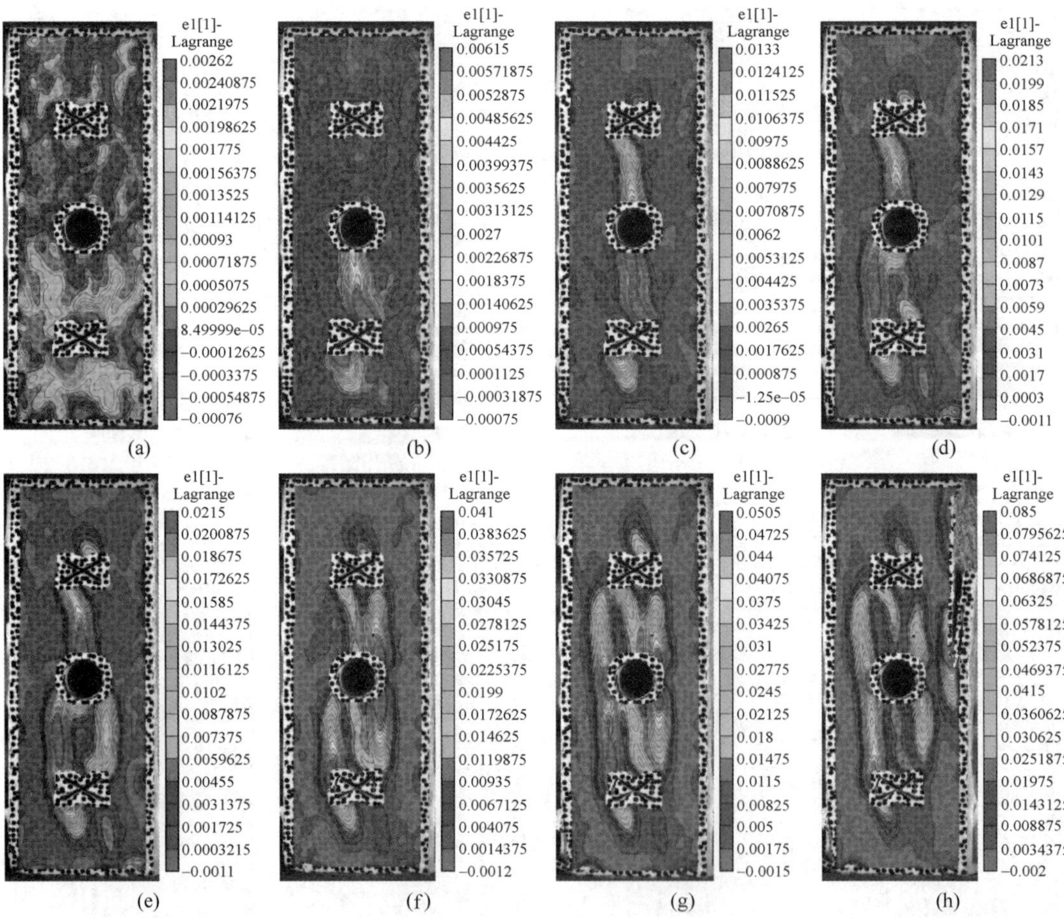

图 4-45　对应于图 4-42 中关键应力点（A~H）的主应变场云图

（a）A 点；（b）B 点；（c）C 点；（d）D 点；（e）E 点；（f）F 点；（g）G 点；（h）H 点

4.3.3.3　含交叉节理岩体硐室试样 UCI-45-3

试样 UCI-45-3 的应力-时间-AE 事件率曲线如图 4-46 所示，在曲线上标注了 8 个关键应力点（*A*~*H*），分析这些应力点对应的变形场演化特征。

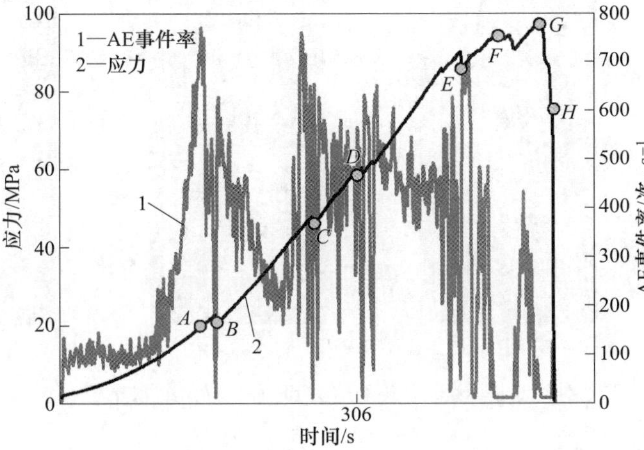

图 4-46　试样 UCI-45-3 的应力-时间-AE 事件率曲线及关键点标注

图 4-47 所示为图 4-46 中标注的 8 个关键应力点对应的水平位移场云图。加载至 *A* 点时，试样表面的水平位移等值线非均匀地分布在硐室和上下两组交叉节理周围，试样右下角位移梯度值相对较大（见图 4-47（a））。加载至 *B* 点，水平位移增大区以上下两组交叉节理与硐室顶底部之间的连线为中心，呈条带状分布在硐室和上下两组交叉节理周围，交叉节理尖端和硐室两侧存在较大的位移梯度（见图 4-47（b））。然后，位移增大区域的范围和量值都有较大增加，演变成了由多条竖直线分隔的多个局部位移增大带，并逐渐延伸到试样顶部和底部（见图 4-47（c）~（f））。达到峰值强度时，水平位移进一步增加，达到 1.06 mm（见图 4-47（g））。随着加载继续进行，水平位移增加至最大值，为 1.45 mm（见图 4-47（h）），最终导致试样破坏。

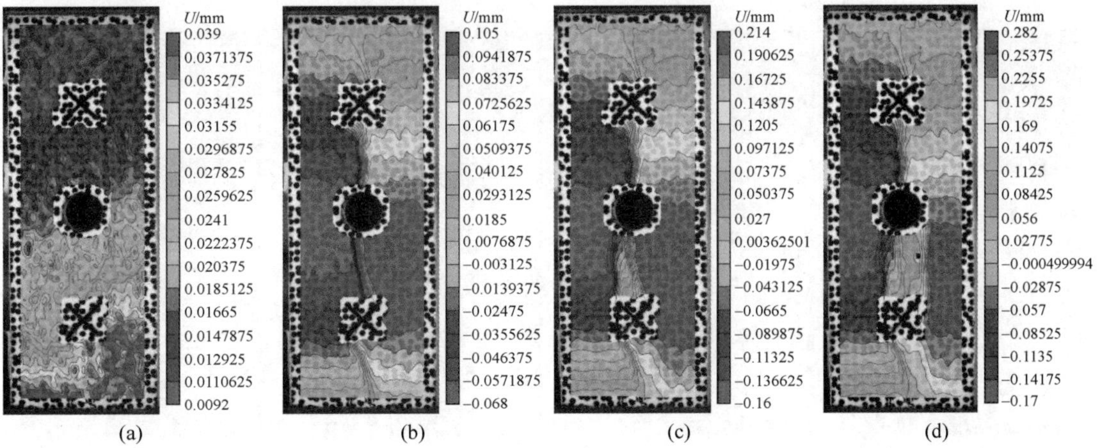

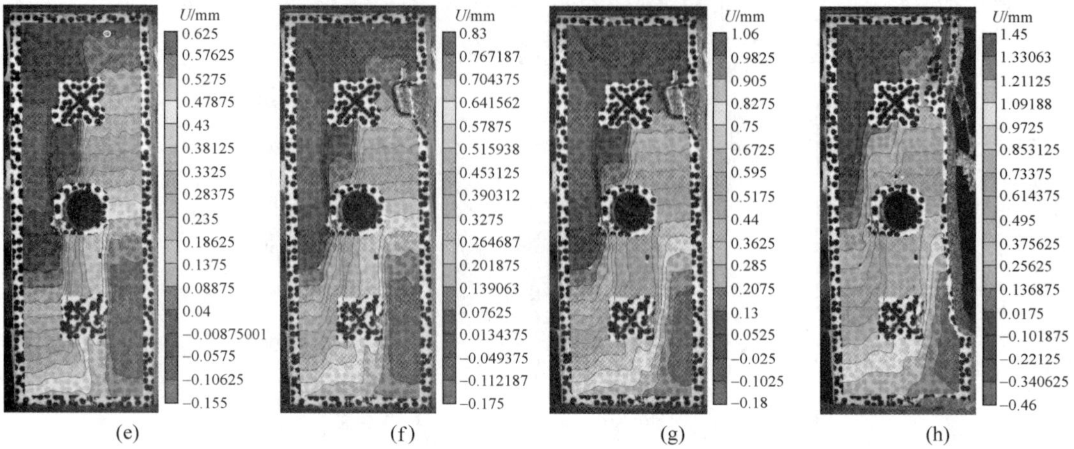

图 4-47　对应于图 4-46 中关键应力点（$A \sim H$）的水平位移场云图

（a）A 点；（b）B 点；（c）C 点；（d）D 点；（e）E 点；（f）F 点；（g）G 点；（h）H 点

图 4-48 所示为图 4-46 中标注的 8 个关键应力点对应的垂直位移场云图。加载至 A 点时，垂直位移值从试样下端向上端由大到小呈非均匀分布，试样右下角位移值相对较大（见图 4-48（a）），表明此时硐室和两组交叉节理的存在对试样表面位移分布已产生较大影响。加载至 B 点时，交叉节理尖端和硐室周围存在较大的位移梯度值，整体位移场出现局部呈条带状分布的迹象，其中垂直位移场在上交叉节理上部和下交叉节理下部大致呈竖直状分布（见图 4-48（b）），表现出不连续演化特征。随后，位移增大区域的范围和量值逐渐增加，上交叉节理上部和下交叉节理下部的位移场竖直状分布特征更加显著，交叉节理尖端和硐室周围的位移场出现局部增加的现象，形成了多个明显的位移增大带（见图 4-48（c）~（f））。达到峰值强度时，位移场分布形态变化较小，但垂直位移值继续增加，达到 0.75 mm（见图 4-48（g））。随着加载继续进行，位移场不连续的特征更加凸显，垂直位移值最大为 0.825 mm（见图 4-48（h））。

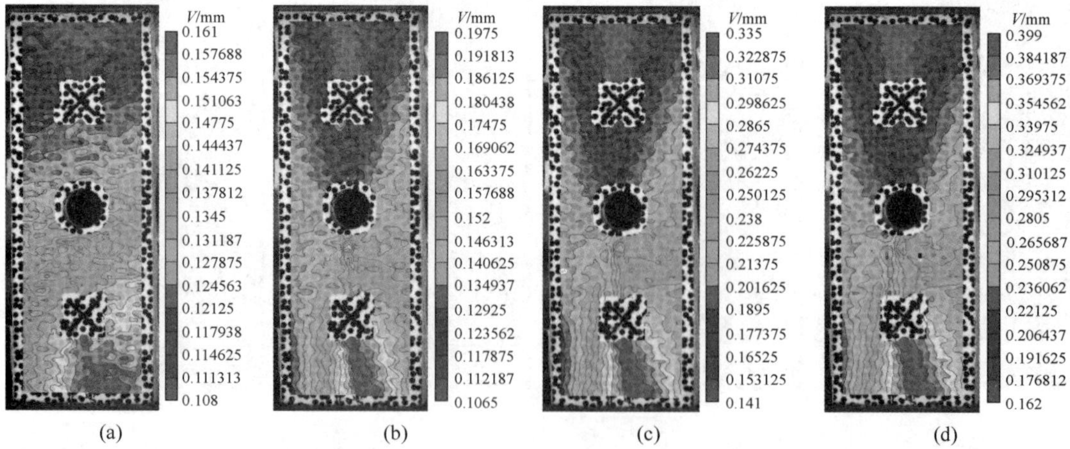

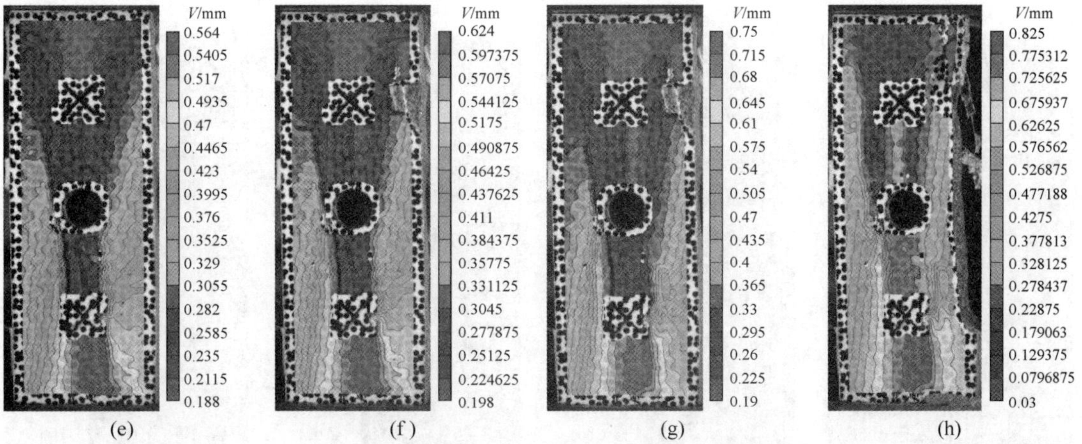

图 4-48 对应于图 4-46 中关键应力点（$A \sim H$）的垂直位移场云图

(a) A 点；(b) B 点；(c) C 点；(d) D 点；(e) E 点；(f) F 点；(g) G 点；(h) H 点

图 4-49 所示为图 4-46 中标注的 8 个关键应力点对应的主应变场云图。加载至 A 点时，主应变场基本呈均匀分布状态，但两组交叉节理尖端和硐室周围区域出现相对较高应变区的迹象（见图 4-49（a）），预示着将会形成应力集中区。加载至 B 点，上交叉节理右尖端上方、上交叉节理中部与硐室顶部之间、硐室左下方与下交叉节理中心之间及下交叉节理左尖端下方均形成了显著的局部带状变形集中区（见图 4-49（b）），表现出非均匀性特征，表明新裂纹可能会萌生。随着荷载继续增加，主应变场进一步演化，硐室右侧与下交叉节理右尖端之间、下交叉节理右尖端下方及硐室左上方等局部区域的变形也明显集中变大，之前在硐室左下方与下交叉节理中心之间形成的变形集中带消失（见图 4-49（c）~（f））。达到峰值强度时，各变形集中带的变化更加明显，主应变值进一步增大，达到 12.3%（见图 4-49（g））。随着加载继续进行，主应变场分布形态变化不大，最大主应变值达到 12.8%，试样右侧发生剥落（见图 4-49（h）），最终导致试样破坏。

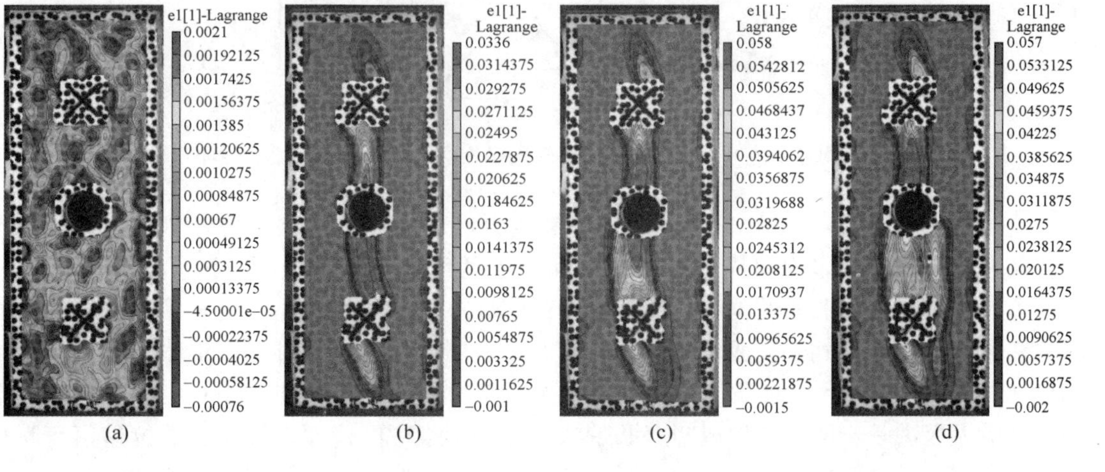

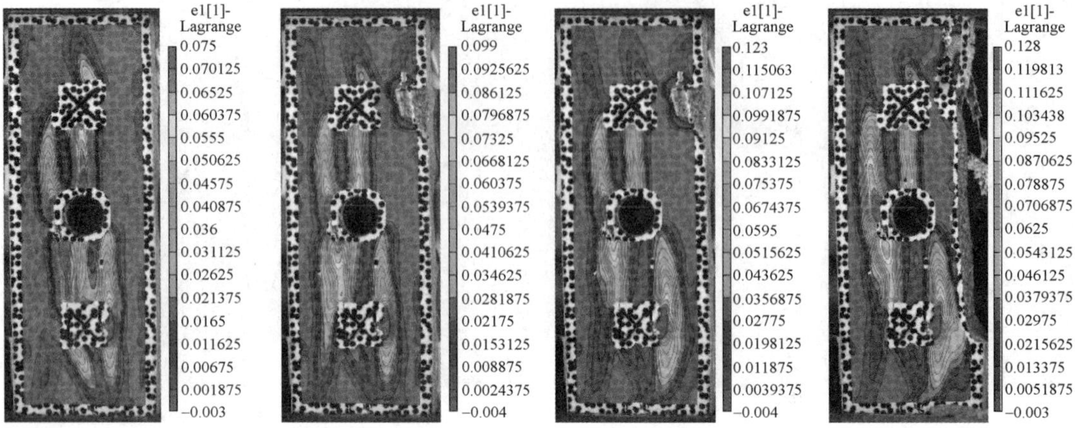

(e)　(f)　(g)　(h)

图 4-49　对应于图 4-46 中关键应力点（*A*～*H*）的主应变场云图

(a) *A* 点；(b) *B* 点；(c) *C* 点；(d) *D* 点；(e) *E* 点；(f) *F* 点；(g) *G* 点；(h) *H* 点

4.3.3.4　含交叉节理岩体硐室试样 UCI-60-2

试样 UCI-60-2 的应力-时间-AE 事件率曲线如图 4-50 所示，在曲线上标注了 8 个关键应力点（*A*～*H*），分析这些应力点对应的变形场演化特征。

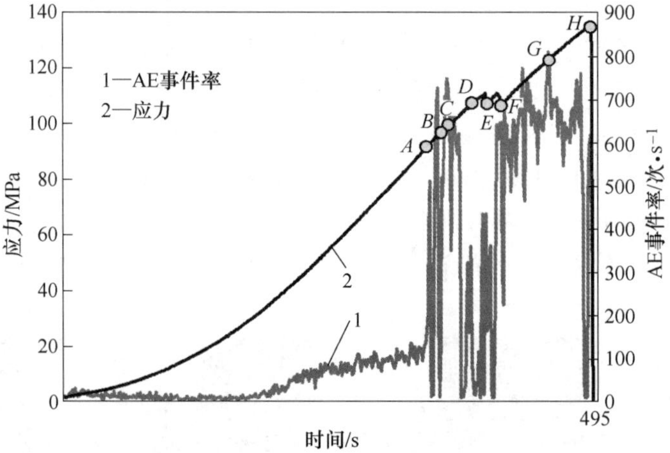

图 4-50　试样 UCI-60-2 的应力-时间-AE 事件率曲线及关键点标注

图 4-51 所示为图 4-50 中标注的 8 个关键应力点对应的水平位移场云图。加载至 *A* 点时，水平位移等值线非均匀地分布在硐室和上下两组交叉节理周围，试样右侧位移值较大，尤其是硐室右侧上方的位移值相对更大；试样左侧位移值较小，尤其是硐室左侧上方的位移值相对更小；试样表面位移值均为正值，表明试样在加载过程中整体向右发生轻微偏移（见图 4-51（a））。加载至 *B* 点，交叉节理尖端及硐室边界与试样右侧边界之间的水平位移增大区进一步增加，形成竖直条带状局部变形集中区，而硐室左侧的位移值有减小趋势，表明试样左侧向右偏移减少（见图 4-51（b））。然后，试样表面位移增大区域的范

围和量值都有较大增加，位移场演变成由多条竖直线分隔的不同区域，并逐渐向试样顶部和底部延伸（见图 4-51（c）~（f））。达到峰值强度时，水平位移进一步增加，达到 0. 744 mm（见图 4-51（g））。随着加载继续进行，试样表面的水平位移增加至最大值，达到 0. 884 mm（见图 4-51（h）），最终导致试样破坏。

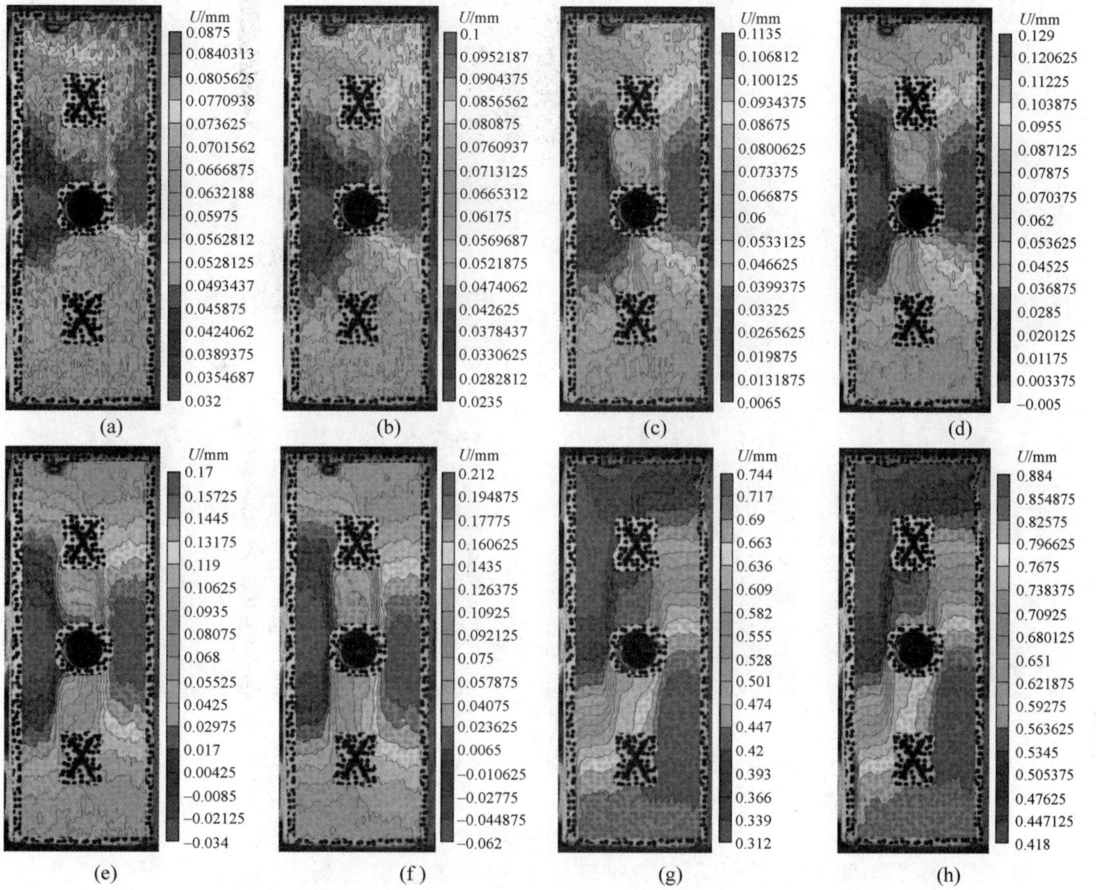

图 4-51 对应于图 4-50 中关键应力点（$A \sim H$）的水平位移场云图

（a）A 点；（b）B 点；（c）C 点；（d）D 点；（e）E 点；（f）F 点；（g）G 点；（h）H 点

图 4-52 所示为图 4-50 中标注的 8 个关键应力点对应的垂直位移场云图。加载至 A 点时，垂直位移值从试样下端向上端由大到小呈斜向分布（见图 4-52（a）），试样右上角位移值相对较小，表现出不连续的演化特征，表明硐室和两组交叉节理对试样表面位移分布已产生影响。加载至 B 点，位移场分布形态与 A 点类似，位移值略微增加（见图 4-52（b））。随后，位移等值线进一步发生紊乱，两组交叉节理尖端和硐室之间的位移场出现局部增加的现象，形成多个明显的位移增大带（见图 4-52（c）~（f））。达到峰值强度时，垂直位移场不连续的分布特征更加凸显，增大带的范围和量值逐渐增加，并延伸到试样顶部和底部，位移值达到 0. 475 mm（见图 4-52（g））。随着加载继续进行，位移场分布特征基本不变，位移值达到最大值 0. 536 mm（见图 4-52（h））。

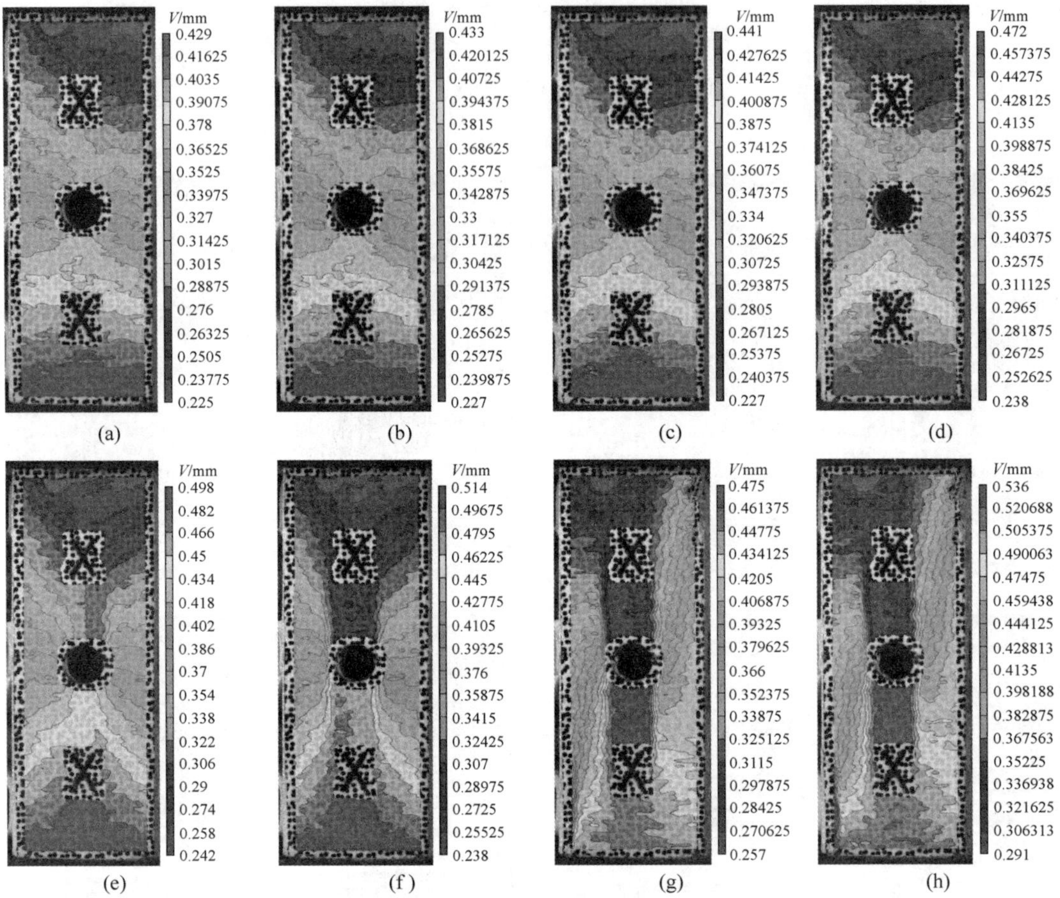

图 4-52　对应于图 4-50 中关键应力点（*A*~*H*）的垂直位移场云图

（a）*A* 点；（b）*B* 点；（c）*C* 点；（d）*D* 点；（e）*E* 点；（f）*F* 点；（g）*G* 点；（h）*H* 点

图 4-53 为图 4-50 中标注的 8 个关键应力点对应的主应变场云图。加载至 *A* 点时，主应变场基本呈均匀分布状态，上交叉节理右尖端与硐室右上方之间出现了一条明显的高应变集中带（见图 4-53（a））。加载至 *B* 点，硐室底部与下交叉节理中部之间也形成了一条局部变形集中带（见图 4-53（b）），表现出应变场非均匀的演化特征。随着荷载继续增加，应变场进一步演化，上交叉节理上方、上交叉节理左尖端与硐室左上方之间、硐室左下方与下交叉节理左尖端之间及硐室右下方与下交叉节理右尖端之间等局部区域的变形也明显集中变大，而之前在硐室底部与下交叉节理中部之间形成的变形集中带几乎消失（见图 4-53（c）~（f））。达到峰值强度时，主应变值继续增大，达到 6.2%（见图 4-53（g））。随着加载继续进行，前期形成的变形集中带量值进一步增大，最大主应变值为 8.95%（见图 4-53（h）），最终导致试样破坏。

4.3.3.5　含交叉节理岩体硐室试样 UCI-75-1

试样 UCI-75-1 的应力-时间-AE 事件率曲线如图 4-54 所示，在曲线上标注了 8 个关键应力点（*A*~*H*），分析这些应力点对应的变形场演化特征。

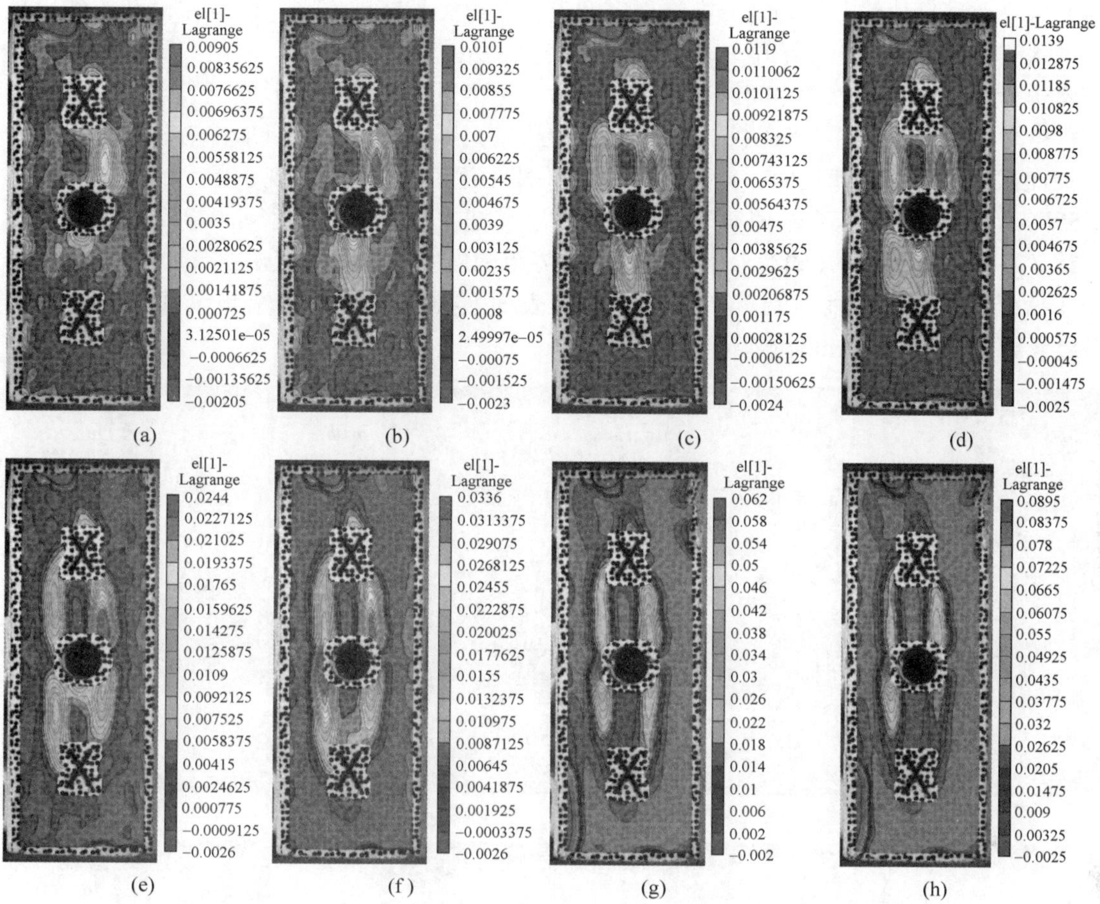

图 4-53 对应于图 4-50 中关键应力点（$A \sim H$）的主应变场云图

（a）A 点；（b）B 点；（c）C 点；（d）D 点；（e）E 点；（f）F 点；（g）G 点；（h）H 点

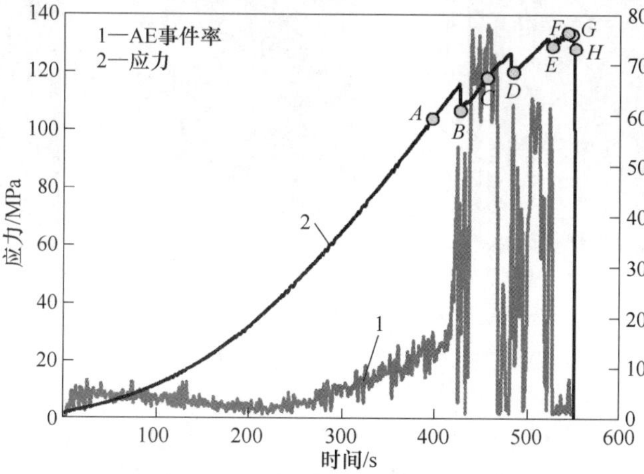

图 4-54 试样 UCI-75-1 的应力-时间-AE 事件率曲线及关键点标注

图 4-55 所示为图 4-54 中标注的 8 个关键应力点对应的水平位移场云图。加载至 A 点时，水平位移等值线非均匀地分布在硐室和上下两组交叉节理周围，硐室左侧和右侧出现局部水平位移增大区，但范围较小（见图 4-55（a））。加载至 B 点，两组交叉节理尖端及硐室边界与试样两侧边界之间的水平位移增大区范围进一步增加，形成竖直条带状分布的局部变形集中区（见图 4-55（b））。然后，位移增大区域的范围和量值都有较大增加，并逐渐向试样顶部和底部延伸，上交叉节理右下端与硐室右侧之间出现一条大的裂缝（见图 4-55（c）~（f））。达到峰值强度时，水平位移进一步增加，达到 0.282 mm（见图 4-55（g））；此外，试样硐室左下方至试样边界范围内发生表面剥落。随着加载继续进行，由于试样右上角发生表面剥落的原因，试样表面右侧位移减小，左侧位移增大（见图 4-55（h）），最终导致试样破坏。

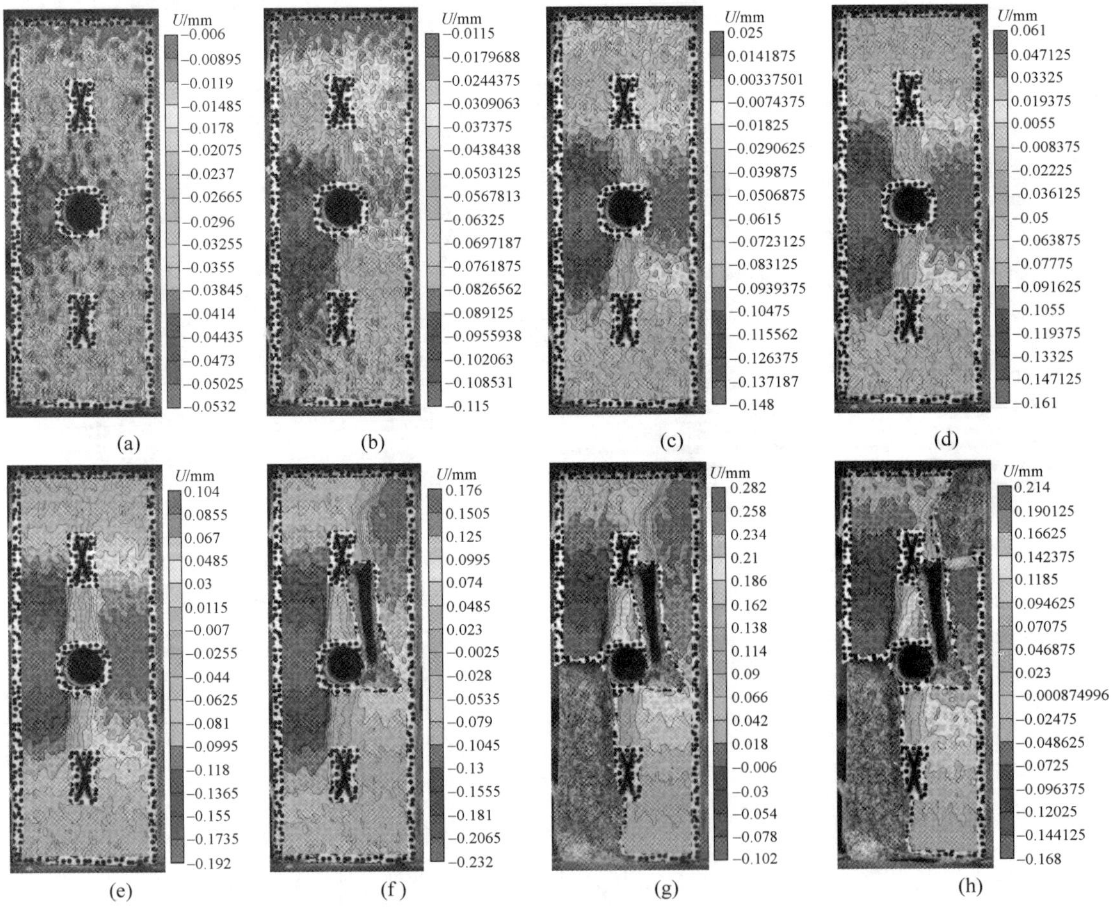

图 4-55　对应于图 4-54 中关键应力点（A~H）的水平位移场云图

（a）A 点；（b）B 点；（c）C 点；（d）D 点；（e）E 点；（f）F 点；（g）G 点；（h）H 点

图 4-56 所示为图 4-54 中标注的 8 个关键应力点对应的垂直位移场云图。加载至 A 点时，垂直位移值从试样下端向上端由大到小逐渐减小，位移相差较小（见图 4-56（a）），表明此时硐室和两组交叉节理的存在对位移分布的影响还不太明显。加载至 B 点，位移场分布形态与 A 点基本类似，位移值略微增加（见图 4-56（b））。随着荷载的增加，位移场

量值继续增加，硐室下方和下交叉节理下部的位移场大致呈梯形分布，硐室上方和上交叉节理之间形成较小位移集中带，随后，硐室下方与下交叉节理上端之间出现较大位移集中带，表现出不连续演化特征（见图 4-56（c）~（f））。达到峰值强度时，垂直位移进一步增加，达到了 0.68 mm（见图 4-56（g））。随加载继续进行，位移场的不连续特征更凸显，由于试样表面剥落，位移值相比峰值点略减小（见图 4-56（h））。

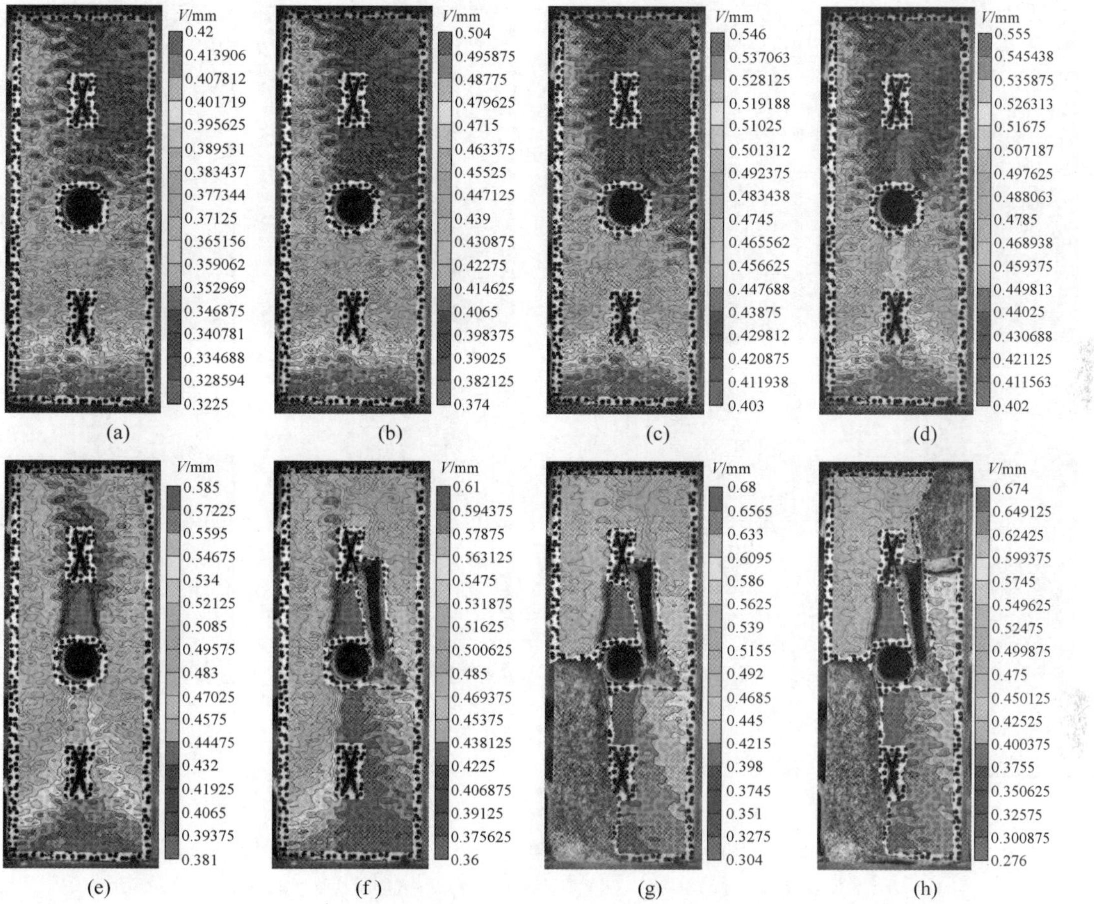

图 4-56　对应于图 4-54 中关键应力点（*A*~*H*）的垂直位移场云图

（a）*A* 点；（b）*B* 点；（c）*C* 点；（d）*D* 点；（e）*E* 点；（f）*F* 点；（g）*G* 点；（h）*H* 点

图 4-57 所示为图 4-54 中标注的 8 个关键应力点对应的主应变场云图。加载至 *A* 点时，主应变场基本呈均匀分布状态，但交叉节理尖端和硐室周围区域出现相对较高应变区的迹象（见图 4-57（a）），预示着将会形成应力集中区。加载至 *B* 点，上交叉节理右尖端与硐室右上方之间、硐室底部与下交叉节理中部之间出现了明显的高应变集中带，表现出非均匀演化特征（见图 4-57（b））。随着荷载继续增加，应变场进一步演化，上交叉节理右尖端与硐室右上方之间及硐室底部与下交叉节理中部之间的高应变集中带范围扩大，上交叉节理右上方与试样右上角之间形成高应变集中带（见图 4-57（c）~（f））。达到峰值强度时，由于硐室左下方的试样表面发生剥落，硐室底部与下交叉节理中部之间的高应变集中带消失，其他部位的变形集中带的变化更加明显，主应变值进一步增大，达到 6.65%（见

图 4-57（g））。随着加载继续进行，由于试样右上角发生剥落，上交叉节理右上方与试样右上角之间形成的高应变集中带消失，最大主应变值达到 7.35%（见图 4-57（h）），最终导致试样破坏。

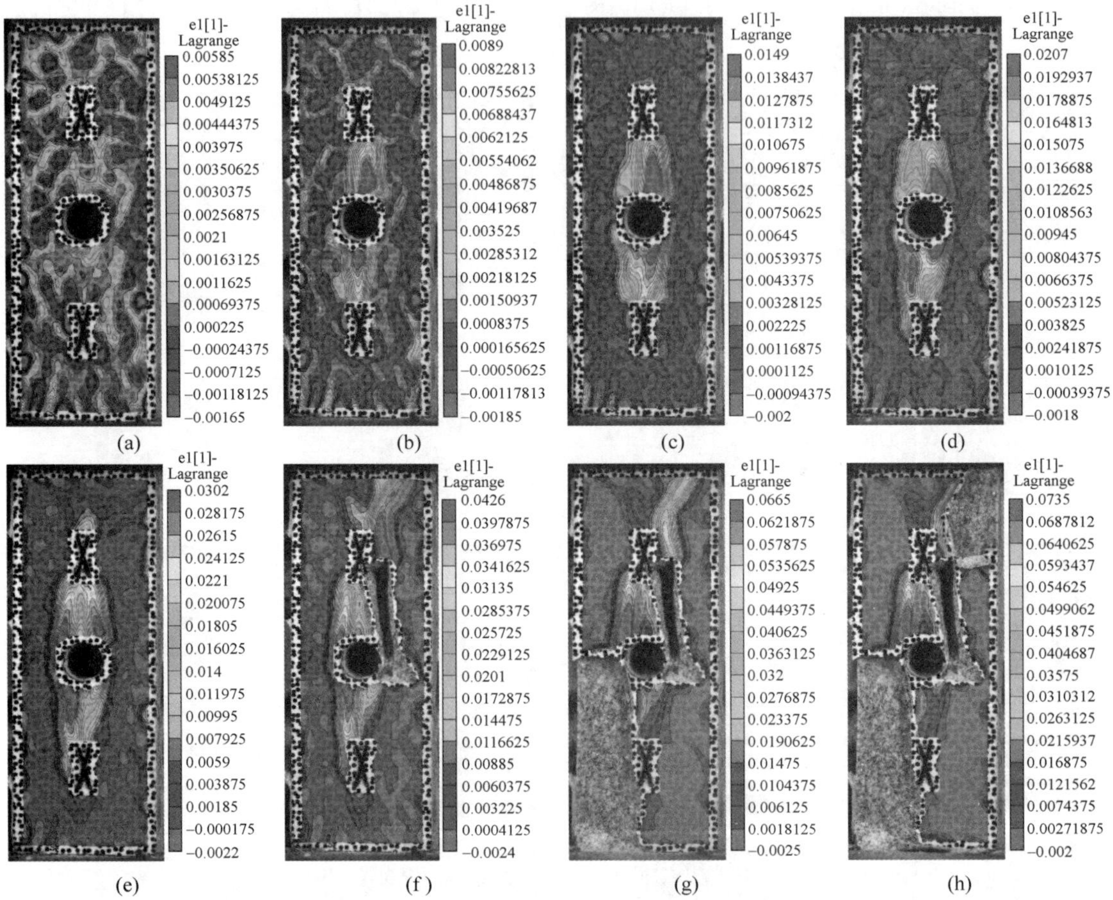

图 4-57　对应于图 4-54 中关键应力点（$A \sim H$）的主应变场云图

（a）*A* 点；（b）*B* 点；（c）*C* 点；（d）*D* 点；（e）*E* 点；（f）*F* 点；（g）*G* 点；（h）*H* 点

经对比发现，试样变形场中最后所识别的变形集中带与实际试样表面可见裂纹的扩展路径相对应。因此，从试验结果来看，基于 DIC 技术获得的位移场和应变场中大变形局部化区渐进发展，不仅能够直观地反映在单轴加载过程中试样表面裂纹的萌生、扩展及聚结过程，还能确定裂纹的位置、形态及扩展方向等信息，可以作为表征试样变形破坏阶段的特征参数，为完整岩体硐室试样、含平行（交叉）节理岩体硐室试样表面提供定量和前兆信息，有助于建立微观力学性能与宏观力学响应之间的关系。此外，各试样表面的位移场和应变场演化过程与试样的 AE 信号演化过程也具有较好的对应关系。

4.3.4　变形场演化特征比较

总的来看，不同试样的变形场的演化过程总体类似，都是从整体均匀分布逐渐发展到局部变形突出，最后观察到缺陷附近局部区域的变形量明显大于其他区域的变形量。但是，完整岩体硐室试样、含平行（交叉）节理岩体硐室试样的变形场演化过程仍存在较大差异。完整岩体硐室试样中硐室作为唯一的缺陷，加载过程中硐室周围形成高应力集中，裂纹的萌生是在硐室周围开始的。而含平行（交叉）节理岩体硐室试样中节理的存在改变了试样中的应力分布模式，预制节理尖端也会形成高应力集中，与硐室周围形成高应力集中相互作用，共同主导新裂纹的起裂和扩展模式，最终导致复杂的破坏模式。相比含平行节理岩体硐室试样，含交叉节理岩体硐室试样中的节理数量增加，多个节理尖端在加载过程中会形成应力集中而导致试样可能同时出现多个变形集中带，变形场的演化模式更加复杂，破坏程度也相对较高。此外，同一组交叉节理之间也会产生相互作用，尖端之间出现贯通现象，表现出局部区域变形加剧的特征，这与含平行节理岩体硐室试样显著不同。

对于含平行节理岩体硐室试样，节理倾角的改变也会致使试样表面变形场的演化特征表现出一定差异。节理倾角为0°时，从理论上来讲，上下两条节理左右尖端与硐室的相互作用程度是一样的，因而在加载过程中上下两条节理左右尖端均与硐室之间出现了变形集中现象。随着节理倾角的增加，上节理左尖端和下节理右尖端与硐室的相互作用程度会增强，而上节理右尖端和下节理左尖端与硐室相互作用程度会减弱，节理倾角一直增加到60°时，这种现象依然存在。而当节理倾角增加到75°和90°时，尤其是90°时，上节理左尖端和下节理右尖端与硐室的相互作用程度最强，而上节理右尖端和下节理左尖端与硐室相互作用程度最弱，因而只有上节理左尖端与硐室之间及下节理右尖端与硐室之间出现了变形集中现象。

对于含交叉节理岩体硐室试样，交叉节理夹角的不同也会导致不同的变形场演化特征。对于相同交叉节理夹角试样，上下两组交叉节理与硐室呈对称分布，它们之间的相互作用机制在理论上是一致的，因而可以发现在加载过程中，上交叉节理与硐室之间及下交叉节理与硐室之间几乎同时会出现变形集中带，意味着微裂纹的同步演化。但是在整个变形阶段，随着交叉节理半夹角从15°增加到45°，上交叉节理的两个下尖端及下交叉节理的两个上尖端与硐室之间的相互作用程度增强，变形集中带出现的数量呈增加趋势。交叉节理半夹角增加至60°和75°时，形成的变形集中带减少但更集中，导致叉节理半夹角为75°时试样表面发生剥落。

综上所述，硐室围岩中节理的存在及节理角度和数量的改变会导致硐室围岩中形成不同的变形场分布形态，即本质上的不同裂纹起裂和扩展模式。

4.4 失稳破坏机制分析

4.4.1 裂纹扩展过程及破坏模式

裂纹聚结过程可被视为原始微裂纹分布和相互作用关系的函数[11]，分析含平行节理岩体硐室试样裂纹扩展过程，有助于认识其在不同应力状态下的变形破坏特征。含平行（交叉）节理岩体硐室试样在加载过程中，由于硐室和节理的存在，节理尖端和硐室周围会产生应力集中现象，不同的节理倾角会导致节理尖端不同的应力集中程度。当节理尖端和（或）硐室周围的应力强度因子达到断裂韧度时，新裂纹开始萌生，但试样中节理角度和数量的改变会对萌生的新裂纹的类型、起裂位置、扩展方向及聚结模式等产生重要影响。本节分析图中，T代表拉伸裂纹，S代表剪切裂纹，B代表剥落带，白色圆圈代表圈定的白色斑块，数字代表出现的时间顺序，数字后面的字母是为了区分同时出现在试样不同部位的裂纹。

4.4.1.1　完整岩体硐室试样

图 4-58 所示为完整岩体硐室试样 UC-3 的裂纹扩展过程和破裂形态。在荷载作用下，首先在硐室顶底部应力集中部位同时出现两条竖直拉伸裂纹（T1a 和 T1b）并分别向上、向下扩展，然而这两条裂纹不会发展成主要破坏面。随后硐室左下方、右侧及左侧应力集中部位相继萌生拉伸裂纹（T2、T4 和 T5）并向其初始萌生方向扩展，这些拉伸裂纹的扩展路径并不完全平行于加载方向，而是曲折地穿过试样，这可能是因为裂纹总是沿着花岗岩基体中大矿物颗粒的边界扩展。这些裂纹具有较长的迹线长度，形成多个宏观破裂面，最终导致试样的不稳定破坏。此外，硐室两侧出现了小尺度剪切裂纹（S4 和 S6），由于脆性破坏，试样左上角萌生了远场裂纹（如 T7）。

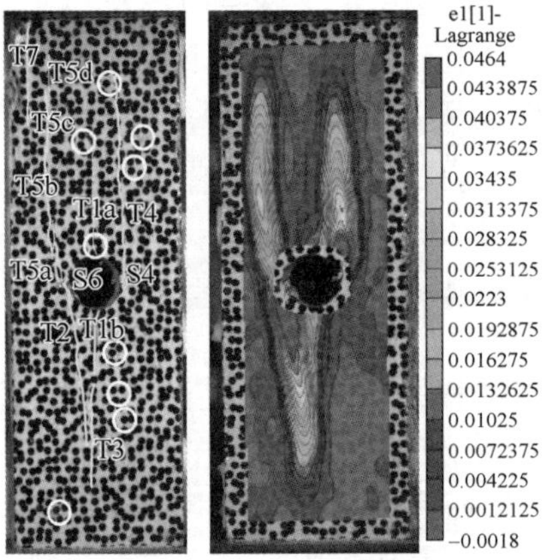

图 4-58　试样 UC-3 的裂纹扩展过程及破裂形态

4.4.1.2　含平行节理岩体硐室试样

图 4-59 所示为含平行节理岩体硐室试样（倾角为 0°、15°、30°、45°、60°、75°和 90°）的裂纹扩展过程和破裂形态。含平行节理岩体硐室试样与完整岩体硐室试样的裂纹扩展过程差异很大。试样 UCJ-0-2（见图 4-59（a））的下节理右尖端首先萌生了拉伸裂纹（T1）并向下扩展，该裂纹的长度和宽度在整个变形过程中基本保持不变。随后，下节理下方中部、硐室左下侧、硐室顶部及上节理上下方中部同时萌生了多条拉伸裂纹，分别为 T2a、T2b、T2c、T2d、T2e 和 T2f，然后硐室右侧和上节理右尖端之间、硐室右侧和硐室左侧相继分别萌生了拉伸裂纹 T3、T4 和 T5。硐室下方出现了剪切裂纹 S6，并很快与下节理右尖端萌生的剪切裂纹 S7 聚合。硐室顶部萌生的拉伸裂纹 T2d 偏离原始的竖直方向向上节理左尖端倾斜扩展，形成局部剪切裂纹 S8。此外，试样上部出现了若干远场裂纹，试样左上角和右上角均发生了表面剥落。

试样 UCJ-15-3（见图 4-59（b））的裂纹扩展模式较为简单，拉伸裂纹 T1（伴随有小尺度剪切裂纹 S1）首先出现在硐室右上方，随即拉伸裂纹 T2 和 T3 也相继在硐室右侧出现，沿加载方向向上扩展。随后，下节理和上节理上方同时出现了拉伸裂纹，分别为 T4a 和 T4b，其中 T4a 较短。下节理左尖端及其上方同时出现了小尺度拉伸裂纹，分别为 T5a

和 T5b。然后，拉伸裂纹 T6 从上节理左尖端开始，朝着硐室左侧方向扩展。试样右侧出现了一条较大尺度的拉伸裂纹 T7，同时伴随有小尺度的剪切裂纹（如 S7）。此外，在试样左上角观察到了远场裂纹。

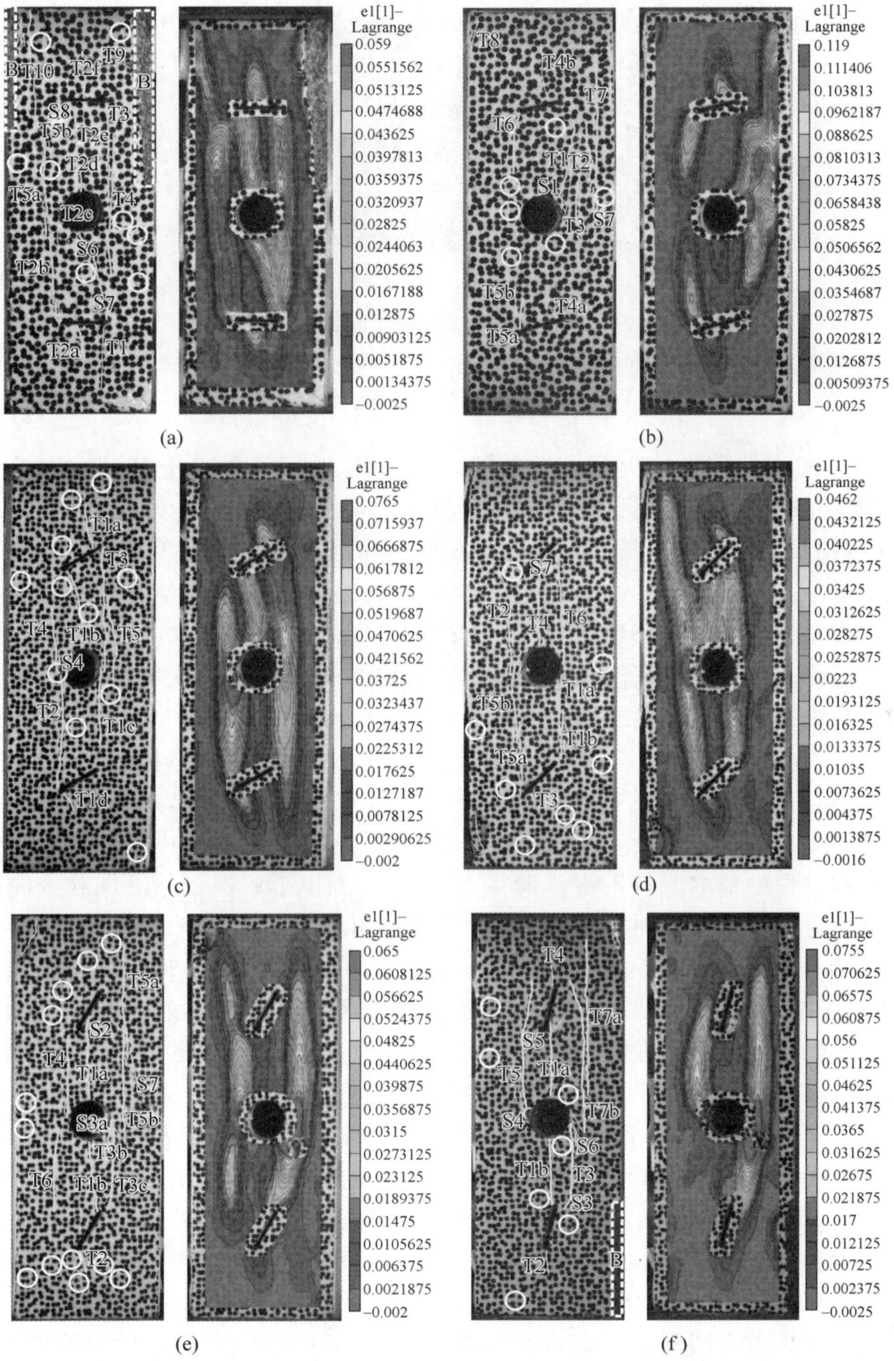

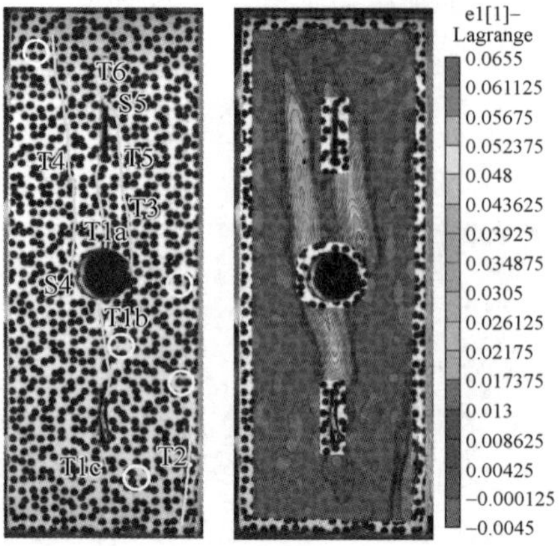

(g)

图 4-59　不同试样的裂纹扩展过程及破裂形态

（a）试样 UCJ-0-2；（b）试样 UCJ-15-3；（c）试样 UCJ-30-1；（d）试样 UCJ-45-3；
（e）试样 UCJ-60-1；（f）试样 UCJ-75-2；（g）试样 UCJ-90-1

试样 UCJ-30-1（见图 4-59（c））首先在上节理右尖端上方、上节理左尖端与硐室顶部之间、硐室左壁和下节理左尖端下方同时萌生了 4 条拉伸裂纹，分别为 T1a、T1b、T1c 和 T1d，T1a 沿加载方向向上扩展，T1b、T1c 和 T1d 沿加载方向向下扩展，其中 T1d 的尺寸在加载过程中基本保持不变。随后，拉伸裂纹 T2 出现在硐室左侧，并沿加载方向向下延伸到下节理左尖端。拉伸裂纹 T3 从硐室右侧萌生并向上扩展到上节理右尖端。最后，硐室左侧、离硐室右侧较近部位相继分别萌生出拉伸裂纹 T4 和 T5，并向上延伸。需要说明的是，几乎没有裂纹从硐室的下部和下节理右尖端出现。

试样 UCJ-45-3（见图 4-59（d））在硐室左侧和下节理右尖端同时分别出现拉伸裂纹 T1a 和 T1b，这两条裂纹相向扩展并基本连接在一起。随后，硐室左侧附近出现拉伸裂纹 T2 并向上扩展，最终停止在上节理左下方。下节理左尖端出现了一条倾斜短裂纹，其尺寸在整个加载过程中基本保持不变。硐室上方出现拉伸裂纹 T4，并沿加载方向向上扩展到离上节理较近处停止。拉伸裂纹 T5a 从硐室左侧出发并向下扩展，同时拉伸裂纹 T5b 从下节理左尖端开始向上扩展，这两条裂纹基本合并成一条裂纹。从硐室右侧开始的一条拉伸裂纹 T6 向上扩展，并最终扩展到上节理右尖端。最后，拉伸裂纹 T4 偏离原始方向继续向上扩展，倾斜扩展到上节理右上部，形成剪切裂纹 S7。此外，还有少量远场裂纹产生。

试样 UCJ-60-1（见图 4-59（e））首先在硐室上方和下方同时分别各形成一条拉伸裂纹 T1a 和 T1b，T1a 向上延伸到离上节理不远处停止，T1b 向下扩展到下节理右尖端。随后，下节理左尖端出现短倾斜裂纹 T2，T1a 继续向上倾斜扩展，与上节理中部相交，形成剪切裂纹 S2。硐室右侧同时出现三条裂纹 S3a、T3b 和 T3c，S3a 尺寸较小，斜向下扩展一小段距离后停止，T3b 和 T3c 沿加载方向向下扩展，T3b 扩展到硐室下部一段距离后停止，T3c 扩展到下节理右尖端。从硐室左侧萌生的拉伸裂纹 T4 竖直向上扩展，并与上节理左尖端相交。上节理右尖端附近和硐室左侧附近同时出现两条较大尺寸的拉伸裂纹 T5a 和 T5b，这两条裂纹基本汇合并延伸到试样顶部。最后拉伸裂纹 T6 出现在硐室左侧附近，并向下延伸。

试样 UCJ-75-2（见图 4-59（f））中的两个拉伸裂纹 T1a 和 T1b 分别从硐室上方和下方萌生并扩展，T1a 向上扩展至上节理下尖端，T1a 向下扩展至下节理上尖端，在试样中产生两个破坏面。随后，下节理下尖端出现小尺寸拉伸裂纹 T2，其尺寸在整个加载过程中基本保持不变。硐室左侧出现拉伸裂纹 T3 竖直向下扩展，后期演化为剪切裂纹 S3 倾斜延伸至下节理上尖端附近。硐室左侧发生微型剪切破坏，形成小尺寸剪切裂纹 S4；与此同时，上节理上尖端萌生小尺寸拉伸裂纹 T4。在 S4 处出现拉伸裂纹 T5 竖直向上延伸，同时在 T5 中部衍生出分支剪切裂纹 S5，并与上节理下尖端相交。硐室右侧出现多条倾斜剪切裂纹（如 S6），但尺寸较小。最后，硐室右侧附近出现两条较大尺寸的拉伸裂纹 T7a 和 T7b，T7a 竖直延伸至试样顶部，T7b 先竖直延伸一段距离后倾斜延伸至上节理上尖端附近。此外，试样右下角出现轻微剥落。

试样 UCJ-90-1（见图 4-59（g））首先同时在硐室上方和下方分别萌生拉伸裂纹 T1a 和 T1b，T1a 向上延伸至上节理下尖端，T1b 向下扩展至下节理上尖端。然后试样右下角出现远程裂纹 T2。硐室右侧萌生的拉伸裂纹 T3 竖直向上延伸至上节理下尖端附近停止。从硐室左侧开始的小尺寸剪切裂纹 S4 迅速演化为拉伸裂纹 T4，并竖直向上扩展至试样左上侧。上节理上尖端萌生小尺寸剪切裂纹 S5 后很快演变为拉伸裂纹 T5 后向下扩展，并与拉伸裂纹 T3 汇合形成一条大裂纹。最后，上节理上尖端出现了一条小尺寸拉伸裂纹 T6。

根据裂纹扩展过程中拍摄到的高速图像，可以清楚地识别聚结裂纹中的不同裂纹类型。从各试样的破坏结果中可以观察到 3 种类型的裂纹，即拉伸裂纹、剪切裂纹和拉剪（拉伸+剪切）复合裂纹，这些裂纹类型是通过裂纹萌生和扩展的行为确定的。拉伸裂纹的特征在于裂纹面的开口，剪切裂纹的特征在于沿着裂纹面的相对滑动，拉剪复合裂纹是指以一种裂纹类型（拉伸或剪切）开始，然后以另一种裂纹类型扩展的裂纹。拉伸裂纹一般是在节理尖端和硐室或其附近开始的，沿加载方向曲折向前扩展，其扩展最初是稳定的，在聚结时可能变得不稳定。剪切裂纹一般只是局部的小尺寸裂纹，扩展过程较为稳定，对试样的破坏不起主导作用。拉伸+剪切复合裂纹是由拉伸裂纹和剪切裂纹连接而成的，在其形成过程中，试样中同时存在微剪切破坏机制和微拉伸破坏机制。拉伸+剪切复合裂纹扩展前期比较稳定，后期可能不稳定。此外，这三类裂纹的扩展长度均有限，并没有贯通整个试样。

4.4.1.3 含交叉节理岩体硐室试样

图 4-60 所示为含交叉节理岩体硐室试样（半夹角为 15°、30°、45°、60°和 75°）的裂纹扩展过程和破裂形态。试样 UCI-15-1（见图 4-60（a））首先在硐室右下侧萌生一条张拉裂纹 T1，沿加载方向向下扩展，但扩展长度有限。随后，拉伸裂纹 T2 出现在硐室左侧附近，并竖直向上延伸至上交叉节理左下尖端附近。硐室左侧与下交叉节理左尖端之间的部位出现了若干小尺寸拉伸裂纹（如 T3），这些裂纹在整个加载过程中基本保持不变。硐室右上方出现拉伸裂纹 T4a，并向上竖直延伸，同时上交叉节理上部出现很短的倾斜裂纹 T4b，其没有延伸迹象。硐室左侧出现拉伸裂纹 T5，扩展方向近似与加载方向平行。最后，上交叉节理右尖端萌生出 3 条小尺寸拉伸裂纹（如 T6a），并有与 T4a 聚结的倾向，同时硐室左侧部位也出现了小尺度裂纹 T6b。此外，观察到上交叉节理左侧和右侧的两组节理尖端均出现了竖直裂纹，将节理尖端贯通。

试样 UCI-30-2（见图 4-60（b））中的一条剪切裂纹 S1 首先出现在下交叉节理右上尖

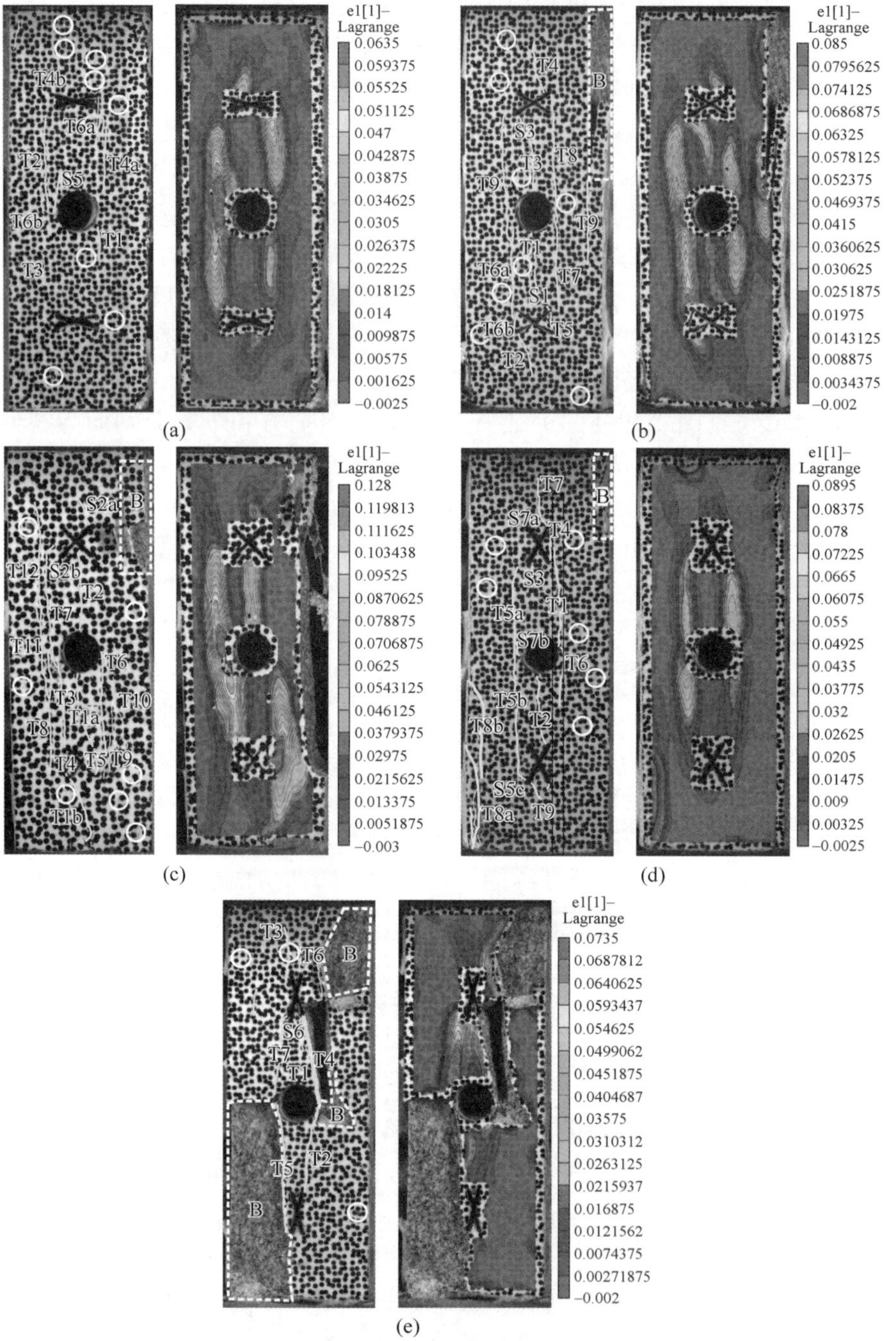

图 4-60　含交叉节理岩体硐室试样的裂纹扩展过程及破裂形态

（a）试样 UCI-15-1；（b）试样 UCI-30-2；（c）试样 UCI-45-3；（d）试样 UCI-60-2；（e）试样 UCI-75-1

端，延伸一段距离后转化为拉伸裂纹 T1 扩展到硐室底部。随后，下交叉节理左下尖端出现了拉伸裂纹 T2，向试样底部延伸。硐室上方萌生的拉伸裂纹 T3 向上延伸一段距离后转化为剪切裂纹 S3 倾斜扩展至上交叉节理左下尖端。上交叉节理右上尖端萌生出拉伸裂纹

T4，向试样顶部延伸。下交叉节理右侧的两个节理尖端被拉伸裂纹 T5 贯通。硐室左下方出现的拉伸裂纹 T6a 竖直向下扩展，并与下交叉节理左上尖端相交，同时下交叉节理左侧的两个节理尖端被拉伸裂纹 T6b 贯通。硐室左侧萌生拉伸裂纹 T7，并竖直向下扩展至下交叉节理右上尖端附近后停止。上交叉节理右下尖端产生拉伸裂纹 T8，并竖直向下延伸至硐室右侧后停止，基本与 T7 相交。最后试样右上角发生剥落，剥落区向下发展诱发拉伸裂纹 T9。此外，上交叉节理右侧的两个节理尖端被拉伸裂纹贯通，在试样左上角观察到两条远场裂纹。

试样 UCI-45-3（见图 4-60（c））首先在下交叉节理右上尖端与硐室底部之间形成了一条拉伸裂纹 T1a，同时下交叉节理左下尖端萌生拉伸裂纹 T1b，可能由于端部效应，在接近试样下端部时 T1b 的扩展路径偏向于水平方向。随后，硐室上方与上交叉节理交叉点之间萌生拉伸裂纹 T2，同时上交叉节理右上尖端和左下尖端分别出现小尺寸剪切裂纹 S2a 和 S2b。下节理左上尖端萌生拉伸裂纹 T3，向上延伸至硐室左下方。下交叉节理左侧和右侧的两个节理尖端相继分别被拉伸裂纹 T4 和 T5 贯通。拉伸裂纹 T6 出现在硐室右侧，向下延伸到下节理右下尖端并与 T5 相交。硐室左下方萌生拉伸裂纹 T7，并向上扩展到上交叉节理附近，T7 与 T3 在硐室左下方部位相交。硐室左侧萌生的拉伸裂纹 T8 向下延伸至下交叉节理左下尖端附近后停止。在 T6 右侧附近出现了多条小尺寸拉伸裂纹（如 T9 和 T10）形成裂纹组，部分裂纹发生聚结。硐室左侧萌生大尺寸拉伸裂纹 T11，沿竖直方向同时向上和向下扩展，在向下扩展时与 T8 相交，合并成一条裂纹。最后，紧邻 T11 萌生的大尺寸拉伸裂纹 T12 并向上扩展，T12 与 T11 相交。T8、T11 和 T12 聚结成了一条大的宏观破坏面。此外，试样右上角发生表面剥落。

试样 UCI-60-2（见图 4-60（d））首先在硐室右上方萌生拉伸裂纹 T1，并向上扩展至上交叉节理右上尖端附近。随后，下交叉节理右上尖端出现拉伸裂纹 T2，向上扩展至硐室下方。上交叉节理左下尖端萌生短剪切裂纹 S3，在整个裂纹扩展过程中基本保持不变。上交叉节理右侧的两个节理尖端被拉伸裂纹 T4 贯通，T4 与 T1 相交。硐室左下方萌生拉伸裂纹 T5a 向上扩展至上交叉节理左下尖端附近，同时在硐室左下方相同部位萌生拉伸裂纹 T5b 向下扩展至下交叉节理左下尖端，T5a 与 T5b 基本聚结。在 T1 与硐室相交处萌生拉伸裂纹 T6，并向下扩展至硐室与下交叉节理右上尖端中间部位后停止。上交叉节理右上尖端萌生出拉伸裂纹 T7，同时 T5a 衍生出小尺寸分支剪切裂纹 S7b，并与硐室左侧相交。试样左下角部位同时萌生拉伸裂纹 T8a 和 T8b，并扩展至试样左侧边界。最后下交叉节理左下尖端萌生小尺寸倾斜裂纹 T9。此外，试样右上角发生局部表面剥落。

试样 UCI-75-1（见图 4-60（e））首先在硐室顶部萌生拉伸裂纹 T1，向上延伸至上交叉节理右下尖端下方停止。随后，下交叉节理右上尖端出拉伸裂纹 T2，向上延伸至硐室右侧。上交叉节理左上尖端出现拉伸裂纹 T3，在后期基本保持不变。上交叉节理右下尖端萌生拉伸裂纹 T4，向下延伸至硐室右侧，并与 T2 汇合。可能是由于应力集中作用，T4 发展为较大宽度的裂缝，并引起硐室右侧发生表面剥落。硐室右侧出现拉伸裂纹 T5，并延伸到下交叉节理左下尖端。上交叉节理右上尖端和左下尖端同时分别萌生出小尺寸拉伸裂纹 T6 和剪切裂纹 S6。最后，S6 进一步演化为拉伸裂纹 T7，并延伸至硐室左侧。此外，试样中产生有远场裂纹，试样左下角和右上角均发生较大范围的表面剥落。

4.4.1.4　裂纹扩展模式比较分析

由上述分析可知，完整岩体硐室试样、含平行（交叉）节理岩体硐室试样的裂纹扩展和破坏模式与图 2-6（b）所示的完整试样竖向劈裂破坏的脆性破坏特征明显不同，完整岩体硐室试样的裂纹扩展模式取决于硐室，而含平行（交叉）节理岩体硐室试样的裂纹扩展模式同时取决于硐室和节理角度，试样中包含有与硐室和不同节理角度相关的组合裂纹。

具有不同节理倾角的含平行节理岩体硐室试样受力后，微裂纹的起裂主要始于预制节理尖端和（或）硐室顶底部。对于微裂纹的起裂，加载方向与节理尖端和（或）硐室周围原始缺陷方位一致时，优先在原始缺陷应力集中处或受拉应力最大的位置起裂，否则微裂纹也可以在平行于加载方向没有缺陷的位置起裂。随后的裂纹出现顺序及扩展过程存在一定差异，这可能反映了不同的节理倾角导致不同的开裂行为。含平行节理岩体硐室试样中生成的裂纹在节理尖端和硐室之间容易聚结，接近试样破坏时，大多数裂纹均较发育。试样的不稳定破坏主要是由硐室和平行节理尖端引发的拉伸裂纹造成的，局部出现剪切破坏。可见，硐室和节理的存在、节理倾角的改变在含有缺陷岩体的断裂行为中具有重要作用。总的来说，尽管不同节理倾角的含平行节理岩体硐室试样的裂纹扩展过程存在差异，但各试样破坏时的裂纹形态主要分布在节理水平投影的影响范围内，路径近似呈“H”型。

与含平行节理岩体硐室试样类似，含交叉节理岩体硐室试样受力后微裂纹的起裂也主要始于预制交叉节理尖端和（或）硐室顶底部。拉伸裂纹在各试样中占主导作用，主要以拉伸破坏为主，局部出现剪切破坏。交叉节理夹角的不同会导致不同的开裂方式。不同的是，与含平行节理岩体硐室试样相比，含交叉节理岩体硐室试样中节理数量增加，这对试样的破裂模式产生一定的影响，裂纹起裂的位置增多，导致试样更容易发生破坏。此外，交叉节理会显著影响试样的破裂程度，整体来看，含交叉节理岩体硐室试样比含平行节理岩体硐室试样破坏更为严重。另外发现，含交叉节理岩体硐室试样中交叉节理之间存在相互影响，两组交叉节理左侧和（或）右侧的两个节理尖端往往会被拉伸裂纹贯通，这使得含交叉节理岩体硐室试样的裂纹扩展机制变得更加复杂。需要说明的是，含交叉节理岩体硐室试样在变形破坏过程中试样表面也出现了白色斑块，这可能也是微裂纹成核造成的结果，这将在 4.4.2 小节详细分析。此外，对比分析各试样的实际裂纹扩展形态与其主应变场演化结果可知，两者具有较好的对应关系，这也验证了数字图像系统的可靠性。需要说明的是，裂纹在空间上的分布是不均匀的，有些裂纹的扩展有闭有扩，这与试样中的应力调整有关。另外，裂纹并非在平面内二维扩展，而是三维扩展，试样内部裂纹扩展形态要比表面复杂得多。

总结含平行（交叉）节理岩体硐室试样在受外力后的裂纹扩展行为后认为，硐室围岩的变形破坏机制和稳定性不仅取决于原始节理，还取决于新萌生的裂纹，这些裂纹会在由开挖引起的应力重分布的作用下继续扩展，最终导致硐室的破坏。Hajiabdolmajid 等人[12]基于理论分析指出，脆性破坏主要是由拉伸裂纹的生长和聚结造成的，拉伸裂纹的产生先于剪切破坏。本书获得的试验结果也有力地支持了这一结论。然而，这些结论仍然需要用岩体工程中地下硐室的实际破坏模式来验证。

4.4.2 破坏过程中白色斑块形成机制分析

在本试验中，高速摄像仪拍摄到的试样照片显示，在裂纹萌生和扩展过程中，观察和记录到了可见的表面纹理增亮或材料晶粒增亮区域（见图 4-58～图 4-60 中白色圆圈），这些材料变亮的区域，称为“白色斑块”，这意味着花岗岩中的微裂纹通常会改变其光学性质。其他一些研究者在脆性岩石材料试验过程中也发现了白色斑块这一现象，并对其形成机制进行了分析。Janssen[13]、Brooks[14]、Morgan[15-16]及 Cheng 和 Wong[17]等人通过电镜扫描（SEM）后认为白色斑块为颗粒间和颗粒内的微裂纹组。Wong 和 Einstein[18]系统地研究了在大理石试样中观察到的白色斑块的微观形成机制，并指出白色斑块与大量微裂纹带的萌生和扩展密切相关。Zhou 等人[19]发现线性白色斑块在拉伸应力作用下开始出现，而扩散性白色斑块似乎是在剪切应力作用下形成的。Zou 和 Wong[20]发现在单轴加载和动态冲击加载条件下，含不同节理倾角的大理岩中出现了不同类型的白色斑块，白色斑块的类型与节理倾角有关，第一个白色斑块出现时的应力与试样峰值应力之比随加载条件而变化。先前的研究使用许多不同的测试和观察方法确定了花岗岩中的微裂纹过程区，这些研究可以提供一些基本的见解，即所观察到的宏观白色斑块（断裂过程区）最有可能是由微裂纹聚结发展而来的。

本试验发现完整岩体硐室试样、含平行（交叉）节理岩体硐室试样中白色斑块一般首先出现在硐室周边和节理尖端附近，白色斑块出现的时间比伴随试样破坏的可见裂纹出现的时间早得多，并确定了两种典型类型的白色斑块，即线性和扩散性白色斑块，如图 4-61 所示（以试样 UCJ-15-3 和试样 UCJ-30-1 为例），这与 Morgan 等人[15]所观察到的结果一致。线性和扩散性白色斑块的几何形状明显不同，线性白色斑块的特点是增白区域狭窄，这可能是随着试样中应力的增加而形成的。线性白色斑块可以细分为晶界型和晶粒内型两种不同的类型（见图 4-62），晶界型白色斑块沿晶粒边缘发展，而晶粒内型白色斑块穿过材料晶粒，线性白色斑块延伸穿过试样时这两种类型交替出现[15]。在扩散性白色斑块中，多个晶粒完全白化，通常向各个方向扩展，占据的增白区域面积一般是线性白色斑块的若干倍。

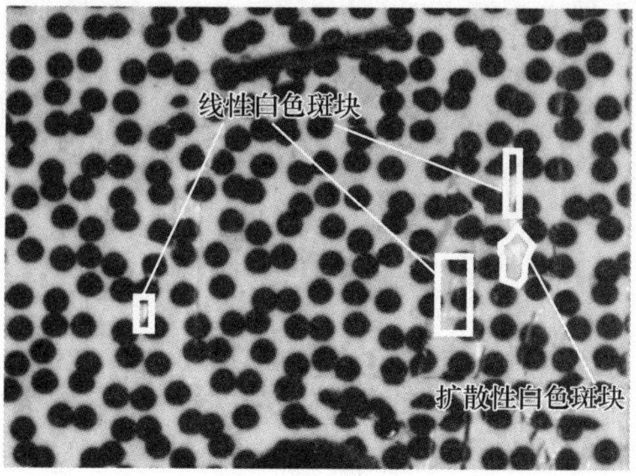

(a)

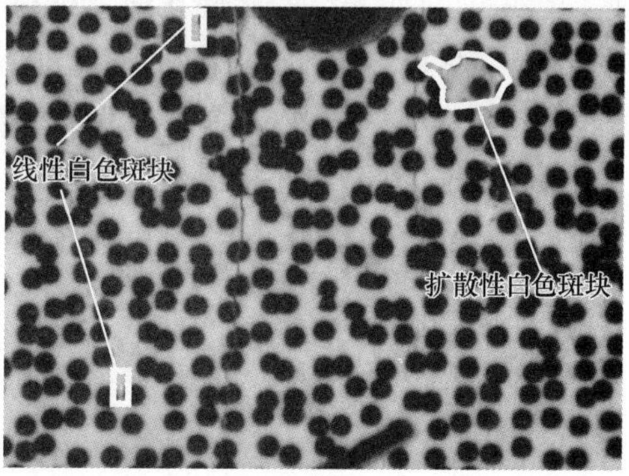

(b)

图 4-61 试样表面出现的线性和扩散性白色斑块

（a）试样 UCJ-15-3；（b）试样 UCJ-30-1

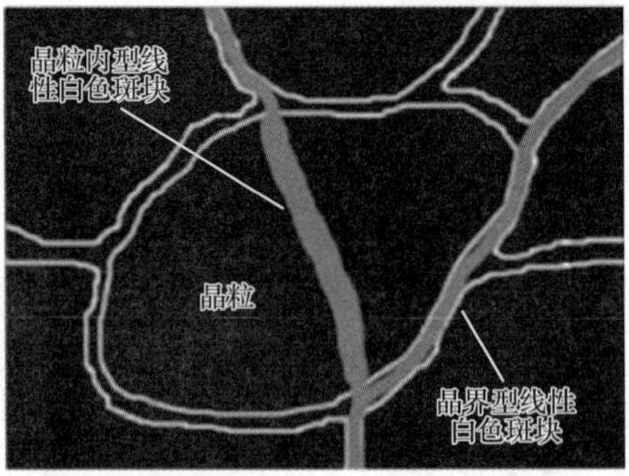

图 4-62　晶界型和晶粒内型线性白色斑块示意图（修改于 Morgan 等人[15]）

在裂纹尖端、硐室周围及试样其他部位都有可能出现线性和扩散性白色斑块。线性白色斑块倾向于沿加载方向延伸，在加载期间有时会出现分支，即另一条线性白色斑块从主线性白色斑块中延伸出来（见图 4-61）。随着应力的增加，分支线性白色修补也倾向于平行于初始线性白色斑块发展，产生更宽的线性白色斑块（见图 4-61），而扩散性白色斑块没有优先延伸方向。扩散性白色斑块表现为颜色的逐渐过渡，与周围区域没有明显的界限，而线性白色斑块亮度较高，与周围区域形成明显的颜色对比，这一发现与 Zhou[19]、Cheng 和 Wong[17] 等人最近的研究结论一致。随着应力的增加，线性白色斑块的长度和扩散性白色斑块的面积均会有所增加。

综上所述，白色斑块作为一种表面现象，不仅是裂纹扩展过程中的光学效应，也是材料弱化的断裂过程区。微观裂纹区在宏观上被视为白色斑块，微裂纹成核被认为是白色斑块的微观形成机制。在实际工程中，根据地下硐室围岩表面的白色斑块现象或许可以尝试用来预测围岩失稳破坏。

4.4.3　失稳破坏特征分析及失稳控制建议

岩石的断裂破坏过程从宏观上表现为裂纹的萌生和扩展。由于裂纹通常沿岩石中矿物晶界延伸扩展，且所测试的脆性花岗岩材料具有宏观可见的晶粒尺寸，在含平行（交叉）节理岩体硐室试样中观察到了一些独特的断裂特征。

最初萌生的裂纹都是拉伸裂纹，通常起裂于裂纹尖端（附近）或硐室周边，在拉伸裂纹萌生之前观察到了线性白色斑块。主拉伸裂纹通常始于节理尖端内部或外部，亦或者是硐室的顶部或底部，在某些情况下，观察到断裂在远离上述部位的试样基体中开始。经检查各试样破坏后的断口特征，试样中形成的拉伸裂纹大多沿晶粒边界延伸（以试样 UCI-45-3 为例），如图 4-63（a）所示，很少出现穿过晶粒破裂的情况。因此，拉伸裂纹在试样中沿着由晶界限定的曲折路径扩展时，其延伸路径形态通常呈“锯齿”状，这一点从各试样表面展示的裂纹形态也可以看出。

剪切裂纹一般是在拉伸裂纹萌生之后才出现的，通常作为试样聚结开裂的一部分，但在极少数情况下，剪切裂纹作为二次开裂的一部分。本试验结果表明，各试样在断裂过程中形成的剪切裂纹很少，只在局部位置出现。矿物颗粒抗剪强度和粒度是剪切裂纹扩展的两个重要材料参数[15]，所测试的花岗岩材料具有强度较高的矿物质（长石和石英），较高

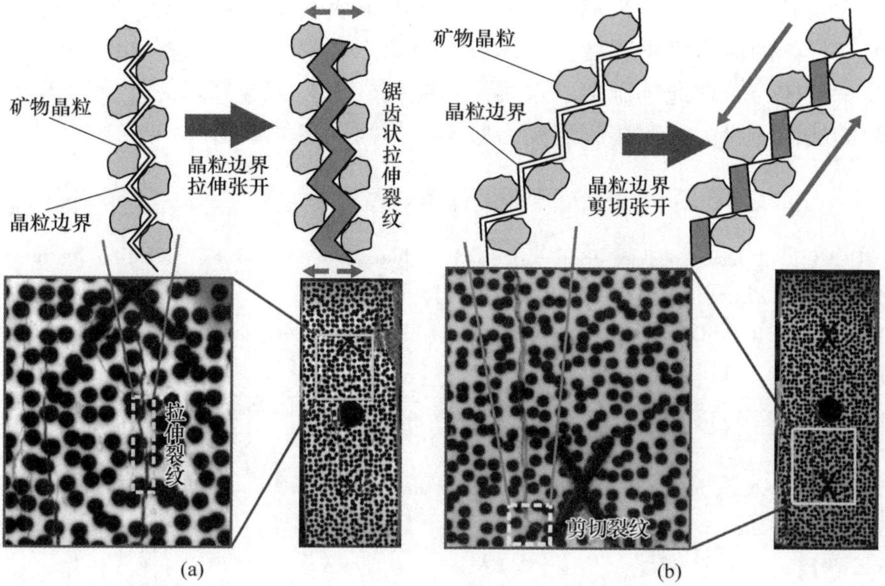

图 4-63 典型试样表面的拉伸裂纹和剪切裂纹示意图（修改于 Morgan 等人[15]）
（a）拉伸裂纹示意图；（b）剪切裂纹示意图

的矿物颗粒剪切强度可抵抗矿物破碎，这也正如前面所介绍的那样，完整花岗岩试样的单轴抗压强度超过了 250 MPa，因而观察到含平行（交叉）节理岩体硐室试样在破坏时只出现了较少的剪切裂纹。此外，花岗岩材料的晶粒尺寸相对较大，较大的晶粒尺寸可能会增加膨胀剪切阻力。剪胀（垂直于剪切方向的位移）与晶粒边缘相对于剪切方向和晶粒尺寸的夹角密切相关。因此，在含平行（交叉）节理岩体硐室试样中观察到较少的剪切裂纹也可能与花岗岩材料颗粒较强的抗剪切能力，以及较大的晶粒尺寸可能会增加其剪胀性有关。经检查各试样破坏后的断口特征，与拉伸裂纹相似，少量的剪切裂纹也主要沿晶粒边界延伸，如图 4-63（b）所示（以试样 UCI-60-2 为例）。有时会在剪切断面上发现有粉末状的残余物，表明晶粒破碎，这可能是因为剪切裂纹萌生和扩展后，由于沿裂纹表面的较大滑动位移，晶粒发生了断裂。

此外，部分含平行（交叉）节理岩体硐室试样在变形破坏过程中出现了表面剥落现象，这可能跟局部应力集中有关，也可能是剪切断裂造成的[15]。虽然试样表面发生了剥落破坏，但剥落的碎片厚度比试样厚度要小得多。因此，试样表面剥落一般不会影响试样中裂纹的扩展演化。

本书获得的不同工况试样的变形破坏过程及破坏特征可以较好地解释工程中地下硐室渐进式失稳破坏灾害的形成机制。在研究含平行（交叉）节理岩体硐室试样的裂纹扩展过程时发现，微裂纹扩展形成宏观裂纹后，早期形成的一些微裂纹会停止扩展，甚至发生闭合，然而在这些部位可能会形成隐蔽的不稳定区和能量积聚区，成为硐室围岩失稳破坏的潜在隐患，这一发现也提醒我们需加强对地下硐室围岩中裂纹闭合区的监控，以便及时采取相应支护控制措施，避免灾害发生。

由试验结果可知，在静态荷载作用下，节理化岩体硐室围岩中硐室周围和节理尖端会形成高应力集中，这些部位首先发生变形破坏。因此，在硐室围岩失稳控制时，可以先对硐室围岩表面及其深部进行注浆加固，填充节理面形成的弱空间，改善弱空间结构的应力状态，降低节理处的应力集中程度。浆体可将裂隙围岩胶结成一个整体，提高硐室围岩的完整性和自承载能力。在此基础上，采用高强锚杆（索）或金属可缩性支架等支护结构提高硐室围岩的法向压应力，改善围岩受力状态，提高硐室的稳定性。

参考文献

[1] YAMAGUCHI I. A laser-speckle strain gauge [J]. Journal of Physics E: Scientific Instruments, 1981, 14 (11): 1270-1273.

[2] PETERS W H, RANSON W F. Digital image techniques in experimental mechanics [J]. Optical Engineering, 1982, 21 (3): 427-431.

[3] 大久保诚介，汤杨，许江，等. 3D-DIC 系统在岩石力学试验中的应用 [J]. 岩土力学，2019 (8): 1-11.

[4] ZHU Q, LI D, HAN Z, et al. Mechanical properties and fracture evolution of sandstone specimens containing different inclusions under uniaxial compression [J]. International Journal of Rock Mechanics and Mining Sciences, 2019, 115: 33-47.

[5] ZHOU Z, TAN L, CAO W, et al. Fracture evolution and failure behaviour of marble specimens containing rectangular cavities under uniaxial loading [J]. Engineering Fracture Mechanics, 2017, 184: 183-201.

[6] GAO G, HUANG S, XIA K, et al. Application of digital image correlation (DIC) in dynamic notched semi-circular bend (NSCB) tests [J]. Experimental Mechanics, 2015, 55 (1): 95-104.

[7] LI D, ZHU Q, ZHOU Z, et al. Fracture analysis of marble specimens with a hole under uniaxial compression by digital image correlation [J]. Engineering Fracture Mechanics, 2017, 183: 109-124.

[8] GOODIER J N. Concentration of stress around spherical and cylindrical inclusions and flaws [J]. Journal of Applied Mechanics, 1933, 55 (7): 39-44.

[9] JANEIRO R P, EINSTEIN H H. Experimental study of the cracking behavior of specimens containing inclusions (under uniaxial compression) [J]. International Journal of Fracture, 2010, 164 (1): 83-102.

[10] 马永尚，陈卫忠，杨典森，等. 基于三维数字图像相关技术的脆性岩石破坏试验研究 [J]. 岩土力学，2017, 38 (1): 117-123.

[11] BASU A, MISHRA D A. A method for estimating crack-initiation stress of rock materials by porosity [J]. Journal of the Geological Society of India, 2014, 84 (4): 397-405.

[12] HAJIABDOLMAJID V, KAISER P K, MARTIN C D. Modelling brittle failure of rock [J]. International Journal of Rock Mechanics and Mining Sciences, 2002, 39 (6): 731-741.

[13] JANSSEN C, WAGNER F, ZANG A, et al. Fracture process zone in granite: A microstructural analysis [J]. International Journal of Earth Sciences, 2001, 90 (1): 46-59.

[14] BROOKS Z, ULM F J, EINSTEIN H H. Environmental scanning electron microscopy (ESEM) and nanoindentation investigation of the crack tip process zone in marble [J]. Acta Geotechnica, 2013, 8 (3): 223-245.

[15] MORGAN S P, JOHNSON C A, EINSTEIN H H. Cracking processes in Barre granite: Fracture process zones and crack coalescence [J]. International Journal of Fracture, 2013, 180 (2): 177-204.

[16] MORGAN S P, EINSTEIN H H. Cracking processes affected by bedding planes in Opalinus shale with flaw pairs [J]. Engineering Fracture Mechanics, 2017, 176: 213-234.

[17] CHENG Y, WONG L N Y. Microscopic characterization of tensile and shear fracturing in progressive failure in marble [J]. Journal of Geophysical Research: Solid Earth, 2018, 123 (1): 204-225.

[18] WONG L N Y, EINSTEIN H H. Crack coalescence in molded gypsum and carrara marble: Part 2—Microscopic observations and interpretation [J]. Rock Mechanics and Rock Engineering, 2009, 42 (3): 513-545.

[19] ZHOU X, ZHANG J, QIAN Q, et al. Experimental investigation of progressive cracking processes in granite under uniaxial loading using digital imaging and AE techniques [J]. Journal of Structural Geology, 2019, 126: 129-145.

[20] ZOU C, WONG L N Y. Experimental studies on cracking processes and failure in marble under dynamic loading [J]. Engineering Geology, 2014, 173: 19-31.

5 动载下节理化岩体硐室围岩力学响应特征及其破坏机制与控制

通过前面对静态荷载作用下含平行（交叉）节理岩体硐室试样的研究，基本掌握了节理化岩体硐室围岩的静态力学破坏行为，而节理化岩体硐室围岩的动态力学破坏行为是另一个值得关注的问题。在地下工程实践中，地震活动、爆破作业及岩爆灾害等产生的动态扰动作用对硐室围岩的稳定性具有重要影响，在准静态和动态加载下的岩石破裂机制和破坏模式具有显著差异[1]。然而，目前很少研究高冲击加载速率下节理化岩体硐室围岩的变形破坏过程，尤其是硐室周围的破坏模式。霍普金森压杆冲击试验已广泛应用于混凝土、岩石等准脆性材料动态力学性能研究中。本章制备了相同工况下的完整试样、完整岩体硐室试样、含平行节理岩体硐室试样（倾角为0°、15°、30°、45°、60°、75°和90°）和含交叉节理岩体硐室试样（半夹角为15°、30°、45°、60°和75°），采用分离式霍普金森压杆试验系统和高速摄像系统对这些试样进行冲击加载试验，研究不同冲击气压下试样的动态力学行为、波动特性、能量耗散特征和裂纹扩展机制，并与静态加载下的试验结果进行比较分析。最后，基于动态加载试验结果，提出相应的节理化岩体硐室围岩失稳控制建议。

5.1 试验方案

5.1.1 试样加工

本章采用分离式霍普金森压杆冲击试验所测试的完整试样、完整岩体硐室试样、含平行（交叉）节理岩体硐室试样的加工方法与第2章中介绍的一致，这里不再赘述，所有测试试样如图5-1所示。

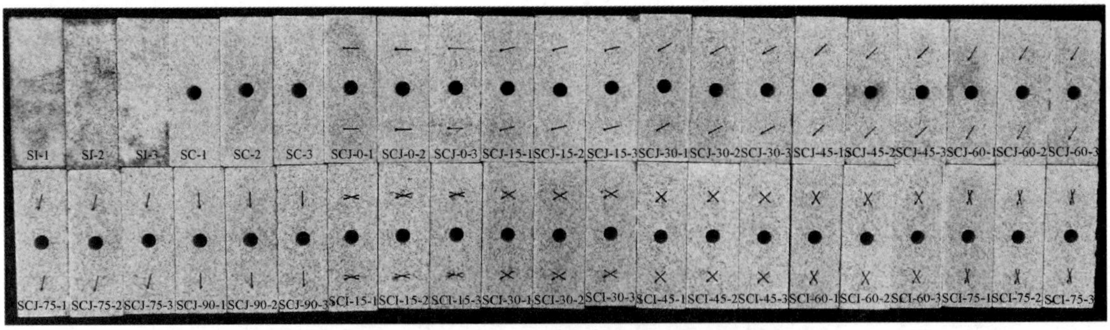

图5-1 用于SHPB试验的试样照片

在图5-1中，试样编号中SI代表完整试样，SC代表完整岩体硐室试样，其后面的数字1、2和3分别代表冲击加载气压为0.7 MPa、0.8 MPa和0.9 MPa；SCJ代表含平行节理岩体硐室试样，其后面的第1个数字代表预制节理倾角，第2个数字中的1、2和3分别代表冲击加载气压为 0.7 MPa、0.8 MPa 和 0.9 MPa。试样编号中 SCI 代表含交叉节理岩体硐室试样，其后面的第 1 个数字代表预制半夹角，第 2 个数字中的 1、2 和 3 分别代表冲击加载气压为 0.7 MPa、0.8 MPa 和 0.9 MPa。

5.1.2 试验设备

5.1.2.1 分离式霍普金森压杆系统

霍普金森压杆（splitting hopkinson pressure bar，SHPB）试验装置是由 Kolsky[2] 于 1949 年提出，在研究岩石材料动态力学特性方面得到了广泛应用。含节理岩体硐室试样动载试验是在华北理工大学力学实验中心的改进型分离式 SHPB 试验系统上进行的。SHPB 试验系统动态压缩应变率范围为 10~1000 s^{-1}，属于中高应变率。

SHPB 试验系统实物图和示意图如图 5-2 所示，主要由冲击加载装置、测量装置、数据采集与处理装置构成。冲击加载装置主要包括发射炮、冲击子弹、入射杆、透射杆和吸收杆等。

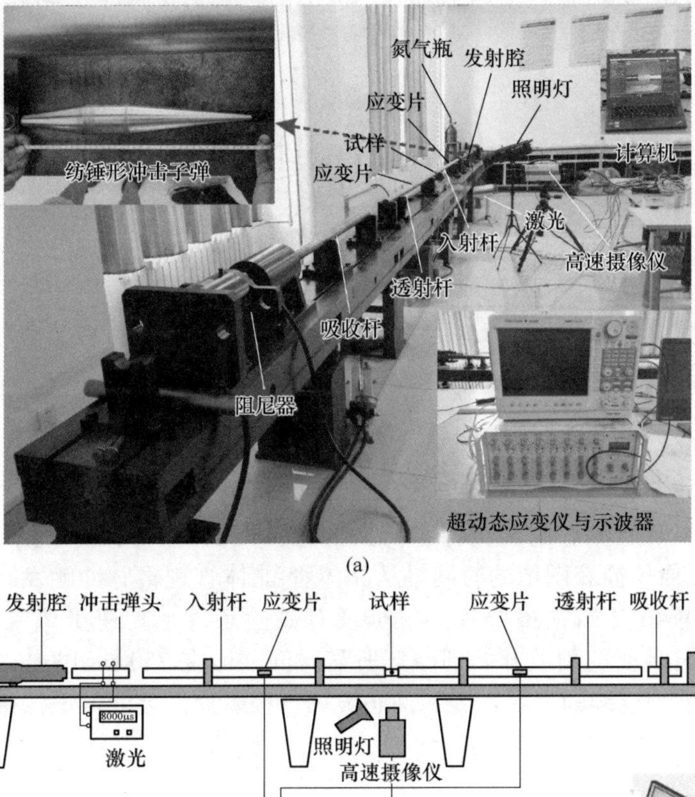

(a)

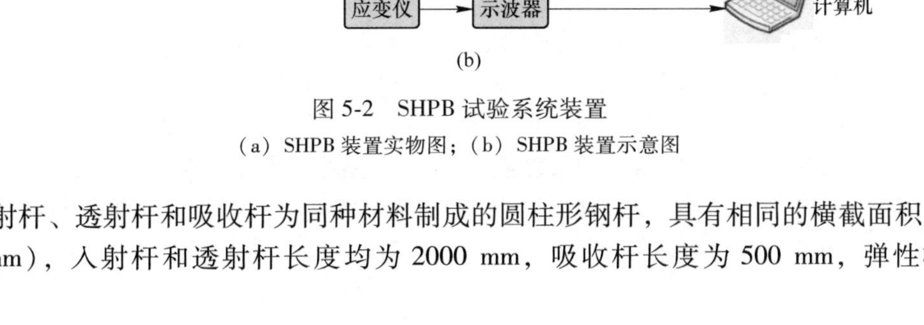

(b)

图 5-2 SHPB 试验系统装置

(a) SHPB 装置实物图；(b) SHPB 装置示意图

入射杆、透射杆和吸收杆为同种材料制成的圆柱形钢杆，具有相同的横截面积（直径为 50 mm），入射杆和透射杆长度均为 2000 mm，吸收杆长度为 500 mm，弹性模量为

210 GPa，密度为 7800 kg/m^3。改进后的冲击子弹为相同材料制成的纺锤形杆，长度为 355 mm，可以产生半正弦波，保证恒应变率加载。

测量系统包括撞击杆速度测量系统和压杆传感器测量系统，撞击杆速度测量系统采用激光测速法，压杆传感器测量系统采用压杆相应位置处粘贴电阻应变片和超动态应变测试仪组。

数据采集和处理系统主要由 SDY-2107B 型超动态应变仪和示波记录仪组成，通过超动态应变仪和入射杆、透射杆上的应变片实时采集信号，最大采集频率为 1000 kHz。

SHPB 系统原理如图 5-3 所示，放置于发射腔内的冲击子弹在一定冲击气压驱使下产生一定的冲击速度，并对心撞击入射杆，随即在入射杆端形成一维应力脉冲，然后以一定的波速传播至入射杆与试样交界处，应力波在入射杆与试样界面将发生反射和透射。透射波穿过试样在试样和透射杆的交界处将再次发生反射和透射。应力波在试样中经过多次反射和透射后，其两端应力趋于平衡，通过粘贴在入射杆与透射杆的应变片可获得入射波、反射波和透射波的应变信号。根据 Kolsky[2] 提出的理论，试样中的动态应力-应变关系可以从入射杆和透射杆上的应变仪记录的应变信号中计算出来。

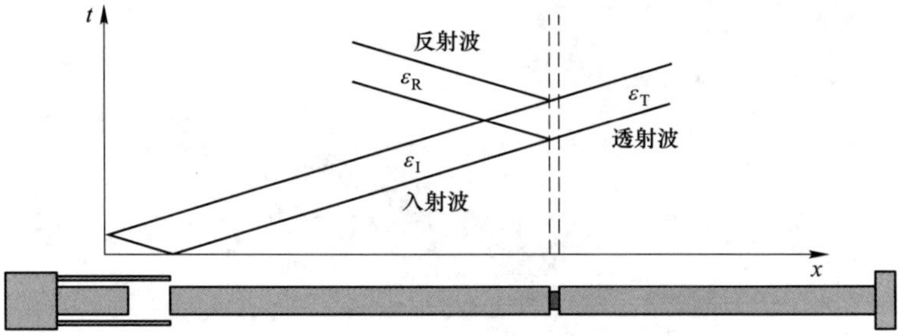

图 5-3　SHPB 系统原理图

5.1.2.2　高速摄像系统

为了捕捉含平行节理岩体硐室试样裂纹的动态扩展过程，采用高速摄像系统对冲击过程中的试样进行实时监测。高速摄像系统主要包括照明灯、高速摄像仪和计算机，如图 5-2 所示。高速摄像仪捕获图像的时间是从晶体管-晶体管逻辑脉冲触发时开始，可以在应力波到达试样之前就开始拍摄照片。根据现有试验条件，高速摄像仪的拍摄帧数设为 40000 张/秒，试样从受应力波开始到破坏所需时间一般在 250 μs 以内，在试样冲击破坏时段内可有效捕捉到连续的裂纹扩展和动态破坏过程照片，且能保证拍摄到的照片具有较高的分辨率。

5.1.3　试验过程

岩体工程中往往存在强扰动情况，如地震、爆破振动及岩爆等，会对地下硐室的稳定性构成严重威胁。为了研究强冲击扰动作用下完整岩体硐室试样、含平行（交叉）节理岩体硐室试样的失稳破坏机制，试验时选用了三个不同等级的冲击加载气压，分别为 0.7 MPa、0.8 MPa 和 0.9 MPa，冲击加载气压对应不同的冲击加载速率。需要说明的是，由于目前的 SHPB 试验系统无法精确设定每次的冲击速度值，也就无法确保每次的入射波幅完全相等。在每组试验中设置相同的冲击加载气压，以实现近似相等的入射波幅[3]。

SHPB 冲击加载试验过程主要包括以下步骤：（1）准备试样，测量试样的基本物理参数；（2）在入射杆和透射杆上粘贴应变片，并采用欧姆表测试粘贴效果，检查应变仪、示波器、高速摄像机和计算机等是否工作正常；（3）试验开始前，先进行空冲测试，确保设备正常工作；（4）在试样两个加载端面涂抹少量黄油，由于试样自身具有一定的重量，需用力将试样平整夹持在入射杆与透射杆之间，相当于给试样一个较小的初始轴向预应力，确保入射杆、透射杆与试样紧密接触且试样不滑动（见图 5-4）；（4）将冲击子弹推进发射腔一定位置，所有试验都将冲击子弹保持在该位置，确保获得相同的冲击速度；（5）关闭组合阀，打开氮气瓶开关，通过调压阀调节工作气压至设计值，在相同加载速率下，为了使试样的应变率保持在几乎相同的范围内，在试验过程中驱动冲击子弹的气压保持恒定；（6）校准动态应变仪，设置数据采集参数，同时设置高速摄像系统图像采集参数，等待触发；（7）释放气阀来启动冲击子弹发射机构进行水平轴向冲击加载，同步启动高射摄像仪拍摄照片；（8）冲击子弹撞击入射杆，数据采集系统开始采集应力波信号；（9）试验完毕后，关闭氮气瓶开关及其他仪器。

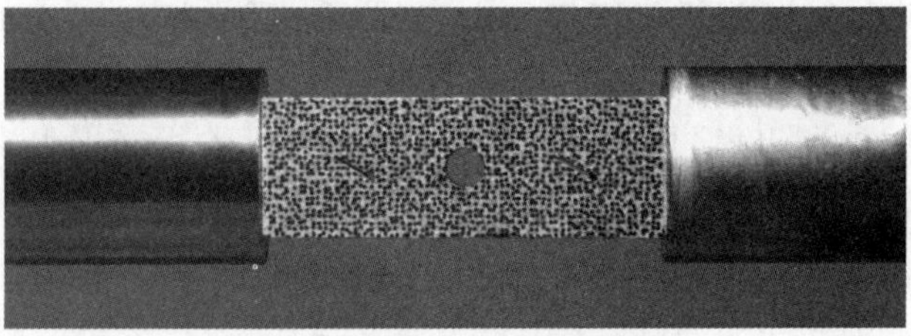

图 5-4　压杆间试样布置

5.2　SHPB 试验有效性验证

对于节理化岩体硐室试样，试样中的硐室和节理不可避免地会对应力波的传播造成一定影响。因此，在结果分析之前，首先需要明确 SHPB 试验在研究节理化岩体硐室试样动态力学性能中的有效性。

在 SHPB 试验中，只有当试样中的应力状态在破坏前达到平衡时，动态强度数据才有效。SHPB 试验系统需满足以下两个基本假设：（1）一维应力波假设，即假设试验中 SHPB 系统内杆件上的应力波为一维应力波，试样也处于一维加载状态，忽略波形弥散效应；（2）在 SHPB 试验中，应保证试样内部的应力场和应变场是均匀的，以避免在试样达到峰值应力之前过早破坏，特别是对于含有缺陷的试样，即应力、应变均匀性假设。

一维弹性波的传播理论要求 $w>5d$[4]，其中 w 为入射波的宽度，d 为压杆直径。在本书中，$d=0.05$ m，w 可表示为：

$$w = c_0 t_0 \tag{5-1}$$

其中

$$c_0 = \sqrt{E_e/\rho_e} \tag{5-2}$$

式中，t_0为应力波的传播时间，通常取为 400 μs[5]；c_0 为压杆纵波速度，$c_0=5188$ m/s；E_e 为压杆弹性模量；ρ_e为压杆密度。

通过式（5-1）和式（5-2）计算得到，$w(=2.08)>5d(=0.25)$。因此，压杆中的应

力波满足一维传播条件。实际上，一维应力波假设在设计 SHPB 试验装置时就已经被考虑到，压杆为均匀且各向同性钢材料，入射杆、透射杆及吸收杆的横截面大小相等且中轴线共线，因而忽略了因材料及几何形态造成的应力波弥散效应。值得一提的是，王建国[3]从理论角度也证明了全贯通单一节理、充填节理及多节理类岩石材料基本满足 SHPB 试验的一维假设要求。

为了达到应力平衡，试样中的应力均匀性假设要求应力波在试样破坏前在试样中来回传播至少 3~4 次[1, 6]。应力波在试样中来回传播 1 次需要花费的时间为：

$$2l_s/c_s \tag{5-3}$$

$$c_s = \sqrt{\frac{E}{\rho}\frac{1-\nu}{(1+\nu)(1-2\nu)}} \tag{5-4}$$

式中，l_s为试样长度，为 0.1 m；c_s为试样中的剪切波速[4]；E、ν 分别为试样在静态加载下的弹性模量和泊松比，$E=34.61$ GPa，$\nu=0.21$；ρ 为试样密度，取 2595 kg/m^3。

计算得到 $c_s=3874.71$ m/s，因此 $2l_s/c_s=51.62$ μs。图 5-5 所示为含平行节理岩体硐室试样 SCJ-75-2 的典型入射杆和透射杆中的电压信号，其中标记了入射波、反射波和透射波。可知，入射波上升曲线（半正弦波）的上升时间约为 280 μs，这为试样达到应力平衡提供了足够的时间，在此期间，应力波可以在试样中来回传播 5 次以上。因此，可以认为节理化岩体硐室试样能够达到均匀的应力状态。

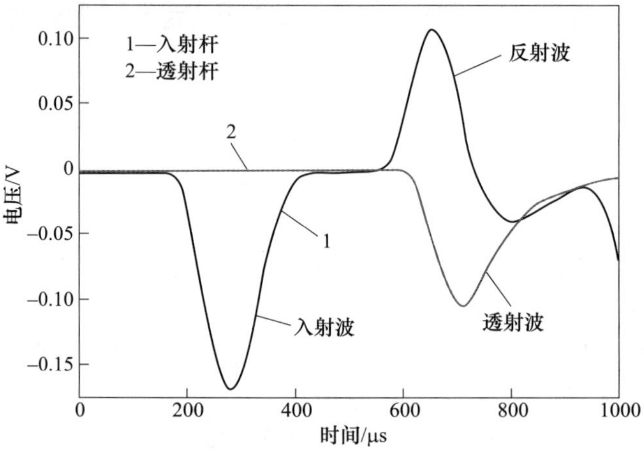

图 5-5　动态试验中杆内典型的入射波、反射波和透射波

此外，李地元[7-8]、李夕兵[9-10]、Weng[1]及王兴渝[11]等人对含缺陷（如硐室、节理）试样进行了冲击试验，他们通过对超动态应变记录仪采集到的入射波、反射波及透射波电压信号进行信号转换处理，得到冲击加载下试样的应力平衡图，然后根据应力平衡图中透射波和入射波与反射波的叠加波的重合程度来判定其是否满足应力平衡条件。依据这一判定方法，从图 5-6 中含平行节理岩体硐室试样 SCJ-75-2 典型的应力平衡图可以看出，经过几次反射后，透射波和入射波与反射波的叠加波基本重合，并在峰后区域保持一定时间，表明节理化岩体硐室试样在加载过程中可以较好地达到应力平衡条件[8]，同时也证明了 SHPB 试验的有效性。

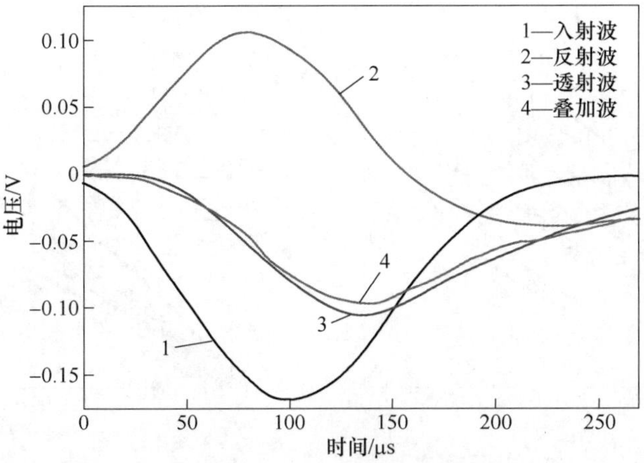

图 5-6 典型的入射波、反射波和透射波应力平衡图

综上所述，可以认为所测试的节理化岩体硐室试样近似满足 SHPB 试验的两个基本假设。因此，通过“三波”法求试样的应力（$\sigma(t)$）、应变（$\varepsilon(t)$）和应变率（$\dot{\varepsilon}(t)$），能够获得较好的近似结果[3]。“三波”公式为[4]：

$$\sigma(t) = \frac{A_e E_e}{2A_s}[\varepsilon_I(t) + \varepsilon_R(t) + \varepsilon_T(t)] \tag{5-5}$$

$$\varepsilon(t) = \frac{c_0}{l_s}\int_0^t [-\varepsilon_I(t) + \varepsilon_R(t) + \varepsilon_T(t)]\mathrm{d}t \tag{5-6}$$

$$\dot{\varepsilon}(t) = \frac{c_0}{l_s}[-\varepsilon_I(t) + \varepsilon_R(t) + \varepsilon_T(t)] \tag{5-7}$$

式中，A_e、E_e 分别为压杆的横截面积和弹性模量；A_s、l_s 分别为试样的横截面积和长度；$\varepsilon_I(t)$、$\varepsilon_R(t)$、$\varepsilon_T(t)$ 分别为入射应变信号、反射应变信号和透射应变信号；c_0 为压杆纵波速度。

5.3 动态力学特性分析

5.3.1 动态应力-应变关系

根据 SHPB 试验基本原理，采用“三波”法进行数据处理，可以得到试样的动态应力、应变等力学参数。

图 5-7 和图 5-8 所示分别为完整试样、完整岩体硐室试样、含平行（交叉）节理岩体硐室试样在冲击气压为 0.7 MPa、0.8 MPa 和 0.9 MPa 下的完整动态应力-应变曲线，这与 Li 等人[12]获得的节理岩体的动态应力-应变曲线较为相似。总体来看，在三种冲击气压下，完整岩体硐室试样、含平行（交叉）节理岩体硐室试样的动态应力-应变曲线变化趋势与完整试样的动态应力-应变曲线变化趋势较为相似，这主要是因为新宏观裂纹的萌生时间仅比试样中峰值应力的出现时间早几微秒，这使得完整岩体硐室试样、含平行（交叉）节理岩体硐室试样的动态应力-应变曲线在峰值应力之前没有出现明显的应力下降[10]。此外，可以看出，动态应力-应变曲线包围的面积随冲击气压的增加呈逐渐增大趋势。

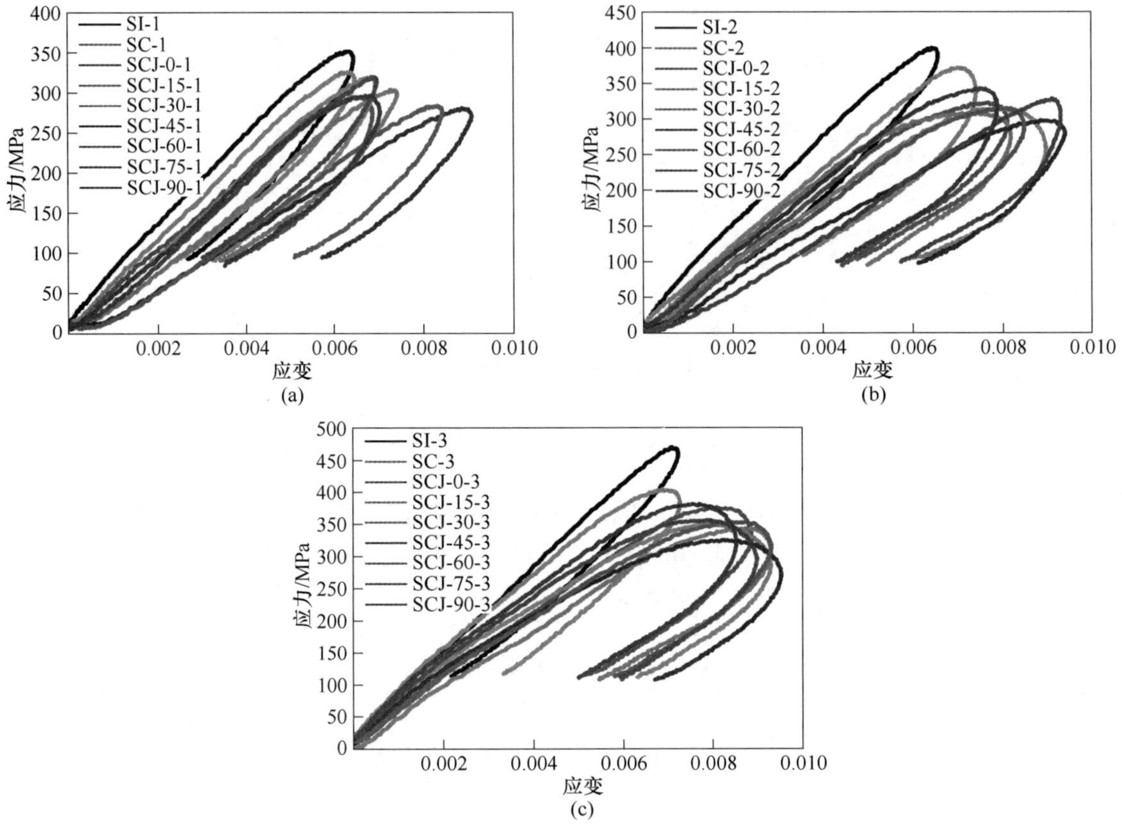

图 5-7　含平行节理岩体硐室试样在三种冲击气压下的动态应力-应变曲线

（a）冲击气压 0.7 MPa；（b）冲击气压 0.8 MPa；（c）冲击气压 0.9 MPa

所有试样的动态应力-应变曲线大致可分为三个阶段（见图 5-9）：（1）近似弹性变形阶段（*OA* 段），试样的应力随着应变的增加呈近似线性增加，动态应力-应变曲线出现一定范围的弹性增长，该范围是确定试样动态弹性模量的关键阶段；（2）塑性变形阶段（*AB* 段），在试样的应力达到峰值前，随着应变的增加，应力有相对较慢的增长趋势，该阶段曲线长度小于近似弹性变形阶段；（3）破坏阶段（*B* 点之后），试样的应力在达到峰值后急剧下降，曲线斜率为负值，动态应力-应变曲线出现了明显的滞回环，这是因为在峰后阶段试样中储存的弹性应变能释放，动态应力-应变曲线出现卸载段，但由于加载过程中微裂纹的萌生和扩展，导致卸载完全后仍会出现永久变形。需要说明的是，与完整试样、完整岩体硐室试样、含平行（交叉）节理岩体硐室试样在静载作用下的应力-应变曲线形态相比，除个别试样外，大部分试样的动态应力-应变曲线没有明显的初始压密阶段，而是直接进入近似弹性变形阶段。

另外，在相同冲击气压下，完整试样的滞回环最小，完整岩体硐室试样的滞回环较大，而含平行（交叉）节理岩体硐室试样的滞回环更大。结合杨仁树等人[13]对不同冲击速度下层状复合岩体动态力学特性的研究，分析认为，完整试样、完整岩体硐室试样、含平行（交叉）节理岩体硐室试样在相同冲击气压下表现出的动态应力-应变关系的差异，

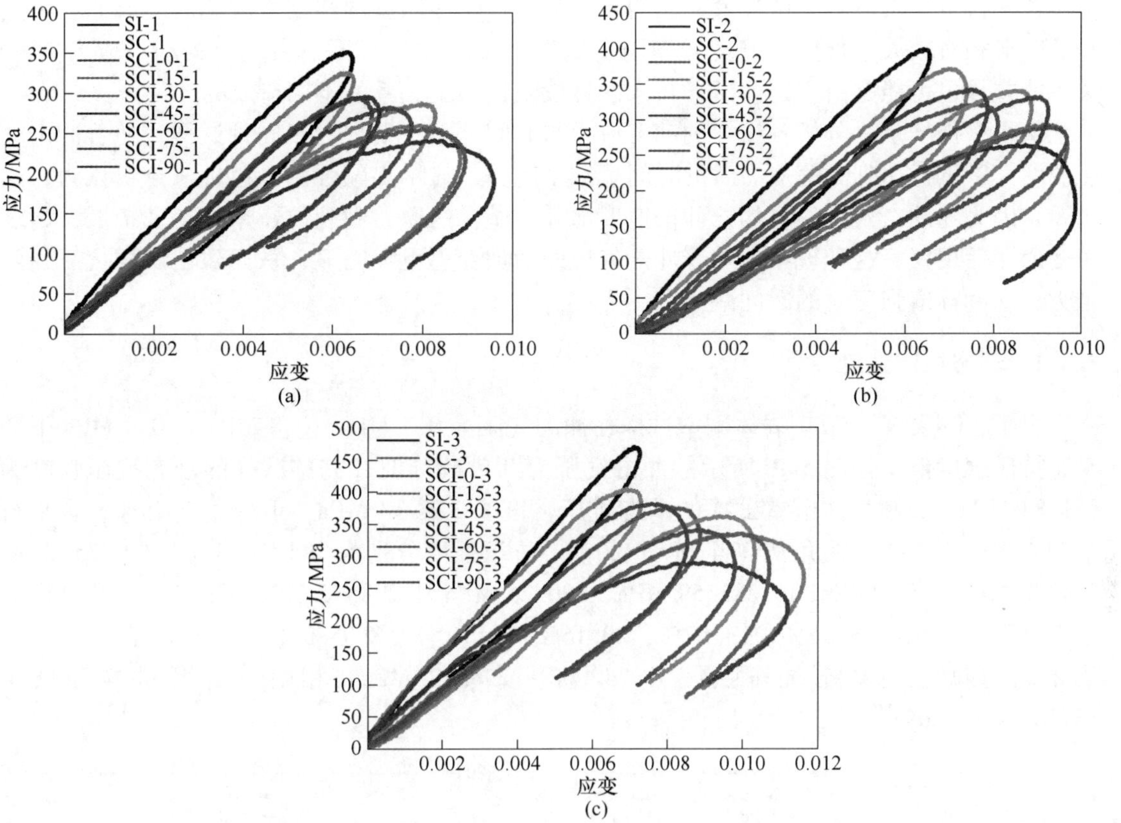

图 5-8 含交叉节理岩体硐室试样在三种冲击气压下的动态应力-应变曲线

（a）冲击气压 0.7 MPa；（b）冲击气压 0.8 MPa；（c）冲击气压 0.9 MPa

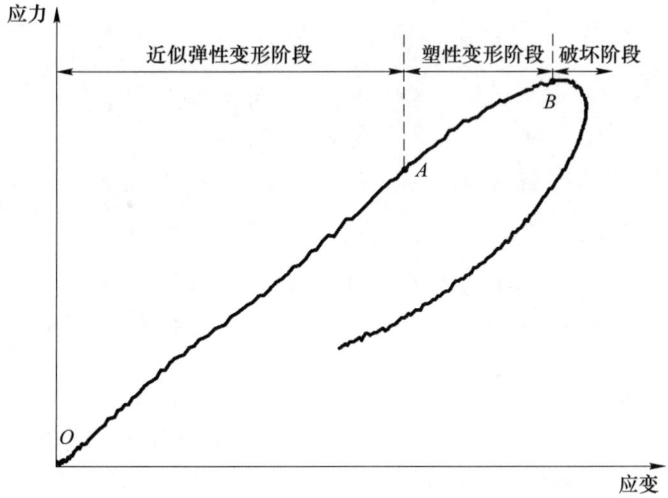

图 5-9 试样动态应力-应变曲线阶段划分示意图

可能是由于这些试样与入射杆波阻抗匹配关系的不同从而导致试样应力水平的不同。此外，在相同冲击气压下，含交叉节理岩体硐室试样的动态应力-应变曲线包围的面积整体上比含平行节理岩体硐室试样大，表明含交叉节理岩体硐室试样动态破坏后形成的不可逆塑性变形相对较大。含交叉节理岩体硐室试样在相同冲击气压下表现出的动态应力-应变关系的差异也可能是由于这些试样与入射杆波阻抗匹配关系的不同造成的。

值得一提的是，分析各试样的动态应力与时间关系，发现对于同种试样，随着冲击气压的增大，试样达到峰值应力时的时间呈减小趋势，显示出较强的敏感性。分析认为，这主要是因为随冲击气压的增加，冲击速度增大，试样内原始微裂纹还未来得及扩展，出现了变形滞后现象，这种现象会随着冲击气压的增加变得更加明显，从而致使试样抗压强度增大，达到峰值强度时的时间减少。

5.3.2　动态抗压强度

含平行（交叉）节理岩体硐室试样在冲击气压为 0.7 MPa、0.8 MPa 和 0.9 MPa 下的动态抗压强度值，如图 5-10 所示。冲击气压为 0.7 MPa 时，完整试样的动态抗压强度为 351.84 MPa，完整岩体硐室试样的动态抗压强度为 326.18 MPa，下降了 7.29%。含平行节理岩体硐室试样（倾角从 0°至 90°）的动态抗压强度分别为 294.91 MPa、320.25 MPa、304.08 MPa、280.90 MPa、283.59 MPa、320.25 MPa 和 298.72 MPa，相对于完整试样分别下降了 16.18%、8.98%、13.57%、20.16%、19.40%、8.98%和 15.10%。含交叉节理岩体硐室试样的动态抗压强度为 242.08 ~ 298.72 MPa，相对于完整试样降低了 15.10%~31.20%。

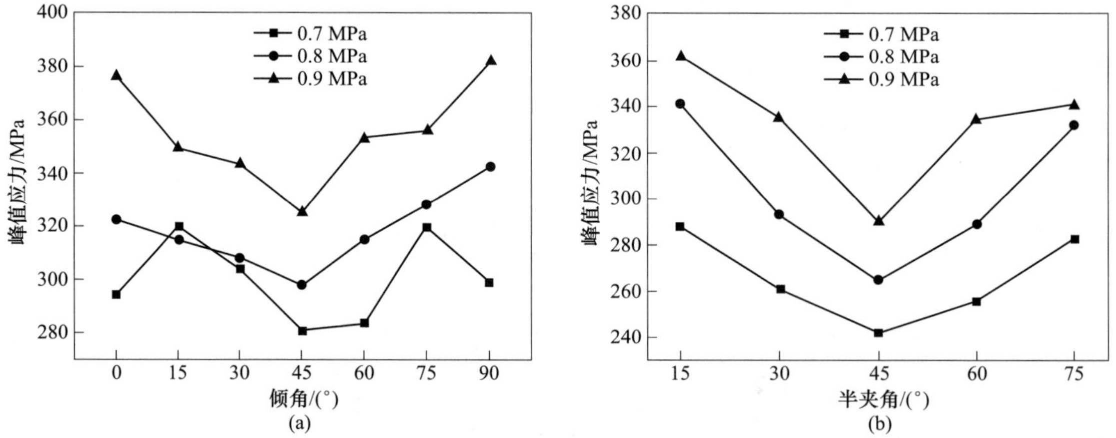

图 5-10　含平行（交叉）节理岩体硐室试样的动态抗压强度

（a）含平行节理岩体硐室试样；（b）含交叉节理岩体硐室试样

冲击气压为 0.8 MPa 时，完整试样的动态抗压强度为 399.51 MPa，完整岩体硐室试样为 371.98 MPa，下降了 6.89%。含平行节理岩体硐室试样（倾角从 0°至 90°）的动态抗压强度分别为 322.41 MPa、314.86 MPa、308.39 MPa、297.81 MPa、314.86 MPa、328.34 MPa 和 342.36 MPa，相对于完整试样分别下降了 19.30%、21.19%、22.81%、25.46%、21.19%、17.81%和 14.30%。含交叉节理岩体硐室试样的动态抗压强度为 264.72~342.36 MPa，相对于完整试样降低了 14.30%~33.74%。

冲击气压为 0.9 MPa 时，完整试样的动态抗压强度为 470.14 MPa，完整岩体硐室试样的动态抗压强度为 404.83 MPa，下降了 13.89%。含平行节理岩体硐室试样（倾角从 0°至 90°）的动态抗压强度分别为 376.49 MPa、349.37 MPa、343.35 MPa、325.11 MPa、353.17 MPa、355.81 MPa 和 381.78 MPa，相对于完整试样分别下降了 19.92%、25.69%、26.97%、30.85%、24.88%、24.32%和 18.79%。含交叉节理岩体硐室试样的动态抗压强度为 289.94~376.49 MPa，相对于完整试样降低了 19.92%~38.33%。

可以看出，在三种冲击气压下，完整岩体硐室试样和含平行（交叉）节理岩体硐室试样的动态抗压强度比相对应的完整试样的动态抗压强度低，表明试样中硐室和节理的存在使试样更容易发生破坏。含平行（交叉）节理岩体硐室试样动态抗压强度的减小量与节理角度密切相关。含平行节理岩体硐室试样的动态抗压强度随节理倾角从 0°增加到 45°时呈整体减小趋势，随节理倾角从 45°增加到 90°时呈整体增加趋势，在节理倾角为 45°时取得最小值。通过对比含平行节理岩体硐室试样静态和动态抗压强度随节理倾角的变化趋势，可知，节理倾角对静态和动态载荷下抗压强度的影响是相似的。另外，在相同冲击气压下，含交叉节理岩体硐室试样动态抗压强度的降低量整体上较含平行节理岩体硐室试样大，这与静态测试结果相似。与含平行节理岩体硐室试样类似，在相同冲击气压下，含交叉节理岩体硐室试样的动态抗压强度随半夹角从 0°增加到 45°时呈整体减小趋势，随半夹角从 45°增加到 90°时呈逐渐增加趋势，在 45°时达到最小。

此外，所有试样的动态抗压强度随冲击气压的增加具有增大趋势，表明试样具有动态强化的特点，这是因为试样的破坏是由裂纹的萌生和扩展造成的，一般来说，裂纹萌生所需的能量远比裂纹扩展所需的能量高，当冲击气压较高时，产生裂纹的数量较多，荷载作用于试样的时间较短，试样没有足够的时间积聚能量，只有通过提高自身应力的方式来达到提高能量的目的[14]，结果导致试样的破坏强度随冲击气压的增加而增大。

5.3.3 动态强度增强因子

为了便于与静态强度试验结果进行比较分析，引入动态强度增强因子（DIF）来表征试样在冲击加载下动态强度的增长指标，其定义为试样动态强度与静态强度的比值，可表示为[15]：

$$\mathrm{DIF} = \frac{F_{\mathrm{d}}}{F_{\mathrm{s}}} \tag{5-8}$$

式中，F_{d} 为试样动态强度；F_{s} 为试样静态强度。

完整试样和完整岩体硐室试样在冲击气压为 0.7 MPa、0.8 MPa 和 0.9 MPa 下的 DIF 值分别为 1.40~1.82、1.59~2.07 和 1.87~2.26。图 5-11 为含平行（交叉）节理岩体硐室试样在冲击气压为 0.7 MPa、0.8 MPa 和 0.9 MPa 下的 DIF 值。冲击气压为 0.7 MPa、0.8 MPa 和 0.9 MPa 时含平行节理岩体硐室试样的 DIF 值分别为 2.17~2.45、2.35~2.60 和 2.60~3.03，含交叉节理岩体硐室试样的 DIF 值分别为 2.01~2.37、2.26~2.59 和 2.50~3.03。可以看出，所有试样的 DIF 值均大于 1.0，表明试样在冲击荷载下的动态强度比静态强度显著提高。这种现象可以解释为，由于冲击时间短，试样在冲击加载下没有足够的时间发生位移，只有通过改善应力来抵抗冲击荷载的冲击[15]，且由于试样的惯性效应，试样的横向应变在冲击荷载下受到限制，可以认为试样是处于“围压”状态下[4]。高应变率下“围压”效应的影响明显高于静态试验，从而试样的损伤应力增大。

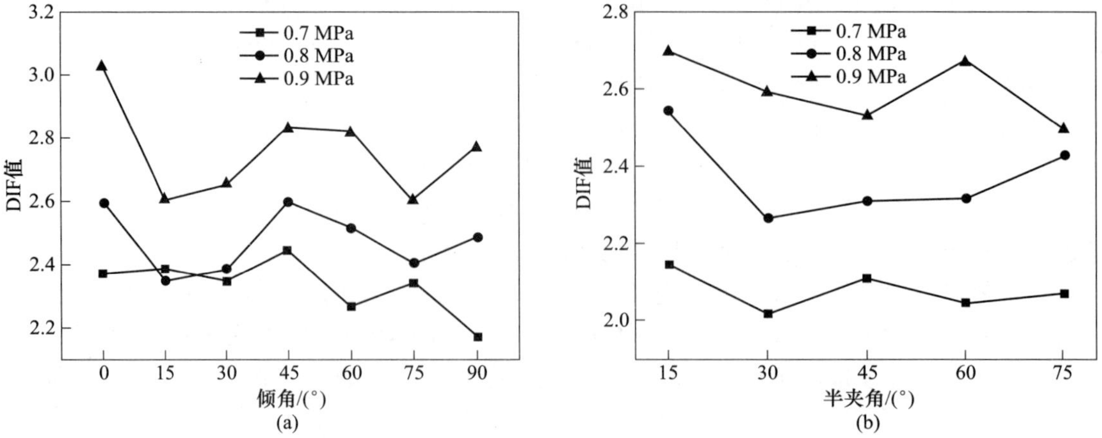

图 5-11　含平行（交叉）节理岩体硐室试样的 DIF 值

（a）含平行节理岩体硐室试样；（b）含交叉节理岩体硐室试样

另外，含平行（交叉）节理岩体硐室试样的 DIF 值均大于同种冲击气压下完整试样和完整岩体硐室试样的 DIF 值，表明含平行（交叉）节理岩体硐室试样的动态强度增强效果更显著。对于含平行节理岩体硐室试样，除了在 0.9 MPa 冲击气压下节理倾角为 0°时试样的 DIF 值最大外，另外两种情况下节理倾角为 45°时试样的 DIF 值最大，因此可以认为 DIF 值随节理倾角从 0°增加到 45°呈整体增加趋势，而随节理倾角从 45°增加到 90°呈整体减小趋势。对于含交叉节理岩体硐室试样，其 DIF 值随交叉节理与其中线的夹角的变化趋势总体表现为：随半夹角从 15°增加到 45°呈整体下降趋势，而随半夹角从 45°增加到 75°既有增大也有减小的情况，这与含平行节理岩体硐室试样的 DIF 值随节理倾角的变化趋势有所不同。

由上述分析可知，岩石类材料在动态冲击荷载作用下表现出明显的应变率（冲击气压）效应，即岩石的动态抗压强度对着应变率的增加呈非线性增大趋势。从含平行（交叉）节理岩体硐室试样的 DIF 值变化趋势可知，试样的动态强度的变化除了与试样结构（平行节理和交叉节理）有关外，也与试样自身的应变率效应（不同的冲击气压）有关，但没有明显的数学关系。因此，试样动态强度的变化是试样节理结构效应与应变率效应耦合的结果。

此外，相关的试验研究结果也表明，岩石类材料的力学响应行为会随着加载应变率的变化而变化（见图 5-12）[16]。从变形机理角度来看，只有理想的弹性变形才能看作是瞬态响应，而其他类型的非弹性变形、错位和断裂（如损伤演化过程、裂纹的萌生和扩展过程等）均是以有限的速率发展的，需要经历一定的时间，为非瞬态响应。因此，岩石类材料的力学响应行为本质上是与应变率密切相关的。

5.3.4　动态弹性模量

动态弹性模量为切线模量，即应力-应变曲线直线或近似直线段的斜率。图 5-13 所示为含平行（交叉）节理岩体硐室试样在冲击气压 0.7 MPa、0.8 MPa 和 0.9 MPa 下的动态弹性模量值。冲击气压为 0.7 MPa 时，完整试样的动态弹性模量为 55.91 GPa，完整岩体

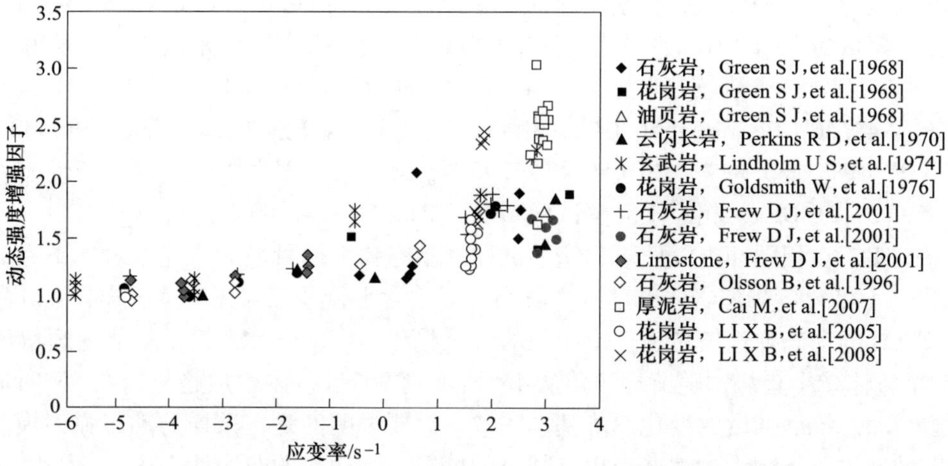

图 5-12 岩石动态强度因子与应变率的关系[16]

硐室试样的动态弹性模量为 53.74 GPa，下降了 3.88%。含平行节理岩体硐室试样（倾角从 0°至 90°）的动态弹性模量分别为 48.82 GPa、51.15 GPa、48.10 GPa、34.08 GPa、40.30 GPa、51.16 GPa 和 50.94 GPa，相对于完整试样分别下降了 12.68%、8.51%、13.97%、39.04%、27.92%、8.50%和 8.89%。含交叉节理岩体硐室试样的动态弹性模量为 31.21~50.94 GPa，相对于完整试样降低了 12.68%~44.18%。

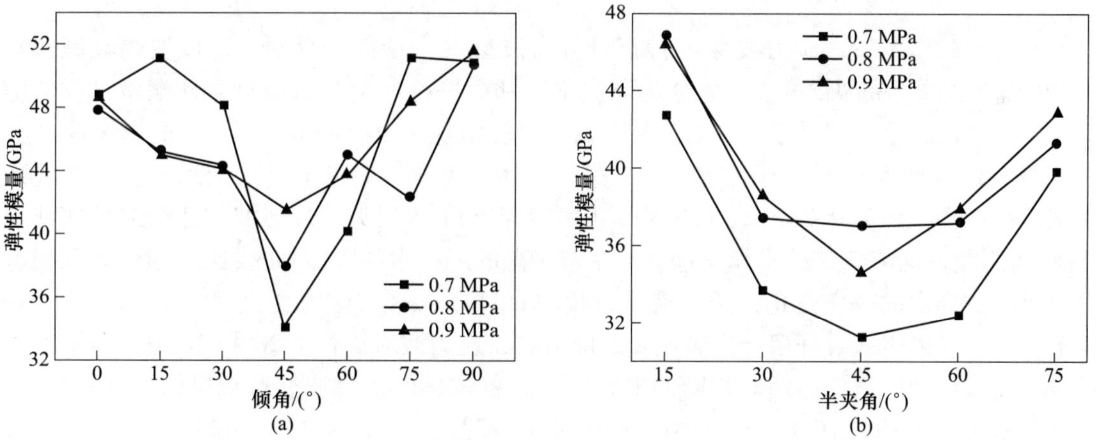

图 5-13 含平行（交叉）节理岩体硐室试样的动态弹性模量

（a）含平行节理岩体硐室试样；（b）含交叉节理岩体硐室试样

冲击气压为 0.8 MPa 时，完整试样的动态弹性模量为 60.23 GPa，完整岩体硐室试样的动态弹性模量为 53.80 GPa，下降了 10.68%。含平行节理岩体硐室试样（倾角从 0°至 90°）的动态弹性模量分别为 47.99 GPa、45.24 GPa、44.31 GPa、37.92 GPa、45.03 GPa、42.31 GPa 和 50.78 GPa，相对于完整试样分别下降了 20.32%、24.89%、26.43%、37.04%、25.24%、29.75%和 15.69%。含交叉节理岩体硐室试样的动态弹性模量为 37.02~50.78 GPa，相对于完整试样降低了 15.69%~38.54%。

冲击气压为 0.9 MPa 时，完整试样的动态弹性模量为 66.07 GPa，完整岩体硐室试样的动态弹性模量为 56.88 GPa，下降了 13.91%。含平行节理岩体硐室试样（倾角从 0°至 90°）的动态弹性模量分别为 48.64 GPa、44.93 GPa、44.22 GPa、41.50 GPa、43.81 GPa、48.46 GPa 和 51.56 GPa，相对于完整试样分别下降了 26.38%、32.00%、33.07%、37.19%、33.69%、26.65%和 21.96%。含交叉节理岩体硐室试样的动态弹性模量为 34.59~51.56 GPa，相对于完整试样降低了 21.96%~47.65%。

结果表明，在相同冲击气压下，完整试样的动态弹性模量最大，完整岩体硐室试样次之，含平行（交叉）节理岩体硐室试样较小。对于含平行节理岩体硐室试样，在 3 种冲击气压下，试样的动态弹性模量表现出相似的变化趋势，即动态弹性模量随节理倾角从 0°增加到 45°呈整体减小趋势，随节理倾角从 45°增加到 90°呈整体增加趋势，在 45°时取得最小值，这与动态抗压强度的变化趋势基本一致。需要说明的是，试样的动态弹性模量随着冲击气压的增加既有增大的情况，也有减小的情况，呈明显的非线性变化。

对于含交叉节理岩体硐室试样，在三种冲击气压下，试样的动态弹性模量均随半夹角的增加（从 15°至 75°）总体表现为先减小后增加的趋势，在半夹角为 45°时最小，这与动态抗压强度的变化趋势大致相同。此外，冲击气压大小对含交叉节理岩体硐室试样的动态弹性模量具有较大影响，动态弹性模量随着冲击气压的增加整体上呈增大趋势。

5.4　应力波传播及能量耗散特征分析

5.4.1　应力波波动特性

冲击加载作用下，应力波穿过岩石时应力波会发生透射和反射，造成波幅衰减。对 SHPB 冲击加载下完整试样、完整岩体硐室试样和含平行（交叉）节理岩体硐室试样的应力波传播特性的分析，主要是应力波传播的波形受节理角度及冲击气压大小的影响规律。

图 5-14 和图 5-15 给出了完整试样、完整岩体硐室试样、含平行（交叉）节理岩体硐室试样在冲击气压为 0.7 MPa、0.8 MPa 和 0.9 MPa 下入射波、反射波和透射波的实测电压-时间曲线，这与李夕兵[9]和 Weng[17]等人获得的三波电压-时间曲线比较相似。反射波可以反映试样中的应变变化，透射波可以反映试样中的平均应力变化[18]。可以看出，纺锤形冲击子弹撞击入射杆后产生半正弦式应力波，应力波对试样加载时，入射波波形经过滤波后没有出现明显的振荡。相同冲击气压下，各试样的入射波波形与幅值均大致相等。冲击气压为 0.7 MPa、0.8 MPa 和 0.9 MPa 时的入射波幅分别约为 0.148 V、0.167 V 和 0.184 V，可见，入射波幅的大小取决于冲击气压大小，入射波幅随冲击气压的增加而增大，入射波所携带的能量也相应增大。在相同冲击气压下，各试样的入射波、透射波和反射波的波形形态整体上比较相似，所有试样的入射波形状比较稳定，透射波幅均小于入射波幅，表明这些试样具有相似的应力波动特性。各试样透射波幅均小于入射波幅，这主要是因为试样与压杆端面接触面积较小，且试样的密度和波速小于压杆的密度和波速，即试样的波阻抗小于压杆波阻抗，导致透射杆上的信号幅值较小。

在近似相同入射波幅条件下，完整试样的透射波幅最大，完整岩体硐室试样的透射波幅次之，而含平行（交叉）节理岩体硐室试样的透射波幅最小，其减小量与节理角度有关。

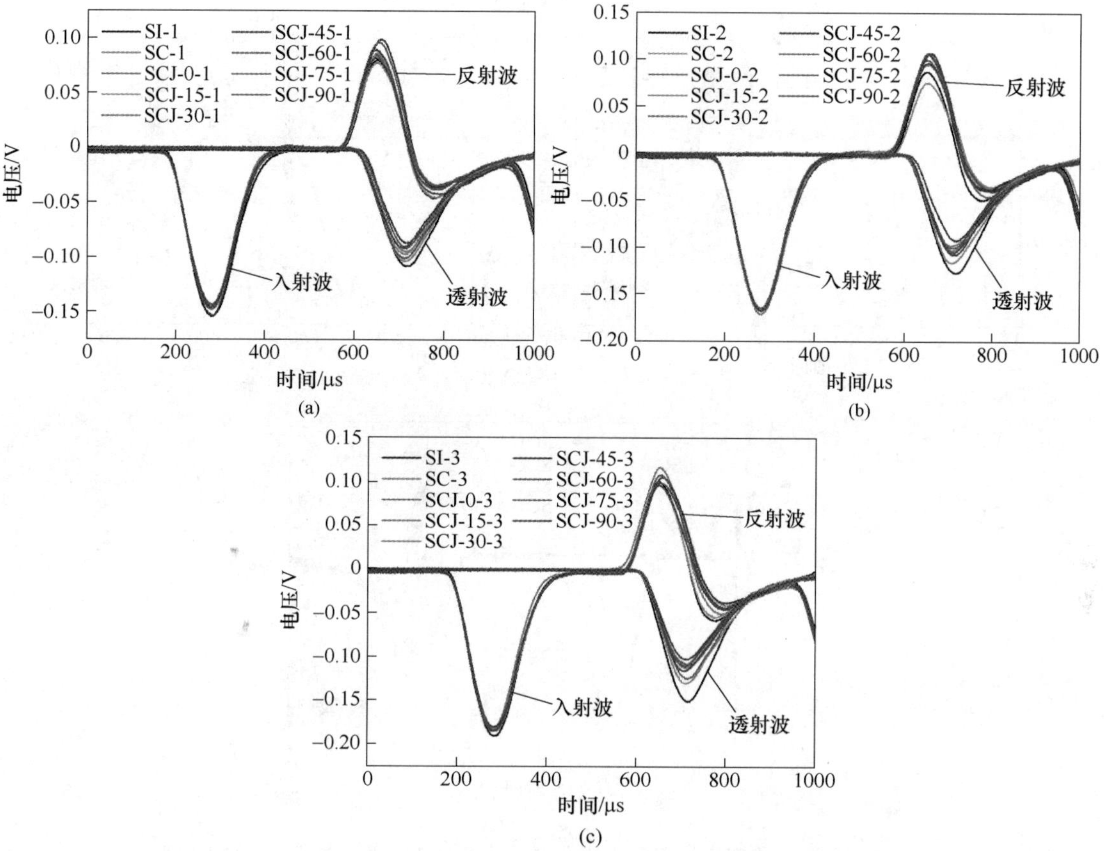

图 5-14　含平行节理岩体硐室试样在三种冲击气压下的三波电压-时间曲线

（a）冲击气压 0.7 MPa；（b）冲击气压 0.8 MPa；（c）冲击气压 0.9 MPa

对于含平行节理岩体硐室试样，在相同冲击气压下，透射波幅与节理倾角之间呈明显的非线性关系（见图 5-16（a）），即透射波幅随节理倾角从 0°增加到 45°时均明显减小，随节理倾角从 45°增加到 90°时均逐渐增加，在 45°时取得最小值；而反射波幅的变化趋势与透射波幅的变化趋势大致相反。对于近似相同的入射波幅，各试样的透射波幅与入射波幅的比值随节理倾角的增加表现出与透射波幅随节理倾角变化相类似的规律。结果表明，节理倾角对应力波在含平行节理岩体硐室试样中的传播具有显著影响，随着节理倾角的增加，应力波在含平行节理岩体硐室试样中传播的透射效应[19]先减弱后增强，而反射效应先增强后减弱，其中节理倾角为 45°时的透射效应最弱，反射效应最强。对于含交叉节理岩体硐室试样，在相同冲击气压条件下，半夹角从 15°增加到 45°时透射波幅均逐渐减小，从 45°增加到 75°时透射波幅均逐渐增加，在 45°时最小（见图 5-16（b）），而反射波幅的变化趋势与透射波幅的变化趋势基本相反，这反映出交叉节理夹角可以显著影响应力波在含交叉节理岩体硐室试样中的传播特性。与含平行节理岩体硐室试样相似，随着半夹角的增加，应力波在含交叉节理岩体硐室试样中传播的透射效应先减弱后增强，而反射效应先增强后减弱，在交叉节理与其中线的夹角为 45°时的透射效应最弱，反射效应最强，这可能是因为半夹角为 45°时的非弹性变形大于其他节理夹角的非弹性变形。

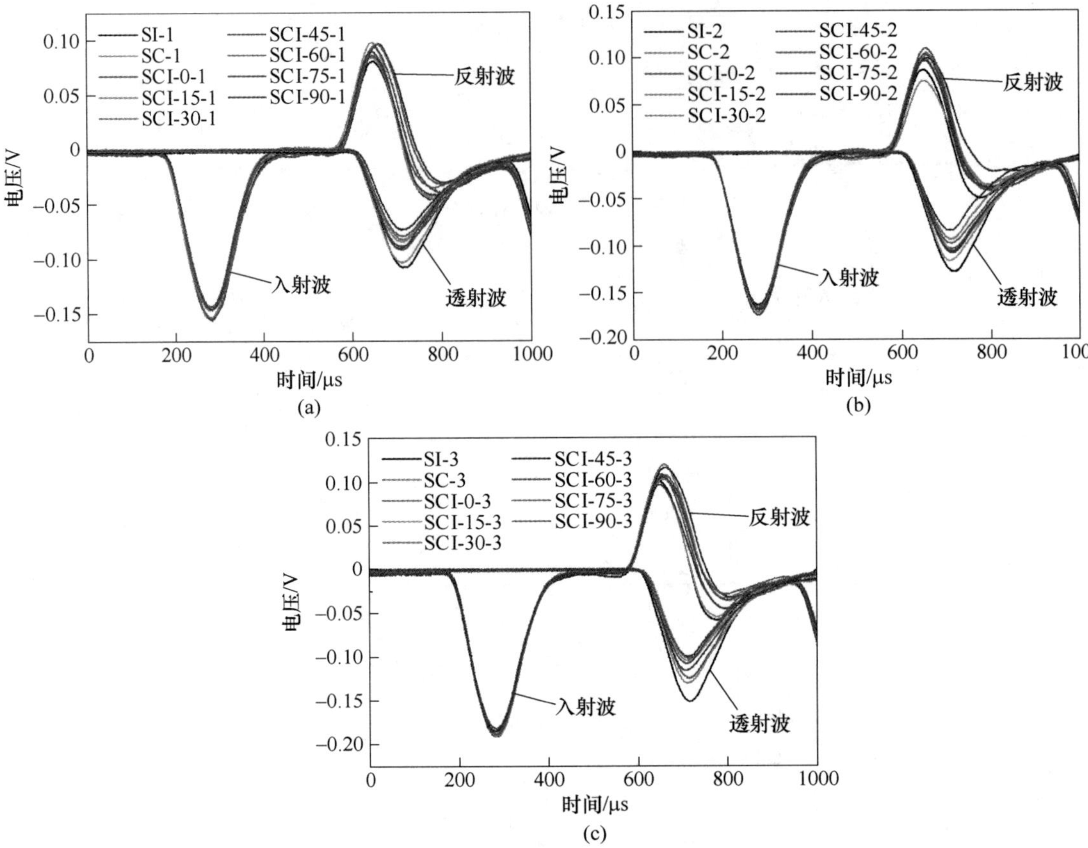

图 5-15　含交叉节理岩体硐室试样在三种冲击气压下的三波电压-时间曲线

（a）冲击气压 0.7 MPa；（b）冲击气压 0.8 MPa；（c）冲击气压 0.9 MPa

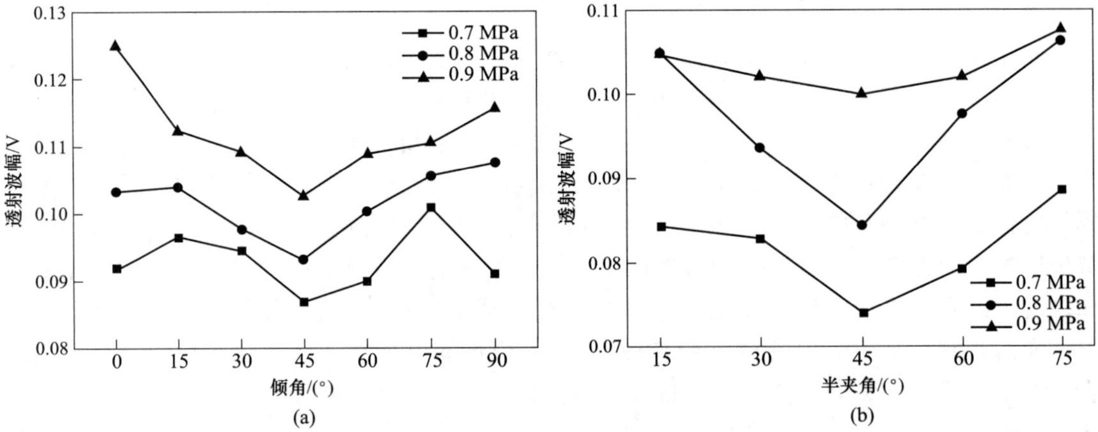

图 5-16　含平行（交叉）节理岩体硐室试样透射波幅变化

（a）含平行节理岩体硐室试样；（b）含交叉节理岩体硐室试样

另外，对于相同含平行（交叉）节理岩体硐室试样，透射波幅和反射波幅随冲击气压的增加也呈整体增大趋势，表明透射效应随冲击气压的增加呈增强趋势，这可能是因为冲击气压较大时试样发生了较大的非弹性变形。

另外，在冲击加载作用下预制节理可能会发生闭合变形，冲击气压不同时，入射波携带的能量不同，节理产生的变形不同，从而对应力波传播的影响也有差异。对于同种试样，随着冲击气压的增加，入射波幅增大，节理闭合紧密，应力波衰减少，各试样的透射波幅和反射波幅呈总体增大趋势，且透射波幅、反射波幅与对应的入射波幅的比值也呈总体增大趋势，表明试样的透射效应随冲击气压的增加呈增强趋势，而反射效应呈减弱趋势。

在冲击加载作用下，试样中硐室和节理的存在及节理角度的改变会对一维弹性应力波在试样中的传播产生一定影响，导致应力波发生不同程度的衰减。这主要是因为在一维应力波动条件下，含平行（交叉）节理岩体硐室试样在硐室和节理面处发生不同程度的非弹性变形，使得应力波幅发生不同程度的衰减。含平行节理岩体硐室试样在节理倾角为45°时的非弹性变形大于其他节理倾角的非弹性变形，这反映出节理倾角为45°时对变形和应力波动的影响，即节理面可能不仅仅发生法向变形，还有可能发生其他方向的变形，因而总变形大于其他节理倾角的法向变形，应力波出现较大幅度的衰减。同理，含交叉节理岩体硐室试样在交叉节理半夹角为45°时总变形大于其他节理倾角的法向变形，应力波出现较大幅度的衰减。此外，冲击气压的大小也会对应力波在试样中的传播规律具有较大影响，冲击气压较大时，试样可能发生了较大的非弹性变形，从而导致透射效应增强。

由上述分析可知，应力波在含平行（交叉）节理岩体硐室试样中的波动特性较为相似，反映了应力波传播的本质特征。相比含平行节理岩体硐室试样，含交叉节理岩体硐室试样对应力波传播的衰减作用整体上更显著，这可以从以下两个方面解释：一是由于交叉节理具有更强的劣化作用，含交叉节理岩体硐室试样受冲击加载时产生的非弹性变形可能比含平行节理岩体硐室试样相对较大，从而导致应力波的衰减程度增大；二是含交叉节理岩体硐室试样中的两组交叉节理比含平行节理岩体硐室试样中的一组平行节理具有更大的空隙，使穿过交叉节理的应力波相对较少，从而造成应力波在含交叉节理岩体硐室试样中产生更大的衰减。需要说明的是，当应力波穿过交叉节理时，两条节理之间可能会产生多重的透射波或反射波，使得交叉节理中应力波的传播机制十分复杂，这方面仍需要进一步研究。

5.4.2　动态加载过程中能量耗散原理

试样在冲击加载作用下，其内部微裂纹的萌生、扩展及聚结贯通将导致试样发生破坏，形成小尺度的碎块，试样的破坏过程也是能量耗散的过程，能量耗散是试样变形破坏的本质属性。

根据SHPB试验原理和一维弹性波动理论，假设应力波沿入射杆和透射杆传播时没有应力衰减，由于冲击过程很短，且压杆长度远大于试样长度，压杆及节理面两侧的试样均处于线弹性状态，则从开始加载到卸载过程中，入射波 $\varepsilon_{\mathrm{I}}(t)$、反射波 $\varepsilon_{\mathrm{R}}(t)$ 和透射波 $\varepsilon_{\mathrm{T}}(t)$ 携带的能量可分别表示为：

$$W_{\mathrm{I}}(t)=E_{\mathrm{e}}c_0A_{\mathrm{e}}\int_0^t\varepsilon_{\mathrm{I}}^2(t)\,\mathrm{d}t \tag{5-9}$$

$$W_{\mathrm{R}}(t)=E_{\mathrm{e}}c_0A_{\mathrm{e}}\int_0^t\varepsilon_{\mathrm{R}}^2(t)\,\mathrm{d}t \tag{5-10}$$

$$W_T(t) = E_e c_0 A_e \int_0^t \varepsilon_T^2(t)\,dt \tag{5-11}$$

式中，$W_I(t)$、$W_R(t)$ 和 $W_T(t)$ 分别为入射能量、反射能量和透射能量。

SHPB 加载试验中，弹性应力波的波动过程是一个等温过程，与外界不发生热交换[3, 20]。此外，由于试样的径向横截面与压杆端面的接触面积较小，且在接触面处涂抹有黄油，因而可以忽略试样和压杆接触界面之间摩擦作用所消耗的能量。根据热力学第一定律，SHPB 加载试验过程中试样吸收的能量可表示为：

$$W_A(t) = W_I(t) - W_R(t) - W_T(t) \tag{5-12}$$

式中，$W_A(t)$ 为试样吸收的能量，为不可逆耗散能。

试样吸收的能量主要用于试样破碎、弹射运动，以及声能、热能和辐射能等各种形式的耗散。一般情况下，声能、热能和辐射能等所占比例很小，可以忽略不计。SHPB 冲击试验过程中试样碎块不可避免地会发生弹射而产生动能，但弹射速度测定比较困难。一般认为，试样在破坏过程中产生的动能只占试样吸收能量的很少一部分[21-22]。此外，所设置的冲击气压较高，试样断裂损伤能将会占试样动态破坏过程中吸收能量的主要部分[21]。因此，在较高冲击气压下的能量特征分析时认为试样吸收的能量主要用于试样破碎耗能，不会对研究结果产生较大影响。

5.4.3　动态加载过程中能量耗散特征

由实测的电压-时间曲线，通过信号转化可以求得相应的应力、应变等力学信号，然后基于式（5-9）~式（5-12）采用自行编制的 MATLAB 程序进行积分运算可得到应力波穿过试样的入射能 $W_I(t)$、反射能 $W_R(t)$、透射能 $W_T(t)$ 及试样吸收的能量 $W_A(t)$。

冲击子弹的速度决定于冲击气压，目前的 SHPB 试验无法保证在相同的冲击气压下冲击子弹具有相同的冲击速度，因而会造成入射波幅产生一定的波动。为了消除入射波幅波动的影响，采用比值法进行分析[3, 20, 23]，即利用无量纲参数 $W_R(t)/W_I(t)$、$W_T(t)/W_I(t)$ 和 $W_A(t)/W_I(t)$ 分别表示反射能 $W_R(t)$、透射能 $W_T(t)$ 和吸收能 $W_A(t)$ 占入射能 $W_I(t)$ 的比例。根据 SHPB 试验中应力平衡假设，入射波与反射波的叠加波近似等同于透射波，由此可知试样最大吸收能量不会超过入射能的 50%。

5.4.3.1　含平行节理岩体硐室试样

图 5-17 所示为含平行节理岩体硐室试样在冲击气压为 0.7 MPa、0.8 MPa 和 0.9 MPa 下的反射能、透射能及试样吸收能占入射能的比值。可以看出，在 3 种冲击气压下，不同试样的反射能、透射能及试样吸收能占入射能的比值波动性较大，但仍表现出一定的规律性。对于透射能量比 $W_T(t)/W_I(t)$，在相同冲击气压下，完整试样的透射能量比最大，完整岩体硐室试样的透射能量比次之，含平行节理岩体硐室试样的透射能量比最小，其减小量与节理倾角密切相关。对于含平行节理岩体硐室试样，当节理倾角从 0°增加到 45°时，透射能量比呈整体下降趋势，节理倾角从 45°增加到 90°时，透射能量比呈整体上升趋势，45°时透射能量比最大。具体来看，冲击气压为 0.7 MPa 时，完整试样的透射能量比为 0.44，完整岩体硐室试样的透射能量比为 0.41，下降了 6.82%；含平行节理岩体硐室试样的透射能量比为 0.27~0.39，相对于完整试样下降了 11.36%~38.64%。冲击气压为 0.8 MPa 时，完整试样的透射能量比为 0.47，完整岩体硐室试样的透射能量比为 0.41，下

降了 12. 76%；含平行节理岩体硐室试样的透射能量比为 0. 23 ~ 0. 37，相对于完整试样下降了 21. 28% ~ 51. 06%。冲击气压为 0. 9 MPa 时，完整试样的透射能量比为 0. 49，完整岩体硐室试样的透射能量比为 0. 42，下降了 14. 29%；含平行节理岩体硐室试样的透射能量比为 0. 29 ~ 0. 38，相对于完整试样下降了 22. 45% ~ 40. 82%。

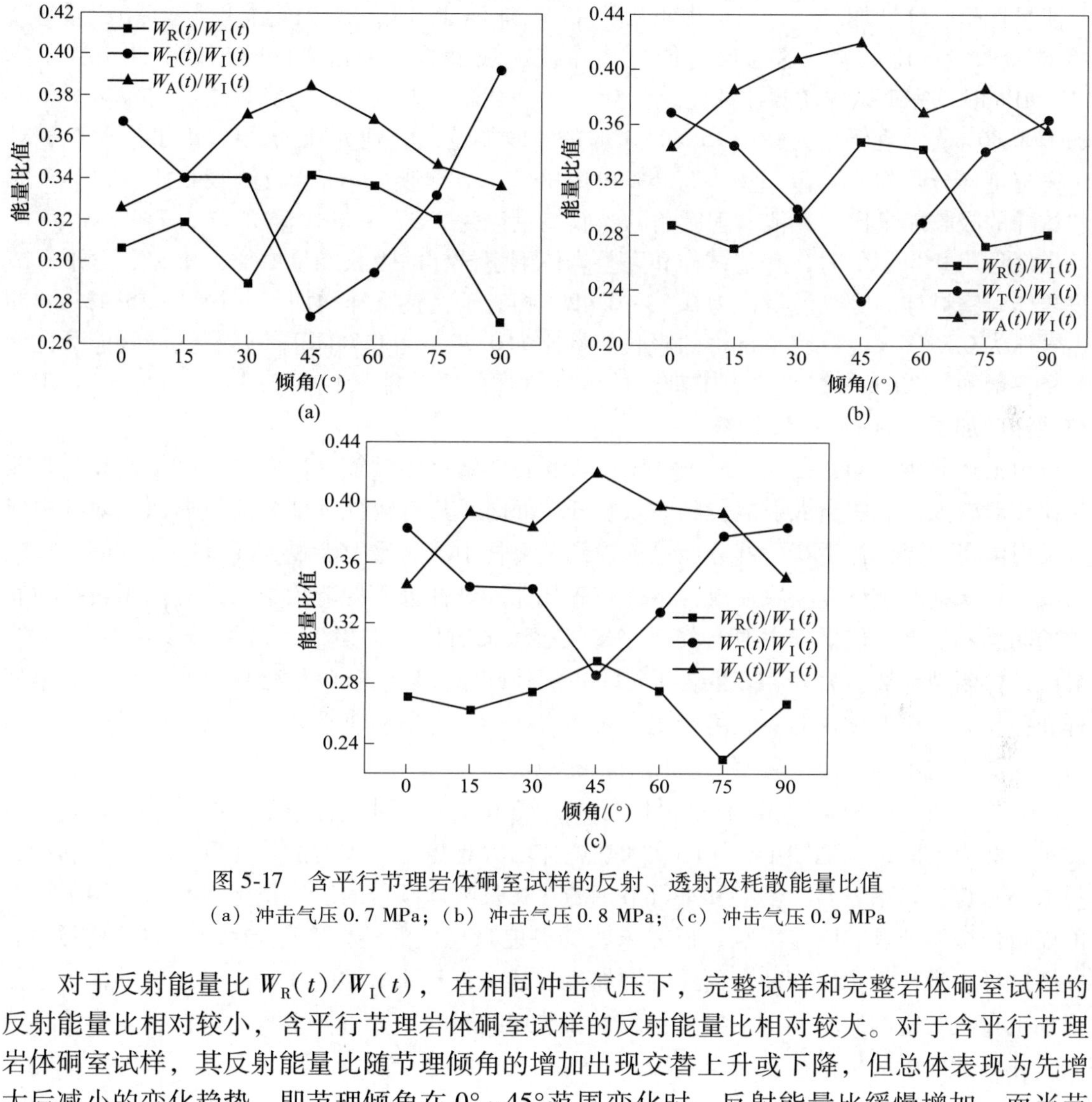

图 5-17 含平行节理岩体硐室试样的反射、透射及耗散能量比值

（a）冲击气压 0. 7 MPa；（b）冲击气压 0. 8 MPa；（c）冲击气压 0. 9 MPa

对于反射能量比 $W_R(t)/W_I(t)$，在相同冲击气压下，完整试样和完整岩体硐室试样的反射能量比相对较小，含平行节理岩体硐室试样的反射能量比相对较大。对于含平行节理岩体硐室试样，其反射能量比随节理倾角的增加出现交替上升或下降，但总体表现为先增大后减小的变化趋势，即节理倾角在 0° ~ 45°范围变化时，反射能量比缓慢增加，而当节理倾角从 45°增加到 90°时，反射能量比逐渐降低，45°时反射能量比最大。冲击气压为 0. 7 MPa 时，完整试样的反射能量比为 0. 20，完整岩体硐室试样的反射能量比为 0. 23，增加了 15. 00%；含平行节理岩体硐室试样的反射能量比为 0. 27 ~ 0. 34，相对于完整试样增加了 35. 00% ~ 70. 00%。冲击气压为 0. 8 MPa 时，完整试样的反射能量比为 0. 22，完整岩体硐室试样的反射能量比为 0. 27，增加了 22. 73%；含平行节理岩体硐室试样的反射能量比为 0. 27 ~ 0. 35，相对于完整试样增加了 22. 73% ~ 59. 09%。冲击气压为 0. 9 MPa 时，完整试样和完整岩体硐室试样的反射能量比均为 0. 23，含平行节理岩体硐室试样的反射能量比为 0. 26 ~ 0. 30，相对于完整试样增加了 13. 04% ~ 30. 43%。

对于吸收能量比 $W_A(t)/W_I(t)$，冲击气压为 0.7 MPa 时完整试样和完整岩体硐室试样的吸收能量比相对较大，在另外两种冲击气压下完整试样和完整岩体硐室试样的吸收能量比低于多数含平行节理岩体硐室试样的吸收能量比。对于含平行节理岩体硐室试样，其吸收能量比随节理倾角的增加呈现交替上升或下降，但节理倾角在 0°～45°范围变化时，吸收能量比呈整体增加趋势，当节理倾角从 45°增加到 90°时，吸收能量比呈整体减小趋势，45°时吸收能量比最大，这与反射能量比随节理倾角的变化趋势比较相似。冲击气压为 0.7 MPa 时，完整试样的吸收能量比为 0.35，完整岩体硐室试样的吸收能量比为 0.36，增加了 2.86%；节理倾角为 0°、15°和 90°时的吸收能量比分别为 0.33、0.34 和 0.34，相对于完整试样分别降低了 5.71%、2.86%和 2.86%，节理倾角为 75°时的吸收能量比等于完整试样的吸收能量比，其他节理倾角的吸收能量比为 0.37～0.38，增加了 5.71%～8.57%。冲击气压为 0.8 MPa 时，完整试样和完整岩体硐室试样的吸收能量比均为 0.31，含平行节理岩体硐室试样的吸收能量比为 0.34～0.42，相对于完整试样增加了 9.68%～35.48%。冲击气压为 0.9 MPa 时，完整试样的吸收能量比为 0.29，完整岩体硐室试样的吸收能量比为 0.35，增加了 20.69%；含平行节理岩体硐室试样的吸收能量比为 0.35～0.42，相对于完整试样增加了 20.69%～50.00%。

由上述分析可知，在相同冲击气压下，反射能量比相对较小，而透射能量比和吸收能量比相对较大，表明当入射能量到达入射杆端面时，只有较少一部分能量返回入射杆中成为反射能量，经试样后有一部分能量传播到透射杆中成为透射能量，还有一部分能量在应力波穿过试样时被试样吸收而成为试样破碎耗能。试样吸收的能量绝大部分用于自身微裂纹的萌生和扩展，使试样中原有的无序裂纹逐渐向有序方向发展，最终形成宏观主裂纹，导致试样断裂破坏。另外，多数含平行节理岩体硐室试样的吸收能量比整体上大于完整试样和完整岩体硐室试样的吸收能量比，表明岩体中含有节理时受外力后吸收能量的效率会有所提高，这不利于地下硐室节理化围岩的稳定。

另外，对于同种试样，3 种能量比与冲击气压大小之间具有一定的相关关系，即透射能量比和吸收能量比随冲击气压的增加呈整体增大趋势，而反射能量比随冲击气压的增加呈减小趋势。结果表明，硐室和平行节理的存在及节理倾角的改变虽然对动载作用下试样的能量传递特征具有明显影响，但并未改变各能量比值的整体变化趋势。需要说明的是，完整试样的吸收能量比随冲击气压的增加逐渐减小，其他试样的 3 种能量比随冲击气压的增加也存在一定的波动，这主要是受硐室和节理的影响，且试样本身的离散性也可能导致能量在各试样中的传播存在一定差异。

5.4.3.2 含交叉节理岩体硐室试样

图 5-18 为含交叉节理岩体硐室试样在冲击气压为 0.7 MPa、0.8 MPa 和 0.9 MPa 下的反射能、透射能及试样吸收能占入射能的比值。在 3 种冲击气压下，含交叉节理岩体硐室试样的透射能量比 $W_T(t)/W_I(t)$、反射能量比 $W_R(t)/W_I(t)$ 和吸收能量比 $W_A(t)/W_I(t)$ 表现出与含平行节理岩体硐室试样类似的规律。对于透射能量比，在相同冲击气压下，含交叉节理岩体硐室试样的半夹角从 15°增加到 45°时，透射能量比呈整体下降趋势，从 45°增加到 75°时，透射能量比呈整体上升趋势，45°时透射能量比最大。冲击气压为 0.7 MPa 时，完整试样的透射能量比为 0.44，含交叉节理岩体硐室试样的透射能量比为 0.25～

0.33，下降了 25.00%～43.18%。冲击气压为 0.8 MPa 时，完整试样的透射能量比为 0.47，含交叉节理岩体硐室试样的透射能量比为 0.22～0.28，下降了 40.43%～53.19%。冲击气压为 0.9 MPa 时，完整试样的透射能量比为 0.49，含交叉节理岩体硐室试样的透射能量比为 0.25～0.35，相对于完整试样下降了 28.57%～48.98%。此外，对于相同含交叉节理岩体硐室试样，透射能量比随冲击气压的增加呈整体增大趋势。

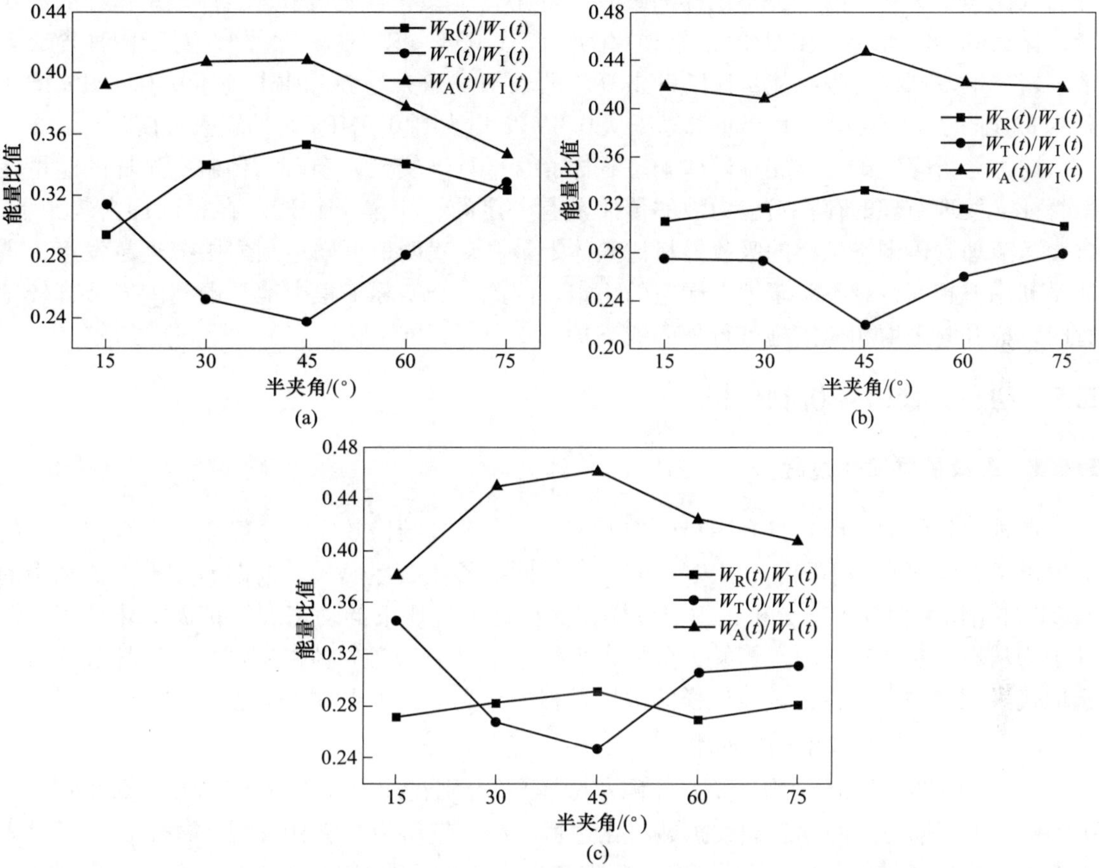

图 5-18 含交叉节理岩体硐室试样的反射、透射及耗散能量比值

（a）冲击气压 0.7 MPa；（b）冲击气压 0.8 MPa；（c）冲击气压 0.9 MPa

对于反射能量比，在相同冲击气压下，含交叉节理岩体硐室试样的半夹角在 15°～45° 范围变化时，反射能量比逐渐增加，从 45°增加到 75°时，反射能量比逐渐降低，45°时反射能量比最大。冲击气压为 0.7 MPa 时，完整试样的反射能量比为 0.20，含交叉节理岩体硐室试样的反射能量比为 0.29～0.35，增加了 45.00%～75.00%。冲击气压为 0.8 MPa 时，完整试样的反射能量比为 0.22，含交叉节理岩体硐室试样的反射能量比为 0.30～0.33，增加了 36.36%～50.00%。冲击气压为 0.9 MPa 时，完整试样的反射能量比为 0.23，含交叉节理岩体硐室试样的反射能量比为 0.27～0.29，增加了 17.39%～26.09%。另外，对于同种含交叉节理岩体硐室试样，反射能量比随冲击气压的增加呈整体减小趋势。

对于吸收能量比，在相同冲击气压下，含交叉节理岩体硐室试样的半夹角在 15°～45° 范围变化时，吸收能量比呈整体增加趋势，从 45°增加到 75°时，吸收能量比呈整体下降趋势，45°时吸收能量比最大。冲击气压为 0.7 MPa 时，完整试样的吸收能量比为 0.35，半夹角为 15°和 75°时的吸收能量比分别为 0.33 和 0.34，分别下降了 5.71%和 2.86%，半夹角为 75°时的吸收能量比与完整试样的吸收能量比相等，其他半夹角的吸收能量比为 0.38~0.41，增加了 8.57%~17.14%。冲击气压为 0.8 MPa 时，完整试样的吸收能量比为 0.31，含交叉节理岩体硐室试样的吸收能量比为 0.41~0.45，增加了 32.26%~45.16%。冲击气压为 0.9 MPa 时，完整试样的吸收能量比为 0.29，含交叉节理岩体硐室试样的吸收能量比为 0.38~0.46，相对于完整试样增加了 31.03%~58.62%。另外，对于同种含交叉节理岩体硐室试样，吸收能量比随冲击气压的增加呈增大趋势，冲击气压从 0.7MPa 增大到 0.8MPa 时，增大幅度大于冲击气压从 0.8MPa 增大到 0.9MPa 时的增大幅度。

通过分析完整试样、完整岩体硐室试样、含平行（交叉）节理岩体硐室试样的能量耗散特征，发现节理的存在对应力波的传播具有一定的“阻隔”作用。在相同冲击气压下，含交叉节理岩体硐室试样的吸收能量比整体上最高，表明地下硐室围岩中节理越发育，其能量利用率越高，越不利于地下硐室的稳定。因此，当实际工程中地下硐室围岩节理较发育时，应及时采取相应措施进行加固或支护。

5.5 动态失稳破坏机制分析

5.5.1 裂纹扩展演化过程

节理化岩体硐室围岩具有明显的应变率效应和节理结构效应，在静载和动载作用下的力学破坏特性通常是不同的，宏观上表现为不同的整体破坏模式。根据高速摄像仪拍摄的 SHPB 冲击试验照片，来分析各工况试样在 3 种冲击气压下的动态裂纹扩展演化过程，照片中为从右向左冲击。限于篇幅，分析含平行（交叉）节理岩体硐室试样的破坏过程时只选取代表试样进行分析，其他试样的破坏过程大致类似，不再具体阐述。

5.5.1.1 完整岩体硐室试样

图 5-19~图 5-21 所示为完整岩体硐室试样 SC 分别在冲击气压为 0.7 MPa、0.8 MPa 和 0.9 MPa 下不同时刻的动态裂纹扩展演化过程。冲击气压为 0.7 MPa 时，冲击荷载通过入射杆作用到试样接触端面，试样 SC-1 两端和硐室周围会形成应力集中。当应力波到达试样 100 μs 时，由于压应力集中区积聚的弹性应变能较高，硐室内壁出现类似于岩爆的少量微碎屑弹射，在硐室左右两侧都出现了白色斑块，试样微观结构开始破坏。在 125 μs 时，硐室内壁发生大量微碎屑弹射，但尚未产生可见裂纹。在 150 μs 时，从硐室的两侧几乎同时引发了初始拉伸裂纹 T1 和 T2，这是由于沿水平方向硐室周边拉应力集中造成的。随后，裂纹 T1 和 T2 均沿加载方向快速扩展，但裂纹 T2 的扩展速度相对较慢。随着应力波的多次反射和透射，在硐室顶部观察到新的竖向拉伸裂纹 T3，这可能是试样在水平方向拉伸应力作用下向上拱起从硐室顶部发生了折断。试样中初始裂纹扩展成为宏观主裂纹，最终发生整体拉伸破坏。

冲击气压为 0.8 MPa 时，试样 SC-2 首先产生两个初始拉伸裂纹 T1 和 T2，然后沿加载方向产生拉伸裂纹 T3 和 T4，最后在压缩区域产生剪切裂纹 S1。在动态载荷作用下，剪切裂纹 S1 与裂纹 T1 相互作用，将试样切割成块状。冲击气压为 0.9 MPa 时，试样 SC-3 首先在硐室右下侧和左上部产生初始拉伸裂纹 T1 和 T2，然后产生拉伸裂纹 T3、T4 和 T5 以

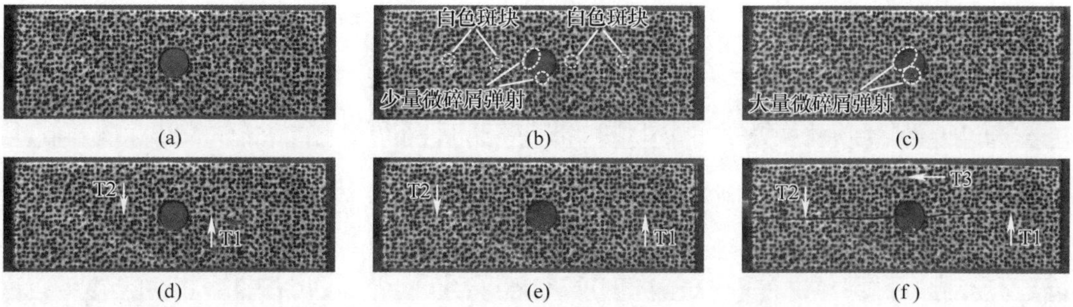

图 5-19 试样 SC-1 在冲击气压为 0.7 MPa 时的破坏过程

(a) 0 μs; (b) 100 μs; (c) 125 μs; (d) 150 μs; (e) 200 μs; (f) 225 μs

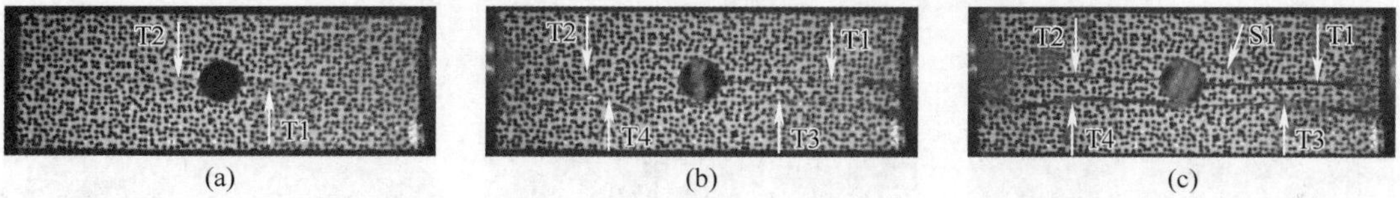

图 5-20 试样 SC-2 在冲击气压为 0.8 MPa 时的破坏过程

(a) 75 μs; (b) 125 μs; (c) 200 μs

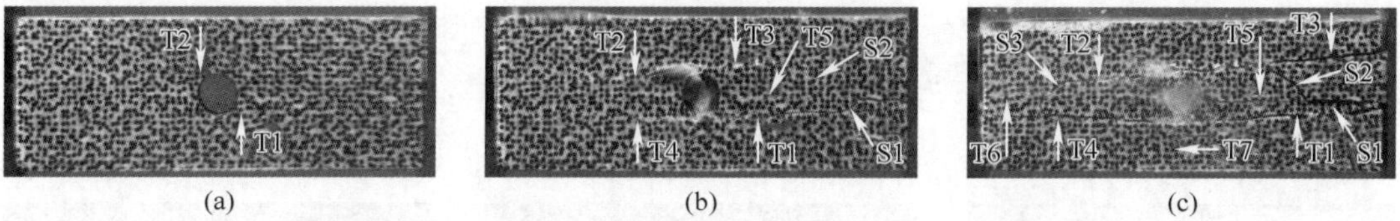

图 5-21 试样 SC-3 在冲击气压为 0.9 MPa 时的破坏过程

(a) 50 μs; (b) 75 μs; (c) 125 μs

及剪切裂纹 S1 和 S2，最后出现拉伸裂纹 T6 和 S3，试样被拉伸裂纹和剪切裂纹切割成多个块体，硐室周围有岩石碎块抛出。此外，在拉伸裂纹和剪切裂纹之间观察到大的拉剪断裂区。

5.5.1.2 含平行节理岩体硐室试样

以试样 SCJ-45 为例，分析含平行节理岩体硐室试样的动态破坏过程。图 5-22～图 5-24 给出了试样 SCJ-45 分别在冲击气压为 0.7 MPa、0.8 MPa 和 0.9 MPa 下不同时刻的动态裂纹扩展演化过程。冲击气压为 0.7 MPa 下，在 75 μs 时，试样 SCJ-45-1 中硐室底部出现类似于岩爆的少量微碎屑弹射，左节理下尖端和右节理上尖端部位均出现了白色斑块，右节理下尖端萌生了小尺度微拉伸裂纹 T1，试样发生微破裂。在 125 μs 时，硐室内壁产生大量微碎屑弹射，初始裂纹 T1 沿加载方向向试样右端部扩展一定距离，右节理上尖端和左节理下尖端部位几乎同时萌生了小尺度裂纹，分别为 T2a 和 T2b。随后，左节理上尖端出现了沿加载方向扩展的裂纹 T3。在 125 μs 时，硐室右侧和左侧几乎同时引发了裂纹，分别为 T4a 和 T4b，这是由于硐室周边拉应力集中造成的；同时前期形成的裂纹进一步扩展。随后，右节理上尖端部位出现小尺度剪切裂纹 S1，并与裂纹 T4a 贯通。随着应力波的多次反射和透射，左节理下尖端部位出现小尺度剪切裂纹 S2，并与裂纹 T4b 贯通。试样最终发生整体拉伸破坏，局部发生剪切破坏。

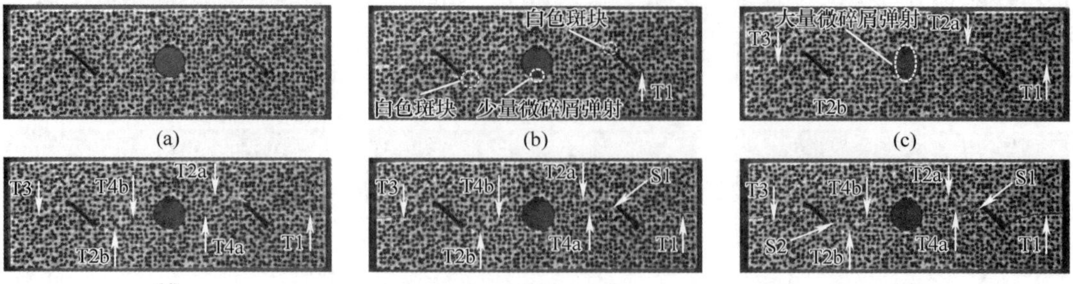

图 5-22　试样 SCJ-45-1 在冲击气压为 0.7 MPa 时的破坏过程

（a）0 μs；（b）75 μs；（c）125 μs；（d）150 μs；（e）175 μs；（f）200 μs

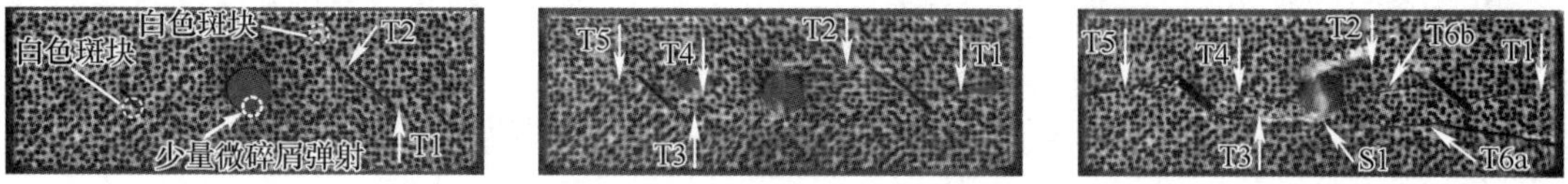

图 5-23　试样 SCJ-45-2 在冲击气压为 0.8 MPa 时的破坏过程

（a）75 μs；（b）125 μs；（c）175 μs

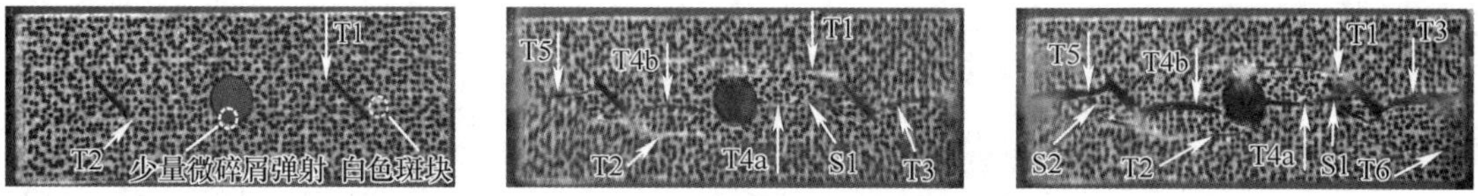

图 5-24　试样 SCJ-45-3 在冲击气压为 0.9 MPa 时的破坏过程

（a）50 μs；（b）75 μs；（c）125 μs

冲击气压为 0.8 MPa 下，在 75 μs 时，试样 SCJ-45-2 中硐室底部出现少量微碎屑弹射，左节理下尖端和右节理上尖端附近均出现了白色斑块，右节理上下尖端分别出现了小尺度拉伸裂纹 T2 和 T1。在 125 μs 时，裂纹 T1 和 T2 进一步沿加载方向延伸，左节理下尖端与硐室底部萌生裂纹 T3，左节理下尖端与硐室左侧中部出现裂纹 T4，此外，左节理上尖端萌生出沿加载方向的裂纹 T5，并向试样左端部延伸。在 175 μs 时，硐室底部产生小尺度剪切裂纹 S1 后，演化为拉伸裂纹 T6a 并延伸到试样右端部。与此同时，硐室右侧中部与右节理上尖端之间的岩桥被贯通，形成裂纹 T6b。硐室发生严重变形，形成的裂纹与硐室和节理相互作用，试样被切割成多个块体，整体发生拉伸破坏。

冲击气压为 0.9 MPa 下，在 50 μs 时，试样 SCJ-45-3 中硐室底部出现少量微碎屑弹射，右节理下尖端附近出现了白色斑块，右节理上尖端和左节理下尖端分别出现了小尺度拉伸裂纹 T1 和 T2。在 75 μs 时，裂纹 T1 和 T2 长度增加，右节理下尖端出现的裂纹 T3 扩展到试样右端部，硐室右侧中部与右节理上尖端之间形成贯通裂纹 T4a，同时左节理下尖端与硐室左下方之间形成贯通裂纹 T4b，硐室顶部与右节理下尖端之间出现剪切裂纹 S1，与裂纹 T4a 相互交叉。左节理上尖端萌生拉伸裂纹 T5 延伸到试样左端部。随后，左节理下尖端萌生的剪切裂纹 S2 与裂纹 T5 相交。硐室下部萌生的拉伸裂纹 T6 与试样右端部贯通，整体发生拉伸破坏。

5.5.1.3 含交叉节理岩体硐室试样

以试样 SCI-15 为例，分析含交叉节理岩体硐室试样的动态破坏过程。图 5-25～图 5-27 所示为试样 SCI-15 分别在冲击气压为 0.7 MPa、0.8 MPa 和 0.9 MPa 下不同时刻的动态裂纹扩展演化过程。冲击气压为 0.7 MPa 下，冲击荷载通过入射杆作用到试样接触端面，试样 SCI-15-1 两端、交叉节理尖端及硐室周围会形成应力集中。在 50 μs 时，硐室内壁出现类似于岩爆的少量微碎屑弹射，右交叉节理左上尖端及硐室右上方附近都出现了白色斑块，右交叉节理中部与试样右端部之间出现贯通拉伸裂纹 T1，试样开始破裂。在 75 μs 时，硐室内壁出现大量微碎屑弹射，右交叉节理左下尖端与硐室左下方出现拉伸裂纹 T2，临近硐室上部出现一条沿加载方向扩展的裂纹 T3。在 125 μs 时，裂纹 T3 进一步扩展，但长度有限。硐室左侧中部与左交叉节理右下尖端之间形成拉伸裂纹 T4，左交叉节理左上尖端引发拉伸裂纹 T5，并扩展到试样左边界。随后，硐室右侧中部出现一条小尺度剪切裂纹 S1，与裂纹 T2 相交。左交叉节理右上尖端引发拉伸裂纹 T6，与裂纹 T3 近似平行，相距很近。随着应力波的多次反射和透射，裂纹 T6 延伸至硐室顶部。左交叉节理右下尖端与硐室底部之间的岩桥区形成贯通的拉伸裂纹 T7。裂纹 T3 延伸至右交叉节理左上尖端，并形成小尺度剪切裂纹 S2。同时产生竖直裂纹 T8a 和 T8b，这可能是试样上下部向临空面扩容时发生折断造成的。

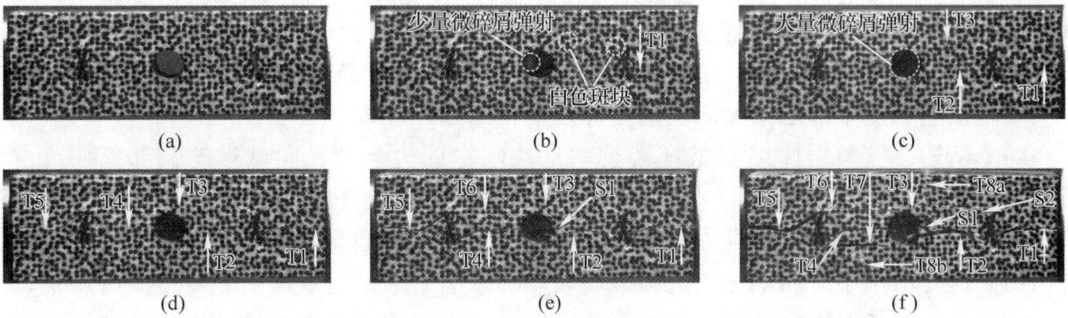

图 5-25 试样 SCI-15-1 在冲击气压为 0.7 MPa 时裂纹演化

(a) 0 μs；(b) 50 μs；(c) 75 μs；(d) 125 μs；(e) 150 μs；(f) 175 μs

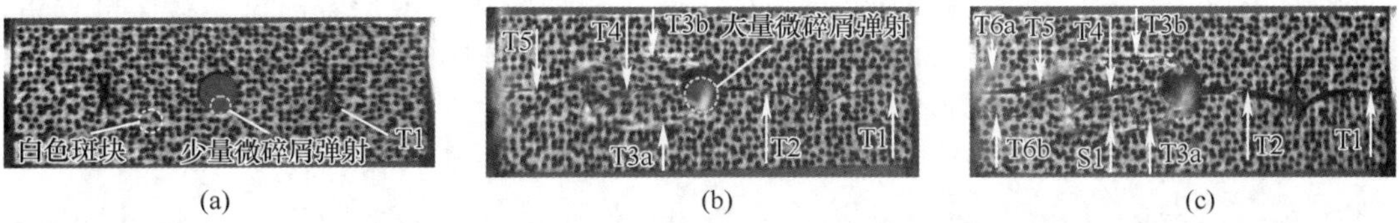

图 5-26 试样 SCI-15-2 在冲击气压为 0.8 MPa 时裂纹演化

(a) 50 μs；(b) 100 μs；(c) 150 μs

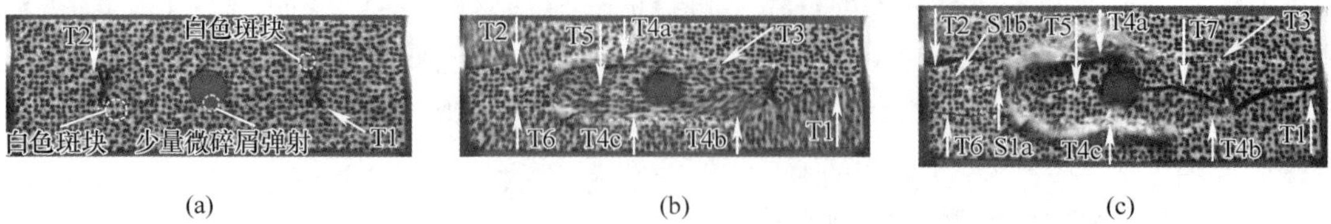

图 5-27　试样 SCI-15-3 在冲击气压为 0.9 MPa 时裂纹演化
(a) 50 μs；(b) 75 μs；(c) 125 μs

冲击气压为 0.8 MPa 下，在 50 μs 时，试样 SCI-15-2 中硐室内壁出现少量微碎屑弹射，试样表面出现白色斑块，右交叉节理右下尖端出现初始拉伸裂纹 T1。随后，右交叉节理左下尖端与硐室右侧中部之间形成贯通裂纹 T2，硐室顶部与左交叉节理右上尖端之间、硐室底部与左交叉节理右下尖端之间几乎同时出现拉伸裂纹，分别为 T3a 和 T3b。硐室左侧中部与左交叉节理右下尖端之间出现拉伸裂纹 T4，左交叉节理左上尖端与试样左边界之间形成贯通裂纹 T5。最后，裂纹 T3a 和 T4 之间出现剪切裂纹 S1，左交叉节理左上尖端与试样左边界之间形成拉伸裂纹 T6a，与裂纹 T3b 贯通，左交叉节理左下尖端与试样左边界之间形成拉伸裂纹 T6b。裂纹试样整体发生拉伸破坏。

冲击气压为 0.9 MPa 下，在 50 μs 时，试样 SCI-15-3 中硐室内壁出现少量微碎屑弹射，左交叉节理右下尖端和右交叉节理左上尖端附近均出现白色斑块，右交叉节理右下尖端和左交叉节理左上尖端分别出现了拉伸裂纹 T1 和 T2。随后，裂纹 T1 扩展至试样右边界，裂纹 T2 扩展至试样左边界。右交叉节理左上尖端与硐室顶部之间形成拉伸裂纹 T3，硐室上方与左交叉节理右上尖端之间、硐室下方与左交叉节理右下尖端之间几乎同时出现拉伸裂纹，分别为 T4a 和 T4b，并有大量微碎屑弹射。硐室中部与左交叉节理右下尖端之间形成贯通拉伸裂纹 T5，左交叉节理左下尖端出现拉伸裂纹 T6 并延伸至试样左边界。最后，在冲击荷载作用下，裂纹 T2 下部形成两条小尺度剪切裂纹 S1a 和 S1b，右交叉节理左下尖端与硐室右侧中部之间形成贯通拉伸裂纹 T7。

综上所述，完整岩体硐室试样裂纹均是从硐室周边起裂，向试样的端部延伸。含平行（交叉）节理岩体硐室试样在 3 种冲击气压下，一般是先在靠近透射杆端的硐室周边和（或）节理尖端附近出现平行于加载方向的拉伸裂纹白色斑块，然后逐渐演化为宏观拉伸裂纹，这是沿水平方向硐室周边和节理尖端的拉应力集中造成的。随着应力的增加，裂纹向试样端部延伸，最终形成一个或多个近似平行于加载方向的控制破坏的拉伸裂纹，局部出现小尺度剪切裂纹。随着冲击荷载的进一步增大，一些次级裂纹相继出现，与前期形成的裂纹相互贯通，试样被分割成多个块体，试样体积向临空面方向扩容，最终发生整体拉伸破坏。对于同种试样，在不同的冲击气压下，裂纹的起裂位置会存在一定差异。相比含平行节理岩体硐室试样，含交叉节理岩体硐室试样裂纹的起裂位置增多，破坏过程更加复杂。

5.5.2　动态破坏模式

完整岩体硐室试样、含平行（交叉）节理岩体硐室试样在冲击气压为 0.7 MPa、0.8 MPa 和 0.9 MPa 下的破坏模式见表 5-1。

表 5-1 各试样在 3 种冲击气压下的破坏模式

试样	破坏模式		
	冲击气压 0.7 MPa	冲击气压 0.8 MPa	冲击气压 0.9 MPa
SC	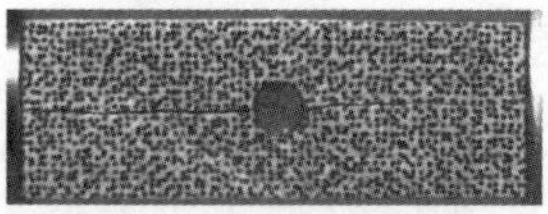	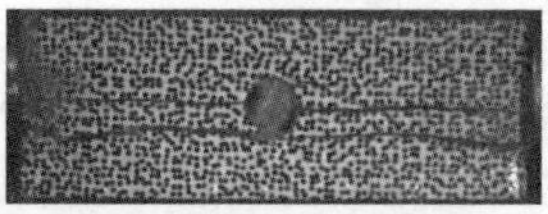	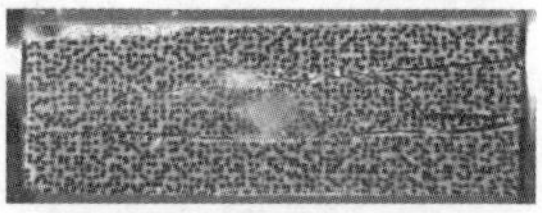
SCJ-0	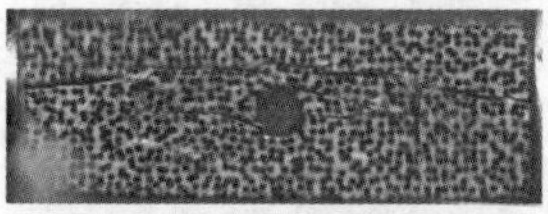	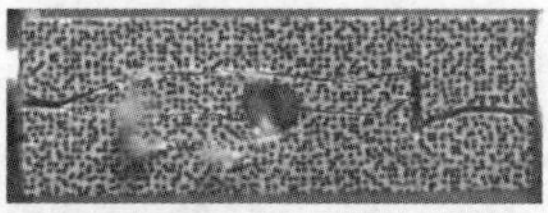	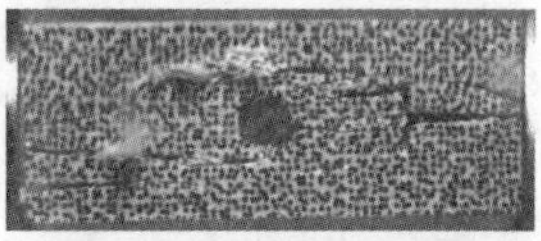
SCJ-15	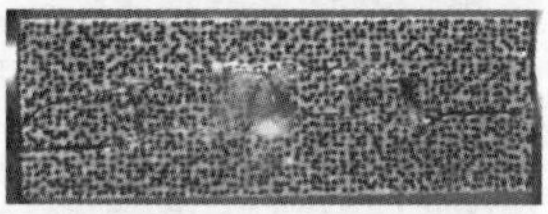	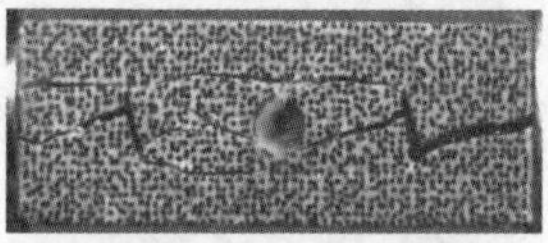	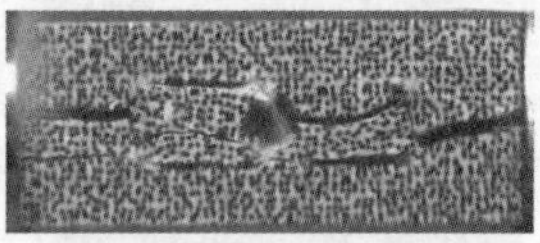
SCJ-30	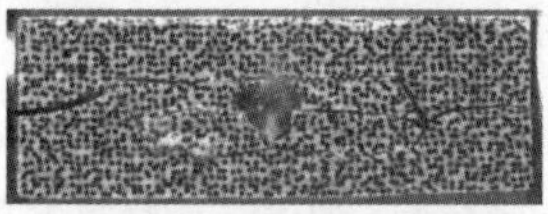	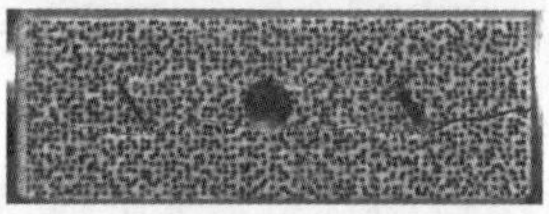	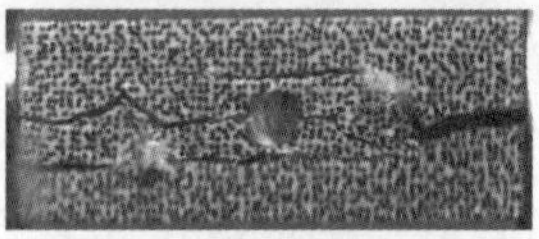
SCJ-45	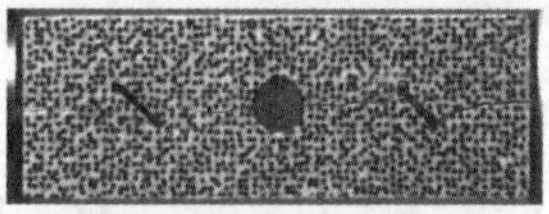	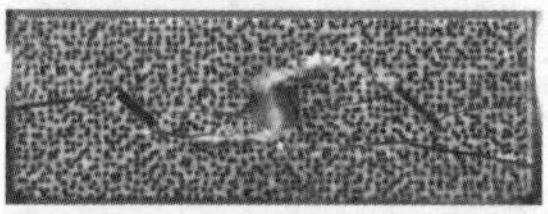	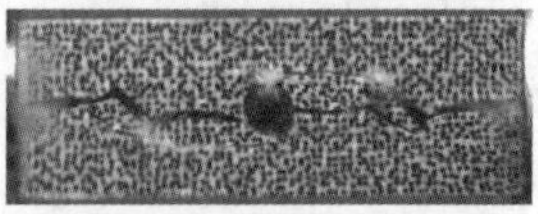
SCJ-60	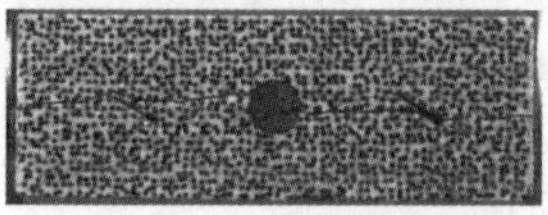	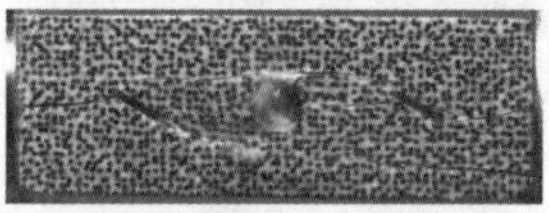	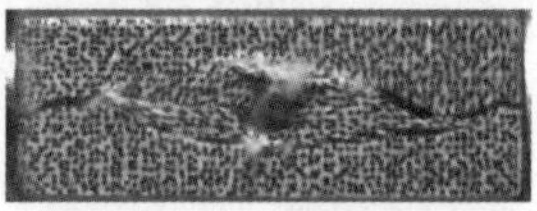
SCJ-75	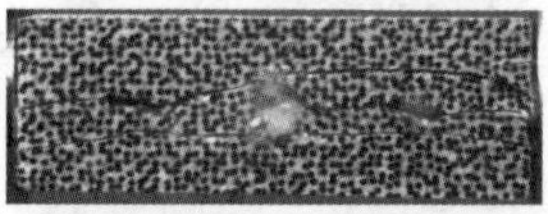	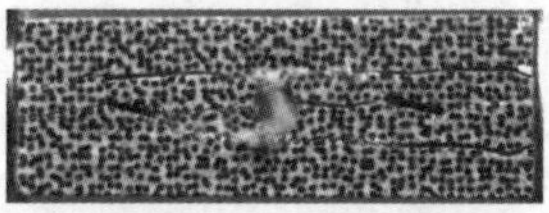	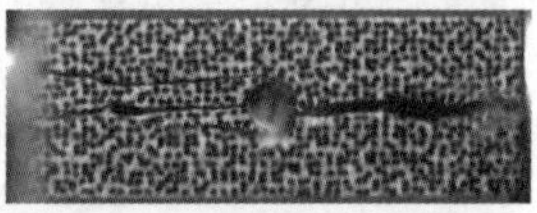
SCJ-90	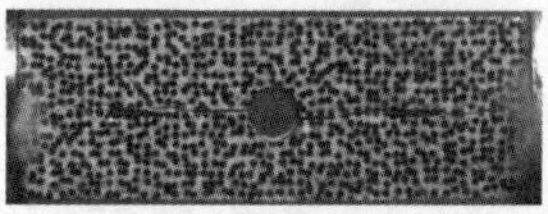	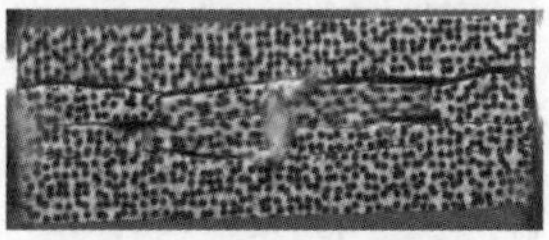	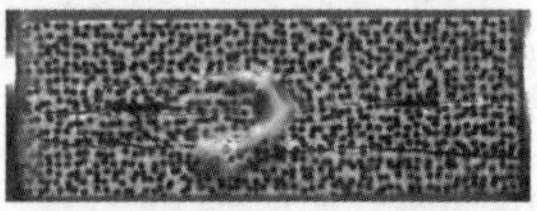
SCI-15	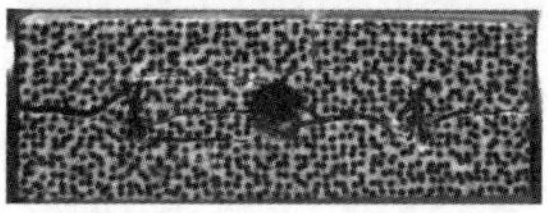	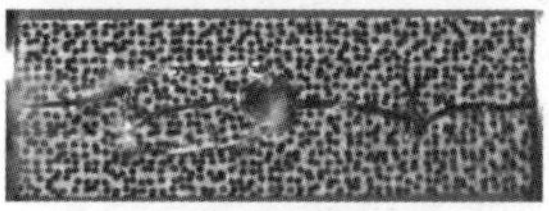	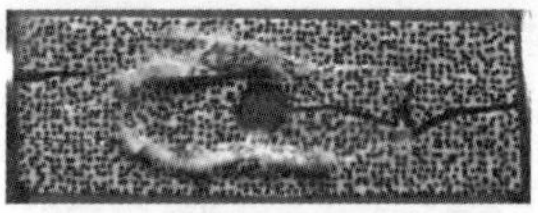
SCI-30	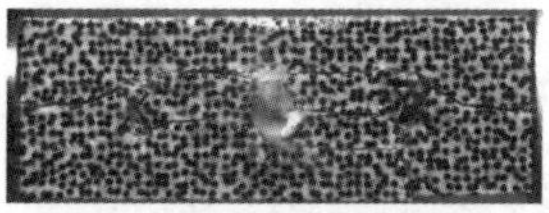	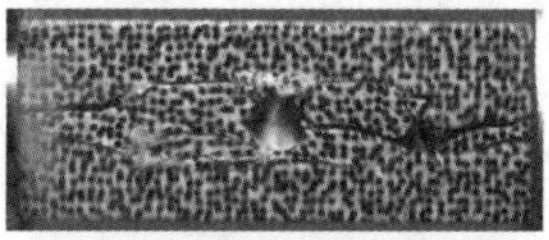	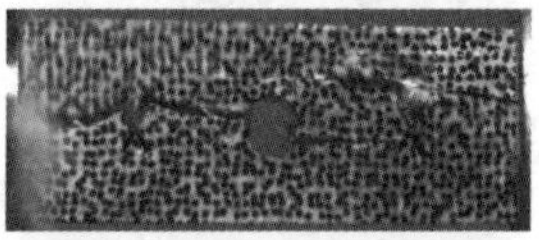
SCI-45	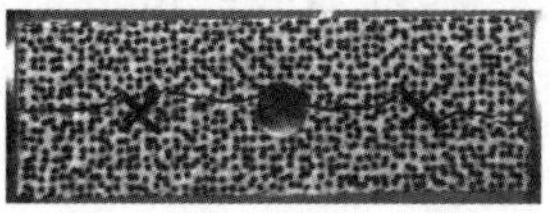	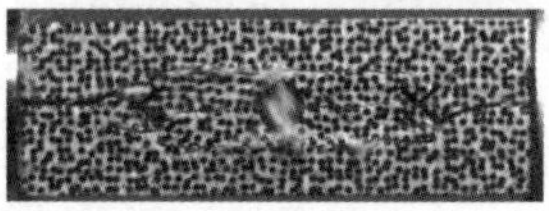	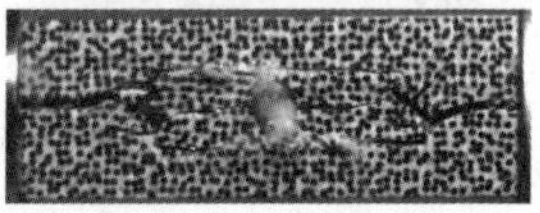

续表 5-1

试样	破坏模式		
	冲击气压 0.7 MPa	冲击气压 0.8 MPa	冲击气压 0.9 MPa
SCI-60	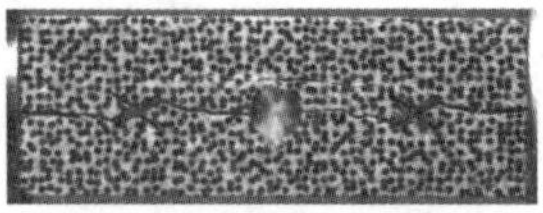	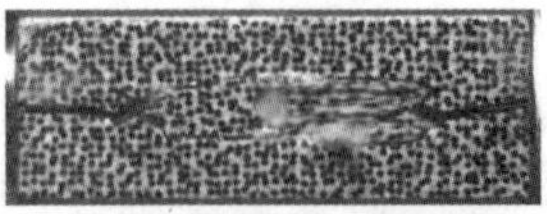	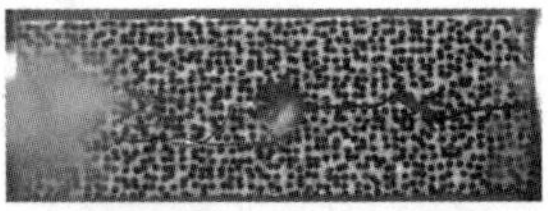
SCI-75	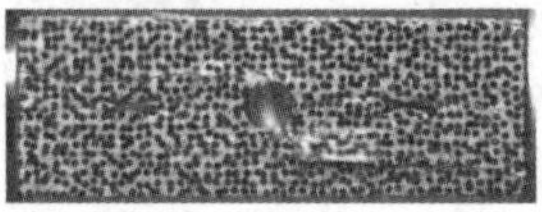	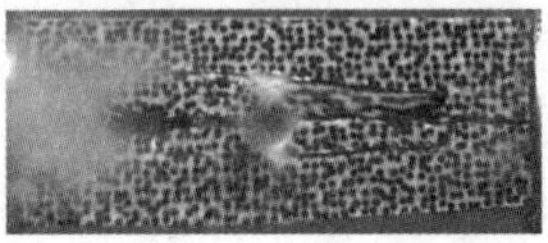	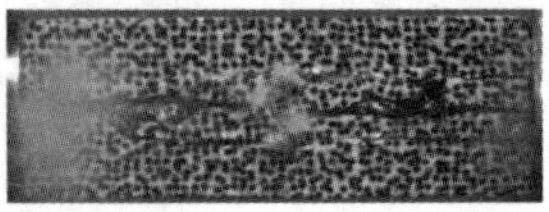

对比分析可知，对于完整岩体硐室试样，随着冲击气压的增大，试样的破坏模式从单一拉伸破坏面变为两条或多条拉伸破坏面，冲击气压为 0.9 MPa 时试样局部发生剪切破坏，破碎程度加剧。对于含平行节理岩体硐室试样，在冲击气压为 0.7 MPa 下，节理倾角为 45°、60°和 90°试样均大致沿节理尖端穿过硐室形成一个主拉伸破坏面，而其他角度的试样形成两个或多个拉伸破坏面，硐室变形不明显。在冲击气压为 0.8 MPa 下，各节理角度的试样均形成两个或多个拉伸破坏面，同时伴随局部小尺度剪切破坏，硐室变形较大。在冲击气压为 0.9 MPa 下，各节理角度的试样均形成多个拉伸剪切复合破坏面，破裂面增多，破碎程度更高，碎块尺寸减小，硐室变形严重。对于含交叉节理岩体硐室试样，在冲击气压为 0.7 MPa 下，交叉节理半夹角为 45°试样大致沿节理尖端穿过硐室形成一个主拉伸破坏面，而其他半夹角试样形成两个或多个拉伸破坏面，其中半夹角为 45°试样局部发生剪切破坏，硐室变形较小。在冲击气压为 0.8 MPa 下，各试样均形成两个或多个拉伸破坏面，伴随局部剪切破坏，硐室被压缩。在冲击气压为 0.9 MPa 下，各试样均形成多个拉伸剪切复合破坏面，破碎程度更高，碎块尺寸减小，硐室变形较大。

整体来看，完整岩体硐室试样、含平行（交叉）节理岩体硐室试样均以拉伸破坏为主。与完整岩体硐室试样相比，由于节理的存在，含平行（交叉）节理岩体硐室试样的破坏模式更加复杂，包括拉伸破坏、剪切破坏和拉剪破坏。对于同种试样，随着冲击气压的增大，试样的破坏类型趋于复杂，变形破坏效果更明显。在相同冲击气压下，不同试样的破坏形态存在一定差异，形成的破裂面位置、数量等均有所不同；此外，含交叉节理岩体硐室试样的最终破碎程度整体上大于含平行节理岩体硐室试样，完整岩体硐室试样的破碎程度最小，这与试样的强度特性较为一致。总之，不同类型试样的破坏形态具有显著的应变率效应和节理结构效应。

5.5.3　动态和静态破坏模式比较

以完整岩体硐室试样、节理倾角 30°的含平行节理岩体硐室试样，以及交叉节理半夹角 30°的含交叉节理岩体硐室试样为例，对比分析完整岩体硐室试样、含平行（交叉）节理岩体硐室试样在单轴静载和动载作用下的破坏模式（见表 5-2）。可以发现，这些试样的静态和动态破坏模式存在一些异同。相同的是，当所施加的冲击气压较小时（0.7 MPa），应力波在试样中反射、透射多次后，致使试样破裂，此时试样的动态破坏形态与静态破坏形态有些类似。试样破裂时，微裂纹的萌生一般都是从节理尖端和（或）硐室周边开始的，然后沿加载方向在试样内部薄弱部位扩展。此外，拉伸裂纹在各试样静态和动态变形破坏中占主导作用，试样主要以拉伸破坏为主，局部出现剪切破坏。

表 5-2 典型试样动态与静态破坏模式比较

加载方式	破坏模式		
	完整岩体硐室试样	含平行节理岩体硐室试样	含交叉节理岩体硐室试样
静态加载	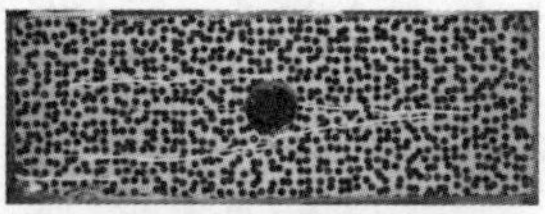	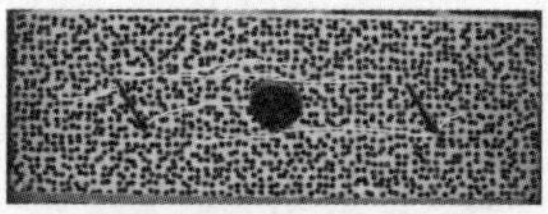	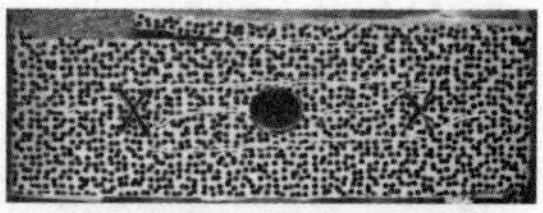
冲击气压 0.7 MPa	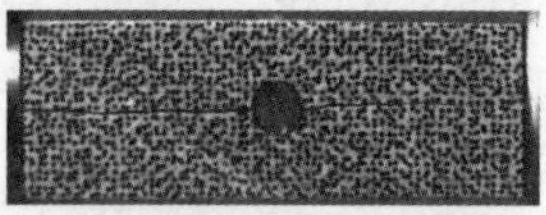	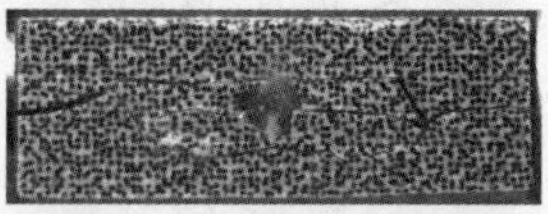	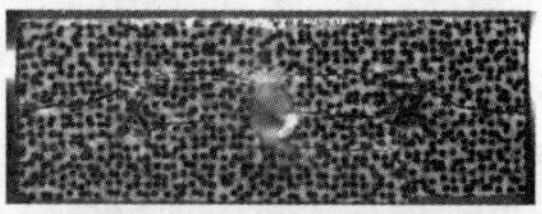
冲击气压 0.8 MPa	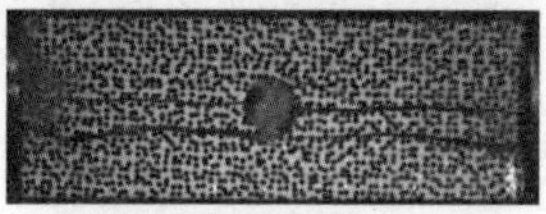	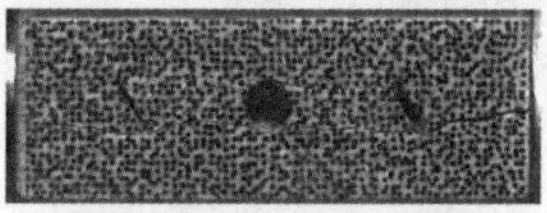	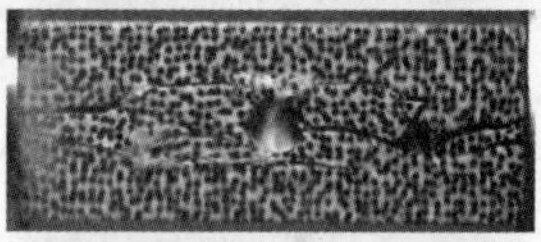
冲击气压 0.9 MPa	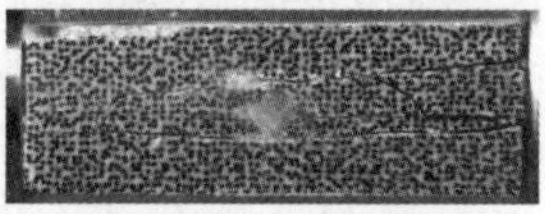	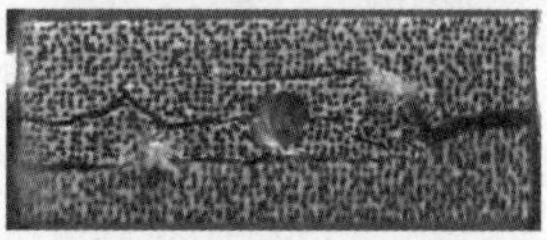	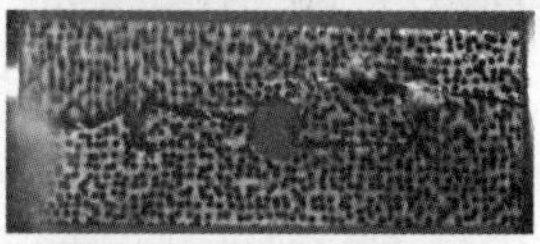

不同的是，随着冲击气压的增加（0.8 MPa 和 0.9 MPa），这些试样的破坏模式也产生变化，且动态破坏机制与静态破坏机制也存在一定差异。在静态加载作用时，在前期加载过程中试样表面基本观察不到明显的裂纹形成，只有在接近峰值强度前较短的时间内，微裂纹才开始集中出现。由于静载的作用时间相对较长，萌生的微裂纹有足够的时间有可能向试样的各个部位扩展，裂纹的扩展路径相对发散，且试样破坏前宏观裂纹的发育不够充分。硐室在试样整体破坏前几乎不发生明显变形，硐室内壁更无微碎屑弹射现象。然而，在冲击荷载作用下，由于应力波作用的时间相对极短，试样的破坏一般是从靠近入射杆一侧的试样部位开始，沿着节理尖端和硐室两侧向透射杆一侧发展，裂纹快速生长扩展，虽然裂纹的扩展方向不是单一的，但生产的裂纹相对集中。硐室在试样整体破坏前发生严重变形，硐室内壁出现大量微碎屑弹射现象。此外，在动态荷载下，由于应力波的多次反射与透射作用，试样中产生更多的宏观裂纹，与试样的整个破坏过程有关，且裂纹发育均较充分，试样破坏程度更高，产生的碎块尺寸更小。

另外，虽然在静载和动载下试样均可能会产生剪切裂纹，但在静载下出现剪切裂纹的概率相对较低。在动态载荷下，小尺度剪切裂纹可以在试样中产生并扩展，这些小尺度的剪切裂纹可能相互作用形成较大尺度的剪切裂纹。

由上述分析可知，节理化岩体硐室围岩在静态和动态荷载下的失稳破坏特征存在很多不同之处，因此，在工程实践中应根据硐室潜在的受力来源采取有针对性的支护控制措施。

5.5.4 动态破坏机制分析及失稳控制建议

完整岩体硐室试样、含平行（交叉）节理岩体硐室试样均属于脆性或准脆性破坏类型，其动态变形破坏过程由渐变性过渡到突变性，这一过程也是时间和空间的准备过程。随着冲击荷载的增加，试样在从产生白色斑块到微裂纹萌生和扩展过程中，当某部位（如节理尖端、硐室周围）出现应力集中，且释放能率大于消耗能率时，试样就很可能发生突然的失稳破坏，试样宏观破坏是其微观结构（微裂纹）变形破坏的累积结果。

节理尖端和平行于冲击加载方向的硐室两侧容易形成高应力集中，尤其是节理在试样内部形成弱空间结构，增加了试样内部节理尖端的应力集中程度。当试样受到动态荷载时，具有优势拉伸或剪切倾向的节理部位可以促进新裂纹的萌生和扩展，直至节理从试样基体中断裂。硐室起到两条平行节理或两组交叉节理之间基体内部损伤演化引起的微裂纹扩展的桥接作用。由含平行（交叉）节理岩体硐室试样的动态破坏过程可以看出，试样的破坏基本上均是沿着节理尖端和硐室两侧发展的，且沿冲击方向的裂纹对试样的破坏起主导作用，这与理论认识相一致。

硐室、平行节理及交叉节理的存在增强了试样的塑性性能，而削弱了试样的抗冲击荷载的能力，冲击过程中大量的冲击入射能不能全部通过弹性变形的方式被吸收，只能靠引发试样的破坏以耗散掉入射能量。随着冲击气压的增大，试样破碎程度严重。这主要是因为冲击气压较小时，试样承受的冲击入射能相对较小，试样内部随机分布的无序微裂纹在外力作用下会向有序方向发展，但微裂纹发育不够充分，只有少量优势微裂纹聚结为宏观裂纹，破碎程度较低。试样受到较高动态冲击气压时，试样所承受的冲击入射能增大，试样内微裂纹吸收能量后充分发育，沿冲击加载方向不断扩展并聚结成宏观裂纹，产生新宏观裂纹数量增多，小尺寸碎块增多，破碎程度加重。

具有不同节理倾角或交叉节理半夹角试样的破坏模式与其自身的抗冲击能力密切相关，抗冲击能力差的试样受到相同外力时，最先容易产生微破裂。由前文的强度特性分析可知，含交叉节理岩体硐室试样的强度整体上弱于含平行节理岩体硐室试样，含交叉节理岩体硐室试样有多个节理尖端引发裂纹萌生，交叉节理之间的块体容易被切割剥落。此外，交叉节理构成的弱结构面积增大，且交叉节理之间的贯通交叉点进一步弱化了试样的抗冲击能力，起到了加剧试样发生贯通破坏的作用。因此，含交叉节理岩体硐室试样的破坏模式更加复杂，在相同冲击气压下的破坏过程也较为剧烈。

在实际工程中，动态荷载引起的地下硐室围岩结构的失稳破坏一般存在两种形式：一是由动态荷载控制的失稳破坏，其能量源主要来自动载；二是动态荷载诱发的失稳破坏，其能量源主要来自历史荷载。第一种破坏的防控关键是消除或减弱动载源，第二种破坏的控制重点是降低或减轻硐室围岩体中的应力集中程度。因此，确定地下硐室围岩结构的破坏类型可以更有针对性且更高效地预防灾害的发生。通过分析完整岩体硐室试样、含平行（交叉）节理岩体硐室试样在冲击波作用下的动态损伤破坏过程，可为揭示硐室围岩的动态破裂机制提供有意义的试验指导。试验结果将有助于指导地下硐室优化设计，如发展新的节理化岩体硐室围岩抗爆防护设计方法及加固措施。在工程施工中，应尽量降低工程施工扰动对硐室的影响，合理优化设计爆破参数，消除或减弱动力扰动源。采用注浆加固措施填充节理间隙，增强节理间的粘聚力以提高围岩的自承载能力。此外，还应提高节理化岩体硐室围岩支护结构的刚度和强度，如采用高强锚杆支护系统，改善硐室围岩的应力状态，提高硐室围岩的抗冲击能力。

参 考 文 献

[1] LEI X L, WENG X S. Fracturing behavior and failure in hollowed granite rock with static compression and coupled static-dynamic loads [J]. International Journal of Geomechanics, 2018, 18 (6): 4018045.

[2] KOLSKY H. An investigation of the mechanical properties of materials at very high rates of loading [J]. Proceedings of the Physical Society. Section B, 1949, 62 (11): 676-700.

[3] 王建国. 类节理岩石材料冲击动力响应性状的试验研究 [D]. 北京: 中国矿业大学 (北京), 2015.

[4] XIE Y, FU Q, ZHENG K, et al. Dynamic mechanical properties of cement and asphalt mortar based on SHPB test [J]. Construction and Building Materials, 2014, 70: 217-225.

[5] 刘孝敏, 胡时胜. 应力脉冲在变截面 SHPB 锥杆中的传播特性 [J]. 爆炸与冲击, 2000, 20 (2): 110-114.

[6] RAVICHANDRAN G S G. Critical appraisal of limiting strain rates for compression testing of ceramics in a split Hopkinson pressure bar [J]. Journal of the American Ceramic Society, 1994, 77 (1): 263-267.

[7] 李地元, 成腾蛟, 周韬, 等. 冲击载荷作用下含孔洞大理岩动态力学破坏特性试验研究 [J]. 岩石力学与工程学报, 2015, 34 (2): 249-260.

[8] 李地元, 韩震宇, 孙小磊, 等. 含预制裂隙大理岩 SHPB 动态力学破坏特性试验研究 [J]. 岩石力学与工程学报, 2017, 36 (12): 2872-2883.

[9] 李夕兵, 翁磊, 谢晓锋, 等. 动静载荷作用下含孔洞硬岩损伤演化的核磁共振特性试验研究 [J]. 岩石力学与工程学报, 2015, 34 (10): 1985-1993.

[10] LI X, ZHOU T, LI D. Dynamic strength and fracturing behavior of single-flawed prismatic marble specimens under impact loading with a Split-Hopkinson Pressure Bar [J]. Rock Mechanics and Rock Engineering, 2017, 50 (1): 29-44.

[11] 王兴渝, 朱哲明, 邱豪, 等. 冲击荷载下层理对页岩内裂纹扩展行为影响规律的研究 [J]. 岩石力学与工程学报, 2019, 38 (8): 1542-1556.

[12] LI J C, LI N N, LI H B, et al. An SHPB test study on wave propagation across rock masses with different contact area ratios of joint [J]. International Journal of Impact Engineering, 2017, 105: 109-116.

[13] 杨仁树, 李炜煜, 方士正, 等. 层状复合岩体冲击动力学特性试验研究 [J]. 岩石力学与工程学报, 2019, 38 (9): 1747-1757.

[14] 梁小燕, 王勇华, 王正道. RPC 材料冲击加载下的横向惯性和应变率效应 [J]. 北京交通大学学报, 2008, 32 (4): 58-62.

[15] MA Q, GAO C. Effect of basalt fiber on the dynamic mechanical properties of cement-soil in SHPB test [J]. Journal of Materials in Civil Engineering, 2018, 30 (8): 040181858.

[16] 张青成. 应力波作用下花岗岩损伤演化的试验研究 [D]. 北京: 中国矿业大学 (北京), 2014.

[17] WENG L, LI X, TAHERI A, et al. Fracture evolution around a cavity in brittle rock under uniaxial compression and coupled static-dynamic loads [J]. Rock Mechanics and Rock Engineering, 2018, 51 (2): 531-545.

[18] 黎立云, 徐志强, 谢和平, 等. 不同冲击速度下岩石破坏能量规律的实验研究 [J]. 煤炭学报, 2011, 36 (12): 2007-2011.

[19] 陈昕. 节理粗糙度对岩体抗压动态力学特性影响的实验研究 [D]. 北京: 北京科技大学, 2016.

[20] 鞠杨, 李业学, 谢和平, 等. 节理岩石的应力波动与能量耗散 [J]. 岩石力学与工程学报, 2006, 25 (12): 2426-2434.

[21] 李淼. 节理岩体的动态力学特性及应力波传播特征的试验研究 [D]. 北京：北京科技大学，2018.
[22] 平琦，骆轩，马芹永，等. 冲击载荷作用下砂岩试件破碎能耗特征 [J]. 岩石力学与工程学报，2015，34（S2）：4197-4203.
[23] 刘刚，赵坚，宋宏伟，等. 节理密度对围岩变形及破坏影响的试验研究 [J]. 岩土工程学报，2007，29（11）：1737-1741.

6 冲击扰动下矿山井下节理化岩体硐室围岩稳定性分析与控制

地下金属矿山在开采时需要建设一系列配套的井下巷道，这些巷道是保障矿山正常生产和安全运营的重要通道。巷道围岩在施工或服役期间，内部应力达到破坏强度时并不一定发生破坏，可能处于一种亚临界或临界平衡状态，但当受到外部动力（如爆破振动、岩爆及地震活动等）强扰动时，巷道围岩将可能发生失稳破坏。尤其是节理裂隙发育的巷道围岩的稳定性较差，受外力强扰动后更容易引起失稳破坏。然而，目前有关一定埋深下节理化岩体巷道围岩在动态冲击扰动下的动力稳定性研究仍较少。本章基于前文对节理化岩体硐室围岩的静动态失稳破坏模式及机制试验研究成果，以典型的山东三山岛金矿-915 m水平某段巷道为具体工程背景，确定该巷道围岩中的结构面优势产状，并以地应力实测结果为基础，采用三维离散元软件3DEC建立相应的节理化岩体巷道数值模型，研究含优势节理面的巷道围岩一侧受到冲击扰动时的稳定性。然后，进一步分析冲击应力波扰动作用下不同埋深、不同冲击应力波峰值及不同冲击应力波延时条件下的节理化岩体巷道围岩变形及失稳破坏特征。在此基础上，探讨节理化岩体巷道围岩的失稳破坏机制及失稳控制措施，为工程动力灾害防控提供指导。

6.1 工程概况

三山岛金矿位于山东省胶东半岛地区，是我国最大的地下金属矿山之一，目前开采深度已接近地下1000 m。该金矿矿床属于超大型构造蚀变岩型金矿床，矿区内岩石蚀变较严重，围岩比较破碎，结构弱面纵横交错。随着开采深度的增加，工程地质条件变得越来越复杂，深部岩体节理裂隙发育。此外，高地应力作用凸显，矿山地压显现越发突出，巷道围岩变形、片帮、冒顶及坍塌等灾害发生的频度和强度呈上升趋势，且具有较强的岩爆倾向性，极大地影响了巷道的稳定性，严重威胁工人生命安全及影响矿山的正常生产。

该矿典型的-915 m水平巷道围岩主要为绢英岩化花岗岩，呈现出明显的变余花岗结构及块状构造，节理裂隙十分发育，属于Ⅲ类或Ⅳ类围岩。该巷道在承受较高地应力的同时，还受临近采场频繁爆破作业等开采扰动的影响，巷道围岩出现片状剥落及局部冒顶，变形破坏问题较为严重，部分区域的变形情况如图6-1所示。节理化岩体巷道围岩的稳定性问题是该矿深部矿产资源开采所面临的棘手问题，节理等结构面的发育极大地弱化了巷道围岩的整体稳定性，往往会成为巷道失稳破坏的关键因素。而且，结构面的存在还会使巷道围岩体产生地质偏压，从而导致巷道的失稳破坏模式复杂多变。因此，对该矿节理化岩体巷道围岩开展失稳破坏机制研究显得尤为重要。

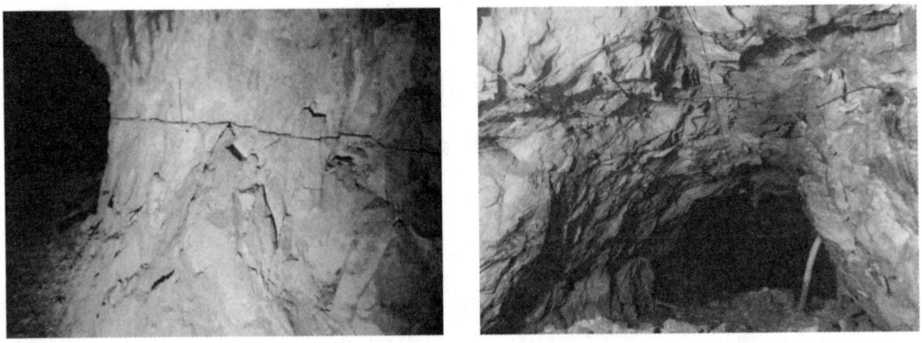

图 6-1　-915 m 水平局部区域巷道变形情况

6.2　矿区地应力及结构面调查

6.2.1　地应力测量结果

地应力是导致地下工程巷道围岩失稳破坏的根本驱动力。采矿工程中的巷道、硐室等地下工程的稳定性及采矿过程中可能发生的以岩爆、冲击地压为主要特征的工程动力灾害等，均与其所处的地应力环境直接相关。

为了查明该矿区的地应力状态，并为深部巷道施工和支护优化设计提供依据，北京科技大学蔡美峰院士团队采用改进型 CSIRO 空心包体应力计（见图 6-2）对该矿区进行了多

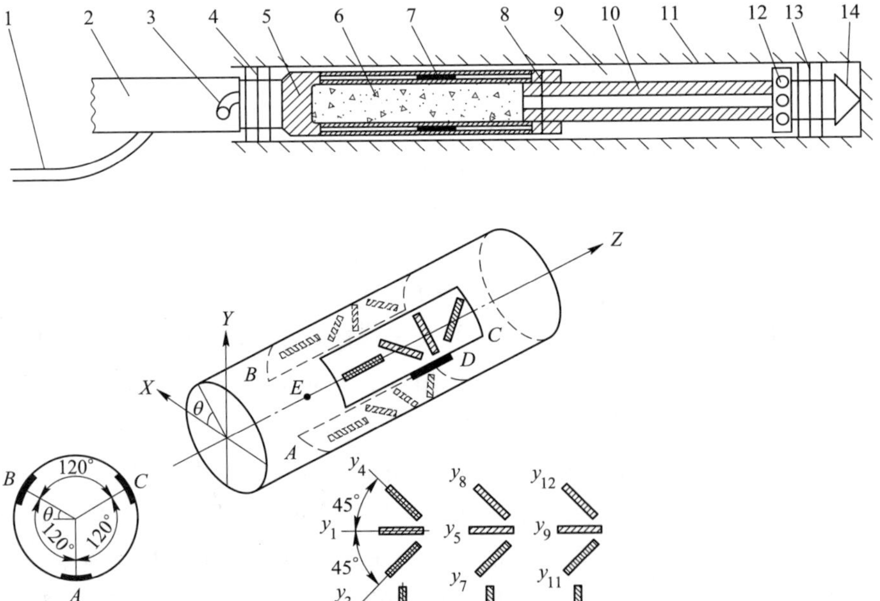

图 6-2　能够实现完全温度补偿的空心包体应变计示意图

1—应变计电缆；2—安装杆；3—连接销；4—封闭圈；5—环氧树脂；6—空腔（内装黏结剂）；7—电阻应变化；8—固定销；9—应变计与孔壁间空隙；10—活塞；11—钻孔；12—出胶小孔；13—封闭圈；14—导向头

期多次地应力测量，获得了该矿区不同水平的大量地应力实测数据[1-2]。在测量过程中应用了完全温度补偿技术及自动数据采集记录系统等新技术，大幅度提高了地应力测量结果的可靠性和准确性。

根据应力解除法测得的地应力数据[1]，发现 3 个主应力中有 2 个位于近水平方向，倾角绝对值基本均小于 20°；另一个主应力接近于垂直方向，倾角绝对值均大于 70°。此外，获得该矿区的地应力分布规律（地应力场模型）为：

$$\sigma_H = 0.0401H + 3.1806 \tag{6-1}$$

$$\sigma_h = 0.0245H + 1.4234 \tag{6-2}$$

$$\sigma_v = 0.0259H + 0.8276 \tag{6-3}$$

式中，σ_H、σ_h和σ_v分别为最大水平主应力、最小水平主应力和垂直主应力，MPa；H 为埋深，m。

由式（6-1）~式（6-3）可知，该矿区的地应力随深度呈近似线性增长关系，根据线性拟合方程可计算得到该矿-915 m 水平的最大水平主应力约为 39.87 MPa，垂直主应力约为 23.84 MPa，最小水平主应力约为 24.53 MPa，这可为工程数值模拟计算提供真实的应力边界条件。

6.2.2 结构面调查

该矿区的节理裂隙较为发育，为了分析该矿区节理化岩体巷道围岩的稳定性，调查结构面的分布情况至关重要。在结构面调查工作中，常采用 ShapeMetrix 3D 数字摄影测量系统（见图 6-3）。该系统以非接触测量的方式可以快速准确及定量地获得工程现场围岩体结构面的几何形态和产状特征参数，大大地降低了人工工作量及人为误差，能够准确可靠地确定现场数据。

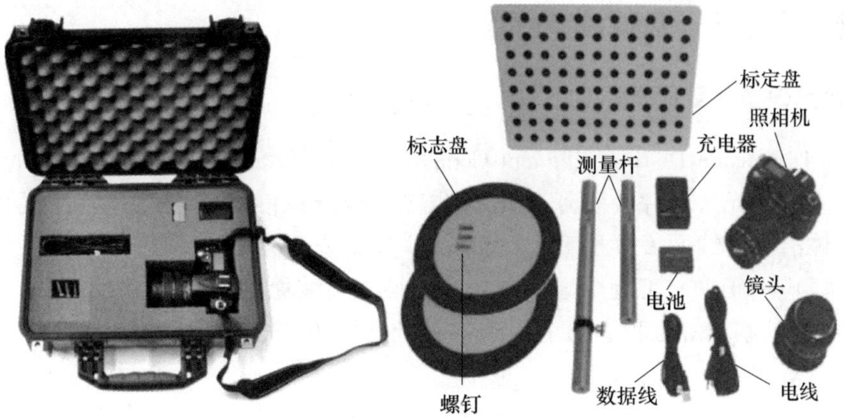

图 6-3 ShapeMetrix 3D 测量系统

采用 ShapeMetrix 3D 数字摄影测量系统对矿区巷道围岩进行了数字图像采集，将图像导入配套的软件分析系统对图像进行处理，获得了巷道围岩表面的三维重构模型。并真实化模型尺寸和方位，确定了岩体节理裂隙的几何信息，得到了节理岩体三维可视化模型，并采用数理统计方法分析了结构面迹长、倾向、倾角及间距等数据。然后通过赤平投影分析与聚类分析绘制出了结构面的赤平极射投影图，最终统计得到了优势结构面产状，可为巷道围岩稳定性数值模拟分析提供结构面信息数据。巷道围岩结构面信息采集与处理过程如图 6-4 所示。

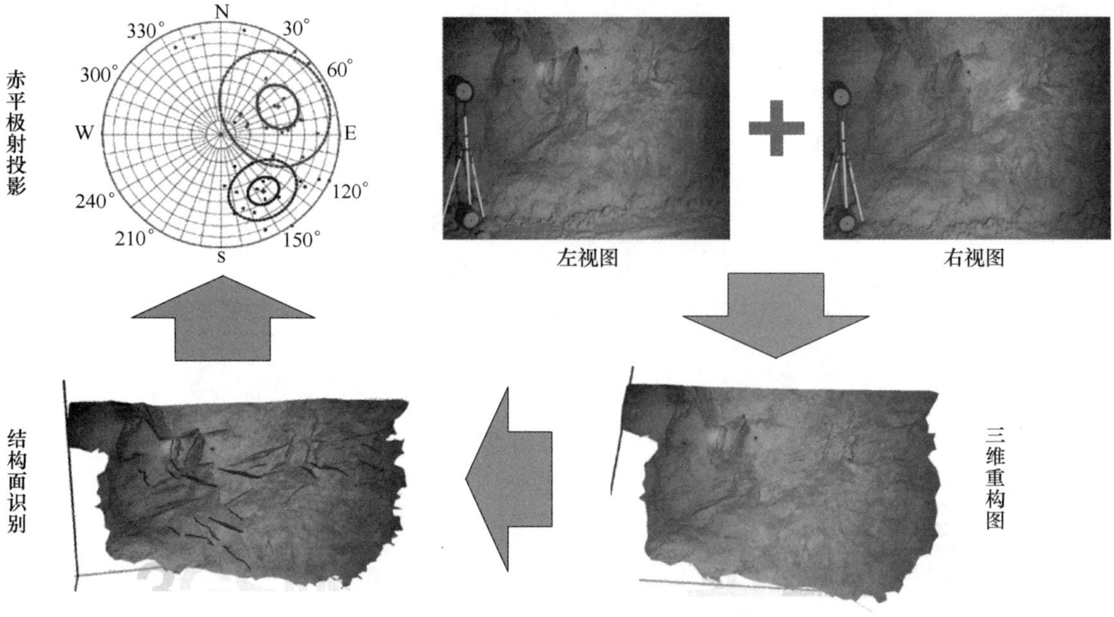

图 6-4　巷道围岩结构面信息采集

根据赤平极射投影图，获得了该巷道的两组优势产状结构面：第一组结构面的优势产状为 234. 24°∠51. 04°，平均节理间距约 0. 4 m；第二组结构面的优势产状为 327. 47°∠53. 89°，平均节理间距约 0. 3 m。

6. 3　节理化岩体巷道数值模型建立

6. 3. 1　离散元数值计算原理

3DEC(3 Dimension Distinct Element Code) 是美国 ITASCA 公司开发的一种处理不连续介质的三维离散单元法程序，可用于模拟非连续介质在静载或动载作用下的力学响应行为，允许块体沿不连续面发生大位移和旋转，是研究不连续介质潜在破坏特征的有效工具[3]，已广泛应用于采矿工程中硐室围岩稳定性及边坡稳定性分析中。

3DEC 中的基本求解方程主要为物理方程及运动方程，其中动力计算是基于牛顿第二定律：

$$\mathrm{d}\dot{u}/\mathrm{d}t = F/m \tag{6-4}$$

采用中心差分法求解得，

$$\mathrm{d}\dot{u}/\mathrm{d}t = [\dot{u}(t + \Delta t/2) - \dot{u}(t - \Delta t/2)]/\Delta t \tag{6-5}$$

进一步，

$$\dot{u}_i(t + \Delta t/2) = \dot{u}_i(t - \Delta t/2) + [(\sum F_i(t))/m + g_i]\Delta t \tag{6-6}$$

$$\dot{v}_i(t + \Delta t/2) = \dot{v}_i(t - \Delta t/2) + [(\sum N(t))/M]\Delta t \tag{6-7}$$

考虑阻尼后，其基本动力学方程为：

$$m\ddot{u}(t) + c\dot{u}(t) + ku(t) = f(t) \tag{6-8}$$

式中，u 为单元位移；t 为时间；c 为阻尼系数；f 为外荷载；k 为弹性刚度系数；m 为质量。

3DEC 软件采用中心差分法进行动力求解，该方法为显式算法，其中需要确定合适的阻尼系数。

6.3.2 模型建立

实际工程中，该矿−915 m 水平巷道断面为直墙拱形式，其尺寸为 4.2 m×3.4 m（宽×高），拱高为 1.05 m，如图 6-5（a）所示。采用 3DEC 软件建立数值计算模型，在 3DEC 模型中，块体和接触面的数量越多，耗时越长。同时考虑到应力波的传播及现有的硬件条件，需确定合适的模型尺寸。经多次尝试后，将模型尺寸确定为 30 m×10 m×30 m（长×宽×高），模型中巷道尺寸与其实际尺寸一致，开挖后的计算模型如图 6-5（b）所示。

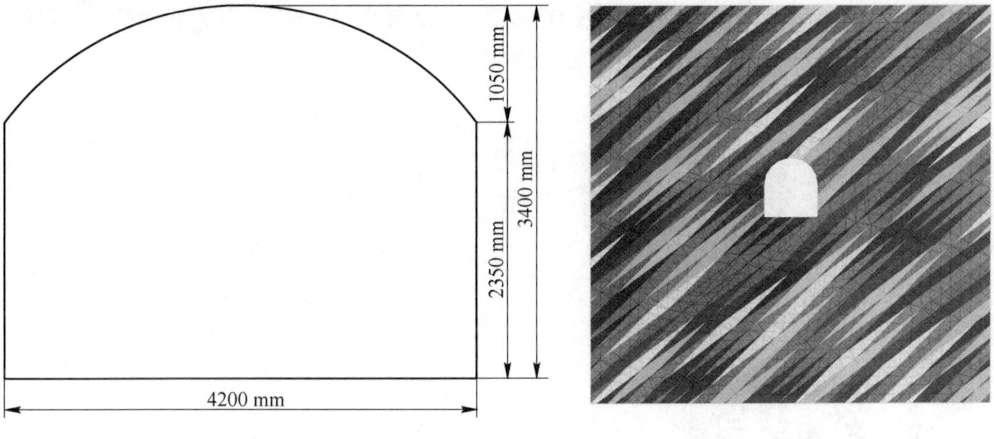

图 6-5 巷道尺寸及节理化岩体巷道计算模型
（a）巷道尺寸；（b）节理化岩体巷道模型平面展示

根据前面确定的两组优势结构面，在模型中添加了两组贯通节理，第一组节理倾向为 234.24°，与水平面夹角为 51.04°；第二组节理倾向为 327.47°，与水平面夹角为 53.89°。为提高动力运算效率及节省内存，对添加的节理进行了适当简化，将模型中两组优势节理面的间距扩大为实际统计间距的 2 倍，即分别为 0.8 m 和 0.6 m。此外，不考虑节理的粗糙度，全部按平面节理处理。

在 3DEC 中的模型通常是由四面体单元组成，理论上网格尺寸越小时计算精度越高，但这会极大地降低运算速率，甚至在计算中可能会出现不可预料的故障。Kuhlemeyer 和 Lysmer[4] 认为网格尺寸 Δl 小于输入波形最高频率所对应波长的 1/8～1/10 时就可以较好地模拟波的传播，即

$$\Delta l \leqslant \lambda/10 \sim \lambda/8 \tag{6-9}$$

$$\lambda = c/f \tag{6-10}$$

式中，Δl 为沿着波传播方向的三角形网格单元最大长度；λ 为最大波长；f 为波频率；c 为波传播速度。

3DEC 模型中的四面体单元式是非等边的，这里将四面体单元最大棱长看作是最大长度，根据上述经验公式，并考虑模型实际计算速度和计算精度等因素，设置模型单元尺寸为 1.0 m。

6.3.3　边界条件及模型参数选取

在计算时，模型底部采用静态边界，四周为自由场边界（见图 6-6（a）），用于吸收入射波，从而避免边界条件的影响。为使自由场模型和巷道模型所处的应力状态一致，对自由场边界进行初始平衡计算，在动力分析时对模型右侧自由场边界施加相同的应力波。根据实测的地应力数据，在模型边界施加初始应力条件。在自重应力和构造应力的作用下，首先让模型达到初始应力平衡状态，然后再施加冲击应力波。在进行动态响应分析时，通过采用 3DEC 中内嵌 FISH 语句编写的应力波加载程序，对模型右侧施加向左的水平入射的半正弦式应力波（见图 6-6（b）），以模拟巷道右侧的冲击扰动对巷道围岩的影响。经估算，冲击应力波峰值约为 15.02 MPa，频率为 20 Hz。应力波作用时间设置为 0.1 s，在该时间内巷道围岩动力响应基本能完成[5]。

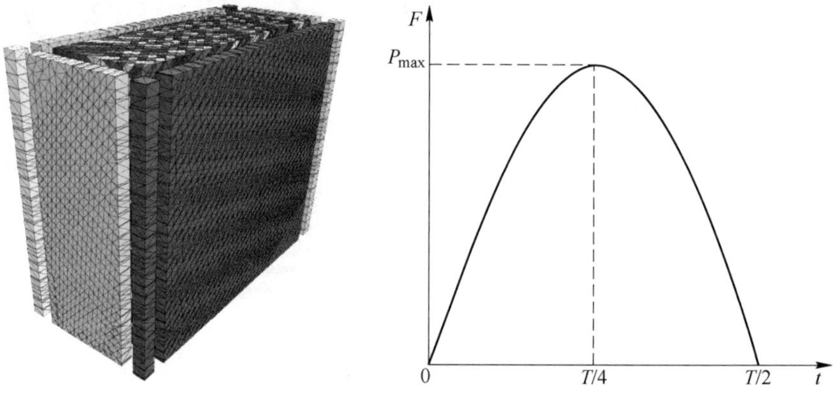

(a)　　　　(b)

图 6-6　自由场边界及应力波时程曲线

（a）自由场边界；（b）应力波时程曲线

模型计算中的阻尼选择局部阻尼，阻尼系数为 0.15。3DEC 模型块体为变形体，在初始平衡计算时岩体采用线弹性模型，在应力波动力计算时采用 Mohr-Coulomb 强度准则，节理面采用节理面接触-Coulomb slip 模型。由于实际工程中尚未对模拟段巷道进行有效支护，在整个模拟计算过程中，暂不考虑支护结构的影响。

根据该矿岩石加工试样的物理模拟试验测试结果，节理化岩体巷道数值模拟计算中用到的岩体力学参数见表 6-1。在 3DEC 模拟中，节理参数的取值没有统一的标准，由于根据试验确定节理的力学参数比较困难，大多是根据模拟经验和工程类比来近似确定。根据金冬梅[6]介绍的节理岩体力学参数的选取方法，假定添加的两组节理的力学参数相同，获得的节理力学参数见表 6-2。

表 6-1 岩体力学参数

参数	密度/kg · m^{-3}	体积模量/GPa	剪切模量/GPa	抗拉强度/MPa	内聚力/MPa	内摩擦角/(°)
数值	2629	9.89	7.34	5.18	8.73	30.59

表 6-2 节理力学参数

参数	法向刚度/GPa · m^{-1}	切向刚度/GPa · m^{-1}	抗拉强度/MPa	内聚力/MPa	内摩擦角/(°)
数值	25.81	18.27	0.55	2.41	35.16

6.4 冲击扰动下节理化岩体巷道围岩失稳破坏特征

6.4.1 变形演化特征

巷道围岩是否稳定将直接反映在巷道围岩变形中。巷道开挖后，将初始平衡后得到的变形位移及塑性区清零，然后进行冲击应力波加载动力分析。图 6-7 所示为节理化岩体巷道围岩右侧受冲击扰动时的竖向位移演化云图。为了便于比较，位移采用绝对值。可以看出，在冲击应力波作用下，巷道围岩发生明显变形，巷道顶板向下移动，巷道底板向上移动，竖向位移范围扩展到巷道两帮范围内。块体沿节理面滑移，表现出明显的节理影响效应。随着冲击应力波作用时间的增加，巷道顶底板的竖向位移范围和量值逐渐增大，巷道顶板的最大竖向位移为 7.08 cm，最大变形发生在巷道顶板中心至右上角范围内。巷道底板的最大竖向位移为 9.54 cm，最大变形出现在巷道底板右下角处，这可能是巷道右侧受冲击在巷道底板形成局部应力集中造成的。整体来看，巷道底板除了右下角处变形较大外，其他位置变形相对较小，巷道顶板变形增大区的范围和平均量值大于巷道底板，这是因为巷道围岩受冲击扰动后发生损坏，在重力作用下，巷道顶板向自由面移动，导致位置巷道顶板的整体位移较大。此外，巷道顶板和底板的最大变形区域偏向于巷道右侧，这是巷道右侧受到冲击扰动造成的。

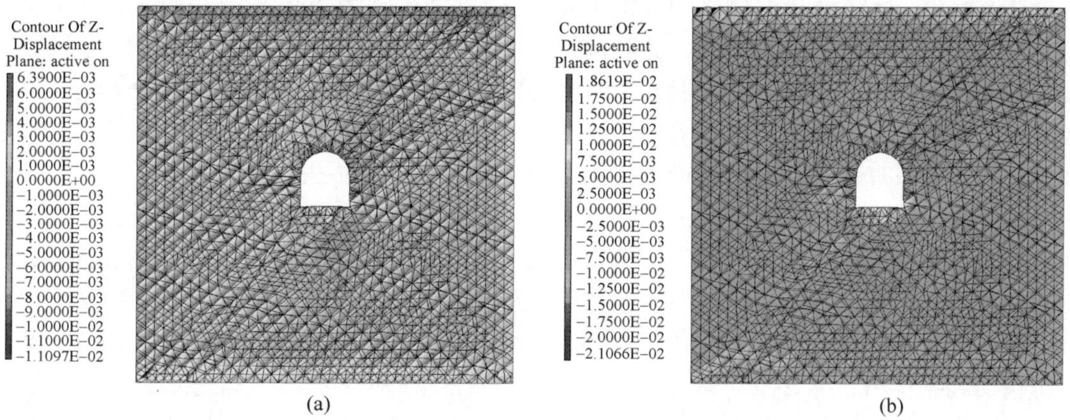

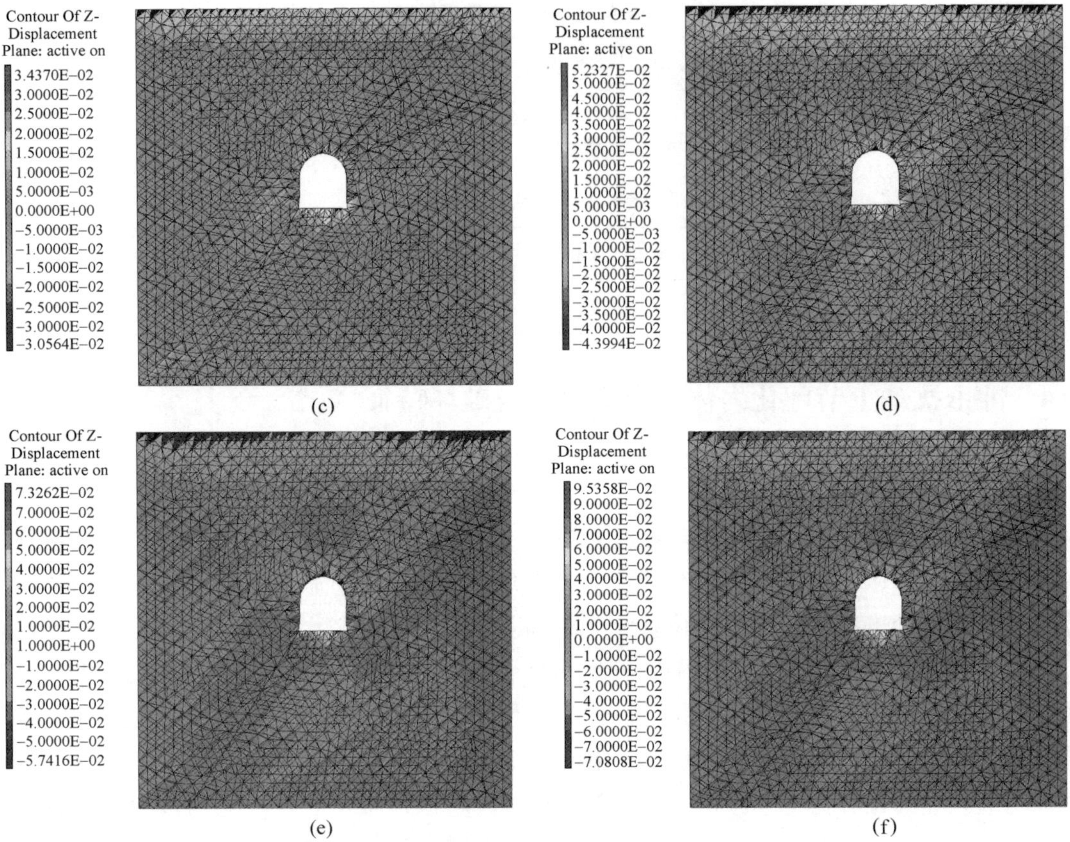

图 6-7　节理化岩体巷道围岩竖向位移演化云图

（a）12000 步；（b）18000 步；（c）24000 步；（d）30000 步；（e）36000 步；（f）42000 步

图 6-8 所示为节理化岩体巷道围岩右侧受冲击扰动时的水平位移演化云图。可以看出，在冲击应力波作用下，巷道左右两帮均向内挤压变形。随着冲击应力波作用时间的增加，巷道两帮的水平位移均逐渐增大。巷道右帮的最大变形量约为 11. 75 cm，最大变形发生在巷道右帮中下部范围内。左帮的最大变形量约为 9. 92 cm，最大变形发生在巷道左帮中上部范围内。由于巷道右侧受到冲击扰动，巷道右帮向内的最大水平位移量大于巷道左帮向内的最大水平位移量。此外，巷道两帮发生水平位移的范围和量值整体上大于顶底板发生竖向位移的范围和量值，表明巷道右侧受冲击扰动后导致巷道两帮的损伤程度比顶底板的损伤程度大，变形破坏更严重。需要说明的是，由于在离散元程序中块体可以发生大变形，且还有节理的存在，因此模型计算结果中出现的巷道围岩位移稍大。

由上述分析可知，由于节理的存在，受冲击扰动后，节理面首先发生滑移破坏，巷道两帮和顶底板的变形均沿节理面发生滑移，表明巷道受到冲击扰动时会使岩体优先沿结构弱面发生一定程度的错动破坏，不同区域的变形存在一定差异。节理滑移形成的破裂面表现为“小断层”，具有位移势垒效应和局部放大效应[7]。与巷道临空面相比，深部围岩受冲击扰动影响作用较弱，变形较小。总之，节理的存在对巷道围岩的稳定性具有重要影响，变形集中在结构弱面与巷道之间的区域，巷道稳定性变差，这与前文的试验研究结论基本一致。

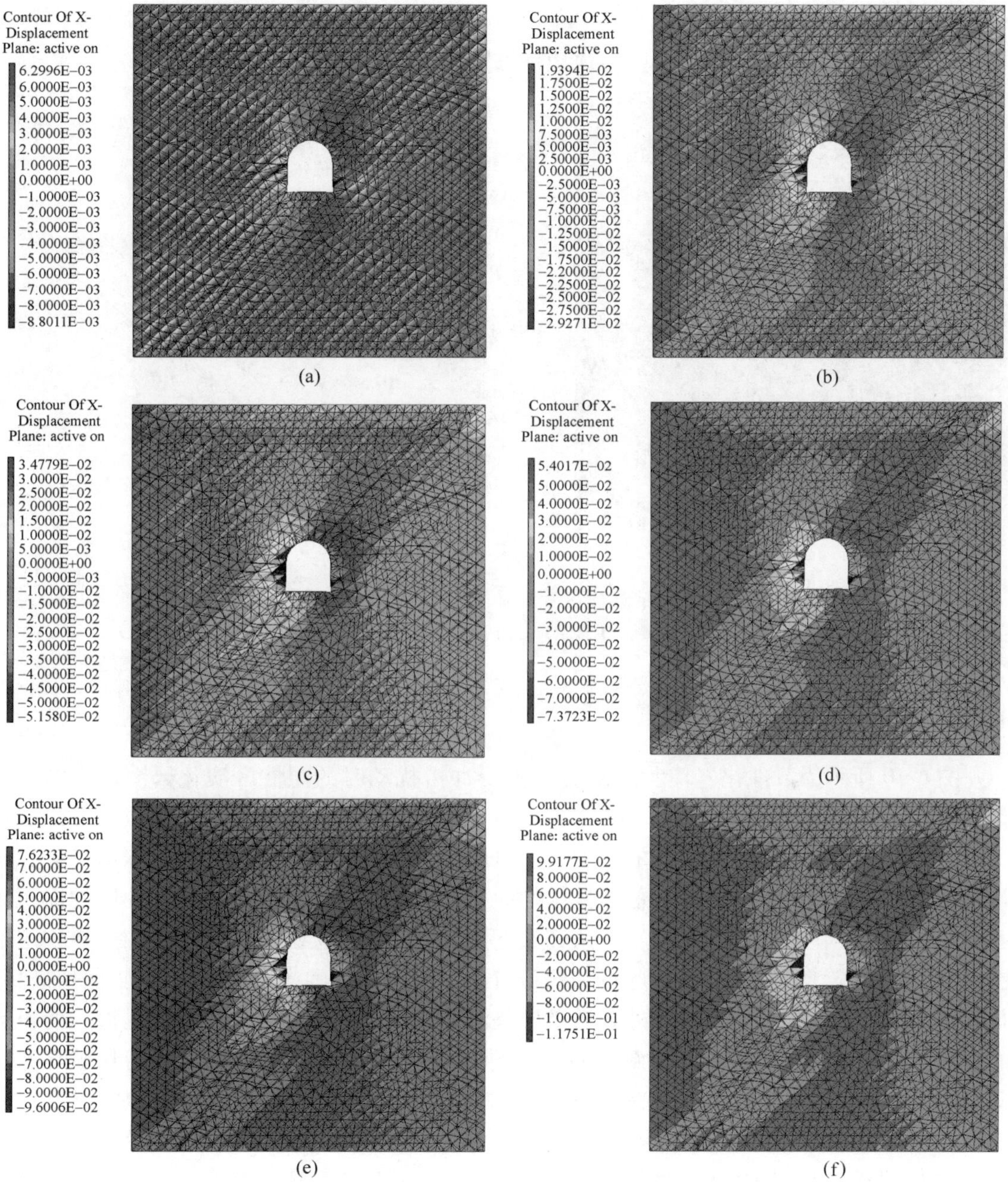

图 6-8 节理化岩体巷道围岩水平位移演化云图

(a) 12000 步；(b) 18000 步；(c) 24000 步；(d) 30000 步；(e) 36000 步；(f) 42000 步

此外，在模拟过程中监测了巷道变形关键部位（见图 6-9（a））的位移。图 6-9（b）所示为记录到的巷道顶板和底板中心点处的垂直位移，以及巷道左帮和右帮中心点处的水平位移演化特征，位移均为绝对值。可以看出，4 个监测点显示的变形规律比较一致，在动力计算时间范围内，位移随着冲击应力波作用时间的增加而增加，在初期增加缓慢，后期呈近似线性增加。整体来看，4 个监测点的变形值从大到小依次为右帮中心点、左帮中心点、顶板中心点和底板中心点，其中左帮中心点和顶板中心点的位移比较接近。由于是巷道右侧受到冲击扰动，水平方向的损伤程度整体上大于竖直方向的损伤程度。

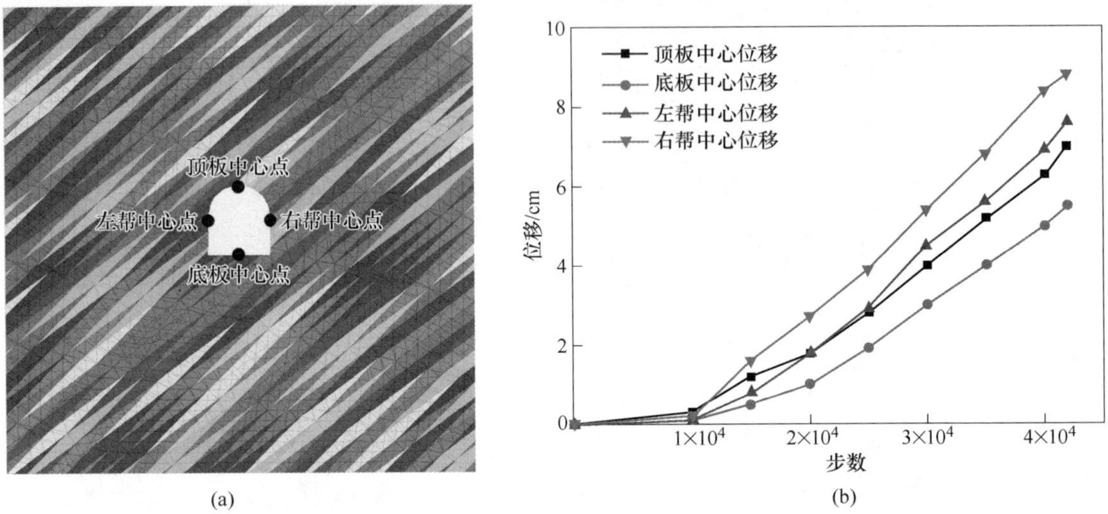

图 6-9 监测点位置示意及巷道顶板、底板、左帮和右帮中心点处位移

（a）监测点位置示意；（b）监测点位移变化曲线

6.4.2 塑性区演化特征

图 6-10 所示为节理化岩体巷道围岩右侧受冲击扰动时的塑性区演化云图，不同颜色代表不同的破坏状态。可以看出，巷道右侧最先出现塑性区，表明巷道右侧最先发生变形破坏。随着冲击应力波作用时间的增加，巷道周围的塑性区从自由面向围岩深部扩展，塑性区面积逐渐增大。巷道不同部位塑性区的面积存在一定差异，巷道右侧塑性区的面积相对比左侧稍大，主要集中在巷道右上角和右下角处。在冲击扰动后期，巷道围岩在一定范围内开始发生破坏。紧邻巷道顶底板和两帮自由面的较小范围内主要发生拉伸-剪切破坏，局部发生拉伸破坏，在此范围以外区域主要是沿节理面发生剪切破坏。也就是说，所得到的节理化岩体巷道围岩存在 3 种破坏模式，即拉伸-剪切破坏、拉伸破坏和剪切破坏，这与 Liu 等人[7]获得的随机节理化圆形巷道的破坏模式（见图 6-11）比较相似。但整体来看，节理化岩体巷道主要以剪切破坏为主。

综上所述，巷道围岩中节理较为发育的情况下，其稳定程度大幅度下降，受冲击扰动后，巷道围岩沿节理面的滑移错动区域及节理剪切开裂范围显著增大。此外，随着冲击应力波作用时间的增加，巷道两帮和顶底板塑性区面积逐渐增大，失稳破坏的风险增大。由于节理的存在及冲击扰动作用，巷道两帮和顶底板围岩变形和承受的应力水平逐渐增大，失稳破坏趋于严重。节理切割巷道围岩使得巷道周边形成不稳定结构体，且易形成局部应力集中，成为较容易发生破坏的部位。尤其是在巷道右帮，优势节理所在区域的变形和应力水平相对较大，受冲击扰动后可能会优先发生片帮、剥落及塌方等灾害，这与实际工程

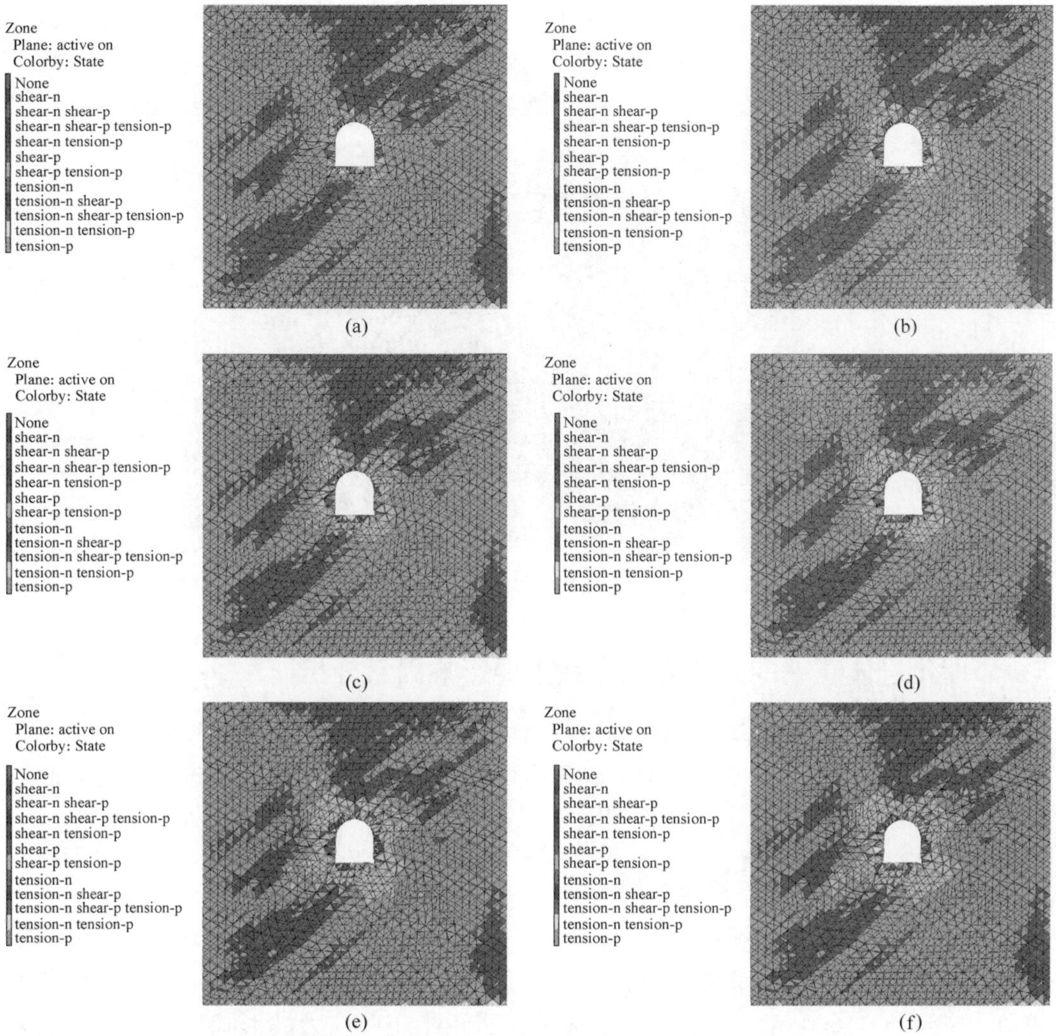

图 6-10 节理化岩体巷道围岩塑性区演化云图

（a）12000 步；（b）18000 步；（c）24000 步；（d）30000 步；（e）36000 步；（f）42000 步

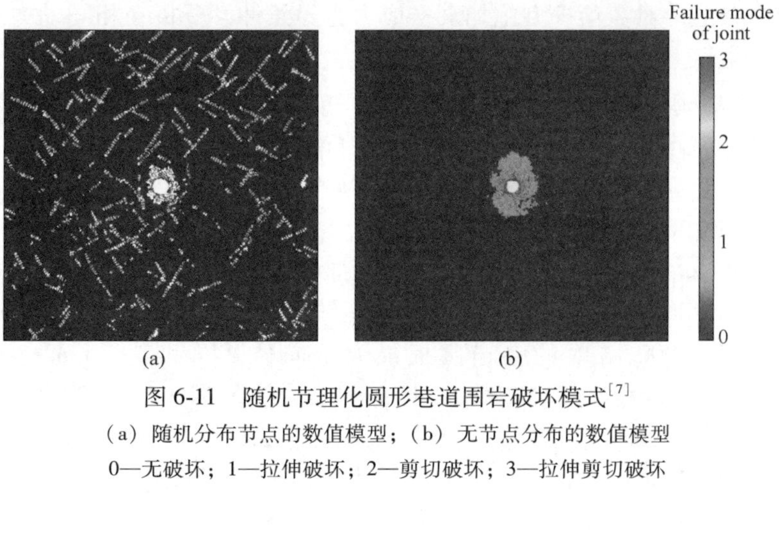

图 6-11 随机节理化圆形巷道围岩破坏模式[7]

（a）随机分布节点的数值模型；（b）无节点分布的数值模型

0—无破坏；1—拉伸破坏；2—剪切破坏；3—拉伸剪切破坏

现场的巷道围岩破坏情况（见图 6-12）较为相似。因此，在已有支护结构的基础上，应对巷道中节理裂隙发育区进行局部加强支护。此外，基于结构面调查和地应力实测的数值模拟结果可以较好地反映工程现场巷道围岩的破坏特征，为今后的巷道支护提供依据。

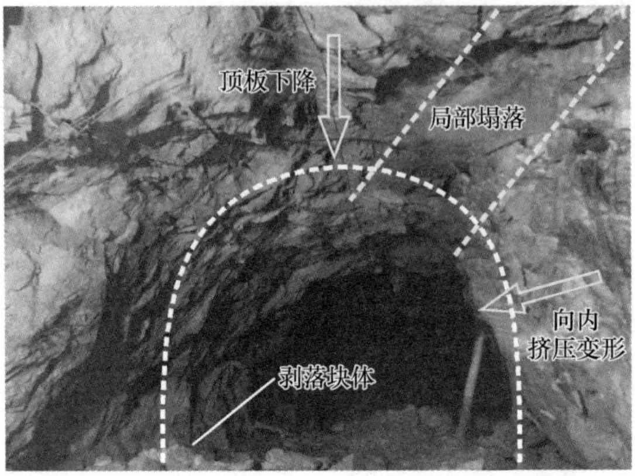

图 6-12　工程现场巷道围岩变形破坏

6.5　节理化岩体硐室围岩动力稳定性主要影响因素分析

为了进一步探讨节理化岩体硐室围岩动力稳定性的影响因素，选择埋深、应力波峰值及应力波延时这三个主要影响因素对节理化岩体硐室围岩的动力稳定性进行分析。通过设置上述各因素的不同取值，采用单影响因素敏感性分析。

6.5.1　埋深对巷道围岩稳定性的影响

在地下 2000 m 左右深度发现有大型金矿床，未来将继续向深部开采。为了进一步研究不同埋深条件下节理化岩体巷道围岩变形和塑性区的演化规律，选取巷道埋深为 1200 m、1400 m、1600 m、1800 m 和 2000 m，采用半正弦应力波形式加载，冲击应力波峰值设定为 15.02 MPa，冲击应力波频率为 20 Hz，动力计算时间为 0.1 s。采用 6.4 节建立的节理化岩体巷道模型，节理岩体力学参数保持一致，根据得到的地应力场模型计算相应深度的地应力量值，对数值模型施加真实应力边界条件，分析在相同动力扰动下各种埋深巷道的动力稳定性。

6.5.1.1　巷道围岩变形特征

图 6-13~图 6-17 所示为不同埋深条件下节理化岩体巷道围岩受冲击扰动后的变形情况。可以看出，埋深为 1200 m 时的巷道顶板最大竖向位移为 11.01 cm，埋深为 1400 m、1600 m、1800 m 和 2000 m 时的巷道顶板最大竖向位移分别为 13.34 cm、15.80 cm、17.65 cm和 20.36 cm，相较于 1200 m 时分别增加了 21.16%、30.32%、60.31% 和 84.92%。埋深为 1200 m 时的巷道底板最大竖向位移为 13.43 cm，埋深为 1400 m、1600 m、1800 m 和 2000 m 时的巷道底板最大竖向位移分别为 15.32 cm、17.08 cm、19.20 cm和 22.70 cm，相较于 1200 m 时分别增加了 14.07%、27.18%、42.96% 和 69.02%。埋深为 1200 m 时的巷道左帮最大水平位移为 11.98 cm，埋深为 1400 m、1600 m、1800 m 和 2000 m 时的巷道左帮最大水平位移分别为 14.98 cm、21.10 cm、

29.28 cm和 40.65 cm，相较于 1200 m 时分别增加了 25.04%、76.13%、144.41% 和 239.32%。埋深为 1200 m 时的巷道右帮最大水平位移为 16.87 cm，埋深为 1400 m、1600 m、1800 m 和 2000 m 时的巷道右帮最大水平位移分别为 22.24 cm、23.12 cm、23.94 cm和 25.54 cm，相较于 1200 m 时分别增加了 31.83%、37.05%、41.91% 和 51.39%。由此可知，在相同冲击扰动作用下，随着巷道埋深的增加，巷道两帮向内挤压变形量、顶板下沉量及底板底鼓量均逐渐增大。需要说明的是，巷道左帮的最大水平位移值随着埋深增加而急剧增大，超过了巷道右帮的最大水平位移值，这是因为巷道左帮有小块体被挤出，从而造成其最大位移值的大幅度增加；同时，这一现象也表明，由于巷道围岩所处的应力状态不尽相同，相同强度冲击荷载的扰动效应也有所差异。整体来看，巷道右帮整个区域的变形仍大于巷道左帮的变形。远离巷道临空面的深部围岩受冲击扰动影响作用较弱，变形较小。此外，模拟计算得到的节理化岩体巷道围岩的位移量与王振[8]所获得的结果较为相似。

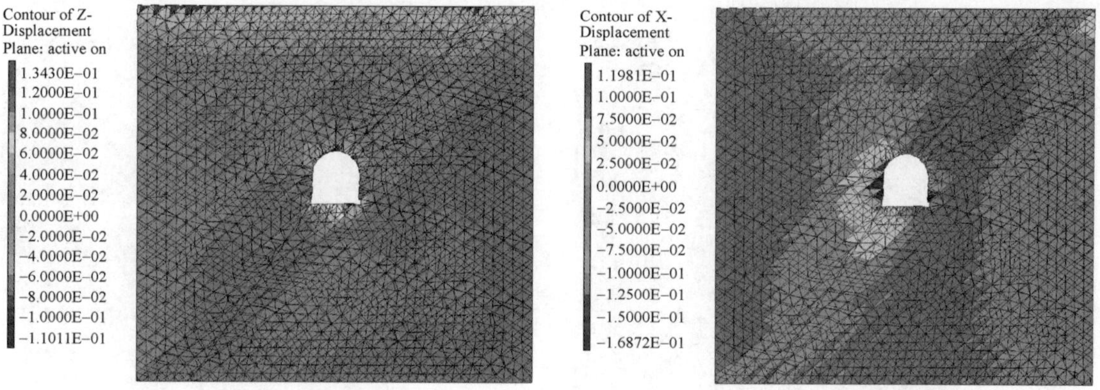

(a)　(b)

图 6-13　埋深为 1200 m 时节理化岩体巷道围岩变形特征

（a）竖向位移；（b）水平位移

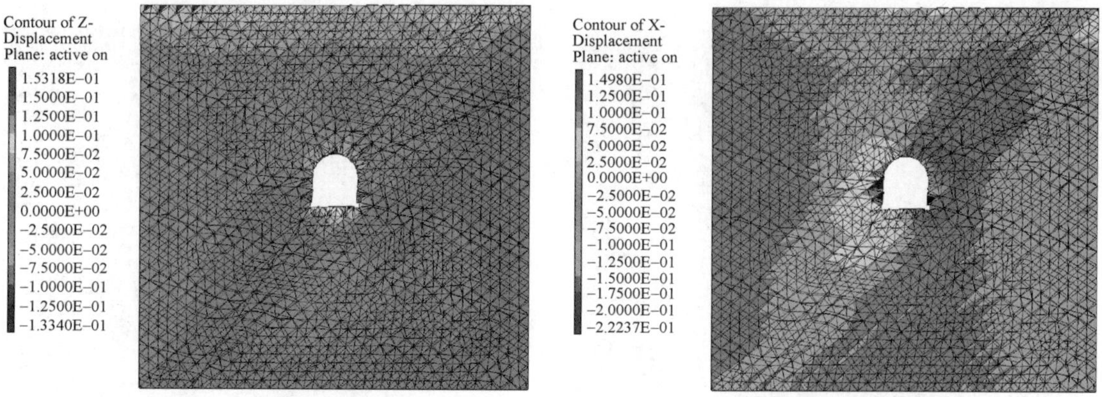

(a)　(b)

图 6-14　埋深为 1400 m 时节理化岩体巷道围岩变形特征

（a）竖向位移；（b）水平位移

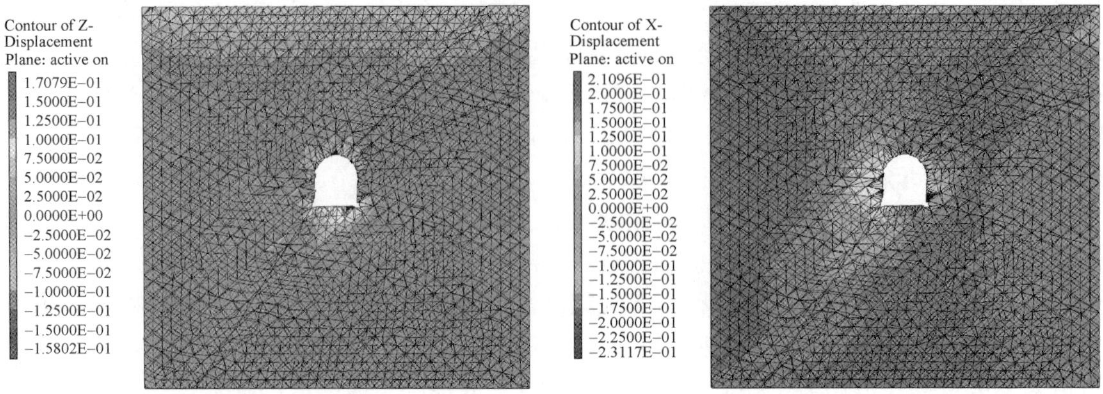

(a)　(b)

图 6-15　埋深为 1600 m 时节理化岩体巷道围岩变形特征

（a）竖向位移；（b）水平位移

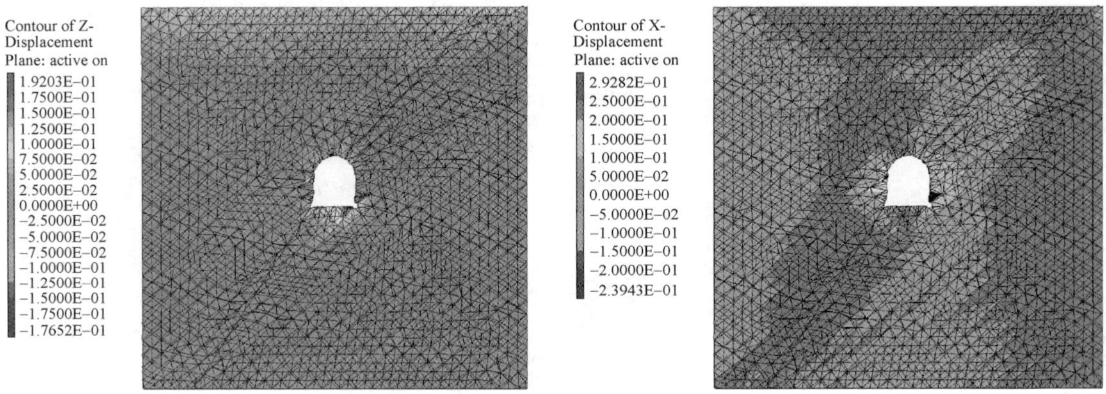

(a)　(b)

图 6-16　埋深为 1800 m 时节理化岩体巷道围岩变形特征

（a）竖向位移；（b）水平位移

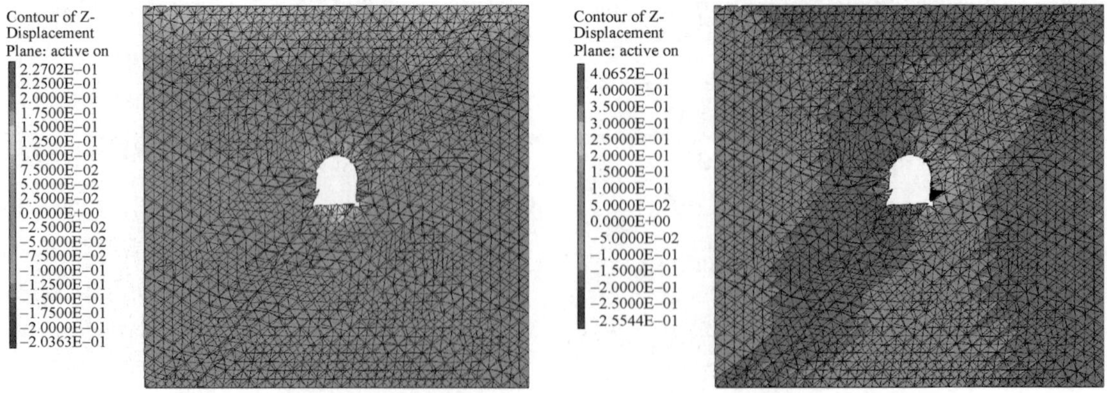

(a)　(b)

图 6-17　埋深为 2000 m 时节理化岩体巷道围岩变形特征

（a）竖向位移；（b）水平位移

图 6-18 所示为不同埋深条件下巷道顶板和底板中心点处的垂直位移以及巷道左帮和右帮中心点处的水平位移演化特征，位移均为绝对值。从图 6-18（a）~（e）可以看出，不同埋深下四个监测点显示的变形规律总体类似。在动力计算时间范围内，随着冲击应力波作用时间的增加，位移均逐渐增大，在初期增加缓慢，后期呈近似线性增加。从图 6-18（f）可以看出，随着埋深的增加，监测点的垂直位移和水平位移最大值随着埋深的

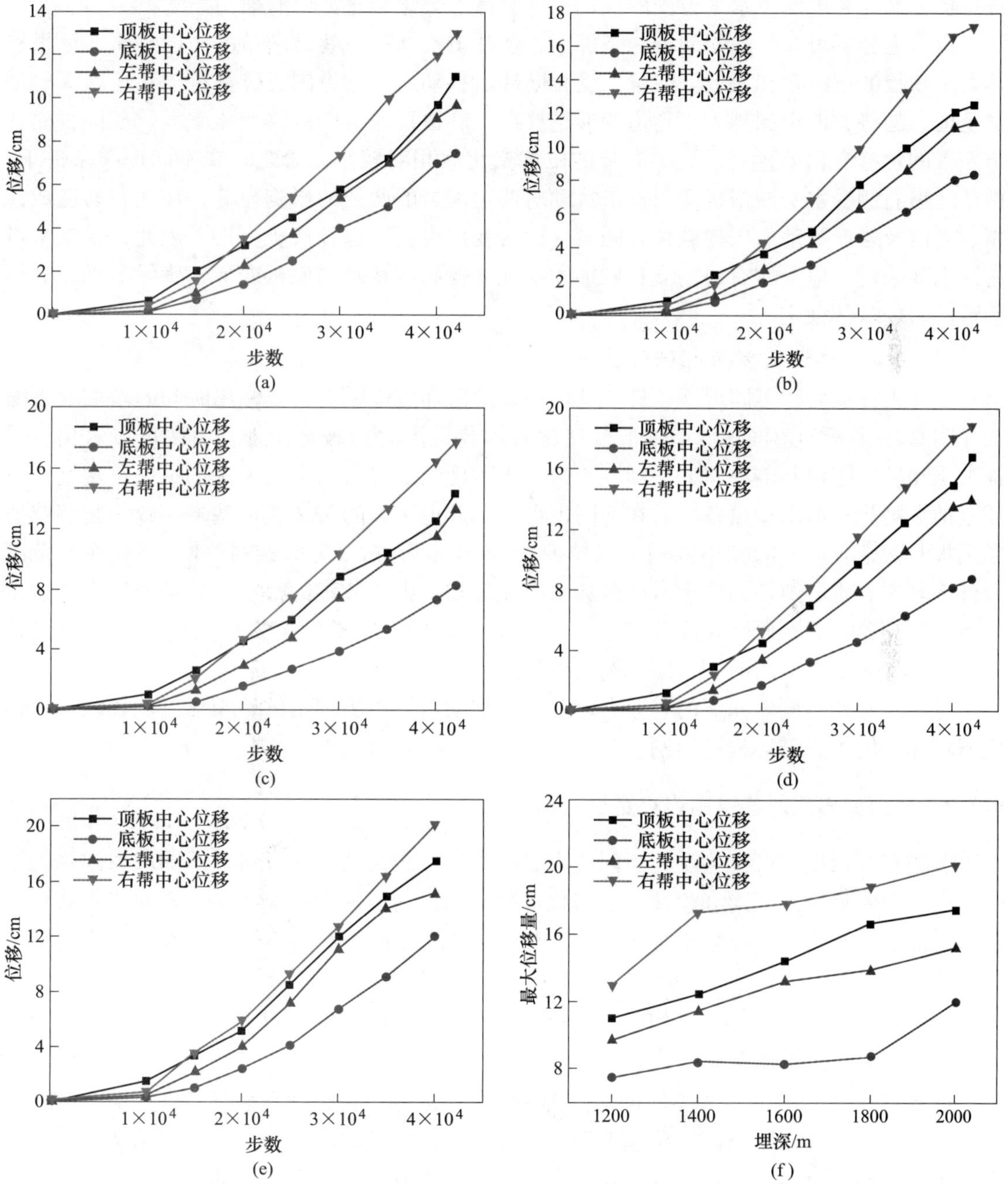

图 6-18　不同埋深下巷道顶板、底板、左帮和右帮中心点处位移

（a）1200 m；（b）1400 m；（c）1600 m；（d）1800 m；（e）2000 m；（f）最大位移量

增加而增大。从 1200 m 至 2000 m，巷道顶板和底板中心点处的垂直位移以及巷道左帮和右帮中心点处的水平位移的增加量分别达到 59.09%、60.00%、56.70%和 55.38%，可见底板的位移增长量相对较大。在相同埋深下，巷道四个监测点的变形值从大到小依次为右帮中心点、顶板中心点、左帮中心点和底板中心点，这与实际工况 915 m 时的变形情况稍有差异，其中左帮中心点和顶板中心点的位移比较接近。由于是巷道右侧受到冲击扰动，进一步证实在各埋深下水平方向的损伤程度整体上大于竖直方向的损伤程度。

由上述分析可知，在相同埋深条件下，受冲击扰动后，巷道两帮的向内挤压变形量整体大于顶板的下沉量和底板底鼓量。受相同冲击扰动后，巷道围岩位移量随巷道埋深的增加呈增大趋势，即埋深越大，巷道变形越严重。巷道顶底板的位移变化率大致相同，而巷道左帮的位移变化率相对较大，右帮的位移变化率相对较小。总之，在不同埋深条件下，由于巷道右侧受水平冲击扰动，冲击扰动对巷道围岩的两帮的影响显著，往往容易造成偏帮、剥落及岩爆等动力失稳破坏。同时，两帮变形也会引起顶底板变形。因此，在未来进行深部开采时，应采取有效的支护和加固措施来控制两帮及顶底板变形，确保节理化岩体巷道围岩的整体稳定。

6.5.1.2　巷道围岩失稳破坏特征

受冲击扰动后，不同埋深条件下巷道围岩的破坏范围随应力波作用时间的增加显著增大。图 6-19 所示为不同埋深条件下节理化岩体巷道围岩的破坏特征。由图可以看出，受冲击扰动后，随着巷道埋深的增加，巷道围岩塑性区从自由面向围岩深部扩展，塑性区范围呈增大趋势，但增加量较小。在不同埋深下，巷道围岩的破坏特征基本一致。紧邻巷道顶底板和两帮自由面的较小范围内以拉伸-剪切破坏为主，局部发生拉伸破坏，在此范围以外区域主要是沿节理面发生剪切破坏。由此可知，由于节理的存在，巷道围岩主要发生剪切破坏。此外，在研究深度范围内，受冲击扰动后，巷道围岩塑性区的变化均是渐进的，即塑性区由临空面向围岩深部渐进破坏。

总体来看，不同埋深下的巷道右侧受冲击扰动后，所表现出的破裂形态比较相似，但随着埋深的增加，破坏程度加剧。

6.5.2　应力波峰值对巷道围岩稳定性的影响

巷道在服役期间可能会受到不同应力波峰值的冲击扰动。为了研究不同应力波峰值下节理化岩体巷道围岩变形和塑性区的演化规律，固定巷道埋深为 1600 m，采用半正弦应力波形式加载，冲击应力波频率为 20 Hz，选取应力波峰值为 5 MPa、10 MPa、15.02 MPa、20 MPa 和 25 MPa，动力计算时间为 0.1 s。采用 6.4 节建立的节理化岩体巷道模型，节理岩体力学参数保持一致，分析相同巷道在不同应力波峰值扰动下的动力稳定性。

6.5.2.1　巷道围岩变形特征

图 6-20～图 6-24 所示为不同冲击应力波峰值下的巷道围岩变形破坏特征，应力波峰值越大，对应的扰动水平越高。可以看出，随着应力波峰值的增加，巷道围岩两帮向内挤压变形量、顶板下沉量及底板底鼓量均逐渐增大。应力波峰值为 5 MPa 时的巷道顶板最大竖向位移为 13.22 cm，应力波峰值为 10 MPa、15.02 MPa、20 MPa 和 25 MPa 时的巷道顶板最大竖向位移分别为 15.76 cm、15.80 cm、15.89 cm 和 20.46 cm，相较于 5 MPa 时分别

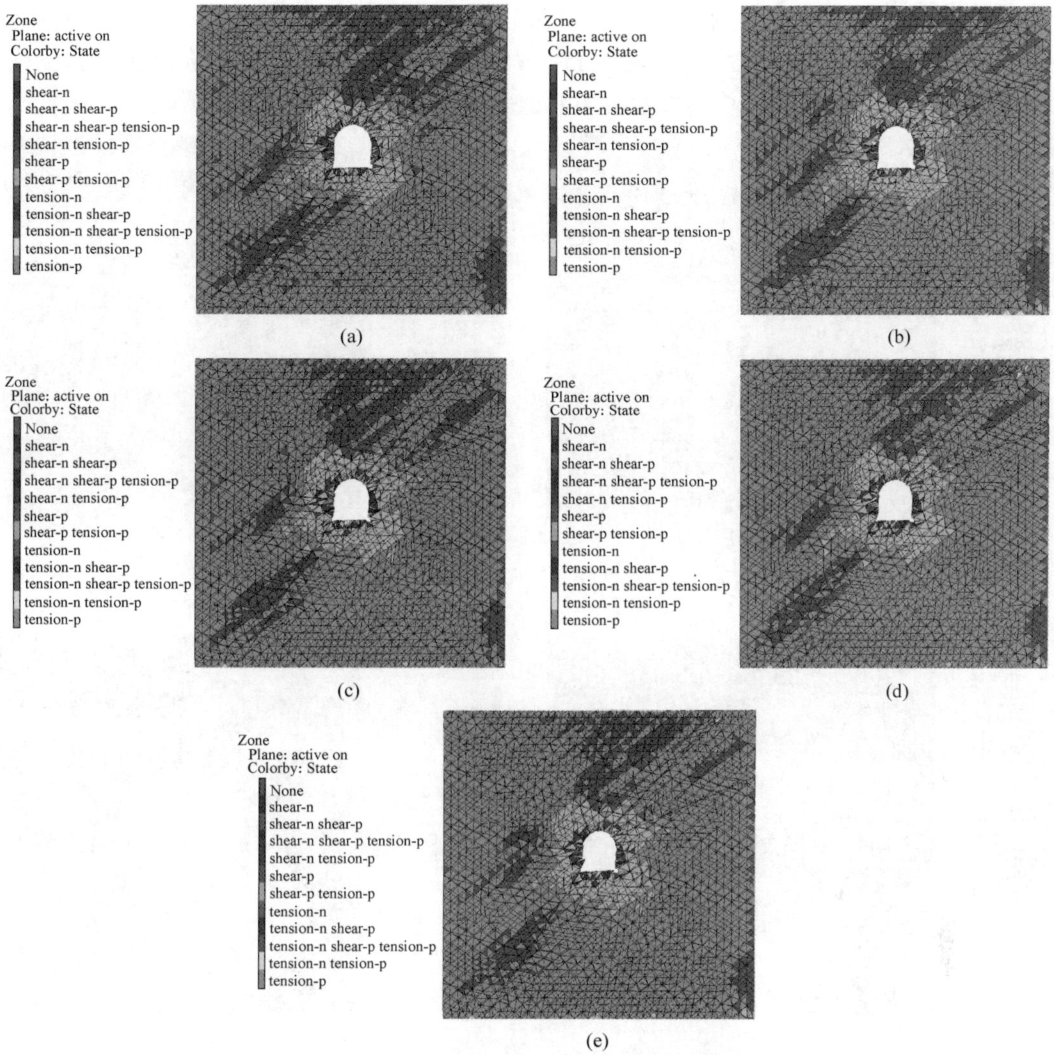

图 6-19 不同埋深下节理化岩体巷道围岩失稳破坏特征

(a) 1200 m; (b) 1400 m; (c) 1600 m; (d) 1800 m; (e) 2000 m

增加了 19.21%、19.52%、20.20%和 54.77%。应力波峰值为 5 MPa 时的巷道底板最大竖向位移为 14.91 cm，应力波峰值为 10 MPa、15.02 MPa、20 MPa 和 25 MPa 时的巷道底板最大竖向位移分别为 17.54 cm、17.08 cm、20.82 cm 和 20.88 cm，相较于 5 MPa 时分别增加了 17.64%、14.55%、39.44%和 40.04%。应力波峰值为 5 MPa 时的巷道左帮最大水平位移为 14.93 cm，应力波峰值为 10 MPa、15.02 MPa、20 MPa 和 25 MPa 时的巷道左帮最大水平位移分别为 17.71 cm、21.10 cm、28.51 cm 和 30.95 cm，相较于 5 MPa 时分别增加了 18.62%、41.33%、90.96%和 107.30%。应力波峰值为 5 MPa 时的巷道右帮最大水平位移为 19.13 cm，应力波峰值为 10 MPa、15.02 MPa、20 MPa 和 25 MPa 时的巷道右帮最大水平位移分别为 21.81 cm、23.12 cm、22.28 cm 和 25.10 cm，相较于 5 MPa 时分别增加了 14.01%、20.86%、16.47%和 31.21%。由此可知，不同应力波峰值扰动后，巷道围岩所表现出的变形特征具有一定差异，巷道右帮区域的变形相对较大。随着应力波峰值的增加（扰动水平提高），巷道顶板下沉量、底板底鼓量及两帮向内挤压变形量均逐渐增大，这是因为应力波峰值越大，输入的应力波能量越高，巷道围岩节理面累积损伤越大，所以围岩变形越严重。总的来看，离巷道临空面较远的深部围岩变形较小。

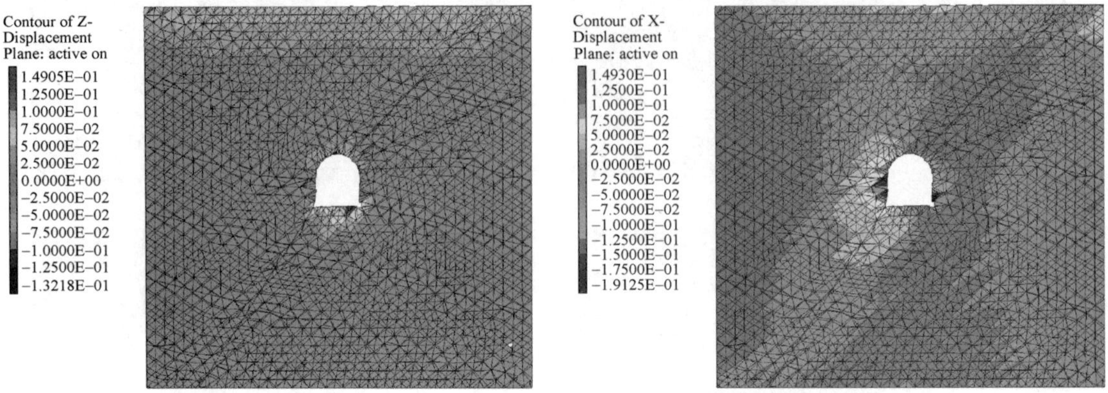

(a)　(b)

图 6-20　应力波峰值为 5 MPa 下时节理化岩体巷道围岩变形特征
（a）竖向位移；（b）水平位移

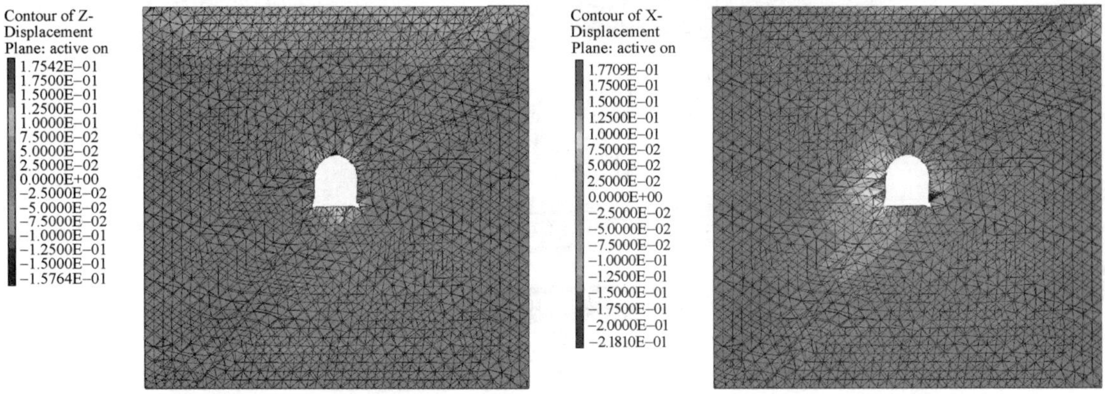

(a)　(b)

图 6-21　应力波峰值为 10 MPa 时节理化岩体巷道围岩变形特征
（a）竖向位移；（b）水平位移

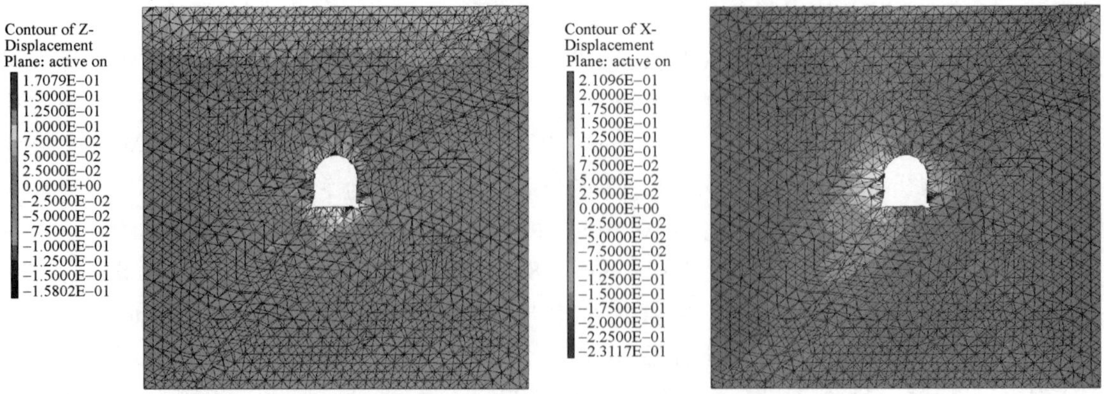

(a)　(b)

图 6-22　应力波峰值为 15.02 MPa 时节理化岩体巷道围岩变形特征
（a）竖向位移；（b）水平位移

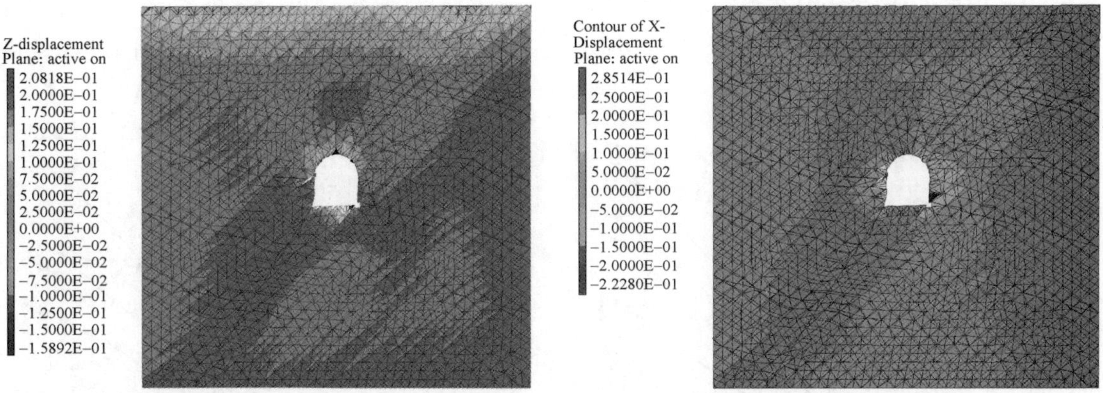

(a) (b)

图 6-23 应力波峰值为 20 MPa 时节理化岩体巷道围岩变形特征

（a）竖向位移；（b）水平位移

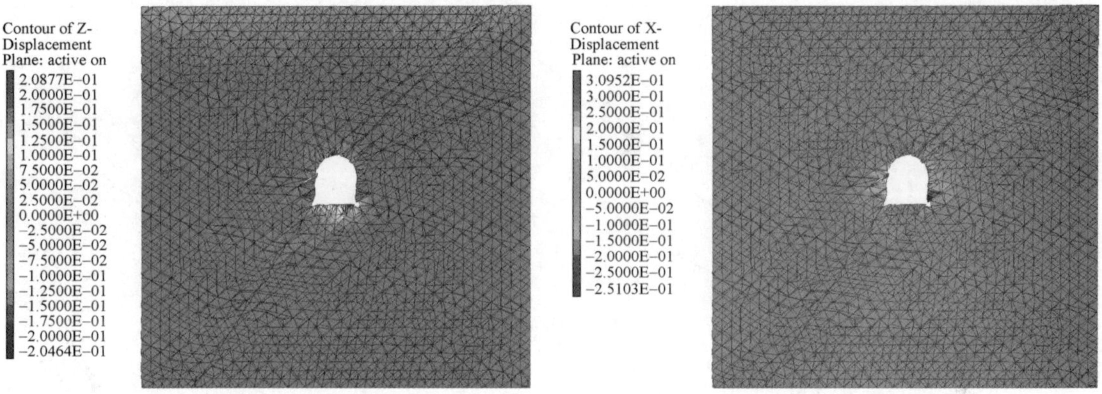

(a) (b)

图 6-24 应力波峰值为 25 MPa 时节理化岩体巷道围岩变形特征

（a）竖向位移；（b）水平位移

图 6-25 所示为不同应力波峰值条件下巷道顶板和底板中心点处的垂直位移以及巷道左帮和右帮中心点处的水平位移演化特征，位移均为绝对值。从图 6-25（a）~（e）可以看出，不同应力波峰值下四个监测点显示的变形规律总体类似。在动力计算时间范围内，随着冲击应力波作用时间的增加，监测点的位移均逐渐增大，在初期增加缓慢，后期呈近似线性增加。从图 6-25（f）可以看出，随着应力波峰值的增加，监测点的垂直位移和水平位移最大值随着应力波峰值的增加而增大。应力波峰值为 5 MPa 时，巷道顶板和底板中心点处的垂直位移以及巷道左帮和右帮中心点处的水平位移分别为 12.39 cm、8.21 cm、11.28 cm 和 14.72 cm，应力波峰值为 25 MPa 时，巷道顶板和底板中心点处的垂直位移以及巷道左帮和右帮中心点处的水平位移分别为 18.24 cm、13.21 cm、15.52 cm 和 21.33 cm，分别增加了 47.22%、60.90%、37.59%和 44.90%，可见巷道底板的位移增长量相对较大。不同应力波峰值扰动条件下巷道围岩扰动变形表现出的规律一致，在相同应力波峰值下，巷道四个监测点的变形值从大到小依次为右帮中心点、顶板中心点、左帮中

心点和底板中心点，其中左帮中心点和顶板中心点的位移比较接近。此外，在各应力波峰值条件下，巷道水平方向的变形程度整体上大于竖直方向的变形程度，这与不同埋深条件下的变形情况比较相似。

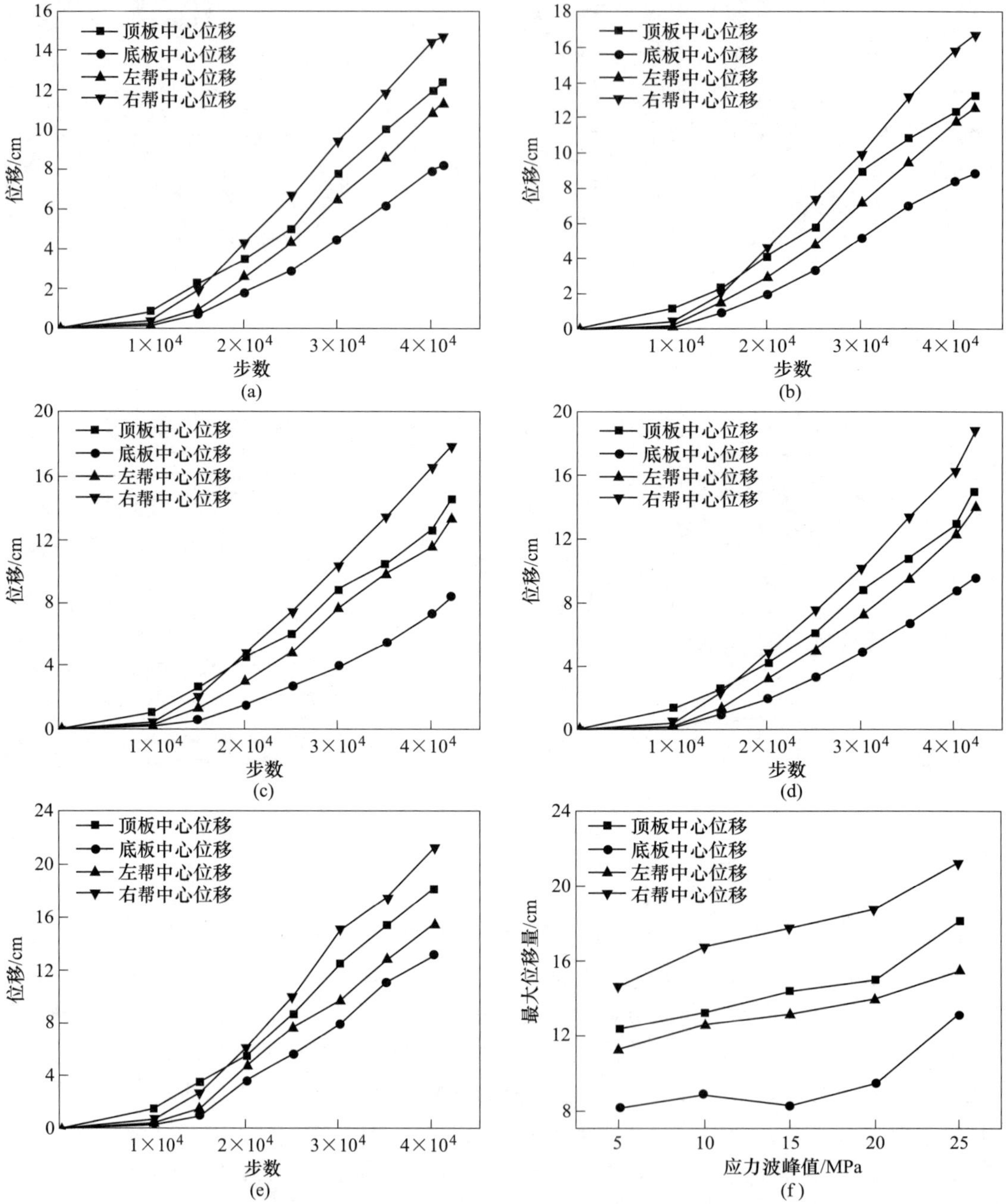

图 6-25　不同应力波峰值下巷道顶板、底板、左帮和右帮中心点处位移

(a) 5 MPa；(b) 10 MPa；(c) 15.02 MPa；(d) 20 MPa；(e) 25 MPa；(f) 最大位移量

值得说明的是，在不同应力波峰值扰动条件下的模拟与前面所开展的节理化岩体硐室试样冲击加载试验的情况类似，即根据实测地应力量值，先对巷道模型施加相应的静应力

边界，然后对巷道施加不同峰值强度的应力波，这与冲击加载试验中对试样施加不同的冲击气压的情况类似，两者所获得的结论较为一致，可以相互印证。

6.5.2.2　巷道围岩失稳破坏特征

图6-26所示为不同应力波峰值条件下节理化岩体巷道围岩失稳破坏特征。在冲击扰动下，随着冲击应力波峰值的增加，巷道围岩的塑性区面积呈增大趋势，但增加量有限。巷道围岩的破坏形式有拉伸破坏、拉伸-剪切破坏及剪切破坏三种，但以剪切破坏为主，这可能是因为应力波作用于节理化岩体巷道围岩时会诱使节理面优先发生剪切滑移。在各应力波峰值条件下，拉伸破坏和拉伸-剪切破坏区域紧挨着巷道临空面，所占面积较小；拉伸破坏和拉伸-剪切破坏区域以外主要为剪切破坏区域，所占面积较大。

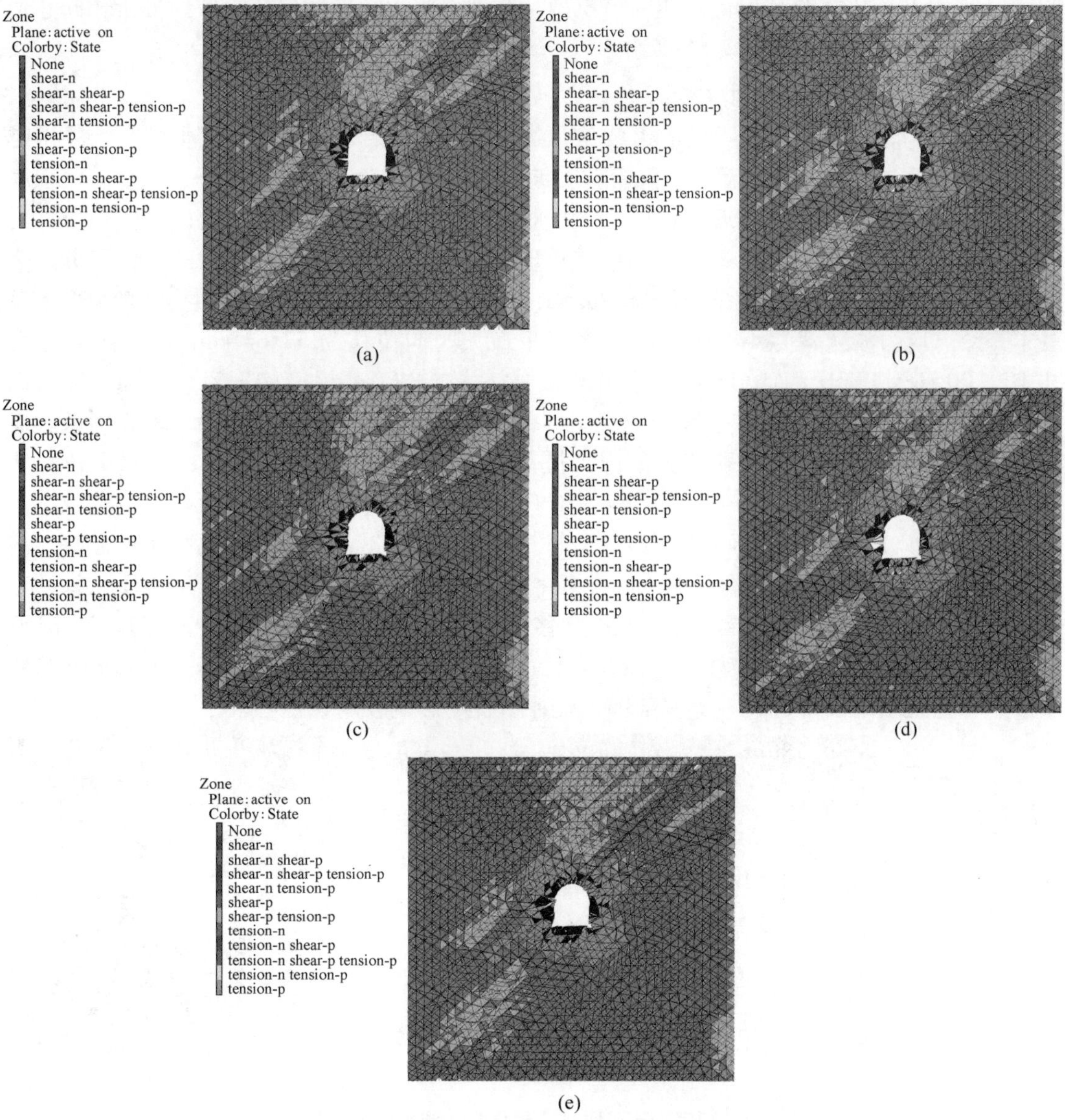

图6-26　不同应力波峰值下节理化岩体巷道围岩失稳破坏特征

(a) 5 MPa; (b) 10 MPa; (c) 15.02 MPa; (d) 20 MPa; (e) 25 MPa

此外，在不同应力波峰值条件扰动下，随着应力波峰值的增加，巷道围岩的破坏程度变得更加严重，巷道顶底板和两帮中小块体沿节理面向巷道内滑移更显著，表明在较高应力波峰值条件下巷道围岩发生失稳破坏时释放的能量较大，这在某种程度上也意味着发生冲击灾害的强度也将增高。

6.5.3　应力波延时对巷道围岩稳定性的影响

为了分析巷道在不同应力波延时条件下节理化岩体巷道中的围岩变形和塑性区的演化规律，固定巷道埋深为 1600 m，采用半正弦应力波形式加载，应力波峰值设定为 15.02 MPa，动力荷载频率选取为 5 Hz、10 Hz、20 Hz、30 Hz 和 40 Hz，动力计算时间为 0.1 s。采用上节建立的节理化岩体巷道模型，节理岩体力学参数保持一致，分析相同巷道在不同应力波延时扰动下的动力稳定性。

6.5.3.1　巷道围岩变形特征

图 6-27~图 6-31 所示为不同应力波延时条件下节理化岩体巷道围岩变形特征，频率越小，应力波延时越长。可以看出，随着应力波延时的增加，巷道围岩顶板下沉量、底板底鼓量随之减小，帮部内挤量随之增大。应力波频率为 40 Hz 时的巷道顶板最大竖向位移为 15.81 cm，应力波频率为 30 Hz、20 Hz、10 Hz 和 5 Hz 时的巷道顶板最大竖向位移分别为 15.87 cm、15.80 cm、15.83 cm 和 15.75 cm，可知不同应力波延时下的顶板的最大变形量基本一致。应力波频率为 40 Hz 时的巷道底板最大竖向位移为 52.64 cm，应力波频率为 30 Hz、20 Hz、10 Hz 和 5 Hz 时的巷道底板最大竖向位移分别为 17.71 cm、17.08 cm、17.35 cm 和 17.33 cm，相较于频率 40 Hz 时有较大下降，这是因为频率为 40 Hz 时底板有小块体滑出，造成其最大位移变大。应力波频率为 40 Hz 时的巷道左帮最大水平位移为 44.05 cm，应力波频率为 30 Hz、20 Hz、10 Hz 和 5 Hz 时的巷道左帮最大水平位移分别为 16.82 cm、21.10 cm、19.26 cm 和 29.43 cm，随着频率的减小呈先减小后增加的趋势。应力波频率为 40 Hz 时的巷道右帮最大水平位移为 22.54 cm，应力波频率为 30 Hz、20 Hz、10 Hz 和 5 Hz 时的巷道右帮最大水平位移分别为 21.22 cm、23.12 cm、21.82 cm 和 21.52 cm，可知不同应力波延时下的右帮最大变形量相差不大。此外，巷道围岩的变形主要集中在巷道临空面附近，巷道深部围岩受冲击扰动影响较弱，位移较小。

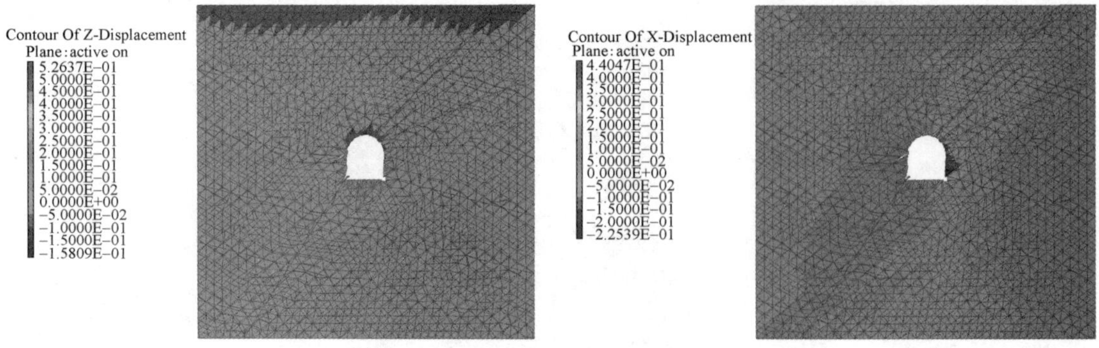

图 6-27　频率为 40 Hz 时节理化岩体巷道围岩变形特征

（a）竖向位移；（b）水平位移

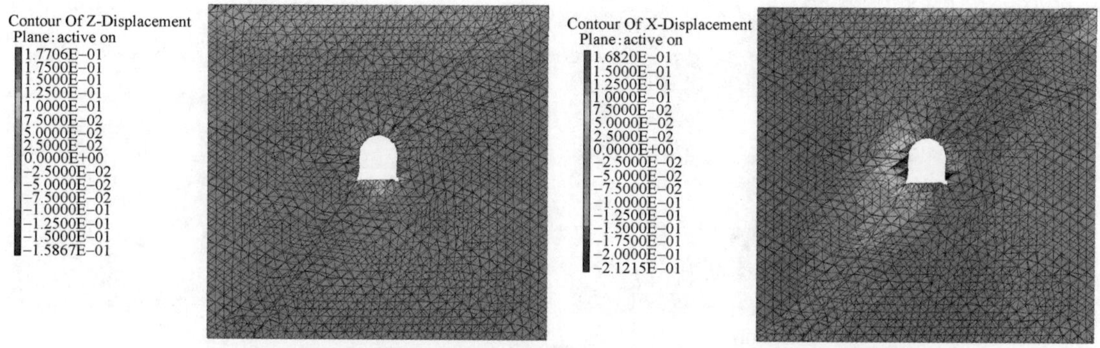

(a) (b)

图 6-28 频率为 30 Hz 时节理化岩体巷道围岩变形特征图

（a）竖向位移；（b）水平位移

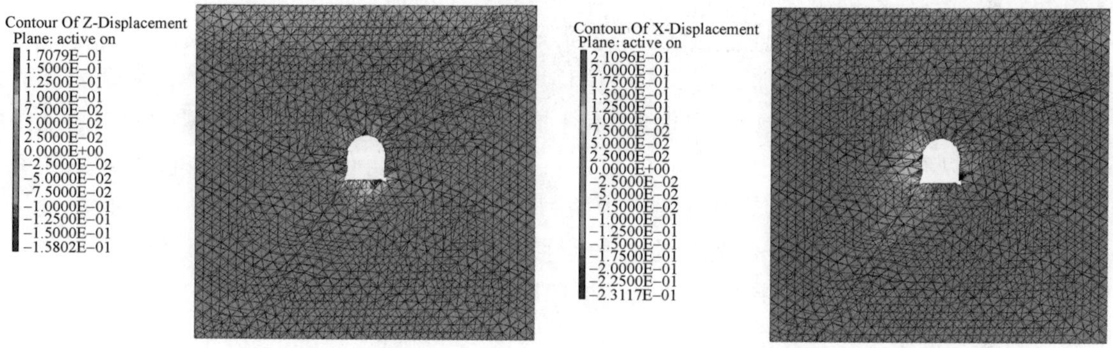

(a) (b)

图 6-29 频率为 20 Hz 时节理化岩体巷道围岩变形特征

（a）竖向位移；（b）水平位移

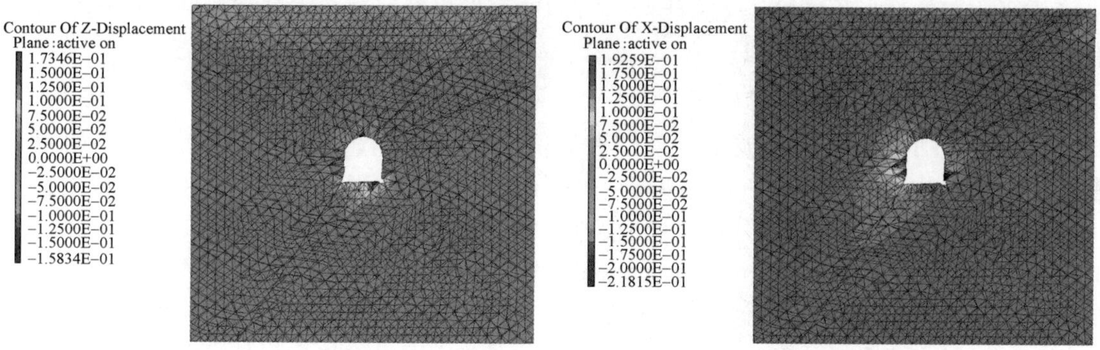

(a) (b)

图 6-30 频率为 10 Hz 时节理化岩体巷道围岩变形特征

（a）竖向位移；（b）水平位移

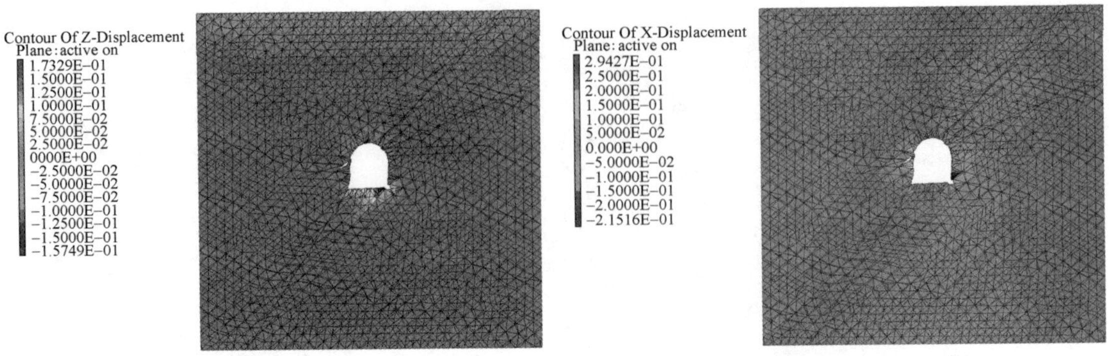

(a)　(b)

图 6-31　频率为 5 Hz 时节理化岩体巷道围岩变形特征
(a) 竖向位移；(b) 水平位移

图 6-32 所示为不同应力波延时条件下巷道顶板和底板中心点处的垂直位移以及巷道左帮和右帮中心点处的水平位移演化特征，位移均为绝对值。从图 6-32 (a)~(e) 可以看出，不同应力波延时下 4 个监测点显示的变形规律总体类似。在动力计算时间范围内，随着冲击应力波作用时间的增加，监测点的位移均逐渐增大，在初期增加缓慢，后期增加速度较快，呈近似线性增加，这与不同埋深和不同应力波峰值条件下的变形规律相似。从图 6-32 (f) 可以看出，随着应力波延时的增加，监测点的垂直位移和水平位移最大值随着应力波延时的增加而减小。应力波频率为 40 Hz 时，巷道顶板和底板中心点处的垂直位移，以及巷道左帮和右帮中心点处的水平位移分别为 15. 01 cm、9. 80 cm、13. 79 cm 和 20. 31 cm，应力波频率为 5 Hz 时，巷道顶板和底板中心点处的垂直位移，以及巷道左帮和右帮中心点处的水平位移分别为 13. 70 cm、7. 51 cm、12. 32 cm 和 15. 30 cm，分别下降了 8. 73%、23. 37%、10. 66%和 24. 67%，可见巷道底板和右帮的位移下降量相对较大。此外，不同应力波延时扰动条件下巷道围岩扰动变形表现出的规律较为一致，在相同应力波延时下，巷道 4 个监测点的变形值从大到小依次为右帮中心点、顶板中心点、左帮中心点和底板中心点，其中左帮中心点和顶板中心点的位移比较接近。在各应力波延时条件下，巷道水平方向的变形程度整体上大于竖直方向的变形程度，这与不同埋深和不同应力波峰值条件下的变形情况比较相似。

6. 5. 3. 2　巷道围岩失稳破坏特征

图 6-33 所示为不同应力波延时条件下节理化岩体巷道围岩失稳破坏特征。节理巷道围岩受到冲击扰动时会在节理尖端或者节理面形成应力集中区，当应力集中区的围岩应力超过围岩强度时，造成塑性区的扩展和巷道围岩的滑移破坏。可以看出，随应力波延时的增加（频率减小），巷道围岩塑性区面积略有增加，增加幅度不大。在不同冲击应力波扰动延时作用下，巷道临空面较小范围内以拉伸-剪切破坏为主，局部发生拉伸破坏，在此范围以外区域主要是沿节理面发生剪切破坏。结合巷道围岩整体变形特征，可知随着应力波延时的增加，巷道顶板和右帮的破坏程度变化不明显，底板的破坏程度整体上呈减弱趋势，左帮的破坏程度呈先减弱后增强的趋势。在应力波频率为 40 Hz 和 5 Hz 时，巷道左帮均有明显的小块体突出。

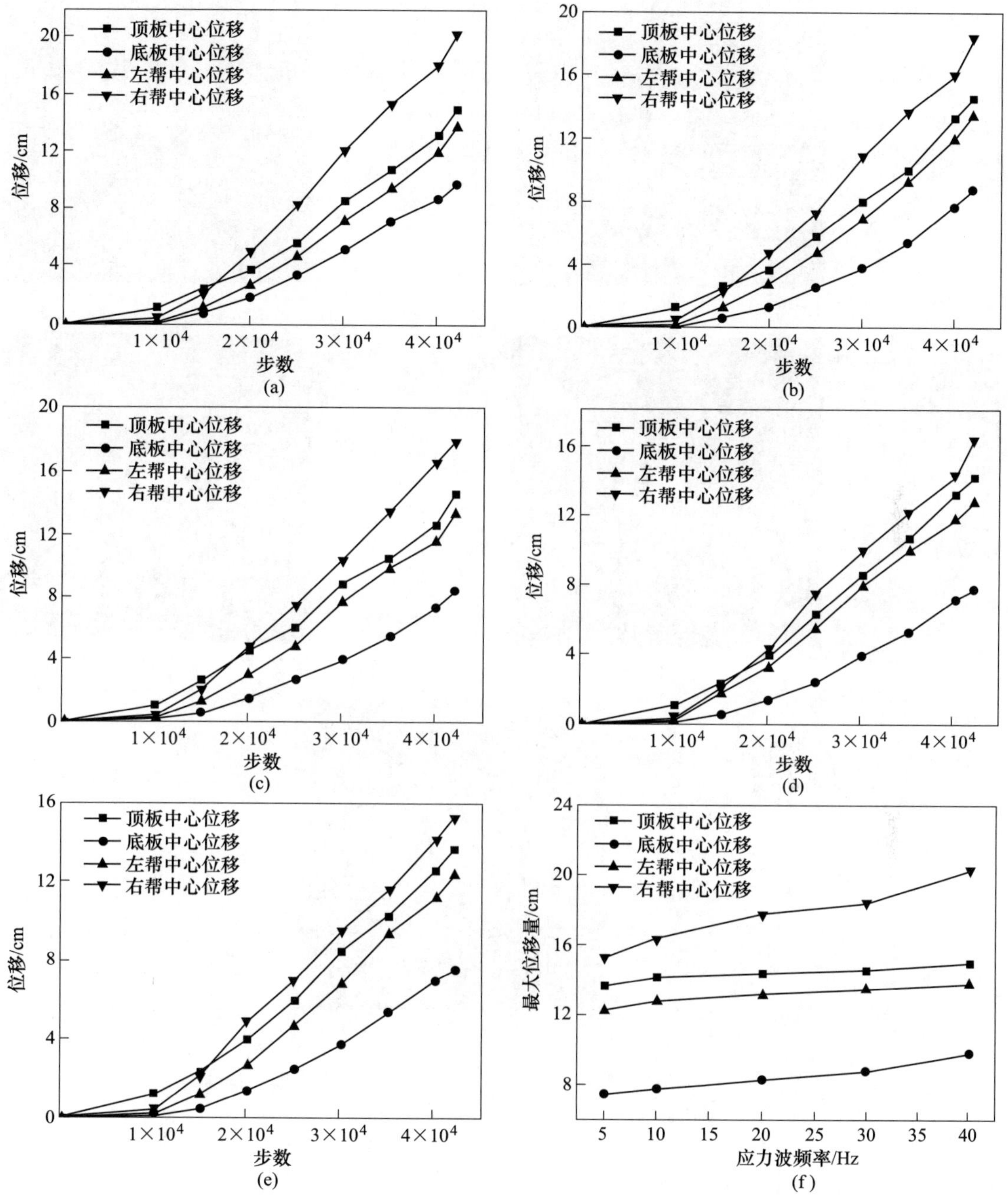

图 6-32　不同应力波延时下巷道顶板、底板、左帮和右帮中心点处位移

（a）40 Hz；（b）30 Hz；（c）20 Hz；（d）10 Hz；（e）5 Hz；（f）最大位移量

通过分析实际工程案例及在不同影响因素下的节理化岩体巷道围岩的动力稳定性可知，在巷道右侧受到冲击扰动时，冲击扰动对巷道右帮的冲击倾向性影响显著，巷道右帮的变形最大，顶板次之，左帮和底板的变形相对较小，这可较好地反映实际工程中节理化岩体巷道围岩的失稳破坏特征。整体来看，节理化岩体巷道围岩失稳破坏过程可以概述

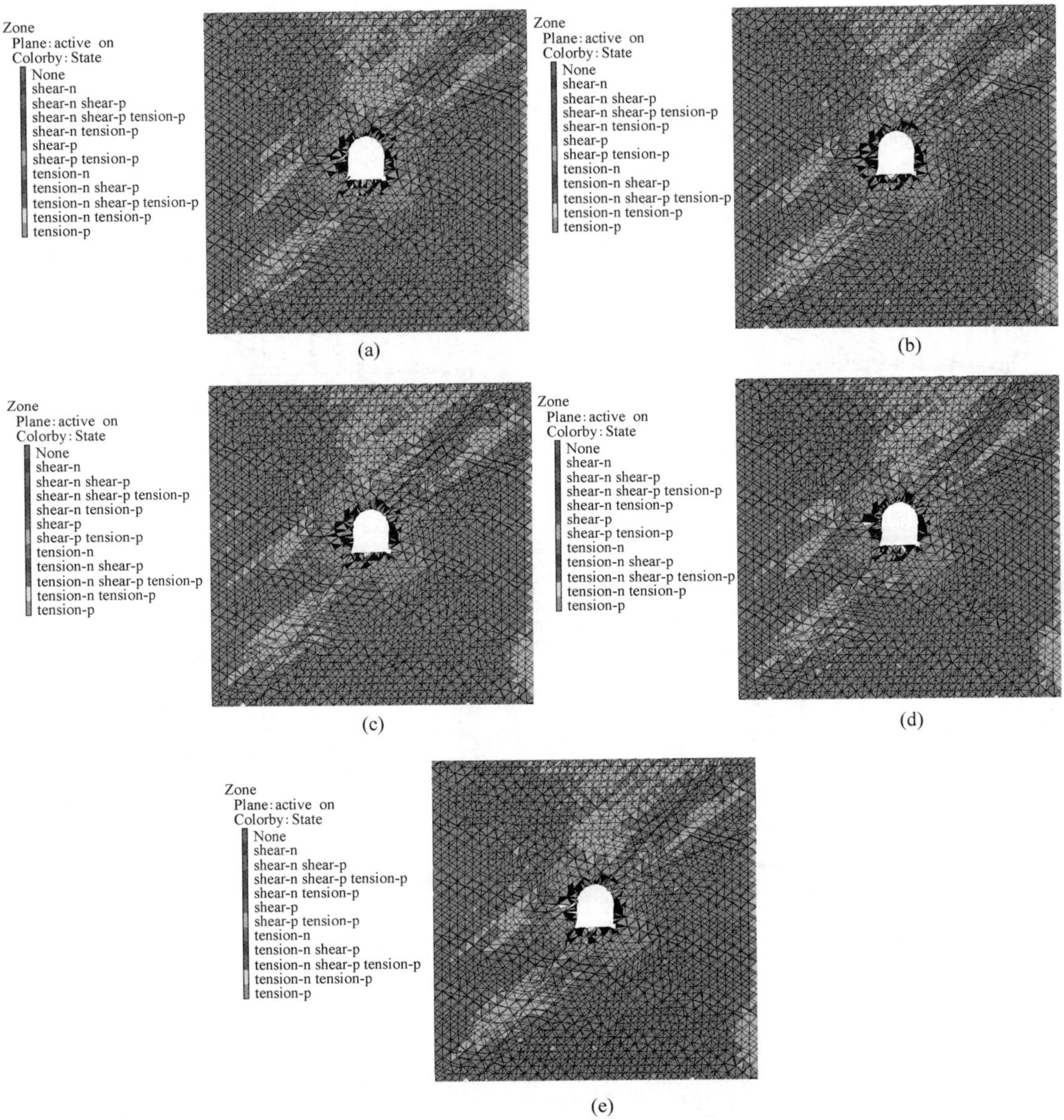

图 6-33　不同应力波延时下节理化岩体巷道围岩失稳破坏特征

(a) 40 Hz; (b) 30 Hz; (c) 20 Hz; (d) 10 Hz; (e) 5 Hz

为：首先是巷道右帮围岩的出现应力集中，然后扩展到整个巷道周围，块体沿节理面滑移或块体破碎，围岩滑移破坏区域增大，致使应力波能量释放，最终导致巷道围岩发生非连续变形，整体向内显著收敛。此外，从埋深、应力波峰值和应力波延时这三个因素对节理化岩体巷道围岩的变形量和破坏情况的影响程度可以看出，埋深和应力波峰值对节理化岩体巷道围岩的动力稳定性影响较大（位移变化量相对较大），应力波延时对节理化岩体巷道围岩的动力稳定性影响相对较小（位移变化量相对较小），但较复杂。因此，对于实际工程中的节理化岩体巷道围岩的动力稳定性，需要根据工程具体情况，综合分析主要影响因素对其稳定性进行合理评价，以便指导后续支护和防冲控制措施的制定。

6.6　节理化岩体硐室围岩失稳控制技术措施

由于地下岩体工程中硐室围岩结构面形态的复杂性、硐室布置不合理、埋深增加及工程扰动程度大等影响，硐室围岩中应力集中程度加剧，硐室围岩对外部荷载的变化异常敏感，稳定性状态易发生突变，因此造成硐室结构失稳破坏。本节基于前文的节理化岩体硐室围岩在静态和动态荷载作用下的物理模拟试验结果、山东三山岛金矿节理化岩体巷道围岩受冲击扰动时的数值模拟结果及工程实践经验，提出一些针对节理化岩体硐室围岩稳定性控制的理论及相应技术措施，可为开展节理化硐室围岩稳定性及控制研究的类似工程提供一定参考。

6.6.1　节理化岩体硐室围岩失稳破坏机制分析

节理化岩体巷道围岩失稳破坏的成因和演化是重要的工程问题，涉及控制岩体稳定性的力学机制。从前文的节理化岩体硐室围岩在静态和动态荷载作用下的失稳破坏特征试验研究结果可知，节理的存在破坏了硐室围岩的完整性，使岩体的强度大大降低，且改变了硐室围岩中的应力分布格局，节理尖端及交叉节理相交部位往往形成高应力集中。根据岩石损伤断裂力学，节理面在硐室围岩内部形成了弱空间结构，增加了应力集中程度，有利于促进硐室围岩中裂纹的萌生和扩展，使得硐室围岩变形特征和应力分布更加复杂。节理化岩体硐室围岩在静态和动态荷载下的渐进和突然失稳破坏过程虽然经历的时间长短差异较大，但均可分为多个演化阶段，从本质上讲，硐室围岩的宏观破坏是围岩中微裂纹萌生和扩展的累积反映。

数值模拟结果也显示，节理的存在降低了巷道的稳定性，使巷道对外力扰动响应更加敏感和剧烈。节理化岩体巷道围岩受冲击扰动时，其失稳破坏过程由前期的逐渐变化过渡到突然失稳，巷道围岩渐进破坏前期预示着围岩中块体沿节理面稳定滑移，后期主要表现为宏观断裂面的有限滑移过程，而巷道围岩非稳定破坏阶段则预示着亚临界节理面错动的加速，最终导致巷道失稳破坏。节理化岩体巷道围岩右侧受到冲击扰动时，围岩的变形均表现出显著的非均匀性，最大水平变形位于巷道右帮，最大竖向变形位于巷道底板。随着冲击扰动强度的增加，这种变形的非均匀性特征更加突出，这将导致巷道的非均匀破坏，容易造成局部剧烈破坏，一旦局部围岩中迅速积聚大量的能量并大于其断裂所需能量时，将会发生突然式破坏，如岩爆等。在冲击扰动作用下，节理化岩体巷道围岩主要表现为剪应力集中，局部产生拉应力集中，由于岩石的抗拉强度一般远远低于抗压强度，围岩中出现拉应力的部位通常会先发生破坏。巷道在冲击应力波作用下的失稳破坏形式比较复杂，巷道两帮向内挤压变形严重，顶板下降量较大，底板鼓起严重，巷道表现出明显的整体收敛和变形破坏。巷道围岩向巷道内滑移，同时周围节理面也随之进一步开裂、滑移，直至巷道发生整体破坏，这与前文试验中硐室两侧的节理尖端的裂纹扩展情况较为相似。

巷道在施工或服役期间，当爆破作业、地震及岩爆等动力因素从某个方向传播而来的冲击波对巷道产生扰动时，动态应力波与围岩所受的静态应力场相互作用并叠加，导致围岩内的应力水平突然显著增大。应力波在传播过程中伴随着能量的传递，应力波携带的能量总趋向于向相对薄弱位置释放。对于迎冲击侧（巷道右侧）的节理面，巷道的存在使其导向作用更显著，应力更集中。受冲击扰动后，右侧的节理面首先对冲击扰动作出反应，临近巷道临空面的块体沿节理面产生滑移。应力波沿巷道临空面绕射传播到巷道左侧，在巷道周围产生动应力集中，诱发巷道左侧及顶底板的块体向临空面滑移，释放能量。由于节理的存在，应力波会在节理面发生多次反射和透射，在节理面处不同性质的应力波产生叠加作用，进一步影响巷道围岩的破坏程度。对于冲击扰动在巷道破坏中的作用，当冲击扰动引起的动态应力超过巷道围岩的集中应力时，冲击扰动在巷道围岩失稳破坏中起主导作用；否则，冲击扰动在巷道围岩失稳破坏中起诱导作用。另外，埋深和应力波峰值等因素会改变巷道围岩的应力状态，加剧巷道临空面处的应力集中程度。结合模拟得到的巷道围岩变形及塑性区特征，可预测巷道围岩最易发生破坏的部位是右帮，随着埋深和冲击应力波峰值的增加，发生破坏的可能性和强度会大大增加。

结合物理模拟试验和数值模拟研究结果，从节理化岩体巷道围岩单侧受冲击扰动时的变形破坏特征角度来分析节理化岩体巷道围岩的变形破坏机制，试验结果与数值模拟结果很好地反映了巷道的变形破坏特征。但是由于试验试样尺度小、强度高，没有出现顶板冒落和底板鼓起的情况。此外，在实际生产中，巷道可能同时受到多种形式的应力扰动，且实际的地质构造极其复杂，地质构造、支护结构、地应力场及扰动应力场等因素综合作用下的节理化岩体巷道围岩的失稳破坏机制更加复杂，有待进一步研究。

6.6.2　节理化岩体硐室围岩失稳控制理论

节理化岩体硐室围岩的稳定性同时取决于围岩的力学性质及其所处的应力状态，其中应力状态包括静应力状态和外部荷载扰动引起的动应力状态，这两种应力状态对硐室围岩的失稳破坏均具有重要作用。因此，控制节理化岩体硐室围岩的稳定应从改善围岩力学性质及其应力状态这两方面考虑。

围岩体是由完整岩石和结构面共同构成，其力学性质主要受结构面的控制。因此，为了维护硐室的稳定，依据主动支护理念，可以对硐室围岩中节理裂隙比较发育的区域进行注浆加固，注浆材料的力学性质应接近或达到周围岩体的力学性质，且让注浆材料与围岩体高度黏结，增强破碎围岩的整体性和完整性。对于深部节理化岩体硐室周围地下水发育的情况，高渗透压降将会大大增加硐室近表围岩所承受的有效应力，尤其是在节理裂隙发育、围岩破碎及断层带等区域，高渗透压降的影响更为显著，因而应及时进行超前注浆，封堵和隔断裂隙水，避免硐室开挖后出现较大的水头压降而影响硐室稳定。

在高地应力和强冲击扰动的情况下，采用单一的注浆加固措施往往不能取得良好的支护效果，因此，在注浆加固的基础上，还需要通过安装支护结构来改变围岩的力学性质，从而达到增强围岩自身承载能力的目的。节理化岩体硐室围岩的变形破坏往往表现为沿节理面的剪切滑移及沿节理尖端的裂纹扩展，其强度和变形性质主要表现为抗剪特性，因而支护结构自身应具有提供足够大抗剪强度的功能，提高硐室围岩的抗剪强度，限制硐室围岩中岩块沿原始节理面和次生结构面的剪切变形，有效增强硐室围岩在高地应力和强冲击扰动作用下抵抗剪切破坏的能力。此外，硐室围岩也具有较强的脆性特征，在产生较小的剪切变形时就很容易发生失稳破坏，因而支护结构不仅要具有足够大的抗剪强度，同时还需要具有足够强的变形能力，使支护结构能够有效适应硐室围岩裂隙的变形，这样可以显著提高节理化岩体硐室围岩的稳定性。

为了保障硐室的稳定，除了改善围岩的力学性质，改善硐室围岩的受力状态也是非常有必要的。硐室的开挖打破了原始应力平衡状态，应力重新分布，导致硐室围岩局部位置会产生应力集中情况。硐室开挖后，硐室临空面及近表围岩往往处于二维应力状态。大量研究表明，硐室围岩在三维应力状态下的强度大于一维和二维应力状态下的强度。因此，在硐室开挖后应尽快恢复和改善其应力状态，向硐室临空面施加压应力，将硐室临空面及近表围岩的二维应力状态恢复为三维应力状态，限制围岩沿硐室临空面法向和节理面法向的变形。若硐室围岩应力状态能够得到及时有效的恢复和改善，且所施加于硐室临空面的压应力足够大，这将有利于降低硐室围岩的破裂扩展程度，提高围岩强度和自承载能力，减小变形量，从而保持围岩的完整性和稳定性。

硐室附近存在动态荷载扰动源时，动态荷载以弹性应力波的形式向硐室空间传播，当传递至硐室周围时与硐室所受的静态荷载共同作用，可能致使硐室围岩受力状态发生突变而诱发失稳破坏。在一定埋深条件下，硐室围岩节理裂隙发育程度和动态荷载对硐室围岩的扰动强度共同决定了硐室围岩发生动力失稳破坏的可能性及发生破坏的程度及影响范围。对于动态扰动源，动态荷载对硐室围岩的扰动越强，越有利于围岩中岩块沿节理面滑移失稳，可诱发的硐室围岩临界静态应力水平越低，硐室围岩失稳破坏范围和破坏程度越大。动态荷载对硐室围岩的扰动强度越弱，越不利于围岩中岩块沿节理面滑移失稳，可诱发的硐室围岩临界静态应力水平越高，硐室围岩失稳破坏范围和破坏程度越小。当动态荷载对硐室围岩的扰动强度低到一定程度时，则难以诱发硐室围岩失稳破坏。由此可知，在对硐室围岩中的节理裂隙进行注浆加固处理后，通过采取降低动态荷载源的冲击强度、减弱动态冲击应力波的传播特性及限制围岩受扰动后的响应行为等技术措施，可有利于消除或减弱动态荷载对硐室的扰动强度，降低硐室失稳破坏程度或避免硐室失稳破坏，从而达到控制硐室围岩稳定性的目的。然而，在动态荷载的扰动强度较大且难以有效减弱时，在确定动态扰动源位置及硐室围岩的迎冲侧之后，在提高硐室围岩整体支护强度的同时，重点提高硐室迎冲侧的支护强度，动载扰动下的支护结构与常规支护不同，除了具有常规支护的功能外，还必须具备有效吸收扰动能量和抵抗动态冲击作用的能力，从而提高硐室围岩的稳定性。

在上述分析的基础上，针对节理化岩体硐室围岩稳定性及其控制问题，提出关于节理化岩体硐室围岩稳定性控制的理论如下：

（1）对硐室围岩节理裂隙发育区进行加固，提高节理化岩体硐室围岩的整体性和完整性；

（2）采用高强性能的支护结构，提高节理化岩体硐室围岩的抗剪强度，限制硐室围岩中岩块沿原始节理面和次生结构面的剪切变形，有效增强硐室围岩在高地应力和强冲击扰动作用下抵抗剪切破坏的能力；

（3）在硐室开挖后应尽快恢复和改善其应力状态，向硐室临空面施加足够大的压应力，将硐室临空面及近表围岩的二维应力状态恢复为三维应力状态，提高硐室围岩的有效强度，限制硐室围岩沿硐室临空面法向和节理面法向的变形；

（4）硐室围岩在受附近强冲击扰动时，优先考虑消除或减弱动态荷载对硐室的扰动强度，在动态荷载的扰动强度较大且难以有效减弱时，应提高硐室围岩整体支护强度，同时重点提高硐室迎冲侧的支护强度，支护系统应具备有效吸收扰动能量和抵抗动态冲击作用的能力。

根据上述控制理论，在工程实践中，确定影响节理化岩体硐室围岩稳定性的主要因素（如高地应力、节理裂隙发育、强冲击扰动等）后，采取有针对性的技术措施来维护硐室围岩的稳定。在具体支护时，当需要采取两种或多种支护加固措施时，应考虑各种技术措施之间的相互作用及其影响，在实现硐室围岩稳定性有效控制的前提下还要尽量保障硐室开挖支护的安全高效施工。

6.6.3　节理化岩体硐室围岩失稳控制措施

节理化岩体硐室围岩失稳控制理论需要通过采取相应的技术措施来实现。在工程实践中，影响节理化岩体硐室围岩稳定性的因素众多，进行硐室围岩失稳控制时，需要综合考虑各种影响因素。在具体实施时，采取何种支护方式、锚杆种类的选择及支护参数的设计等，一方面应根据工程现场地质力学条件（如结构面产状、围岩质量等级及地应力状态），另一方面要充分考虑冲击扰动强度（如冲击应力波峰值及延时）及其对巷道稳定性的影响程度，达到硐室围岩稳定所需的支护要求。根据物理模拟试验、岩体结构调查统计分析、数值模拟计算及工程实践经验，提出如下节理化岩体硐室围岩失稳控制技术措施。

6.6.3.1　注浆加固措施

由节理化岩体硐室围岩在静载和动载作用下的物理模拟试验结果及工程尺度的数值模拟结果可知，硐室围岩中节理裂隙发育区在受到外部荷载作用时会形成明显的高应力集中和大变形，严重降低硐室围岩的自承载能力，这是导致巷道失稳破坏及动力灾害发生的重要因素。在实际工程中，硐室围岩中节理裂隙发育部位容易造成锚杆或锚索的作用范围变小，难以提供足够的支护力。因此，有必要对硐室围岩中节理裂隙发育区进行注浆加固，将浆体填充至围岩节理裂隙中，使破裂的围岩重新胶结成整体，提高节理面与周围岩体之间的黏聚力，起到加固硐室围岩的作用。对于节理裂隙极为发育的硐室围岩，应优先选用高强度、高韧性的注浆材料，充分固结和修复硐室围岩中的破裂区和损伤区，大幅度地提高硐室围岩的抗剪强度，使硐室围岩能够有效抵抗静态和动态荷载的扰动作用，从而实现硐室围岩的长期稳定。此外，在硐室围岩表面喷射混凝土浆体，浆体面层具有应力扩散作用，可以主动对硐室临空面施加一定量值的表面应力，表面应力的大小可以通过调整浆体的浓度和喷射厚度来把控，从而达到提高巷道围岩自身承载力的目的。此外，在整个锚固区进行注浆加固，可以显著提高硐室围岩的抗冲击扰动能力。

硐室围岩中一般存在大量原生节理面，硐室开挖或受到工程扰动后会萌生新裂隙，新裂隙的扩展需经历一定过程，因而选择合适的注浆时间非常重要。对于节理裂隙不发育、强度较高的硐室围岩，可以在硐室开挖后的一段时间后再进行注浆，因为如果注浆过早，由于硐室围岩深部裂隙没有扩展，浆液难以渗透到足够的深度，只能加固硐室近表的破碎围岩，难以达到修复损伤的目的，影响加固效果。对这类围岩，在一些情况下甚至不用注浆加固，充分发挥硐室围岩自身的承载能力。对于节理裂隙较发育或不发育的软弱围岩，应在硐室开挖后尽快注浆，甚至在硐室开挖前就进行超前注浆，先充分加固围岩，再进行其他支护。对于发育有一定程度的节理裂隙但强度较高的硐室围岩，可以通过监测硐室围岩的整体收敛变形量来确定注浆加固时间，根据工程经验，一般当硐室两帮的收敛变形量达到 7 cm 时就要考虑进行注浆加固。

6.6.3.2 全断面锚（网）喷联合支护措施

在高地应力或强工程扰动的情况下，采用单一的注浆加固难以取得理想的支护效果，而有效的手段是进行全断面锚喷联合支护或锚网喷联合支护（见图 6-34）。联合支护体系可以增大节理裂隙发育区围岩的受力面积，使支护结构受力更均匀，有助于提高支护结构的支撑能力，从而达到巷道整体完整性的要求。对于锚杆或锚索等支护结构，工程实践表明，长锚杆和大直径锚杆对节理化硐室围岩具有更好的支护效果。长锚杆通过增长锚杆长度，能够将顶板破碎围岩悬吊在深层岩体中，将节理发育的围岩体锚固至深部完整性较好的围岩区域，减缓顶板围岩变形速度，并且通过施加一定的预应力，能够对节理发育的围岩进行挤压加固，保持巷道的稳定性。对于同种锚杆，直径越大，其强度越高，锚杆预应力辐射范围越大；锚杆垂直于巷道围岩面安装时，能够在巷道围岩中形成比较均匀的压应力区，基本覆盖锚固区，锚杆预应力叠加效果增强。此外，为了提高巷道的稳定性，可以增大锚杆或锚索等支护结构的抗拉强度、降低锚杆或锚索间距及提高预应力，使锚杆在围岩中形成的有效压应力区覆盖整个节理发育区，增加支护结构的整体性和有效承载范围，形成有机整体，充分发挥锚杆的主动支护作用，更好地控制围岩的变形失稳。

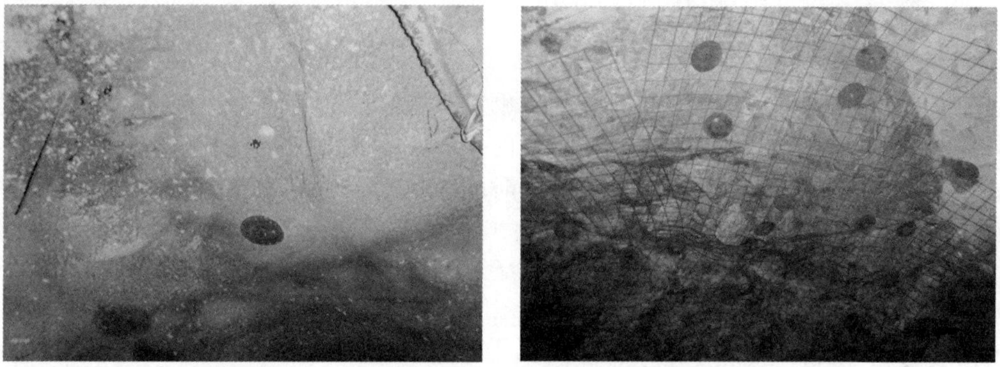

(a) (b)

图 6-34 典型的锚网喷联合支护及锚网喷联合支护
（a）锚喷联合支护；（b）锚网喷联合支护

然而，冲击扰动作用下的支护系统及支护技术与常规的静载支护技术有很大区别。在抗冲击扰动支护中，支护结构不仅要能经受静态条件下的高应力荷载作用，还要能抵御冲击扰动时的动荷载作用（支护结构往往会达到或超过屈服强度），并且要适应围岩失稳破坏特点。因此，支护结构除了具备静载条件下的功能之外，还必须具备吸收扰动能量和抵抗冲击作用的能力。目前大多数地下金属矿硐室中支护结构主要以锚杆或锚索为主，在很多情况下，传统的锚杆和锚索对地下硐室（尤其是节理化硐室）在施工或服役期间抵抗冲击扰动的效果并不理想，只是在一定程度上缓解了动力灾害发生的强度，并未能实现有效防控动力灾害的目的。其根本原因在于传统的一些锚杆不能有效吸收围岩高变形能及抵抗强冲击荷载（抗震），具体表现为传统锚杆虽然刚度大、支护强度高，但延展性较小，自适应变形能力差；虽然能提供大变形，但却无法满足强冲击扰动下的支护强度，常因巷道围岩体内应力过大而导致锚杆断裂破坏，难以满足深部节理化岩体巷道围岩大变形支护与强冲击动力灾害防控的要求。因此，针对冲击扰动下节理化硐室围岩的失稳破坏问题，亟需改进传统锚杆及发展新型锚杆（见图 6-35）[9]，使锚杆同时具备高强度、稳定支撑、弹性复位和高阻尼等多种功能，既可以大幅度吸收围岩变形能，又可以实现快速让压，即兼吸能和抗震功能于一体，从而满足地下节理化硐室围岩破坏的特点。尤其是在硐室围岩受到冲击扰动时，能够在控制冲击能量安全释放的同时保持恒定的支护阻力，达到抑制冲击动力灾害发生或对动力灾害发生全过程做到安全可控的目的。

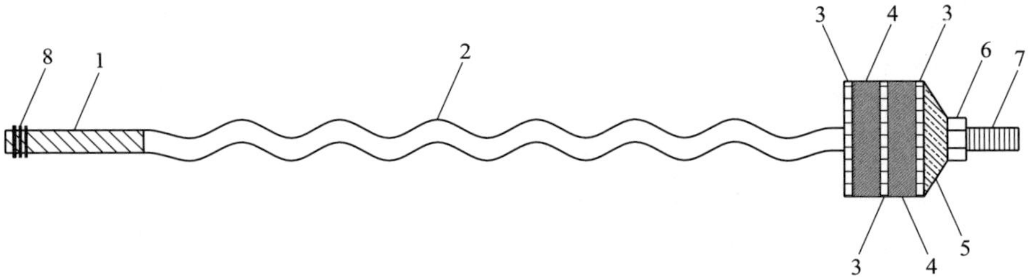

图 6-35　自主设计的一种新型吸能-抗震锚杆[9]

1—锚固段直杆；2—吸能段弯曲杆体；3—圆形钢板；4—圆形高阻尼橡胶；5—金属托盘；6—预紧螺母；7—螺纹段直杆；8—搅拌齿

6.6.3.3　局部加强支护措施

在冲击扰动作用下，要实现节理化岩体硐室围岩的长期稳定性，关键在于在保证硐室整体性的前提下重点监测和加强支护硐室中的一些关键部位（如节理发育区及迎冲击扰动侧），确保硐室围岩在受较大冲击扰动强度时的整体稳定性。从数值模拟结果可以看出，巷道迎冲击一侧（巷道右侧）的变形量较大，破坏严重。在实际工程中，确定了冲击扰动源方向后，应加强巷道迎冲侧的支护强度，采取锚（网）喷联合支护方式，优化锚杆支护参数（如缩小锚杆间距、增加锚杆长度和直径等），提高节理发育区及迎冲击扰动侧等部位的冲击能力，降低冲击烈度。

6.6.3.4　构筑冲击缓冲结构

对于受冲击扰动的情况下，在确定了硐室围岩的冲击倾向性和潜在的动力扰动源后，可以在距离硐室一定间距的围岩中构筑冲击缓冲结构。冲击缓冲结构可以大幅度地衰减冲击应力波，吸收冲击能量，降低冲击应力波对硐室围岩的扰动强度，减弱硐室围岩的破坏程度。

6.6.3.5　减小工程爆破扰动措施

工程施工扰动对节理化岩体硐室围岩的稳定性具有显著影响。为了减小施工扰动，即减弱动力扰动源的强度、降低应力波振幅，需要合理设计爆破参数和施工方法，严格控制装药量，改善装药结构及爆破方式，如采用光面爆破技术，力争爆破后硐室围岩不产生或较少产生爆破裂隙，最大限度地保持硐室围岩的完整性，提高硐室围岩的自承载能力，同时对附近其他硐室的扰动影响也较小，有利于保持硐室的稳定。

上述几项节理化岩体硐室围岩失稳控制技术措施需根据硐室围岩的稳定性要求进行联合应用，并分步实施，从而实现硐室围岩稳定和施工安全这两方面的有效控制。

综上所述，在进行节理化岩体硐室围岩失稳控制时，根据具体工程中结构面分布特征、地应力状态及冲击应力波对硐室围岩的扰动作用机制，采取具有针对性的技术措施，改变硐室围岩的应力状态及支护结构形式，减弱冲击荷载的扰动效应，消除或降低硐室围岩冲击动力灾害发生的可能性。此外，在已有支护结构的基础上，还应对硐室围岩中节理裂隙发育区及迎冲击扰动侧进行局部加强支护。更重要的是，要尽量降低工程施工扰动对硐室稳定的影响，减弱冲击应力波传播到硐室围岩的扰动强度。确定了合理的支护方式后，应对硐室围岩的稳定进行实时在线监测，观察和评价硐室的支护效果，以便能及时对支护措施进行调整。

需要说明的是，在地下硐室围岩支护中，作用于支护结构上的压力只占地压很小的一部分，围岩本身具有较高的自承载能力，因而应充分发挥围岩的自承载能力。在提高支护结构（如锚杆、锚索）的支护效果的同时，还应考虑工程成本、支护能力与支护需要，通过计算安全系数或破坏概率，确定所需的支护结构类型及其提供的强度。支护结构的选择对于其支护效果具有十分重要的作用，须遵循在满足功能性和安全性的前提下尽量采用经济性的原则，从而达到既经济又有效的支护效果，保障硐室安全。此外，在采取控制措施的同时，构建多参量实时联合监测预警系统。由于节理化岩体硐室围岩灾害发生的影响因素繁多，采用单一的监测手段往往难以达到精准监测和预报的目的。联合采用位移监测、声发射、微震、电磁辐射及压力等原位监测技术，在节理裂隙发育区域和（或）受工程扰动强烈区域构建节理化岩体硐室围岩的多参量实时联合监测预警系统，实时在线监测硐室围岩中的微破裂信号及其位置，记录围岩破裂过程中的多源特征参数，确定硐室围岩失稳破坏的多源前兆信息特征。同时，精准监测围岩变形、应力分布及演化规律，分析硐室围岩局部应力集中情况，可以为硐室围岩失稳破坏的早期预警及控制措施的实施奠定基础。

参 考 文 献

[1] LI P, CAI M, GUO Q, et al. In situ stress state of the northwest region of the Jiaodong Peninsula, China from overcoring stress measurements in three gold mines [J]. Rock Mechanics and Rock Engineering, 2019, 52 (11): 4497-4507.

[2] 蔡美峰，何满潮，刘东燕 . 岩石力学与工程 [M]. 北京：科学出版社，2013.

[3] ISRAELSSON J I. Short Descriptions of UDEC and 3DEC [J]. Developments in Geotechnical Engineering, 1996, 79: 523-528.

[4] LYSMER J, KUHLEMEYER R L. Finite dynamic model for infinite media [J]. Journal of the Engineering Mechanics Division, 1969, 95 (4): 859-878.

[5] 卢爱红，郁时炼，秦昊，等 . 应力波作用下巷道围岩层裂结构的稳定性研究 [J]. 中国矿业大学学报，2008，37 (6)：769-774.

[6] 金冬梅 . 节理岩体隧道施工过程三维数值模拟分析 [D]. 沈阳：东北大学，2013.

[7] LIU G, MA F, ZHAO H, et al. Study on the Fracture Distribution Law and the Influence of Discrete Fractures on the Stability of Roadway Surrounding Rock in the Sanshandao Coastal Gold Mine, China [J]. Sustainability, 2019, 11 (10): 2758.

[8] 王振 . 节理岩体地下洞室稳定性的静动力响应分析 [D]. 济南：山东大学，2014.

[9] 李鹏 . 一种吸能-抗震锚杆：中国，CN201711389366. 2 [P]. 2023-09-26.

7 结论、展望及建议

7.1 主要结论

节理岩体中硐室围岩的失稳破坏机制及其稳定性与防控问题是当前岩石力学领域重点关注和亟待解决的关键科学问题之一。本书从节理化岩体硐室围岩稳定性及其控制这一关键科学问题出发，首先通过开展静态和动态荷载作用下的物理模拟试验，研究了完整岩体硐室围岩和节理化岩体硐室围岩（含平行节理岩体硐室围岩、含交叉节理岩体硐室围岩）的失稳破坏机制及其稳定性。最后，以山东三山岛金矿地下巷道为工程背景，采用三维离散元软件 3DEC 建立了相应的考虑结构面调查和地应力测量结果的节理化岩体巷道数值模型，探讨了埋深、应力波峰值及应力波延时等因素对节理化岩体硐室围岩稳定性的影响规律。获得的主要结论如下。

（1）节理化岩体硐室围岩的强度与变形参数随着平行和交叉节理角度的增加先减小后增大，表现出明显的各向异性特征。节理化岩体硐室围岩的总能量和弹性应变能随应力的增加呈非线性增长，其中弹性应变能呈先增加后减小的趋势；而耗散能在节理化岩体硐室围岩破坏之前增长非常缓慢，临近破坏时出现陡增现象，其值突然超过弹性应变能。含平行节理岩体硐室围岩和含交叉节理岩体硐室围岩的三种能量变化曲线出现“台阶”状渐进突变，含交叉节理岩体硐室围岩的“台阶”状特征更显著，均属于典型的损伤渐进破坏模式。节理的存在及节理角度的变化对硐室围岩在峰前的弹性应变能比例具有较大影响，输入能量的分配规律存在一定差异。与含平行节理岩体硐室围岩相比，含交叉节理岩体硐室围岩在峰值强度时的最大弹性应变能比例普遍较低，节理数量的增加会降低节理化岩体硐室围岩的能量积聚效率。含平行节理岩体硐室围岩和含交叉节理岩体硐室围岩的峰值点总能量、弹性应变能、耗散能及破坏时输入的总能量均随节理角度的增加呈非线性变化趋势。弹性能耗比变化率的连续突变可作为节理化岩体硐室围岩裂纹萌生和扩展的判据，急剧突变可作为其失稳破坏的能量判据。

（2）含平行节理岩体硐室围岩和含交叉节理岩体硐室围岩在失稳破坏过程中不同 AE 参数的演变特征不同，均存在破坏前兆信息。节理化岩体硐室围岩在初始压密阶段就已开始对荷载条件作出反应并产生一定量的 AE 信号，并一直持续到失稳破坏。节理化岩体硐室围岩的 AE 事件率峰值和 AE 能量释放最集中阶段并不一定出现在应力峰值处，破坏时的 AE 事件率下降明显。节理化岩体硐室围岩在临近完全破坏时 AE 能量均出现了加速释放现象，存在临界能量释放，AE 能量的突发性增加可以作为节理化岩体硐室围岩发生失稳破坏的前兆信息。节理化岩体硐室围岩在加载过程中 AE 累积能量的整体演化大致可分为初始阶段、稳定增加阶段和突然增加阶段。AE 事件率和能率总体表现出“高能率对应小事件率、低能率对应大事件率”的特征。从加载开始至应力水平达到峰值应力的 90%左右，b 值一般在 0.1~0.9 范围内波动，呈总体下降趋势，反映了微裂纹的逐渐发展过程，

b 值的突然变化对应于应力下降和脆性破坏。AE 信号峰频均表现出明显的条带状演变特征，主要分布在 30~125 kHz、135~185 kHz 和 250~350 kHz 三个频率段内，AE 信号峰频在中频段和高频段增多现象可视为节理化岩体硐室围岩中裂纹起裂的前兆信息。低频高幅值和高频低幅值信号对节理化岩体硐室围岩受力状态变化较为敏感，可作为其破坏预测的主要信号源。

（3）局部变形集中现象是含平行节理岩体硐室围岩和含交叉节理岩体硐室围岩内部微裂纹萌生和扩展活动的宏观表现，节理化岩体硐室围岩结构破坏过程中局部变形集中带的演化是显著的非线性过程。完整岩体硐室围岩在加载过程中硐室两侧形成的宏观裂纹的扩展方向与加载方向基本一致，硐室正上方和正下方的初始拉伸裂纹高应变区在发展一定阶段后会随着次级裂纹的形成逐渐消失。在加载至临近峰值应力水平时，由于完整岩体硐室围岩内部微裂纹聚集而形成两条新的变形集中带，最终演化为宏观裂纹而导致硐室围岩破坏。含平行节理岩体硐室围岩和含交叉节理岩体硐室围岩中节理的存在改变了硐室围岩中的应力分布模式，节理尖端形成高应力集中，与硐室周围形成高应力集中相互作用，共同主导新裂纹的起裂和扩展模式，最终导致复杂的破坏模式。随着平行和交叉节理倾角的增加，含平行节理岩体硐室围岩上节理左尖端和下节理右尖端与硐室的相互作用程度会增强，而上节理右尖端和下节理左尖端与硐室相互作用程度会减弱。含交叉节理岩体硐室围岩中的节理数量增加，多个节理尖端在加载过程中会形成应力集中而导致硐室围岩可能同时出现多个变形集中带，变形场的演化模式更加复杂，破坏程度也相对较高。此外，同一组交叉节理之间也会产生相互作用，尖端之间出现贯通现象，表现出局部区域变形加剧的特征。

（4）具有不同节理角度的含平行节理岩体硐室围岩和含交叉节理岩体硐室围岩受力后，微裂纹的起裂主要始于预制节理尖端和（或）硐室顶底部。对于微裂纹的起裂，加载方向与节理尖端和（或）硐室周围原始缺陷方位一致时，优先在原始缺陷应力集中处或受拉应力最大的位置起裂，否则微裂纹也可以在平行于加载方向没有缺陷的位置起裂。随后的裂纹出现顺序及扩展过程存在一定差异，这可能反映了不同的节理角度导致节理化岩体硐室围岩具有不同的开裂行为。节理化岩体硐室围岩的不稳定破坏主要是由硐室和节理尖端引发的拉伸裂纹造成的，局部出现剪切破坏。含平行节理岩体硐室围岩和含交叉节理岩体硐室围岩中白色斑块一般首先出现在硐室周边和节理尖端附近，白色斑块出现的时间比伴随节理化岩体硐室围岩破坏的可见裂纹出现的时间早得多。节理化岩体硐室围岩在变形破坏过程中出现了两种典型类型的白色斑块，线性白色斑块倾向于沿加载方向延伸，在加载期间有时会出现分支，而扩散性白色斑块没有优先延伸方向；线性白色斑块的长度和扩散性白色斑块的面积随着应力的增加而有所增大。微观裂纹区在宏观上被视为白色斑块，微裂纹成核被认为是白色斑块的微观形成机制。节理化岩体硐室围岩在变形破坏过程中，变形场的统计信息可以考虑作为其发生破坏的前兆信息。

（5）含平行节理岩体硐室围岩和含交叉节理岩体硐室围岩的动态应力-应变曲线大致可分为近似弹性变形、塑性变形和破坏三个阶段，而初始压密阶段不显著。在相同冲击气压下，动态抗压强度和弹性模量随着平行和交叉节理角度的增加表现为先减小后增大的非线性变化趋势，存在一个临界值。节理化岩体硐室围岩的动态抗压强度随冲击气压的增加呈增大趋势，弹性模量随冲击气压的增加既有增大也有减小的情况。入射波幅的大小取决于冲击气压大小，入射波幅随冲击气压的增加而增大，入射波所携带的能量也相应增大。在相同冲击气压下，含平行节理岩体硐室围岩和含交叉节理岩体硐室围岩的入射波、透射波和反射波的波形形态比较相似，节理化岩体硐室围岩的入射波形状比较稳定，透射波幅均小于入射波幅。在相同冲击气压下，含平行节理岩体硐室围岩和含交叉节理岩体硐室围岩的透射波幅随节理角度的增加先减小后增大，反射波幅的变化趋势与透射波幅的变化趋势大致相反。随平行和交叉节理角度的增加，应力波在节理化岩体硐室围岩中传播的透射效应具有先减弱后增强的变化趋势，而反射效应呈现相反的变化特征。节理化岩体硐室围岩的透射效应随冲击气压的增加呈增强趋势，而反射效应呈减弱趋势。

（6）含平行节理岩体硐室围岩和含交叉节理岩体硐室围岩的透射能量比、反射能量比和吸收能量比均与平行和交叉节理角度密切相关。在相同冲击气压下，透射能量比随平行和交叉节理角度的增加先减小后增大，反射能量比和吸收能量比随节理角度的增加先增大后减小，均存在一个临界值。此外，在相同冲击气压下，节理化岩体硐室围岩反射能量比相对较小，而透射能量比和吸收能量比相对较大。含平行节理岩体硐室围岩的吸收能量比整体上大于完整岩体硐室围岩的吸收能量比，节理化岩体硐室围岩受外力后吸收能量的效率会有所提高。节理化岩体硐室围岩的透射能量比和吸收能量比随冲击气压的增加呈整体增大趋势，而反射能量比随冲击气压的增加呈减小趋势。节理的存在及节理角度的改变虽然对动载作用下的能量传递特征具有明显影响，但并未改变各能量比值的整体变化趋势。平行和交叉节理的存在对应力波的传播具有一定的“阻隔”作用，在相同冲击气压下，含交叉节理岩体硐室围岩的吸收能量比整体上最高，能量利用率越高，越不利于地下硐室的稳定。

（7）在三种冲击气压下，含平行节理岩体硐室围岩和含交叉节理岩体硐室围岩一般是先在靠近透射杆端的硐室周边和（或）节理尖端附近出现平行于加载方向的拉伸裂纹白色斑块，然后逐渐演化为宏观拉伸裂纹。随着荷载的增加，裂纹向节理化岩体硐室围岩端部延伸，最终形成一个或多个近似平行于加载方向的拉伸裂纹，局部可能出现小尺度剪切裂纹。随着冲击荷载进一步增大，一些次级裂纹相继出现，与前期形成的裂纹相互贯通，节理化岩体硐室围岩被分割成多个块体，其体积向临空面方向扩容，最终发生整体拉伸破坏。此外，随着冲击气压的增大，节理化岩体硐室围岩的破坏类型趋于复杂，破坏程度更加严重。在不同冲击气压下，裂纹的起裂位置会存在一定差异。相比含平行节理岩体硐室围岩，含交叉节理岩体硐室围岩中裂纹的起裂位置增多，破坏过程更加复杂。不同节理化岩体硐室围岩的破坏形态具有显著的应变率效应和节理结构效应。

（8）节理化岩体巷道围岩的稳定性较差，在冲击应力波作用下，巷道围岩发生整体收敛变形。随着冲击应力波作用时间的增加，巷道两帮和顶底板的位移均逐渐增大，巷道右侧受冲击扰动后导致巷道两帮的损伤程度比顶底板的损伤程度大，变形破坏更严重；节理化岩体巷道围岩塑性区面积明显增大，巷道围岩在一定范围内开始发生破坏。节理化岩体巷道围岩存在三种破坏模式：拉伸-剪切破坏、拉伸破坏和剪切破坏；紧邻巷道顶底板和两帮自由面的较小范围内主要发生拉伸-剪切破坏，局部发生拉伸破坏，在此范围以外区域主要是沿节理面发生剪切破坏。在冲击扰动下，随着巷道埋深/应力波峰值的增加，节理化岩体巷道两帮向内挤压变形量、顶板下沉量及底板底鼓量均逐渐增大，破坏程度加剧。随着应力波延时的增加（频率减小），节理化岩体巷道顶底板及两帮变形呈减小趋势，巷道顶板和右帮的破坏程度变化不明显，底板的破坏程度整体上呈减弱趋势，左帮的破坏程度呈先减弱后增强的趋势，破坏较为复杂。

（9）分析了节理化岩体硐室围岩在静态荷载和动态荷载扰动下的失稳破坏机制，提出了基于“固结围岩节理、提高围岩强度、恢复改善应力状态、减弱动力扰动源强度”4项基本原则的节理化岩体硐室围岩失稳控制理论。在此基础上，提出了“注浆加固+全断面锚（网）喷联合支护+局部加强支护+构筑冲击缓冲结构+减小工程爆破扰动”的硐室支护形式，建立了节理化岩体硐室围岩失稳控制的技术措施，并建议采取联合应用、分步实施的技术方案。

7.2　研究展望

由于实际工程中硐室围岩中节理裂隙分布特征异常复杂，且受力环境复杂多变。从预防和控制地下工程硐室围岩变形失稳灾害，保障工程安全高效施工与运营的角度出发，对未来该领域的试验研究重点与发展趋势展望如下。

（1）实际工程中硐室围岩的受力状态非常复杂，应加强真三轴应力环境下以及带围压的多级循环冲击加载条件下的节理化岩体硐室围岩的力学破坏特性研究，努力逼近硐室围岩的真实受力环境，探索节理化岩体硐室围岩在近似真实受力条件下的破坏机制，以便更好地指导工程建设。

（2）真实硐室围岩中节理的分布形态异常复杂，有必要开展大尺度的含更复杂节理形态（如随机断续交叉节理）的硐室围岩力学破坏特性试验和数值模拟研究，深入分析含随机复杂节理的硐室围岩的裂纹扩展机制及失稳破坏模式。

（3）由于硐室周围岩体节理中一般含有充填介质，且节理中的充填物多为孔隙介质，虽然对孔隙介质的研究已经形成了系统的理论，但充填节理渗流与多孔介质渗流有很大差异，因而对含充填节理的硐室围岩进行试验研究具有重要的实际意义。

（4）硐室围岩在准静态和动态载荷下的力学行为通常是不同的。硐室围岩的力学特性（如强度和断裂韧性）、裂纹的起裂和扩展等取决于应变速率或加载速率。因此，有必要研究在静、动荷载共同作用下节理化岩体硐室周围裂缝的发生和发展特征及应力波传播特性的试验研究。

（5）工程施工开挖前，岩体处于应力平衡状态。施工扰动打破了应力平衡状态，导致应力重新分布，作用在硐室上方的应力会转移到周围岩体中。施工作业诱发的应力状态是不均匀且不断变化的，这不同于试验中使用的传统单轴、双轴和三轴加载条件。因此，研究节理化岩体硐室围岩在非均匀分布荷载下的力学特性和破坏特征，对深入了解硐室破坏机制具有重要意义。

（6）地下工程硐室一般是考虑支护的，在硐室围岩稳定性试验研究中，支护对硐室围岩产生影响作用的研究相对较少。为了获得跟现场更接近的试验结果，进行含支护的节理化岩体硐室围岩的试验研究更能贴切实际工程，能进一步揭示实际硐室围岩的失稳机理。特别是，考虑时间因素对锚固围岩稳定性影响的试验研究值得业界专家学者的高度关注。

（7）用于模拟硐室围岩的岩样或类岩样的合理代表性尺寸仍无统一认识。以往研究表明，不同尺寸的试样的破裂形态和失稳机制可能存在较大差异。因此，未来在开展节理化岩体硐室围岩稳定性试验研究中要加以考虑试样尺寸标准的问题。

（8）当前节理化岩体硐室围岩试验研究中的监测技术主要偏重于宏观监测，还应加强细观和微观方面的监测。在试验技术方面，应进行新型测试方法的研究，包括新型测试设备的使用，如超声波、激光、数字图像散斑、核磁共振、热成像等技术。但由于受硐室围岩的不连续性、非均质性、各向异性及赋存条件差异性的影响，对其变形失稳进行准确的预测预报及评估具有较大难度，因此基于这些监测技术提出相应的预测预警标准是未来研究工作的重点。

7.3　研究建议

长期以来，国内外学者对地下工程节理化岩体硐室围岩稳定性开展了大量试验研究工作，在一些方面达成了一定共识，但由于诸多研究侧重点不同，且基本都对所研究的问题进行了简化假设，导致取得的研究成果比较分散，缺乏代表性。此外，对于硐室围岩稳定性研究还不完善，目前并没有形成统一的科学理论体系，对硐室围岩稳定性的评价大多仍停留在定性或经验性水平。未来应将已有的研究成果通过科学手段进行整合统一，以一个科学理论体系统领，用来指导硐室围岩变形失稳监测、预警及防控技术的研发。结合具体工程地质环境和施工条件，采用多种方法进行综合评价分析。开展地下工程硐室围岩变形失稳机制与监测预警及防控技术研究将有助于提升地下工程硐室灾害防灾减灾的理论认知水平，实现从“被动救灾”向“主动防灾”的重大转变，突破制约地下工程安全高效施工与运维的一大技术瓶颈，这对保障我国地下空间可持续开发与利用及树立我国地下工程安全、高标准建设的国际良好形象具有重大的现实意义。